高职高专机械设计与制造专业规划教材

金工实习教程
(第3版)

于文强　　张丽萍　主　编

范素香　单潇辰　张俊玲　张兆明　副主编

U0378221

清华大学出版社
北　京

内 容 简 介

本书第 3 版在汲取了各校教学改革经验及广大读者对《金工实习教程》第 2 版的反馈建议和意见的基础上，修订完善了金属材料热加工和切削加工实习内容。

金工实习是机械设计制造及其相关专业教学计划中必不可少的一项重要的专业实践教学环节，在本书的修订编写过程中，参考了大量机械制造行业的相关规范。在训练项目选题的内容上，依据机械制造专业的教学和行业生产的特点，结合工作过程系统化课程结构所涉及的教育理论，在传统实习教学内容的基础上进行了适当的整合规划。本书以岗位工种作为主体线索依次介绍了钢的热处理与火花鉴别、铸造、锻压、焊接、钳工、车削、铣削、刨拉镗削、磨削、数控机床和电火花加工等内容，充分满足了机械设计制造及其相关专业的实习教学需要。

本书可以作为高等院校机械工程、机电类及其相关专业本科生或专科生的实践教学教材，也可以作为机械制造行业进行培训或职业资格鉴定的参考读物。

图书在版编目(CIP)数据

金工实习教程/于文强，张丽萍主编. --3 版. --北京：清华大学出版社，2015(2023.8 重印)
(高职高专机械设计与制造专业规划教材)
ISBN 978-7-302-38430-4

Ⅰ. ①金… Ⅱ. ①于… ②张… Ⅲ. ①金属加工—实习—高等职业教育—教材 Ⅳ. ①TG-45

中国版本图书馆 CIP 数据核字(2014)第 260750 号

责任编辑：李玉萍　陈立静
封面设计：杨玉兰
责任校对：周剑云
责任印制：杨　艳

出版发行：清华大学出版社
　　　　　网　　址：http://www.tup.com.cn，http://www.wqbook.com
　　　　　地　　址：北京清华大学学研大厦 A 座　　　　邮　　编：100084
　　　　　社 总 机：010-83470000　　　　　　　　邮　　购：010-62786544
　　　　　投稿与读者服务：010-62776969，c-service@tup.tsinghua.edu.cn
　　　　　质量反馈：010-62772015，zhiliang@tup.tsinghua.edu.cn
　　　　　课件下载：http://www.tup.com.cn，010-62791865
印 装 者：三河市铭诚印务有限公司
经　　销：全国新华书店
开　　本：185mm×260mm　　印　张：27　　　　字　数：655 千字
版　　次：2004 年 8 月第 1 版　2015 年 1 月第 3 版　印　次：2023 年 8 月第 2 次印刷
定　　价：68.00 元

产品编号：056735-02

编委会名单

主　任　　李诚人　曾宪章

副主任　　王平章　李　文　于小平　杨广莉

委　员　　(排名不分先后)：

于　涛	于小平	王平章	王　晖	王文华
王　培	田莉坤	吴勤保	韩　伟	赵俊武
韩小峰	王　莉	刘华欣	闫华明	李长本
李振东	王华杰	沈　伟	李诚人	李　文
肖调生	陈文杰	杨峻峰	邵东波	林若森
封逸彬	张信群	曾宪章	张玉英	郭爱荣
王晓江	杨永生	刘　航	关雄飞	王丽洁
张爱莲	杨广莉	王晓宏	郭新玲	高宏洋
甄瑞麟	熊　翔	黄红辉	潘建新	熊立武
王立红	于文强	魏　峥	张丽萍	张俊玲
范素香	单潇辰	张兆明	刘元义	程鹏飞
姜化凯	李先雄	南　欢	谢　刚	

序

编写目的

目前，随着教育改革的不断深入，高等职业教育发展迅速，进入到一个新的历史阶段。高等职业教育的学校规模之大，数量之众，专业设置之广，办学条件之好和招生人数之多，都大大地超过了历史上任何一个时期。然而，作为高职院校核心建设项目之一的教材建设，却远远滞后于高等职业教育发展的步伐，以至于许多高职院校的学生缺乏适用的教材，这势必影响高职院校的教育质量，也不利于高职教育的进一步发展。

目前，高职教材建设面临着新的契机和挑战。

(1) 高等职业教育发展迅猛，相应的教材在编写、出版等环节需要在保证质量的前提下加快步伐，跟上节奏。

(2) 新型人才的需求，对教材提出了更高要求，教材必须充分体现科学性、先进性和实用性。

(3) 高职高专教育自身的特点是强调学生的实践能力和动手能力，教材的取材和内容设置必须满足不断发展的教学需求，突出理论与实践的紧密结合。

(4) 新教材应充分考虑一线教师的教学需要和教学安排，并提供配套的教学资源。

有鉴于此，清华大学出版社在相关主管部门的大力支持下，组织部分高等职业技术学院的优秀教师以及相关行业的工程师，推出了一系列切合当前教育改革需要的、高质量的、面向就业的职业技术实用型教材。

特点

为了完善高等职业技术教育的教材体系，全面提高学生的动手能力、实践能力和职业技术素质，特意聘请有实践经验的高级工程师参与系列教材的编写，采用了一线工程技术人员和在校教师联合编写的模式，使课堂教学与实际操作紧密结合。本系列丛书的特点如下。

(1) 打破以往教科书的编写套路，在兼顾基础知识的同时，强调实用性和可操作性。

(2) 突出概念和应用，相关教材配有上机指导及习题，帮助读者对所学内容进行总结和提高。

(3) 设计了"注意"、"提示"、"技巧"等带有醒目标记的特色段落，使读者更容易得到有益的提示与应用技巧。

(4) 增加了全新的、实用的内容和知识点，并采取由浅入深、循序渐进、层次清楚、步骤详尽的写作方式，突出了实践技能和动手能力。

读者定位

本系列教材针对职业教育，主要面向高职高专院校，同时也适用于同等学力的职业教育和继续教育。本系列教材以三年制高职教育为主，同时也适用于两年制高职教育。

本系列教材的编写和出版是高职教育办学体制和运作机制改革下的产物，在后期的推广使用过程中仍将紧紧跟随职业技术教育发展的步伐，不断汲取新型办学模式、课程改革的思路和方法，为促进职业培训和继续教育的社会需求奉献我们的一分力量。

我们希望通过本系列教材的编写和推广应用，不仅有利于提高职业技术教育的整体水平，而且有助于加快改进职业技术教育的办学模式、课程体系和教学培训方法，形成具有特色的职业技术教育的新体系。

教材编委会

前　言

本次修订是在《金工实习教程》第 2 版(2010 年)的基础上进行的，经过近 4 年的发行，本书已经广泛被大专院校理工科学生作为生产实习指导教材使用，教学效果反馈优良。书中的实践操作项目丰富且针对性强，工艺分析思路清晰，无论在发行量还是在社会评价方面都取得了显著的成绩，为金工实习的规范、教材体例的创新做出了较大贡献。

本书第 3 版在汲取了各校教学改革经验及广大读者对《金工实习教程》第 2 版的反馈建议和意见的基础上，修订完善了金属材料热加工和切削加工实习内容。在本书的编写过程中，参考了大量机械制造行业的有关规范和新标准，规范了名词术语、符号、单位等内容。在实习项目内容的选题上，依据机械设计制造专业的教学和行业生产特点，结合工作过程系统化课程结构所涉及的教育理论，在传统实习教学内容的基础上进行了适当的整合规划。本书以岗位工种作为主体线索，依次介绍了钢的热处理与火花鉴别、铸造、锻压、焊接、钳工、车削、铣削、刨拉镗削、磨削、数控机床加工、电火花加工等内容。

为了更好地适用于专业实践教学，本次修订的特点及思路如下。

(1) 更好地将实践项目驱动机制融入教材，扩充实践训练项目并附加评分准则和评分记录，使教师能够更方便地按照国家职业技能评价体系对学生的技能项目做出测评。

(2) 重点参阅最新的国家职业技能鉴定标准，这将有利于学生技能的提升和取得相应的职业技能等级证书，更好地适应高职教育改革的需要。

(3) 建立资源交流信息平台，实现教学资源的开发与共享。《金工实习》省级精品课程网站地址：http://210.44.176.183/jgsx/index.html。

(4) 联合多所高职院校的一线实践教学指导教师和企业工程师，分析车、铣、刨、磨、钳、锻、焊、热处理等不同类型工种特点，提出切实可行的实践课题，侧重技能和工艺问题的解决。

(5) 本书创建 QQ 群：39024033，用于专业教师及同行探讨问题、研究教学方法、交流教学资源，同时为本书提供课件下载。

本书由山东理工大学于文强、潍坊工程职业学院张丽萍担任主编，华北水利水电大学范素香、山东钢铁股份有限公司莱芜分公司能源动力厂单潇辰、淄博市技术学院张俊玲、滨州市技师学院张兆明担任副主编；山东理工大学程鹏飞、姜化凯参加了本书的编写工作，书稿在编写过程中还得到了各兄弟院校众多专业老师的帮助和支持，在此表示感谢！

全书由山东理工大学刘元义教授担任主审工作。在教材的编写校对过程中，山东理工大学雷岩同学完成了大量的文字和图表处理任务，全体编写成员在此深表谢意。

由于编者水平有限，书中不足之处在所难免，恳请广大读者批评指正，作者邮箱：yyu2000@126.com。

编　者

目　　录

第 1 章　钢的热处理与火花鉴别

学习要点

本章介绍钢材的退火、正火、淬火、回火以及表面热处理和钢材火花鉴别的方法，同时对热处理常用设备进行扼要讲解，对热处理在实践中常见的问题和缺陷原因进行深入剖析；重点介绍淬火、回火等热处理工艺，并通过工程实例介绍常见零件的热处理工艺规程。

技能目标

通过本章热处理项目的技能操作训练，掌握基本的热处理方法。

钢的热处理是指将钢在固态下，通过加热、保温和冷却，以获得预期组织和性能的工艺。热处理与其他加工方法(如铸造、锻压、焊接和切削加工等)不同，它只改变金属材料的组织和性能，而不以改变其形状和尺寸为目的。

> **知识链接：** 含碳量 W_c <2.11%的铁碳合金称为钢，按化学成分可分为碳素钢和合金钢；含碳量 W_c >2.11%的铁碳合金称为铸铁，根据碳的存在形式不同，可将铸铁分为白口铸铁和灰口铸铁两大类。

热处理的作用日趋重要，因为现代机器设备对金属材料的性能不断地提出新的要求。热处理可以提高零件的强度、硬度、韧性及弹性等，同时还可以改善毛坯或原材料的切削加工性能，使之易于加工。可见，热处理是改善金属材料工艺性能、保证产品质量、延长使用寿命和挖掘材料潜力不可缺少的工艺方法。据统计，在机床制造中，热处理件占 60%～70%；在汽车、拖拉机制造中，热处理件占 70%～80%；在刀具、模具和滚动轴承制造中，几乎全部零件都需要进行热处理。

热处理的工艺方法很多，大致可分为以下 3 大类。

(1) 普通热处理：包括退火、正火、淬火、回火等。

(2) 表面热处理：包括表面淬火和化学热处理(如渗碳、氮化等)。

(3) 特殊热处理：包括形变热处理和磁场热处理等。

各种热处理都可以用温度、时间为坐标的热处理工艺曲线来表示，如图 1-1 所示。

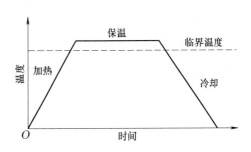

图 1-1　热处理工艺曲线示意图

1.1 钢的热处理

1.1.1 钢的退火和正火

退火和正火是生产中应用广泛的预备热处理工艺，安排在铸造、锻造之后，切削加工之前，用以消除前一道工序所带来的某些缺陷，为随后的工序做准备。例如，经铸造、锻造等热加工以后，工件中往往存在残余应力，硬度偏高或偏低，组织粗大，成分偏析等缺陷，这样的工件其力学性能低劣，不利于切削加工成型，淬火时也容易造成变形和开裂。经过适当的退火或正火处理，可以消除工件的内应力，调整工件的硬度，以改善切削加工性能，使组织细化、成分均匀，从而改善工件的力学性能并为随后的淬火做准备。对于一些受力不大、性能要求不高的机器零件，也可做最终热处理。

> **知识链接：** 硬度是指金属材料抵抗比它更硬的物体压入其表面的能力。常用的硬度指标有布氏硬度和洛氏硬度。
> ① 布氏硬度。布氏硬度的测定方法是，用一定的载荷将直径为 D 的淬硬钢球压入被测金属的表面，保持规定的时间后，卸除载荷，测出金属表面上的凹痕直径后，从硬度换算表上查出布氏硬度值。布氏硬度用 HBS 表示。
> ② 洛氏硬度。洛氏硬度的测定方法是，用一定的载荷将顶角为 120° 的金刚石圆锥或直径为 1.588mm 的淬硬钢球压入被测表面，通过凹痕深度来确定硬度值。硬度值直接从硬度计的刻度盘上读出，非常方便。洛氏硬度用 HRA、HRB 或 HRC 表示，常用的为 HRC。

1. 退火

退火是指将钢加热、保温，然后随炉或埋入导热能力较差的介质(如灰)中，使其缓慢冷却的热处理工艺。由于退火的具体目的不同，其具体工艺方法有多种,常用的有以下几种。

(1) 完全退火：完全退火是将亚共析钢加热到铁素体向奥氏体转变的实际临界温度 Ac_3 以上 30～50℃，保温后缓慢冷却，以获得接近平衡状态的组织。完全退火主要用于铸钢件和重要锻件。因为铸钢件在铸态下晶粒粗大，塑性、韧性较差，锻件因锻造时变形不均匀，致使晶粒和组织不均，且存在内应力。完全退火可以改善铸钢和锻件的组织状态，还可降低硬度，改善切削加工性。

完全退火的原理是：钢件被加热到 Ac_3 以上时，呈完全奥氏体化状态，由于初始形成的奥氏体晶粒非常细小，缓慢冷却时，通过"重结晶"使钢件获得细小晶粒，并消除了内应力。必须指出，应严格控制加热温度，防止温度过高，否则奥氏体晶粒将会急剧增大。

(2) 球化退火：球化退火主要用于过共析钢件。过共析钢经过锻造以后，其珠光体晶粒粗大，且存在少量二次渗碳体，致使钢的硬度高、脆性大，进行切削加工时易磨损刀具，且淬火时容易产生裂纹和变形。

球化退火时，将钢加热到珠光体向奥氏体转变的实际临界温度 Ac_1 以上 20～30℃，此时，初始形成的奥氏体内及其晶界上尚有少量未完全熔解的渗碳体，在随后的冷却过程中，奥氏体经共析反应析出的渗碳体以未熔渗碳体为核心，呈球状析出，分布在铁素体基体之上，这种组织称为"球化体"。它是人们对淬火前过共析钢最期望的组织，因为车削片状珠光体时容易磨损刀具，球化体的硬度低，从而减少刀具磨损。必须指出，对二次渗碳体呈严重网状的过共析钢，在球化退火前应先进行正火，以打碎渗碳体网。

(3) 去应力退火：去应力退火是指将钢加热到 500～650℃，保温后缓慢冷却。由于加热温度低于临界温度，因此钢未发生组织转变。去应力退火主要用于部分铸件、锻件及焊接件，也可用于做切削加工时的精密零件，使其通过原子扩散及塑性变形消除内应力，防止钢件产生变形。

> **知识链接：** 塑性是指金属材料仅产生塑性变形而不断裂的能力。常用的指标有伸长率δ和断面收缩率ψ。ψ和δ值越大，说明材料的塑性越好；反之，则塑性越差。钢和有色金属的塑性较好，而铸铁的塑性很差。

2. 正火

正火是指将钢加热到铁素体向奥氏体转变的实际临界温度 Ac_3 以上 30～50℃(亚共析钢)或渗碳体向奥氏体转变的实际临界温度 Ac_m 以上 30～50℃(过共析钢)，保温后在空气中冷却的热处理工艺。

正火和完全退火的作用相似，也是将钢加热到奥氏体区，使钢进行重结晶，从而解决铸钢件、锻件的晶粒粗大和组织不均等问题。但正火比退火的冷却速度稍快，形成了索氏体组织。索氏体比珠光体的强度、硬度稍高，但韧性并未下降。

正火主要用于以下几种情况。

(1) 取代部分完全退火。正火是在炉外冷却，占用设备时间短、生产率高，故应尽量用正火取代退火(如低碳钢和含碳量较低的中碳钢)。必须看到，含碳量较高的钢，正火后硬度过高，使切削加工性变差，且正火难以消除内应力。因此，中碳合金钢、高碳钢及复杂件仍以退火为宜。

(2) 用于普通结构件的最终热处理。

(3) 用于过共析钢，以减少或消除二次渗碳体呈网状析出。

如图 1-2 所示为几种退火和正火的加热温度范围示意图。

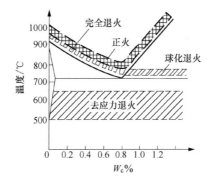

图 1-2　几种退火和正火的加热温度范围

> **知识链接：** 冲击韧度是指金属材料抵抗冲击载荷作用而不破坏的能力。不少机械零件如活塞销、冲模、锻模等是在冲击载荷的作用下工作的，对于这类工件，必须考虑它们在冲击载荷作用下的性能，即冲击韧度。冲击韧度常用一次摆锤冲击试验机测定。其测定方法是，将被测的金属材料制成带缺口的标准试样，用摆锤将试样一次冲断，以试样破断所消耗的功(单位为 J)除以试样缺口处的截面积(单位为 cm^2)来表示冲击韧度值，用 α_k 表示。

1.1.2　淬火和回火

淬火和回火是强化钢最常用的工艺。通过淬火，再配以不同温度的回火，可以使钢获得所需的力学性能。

1. 淬火

淬火是指将钢加热到 Ac_3 或 Ac_1 以上 30～50℃(见图 1-3)，保温后在淬火介质中快速冷却，以获得马氏体组织的热处理工艺。淬火的目的是提高钢的强度、硬度和耐磨性。淬火是钢件强化最经济有效的方法之一。

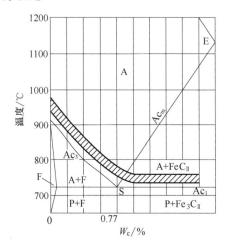

图 1-3　碳钢的淬火加热温度范围

> **知识链接：** 强度是指金属材料在外力的作用下，抵抗塑性变形和断裂破坏的能力。常用的强度指标有屈服极限和强度极限两种。
> ① 屈服极限：金属材料在外力作用下，刚开始出现塑性变形时的应力，用 σ_s 表示。
> ② 强度极限：金属材料在拉断前所能承受的最大应力，用 σ_b 表示。

由于马氏体形成的过程伴随着体积膨胀，造成淬火件产生了内应力，而马氏体组织的脆性通常又较大，这使得钢件在淬火时容易产生裂纹或变形。为防止上述淬火缺陷的产生，除应选用适合的钢材和正确的结构外，在工艺上还应采取如下措施。

(1) 严格控制淬火加热温度。对于亚共析钢，若淬火加热温度不足，会因未能完全形成奥氏体，致使淬火后的组织中除马氏体外，还残存少量铁素体，使钢的硬度不足；若加热温度过高，会因奥氏体晶粒长大，淬火后的马氏体组织也粗大，增加钢的脆性，致使钢件裂纹和变形的倾向加大。对于过共析钢，若超过图 1-3 所示的温度，不仅会使钢的硬度并未增加，而且会使裂纹、变形倾向加大。

(2) 合理选择淬火介质，使其冷却速度略大于临界冷却速度 V_k。淬火时钢的快速冷却是依靠淬火介质来实现的。水和油是最常用的淬火介质：水的冷却速度大，使钢件易于获得马氏体，其主要用于碳素钢；油的冷却速度较水慢，用它淬火钢件的裂纹、变形倾向小。合金钢因淬透性较好，以在油中淬火为宜。

(3) 正确选择淬火方法。生产中最常用的是单介质淬火法，它是在一种淬火介质中连续冷却到室温，由于操作简单，便于实现机械化和自动化生产，故应用最广。对于容易产生裂纹、变形的钢件，有时采用先水后油双介质淬火法或分级淬火等其他淬火法。

2. 回火

将淬火的钢重新加热到 Ac_1 以下某温度，保温后冷却到室温的热处理工艺，称为回火。回火的主要目的是消除淬火内应力，以降低钢的脆性，防止产生裂纹，同时也使钢获得所需的力学性能。

淬火所形成的马氏体是在快速冷却的条件下被强制形成的不稳定组织，因此具有重新转变成稳定组织的自发趋势。回火时，由于被重新加热，原子的活动能力加强，所以随着温度的升高，马氏体中过饱和碳将以碳化物的形式析出。总的趋势是回火温度愈高，析出的碳化物愈多，钢的强度、硬度下降，而塑性、韧性升高。

根据回火温度的不同(参见 GB/T 7232—1999)，可将钢的回火分为以下 3 种。

(1) 低温回火(250℃以下)：目的是降低淬火钢的内应力和脆性，但基本保持淬火所获得的高硬度(56～64 HRC)和高耐磨性。淬火后低温回火用途最广，如各种刀具、模具、滚动轴承和耐磨件等。

(2) 中温回火(250～500℃)：目的是使钢获得高弹性，保持较高硬度(35～50 HRC)和一定的韧性。中温回火主要用于弹簧、发条和锻模等。

(3) 高温回火(500℃以上)：淬火并高温回火的复合热处理工艺称为调质处理。它广泛地应用于承受循环应力的中碳钢重要件，如连杆、曲轴、主轴、齿轮和重要螺钉等。调质后的硬度为 20～35 HRC。这是由于调质处理后其渗碳体呈细粒状，与正火后的片状渗碳体组织相比，在载荷作用下不易产生应力集中，从而使钢的韧性显著提高。因此经调质处理的钢可获得强度及韧性都较好的综合力学性能。

1.1.3 钢的表面热处理

机械中的许多零件都是在弯曲和扭转等交变载荷、冲击载荷的作用或强烈摩擦的条件下工作的，如齿轮、凸轮轴和机床导轨等，要求金属表层具有较高的硬度以确保其耐磨性和抗疲劳强度，而心部具有良好的塑性和韧度以承受较大的冲击载荷。为满足零件的上述要求，生产中采用了一种特定的热处理方法，即表面热处理。

表面热处理可分为表面淬火和化学热处理两大类。

1. 表面淬火

表面淬火是指通过快速加热，使钢的表层很快达到淬火温度，在热量来不及传到钢件心部时就立即淬火，从而使表层获得马氏体组织，而心部仍保持原始组织的处理工艺。表面淬火的目的是使钢件的表层获得高硬度和高耐磨性，而心部仍保持原有的良好韧性，常用于机床主轴、发动机曲轴和齿轮等。

表面淬火所采用的快速加热方法有很多种，如电感应、火焰、电接触和激光等，目前应用最广泛的是电感应加热法。

电感应加热表面淬火法就是在一个感应线圈中通以一定频率的交流电(有高频、中频、工频三种)，使感应线圈周围产生频率相同、方向相反的感应电流，这个电流称为涡流。由于集肤效应，涡流主要集中在钢件表层。由涡流所产生的电阻热使钢件表层被迅速加热到淬火温度，随即向钢件喷水(合金钢浸油)进行快速冷却，将钢件表层淬硬。

感应电流的频率愈高，集肤效应愈强烈，故高频感应加热用途最广。高频感应加热常用的频率为 200～300kHz，此频率加热速度极快，通常只有几秒钟，淬硬层的深度一般为 0.5～2mm，主要用于要求淬硬层较薄的中、小型零件。

电感应加热表面淬火质量好，加热温度和淬硬层深度较易控制，易于实现机械化和自动化生产。其缺点是设备昂贵，需要专门的感应线圈。因此，电感应加热表面淬火主要用于成批或大量生产的轴、齿轮等零件。

2. 化学热处理

化学热处理是将钢件置于适合的化学介质中加热和保温，使介质中的活性原子渗入钢件表层，以改变钢件表层的化学成分和组织，从而获得所需的力学性能或理化性能。化学热处理的种类很多，依照渗入元素的不同，有渗碳、渗氮、碳氮共渗等，以适应不同的场合，其中渗碳的应用最广。

渗碳是指将钢件置于渗碳介质中加热、保温，使其分解出来的活性碳原子渗入钢的表层。气体渗碳法采用密闭的渗碳炉，并向炉内通以气体渗碳剂(如煤油)，加热到 900～950℃，经较长时间的保温，使钢件表层增碳。井式气体渗碳过程由排气、强烈渗碳、扩散及降温保温四个阶段组成，如图 1-4 所示。

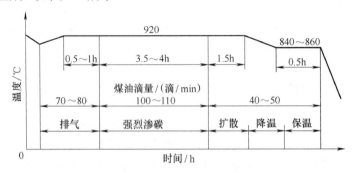

图 1-4　井式气体渗碳工艺曲线

渗碳件通常采用低碳钢或低碳合金钢，渗碳后渗层深一般为 0.5～2mm，表层含碳量 W_c 将增至 1%左右，经淬火和低温回火后，表层硬度达 56～64 HRC，因此耐磨；而心部因仍是低碳钢，故保持其良好的塑性和韧性。渗碳主要用于既承受强烈摩擦，又承受冲击或循环应力的钢件，如汽车变速箱齿轮、活塞销、凸轮、自行车和缝纫机的零件等。

渗氮又称氮化。它是指将钢件置于氮化炉内加热，并通入氨气，使氨气分解出活性氮原子渗入钢件表层，形成氮化物(如 AlN、CrN、MoN 等)，从而使钢件表层具有高硬度(相当于 72 HRC)、高耐磨性、高抗疲劳性和高耐腐蚀性。渗氮时加热温度仅为 550～570℃，钢件变形甚小。常用的渗氮工艺有 3 种，即等温渗氮法(又称一段渗氮法)、二段渗氮法和三段渗氮法。如图 1-5 所示为 38CrMoAlA 钢的等温渗氮工艺。

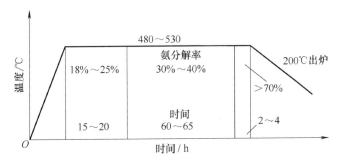

图 1-5　38CrMoAlA 钢的等温渗氮工艺曲线

由图 1-5 可知，渗氮生产周期长(需几十个小时)，生产效率低，需采用专用的中碳合金钢，成本高。工件渗氮层厚度较薄且脆性大，不能承受过大的接触应力和冲击载荷，从而使渗氮的应用受到一定的限制。因此，渗氮主要用于制造耐磨性和尺寸精度要求均较高的零件，如排气阀、精密机床丝杠和齿轮等。

1.1.4　热处理设备

1. 加热设备

1)　箱式电阻炉

箱式电阻炉是利用电流通过金属或非金属时产生的热能，借助于辐射或对流而对工件加热，外形呈箱体状的一种加热设备。箱体电阻炉具有结构简单、体积小、操作简便、炉温分布均匀以及温度控制准确等优点，是应用较为广泛的一种加热设备。箱式电阻炉分高温、中温和低温 3 种，其中中温箱式电阻炉的应用最为广泛。

中温箱式电阻炉可用于碳钢、合金钢件的退火、正火、调质、渗碳、淬火和回火等热处理工艺，其使用温度为 650～950℃。中温箱式炉是倒开式的，其结构是：炉膛由耐火砖砌成，向外依次是硅藻土砖和隔热材料；炉底要受工件重压和冲击，一般用耐热钢制成炉板，炉底板下有耐火砖墙支承，砖墙之间有电热元件；炉壳由钢板和角钢焊成；炉门为铸铁外壳，内砌耐火砖；由镍铬合金或铁铬铝合金制成的电热元件安放在炉内两侧。其结构如图 1-6 所示。

高温箱式炉一般温度可达 1300℃，用于高合金钢的淬火加热。其结构与中温箱式炉相似，但对耐火材料有较高的要求，多用高铝砖。炉门、炉壁较厚，以增强保温性能，炉底板为碳化硅板。

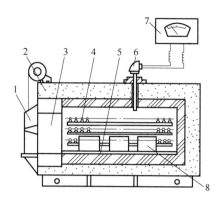

图1-6 箱式电阻炉示意图

1—炉门；2—炉体；3—炉膛前部；4—电热元件；

5—耐热钢炉底板；6—测温热电偶；7—电子控温仪表；8—工件

2) 井式电阻炉

井式电阻炉有中温炉、低温炉及气体渗碳炉3种。

中温井式电阻炉的耐热性、保温性及炉体强度与箱式电阻炉无明显区别，其用途为长形工件(轴类)的淬火、正火和退火。低温井式电阻炉的结构与中温井式电阻炉的相似，使用温度在650℃以下，用于回火或有色金属的热处理。为了使炉温均匀，井式电阻炉都带有风扇，其结构如图1-7所示。

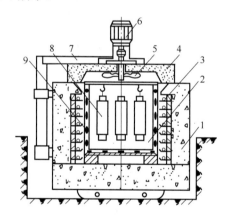

图1-7 井式电阻炉示意图

1—炉体；2—炉膛；3—电热元件；4—炉盖；5—风扇；

6—电动机；7—炉盖升降机构；8—工件；9—装料筐

井式气体渗碳炉的结构与井式电阻炉相似，如图1-8所示。在进行气体渗碳时，为了防止渗碳介质与加热元件接触，且保持炉内渗碳介质的成分和压力，所以在炉内放置一个耐热密封炉罐。炉盖上装有电扇，使介质加热均匀。炉罐内有装工件用的耐热钢料筐，炉盖上有渗碳液滴注孔和废气排出孔。井式气体渗碳炉适用于渗碳、氮化、蒸汽处理、保护退火及淬火等。其最高使用温度为950℃。

3) 盐浴炉

盐浴炉是利用中性盐作为加热介质的加热设备。其具有如下优点：加热速度快，热效率高，制造容易；工件在盐浴中加热，氧化脱碳少，温度范围宽，可在 150～1300℃ 范围内使用；可以进行局部加热。按其加热方式，盐浴炉可分为内热式和外热式两种。

(1) 内热式盐浴炉：其实质也是电阻加热，在插入炉膛和埋入炉墙的电极上，通上低压大电流的交流电，由熔化盐的电阻发出热量来达到要求的温度。插入式电极盐浴炉的结构如图 1-9 所示。为节约电能和提高炉膛的使用面积，将电极布置在炉膛底部，称为埋入式电极盐浴炉，其结构如图 1-10 所示。

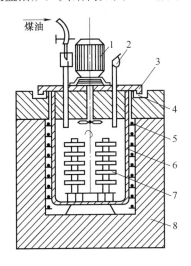

图 1-8 井式气体渗碳炉示意图

1—风扇电动机；2—废气火焰；3—炉盖；4—砂封；
5—电阻丝；6—耐热罐；7—工件；8—炉体

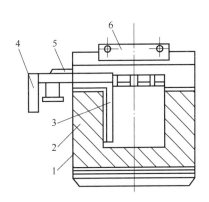

图 1-9 插入式电极盐浴炉的结构

1—炉壳；2—炉衬；3—电极；
4—连接变压器的铜排；5—风管；6—炉盖

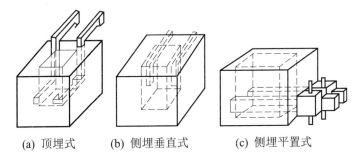

(a) 顶埋式　　　(b) 侧埋垂直式　　　(c) 侧埋平置式

图 1-10 埋入式电极盐浴炉的结构

由于固体盐是不导电的，所以电极式盐浴炉在冷却时必须将辅助电极置于炉膛内。电极式盐浴炉也有其缺点：需要捞渣、脱氧，辅料消耗多；不适合大型工件的加热；工件冷却后必须清洗，易飞溅或爆炸伤人。

(2) 外热式盐浴炉：将用耐热钢制成的坩埚置于电炉中加热，使坩埚内的盐受热熔化，熔盐将工件加热。因盐炉的热源来自外部，故称外热式盐浴炉或坩埚式盐浴炉。外热式盐浴炉仅适用于中温、低温。其优点是不需要变压器，开动方便。外热式盐浴炉用于碳钢及低合金钢的淬火、回火、液体化学热处理、分级及等温冷却等。

(3) 盐浴炉的操作和维护：新炉在使用前必须将炉体烘干；必须有抽风设备；炉壳及变压器必须接地；升温前要做准备工作，如检查仪表、热电偶、电极等是否正常，然后升温加盐；添加新盐及脱氧剂时应烘干，分批缓慢加入，以防盐浴飞溅；盐浴面应经常保持一定的高度；工件及工卡具不得带水进入盐浴，严防工件与电极接触，以免烧坏工件；应定期捞渣和校正温度。

2. 冷却设备

1）水槽

淬火水槽的基本结构可制成长方形、正方形等，用钢板和角钢焊成。一般水槽都有循环功能，以保证淬火介质的温度均匀，并保持足够的冷却特性。

2）油槽

油槽的形状及结构与水槽相似，为了保证冷却能力和安全操作，一般车间都采用集中冷却的循环系统，如图 1-11 所示。

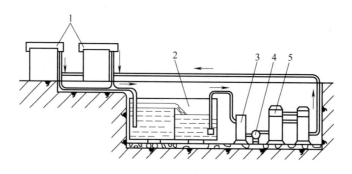

图 1-11　油循环冷却系统结构示意图

1—淬火油槽；2—集油槽；3—过滤器；4—油泵；5—冷却器

3）使用淬火槽时的注意事项

(1) 淬火槽距离工作炉 1～1.5m，淬火时要防止淬火介质溅入盐浴，以防引起爆炸。

(2) 淬火槽要保持一定高度的液面，盐水冷却时要检查介质的浓度。

(3) 淬火油槽要设置灭火装置，操作时要注意安全。

(4) 定期将水、油槽放空清渣。

1.1.5　专项技能训练课题

完成錾口锤头工艺过程中淬火+低温回火操作。

锤头是日常生产生活的常用工具，工件材料为 45 钢，要求高硬度、耐磨损、抗冲击，热处理后的硬度为 42～47 HRC。根据其力学性能的要求，制定热处理方法为：淬火后低温回火。加工工艺流程为：备料—锻造—刨削或铣削—锉削—划线—锯削—锉削—钻孔—攻螺纹—热处理—抛光—表面处理—装配。热处理工艺曲线如图 1-12 所示。

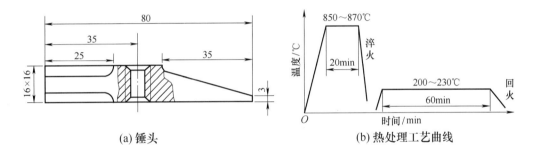

(a) 锤头　　　　　　　　　(b) 热处理工艺曲线

图 1-12　锤头热处理工艺曲线

热处理工序的作用及注意事项如下。

淬火是为了提高硬度和耐磨性。为减少表面氧化、脱碳，加热时要在炉内放入少许木炭。冷却时，手持钳子夹持锤头入水并在水中不断摆动，以保证硬度均匀。低温回火用以减少淬火产生的内应力，增加韧性，降低脆性，并达到硬度的要求。

1.2　钢材的火花鉴别

钢材的品种繁多，应用广泛，性能差异也很大，因此对钢材的鉴别就显得异常重要。钢材的鉴别方法很多，现场主要用火花鉴别法和根据钢材色标识别法两种方法。火花鉴别法是依靠观察材料被砂轮磨削时所产生的流线、爆花及其色泽判断出钢材化学成分的一种简便方法。

1.2.1　火花鉴别法常用的设备及操作方法

火花鉴别法常用的设备为手提式砂轮机或台式砂轮机，砂轮宜采用 46～60 号普通氧化铝砂轮。手提式砂轮直径为 100～150mm，台式砂轮直径为 200～250mm，砂轮转速一般为2800～4000r/min。

在火花鉴别时，最好应备有各种牌号的标准钢样以帮助对比、判断。操作时应选在光线不太亮的场合进行，最好放在暗处，以免强光使人对火花色泽及清晰度的判别受到影响。操作时使火花向略高于水平线的方向射出，以便观察火花流线的长度和各部位的火花形状特征。施加的压力要适中，施加较大压力时应着重观察钢材的含碳量；施加较小压力时应着重观察材料的合金元素。

1.2.2　火花的组成和名称

1. 火束

钢件与高速旋转的砂轮接触时产生的全部火花叫作火花束，也叫火束。火束由根部火花、中部火花和尾部火花 3 部分组成，如图 1-13 所示。

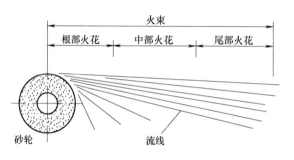

图 1-13　火束的组成

2. 流线

钢件在磨削时产生的灼热粉末在空间高速飞行时所产生的光亮轨迹，称为流线。流线分直线流线、断续流线和波纹流线等，如图 1-14 所示。碳钢的火束流线均为直线流线；铬钢、钨钢、高合金钢和灰铸件的火束流线均呈断续流线；而呈波纹状的流线并不常见。

图 1-14　流线的形状

3. 节点和芒线

流线上中途爆裂而发出的明亮且稍粗的点，叫节点。火花爆裂时所产生的短流线称为芒线。因钢中含碳量的不同，芒线有二根分叉、三根分叉、四根分叉和多根分叉等几种，如图 1-15 所示。

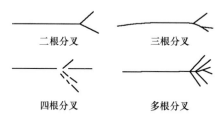

图 1-15　芒线的形状

4. 爆花与花粉

在流线或芒线中途发生爆裂所形成的火花形状称为爆花，由节点和芒线组成。只有一次爆裂芒线的爆花称为一次花，在一次花的芒线上再次发生爆裂而产生的爆花称为二次花，依次类推，有三次花、多次花等，如图 1-16 所示。分散在爆花之间和流线附近的小亮点称为花粉。出现花粉是高碳钢的火花特征。

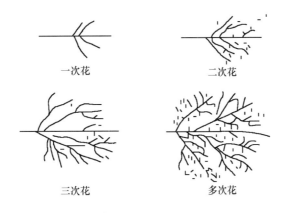

图 1-16　爆花的形状

5. 尾花

流线末端的火花，称为尾花。常见的尾花有两种形状：狐尾尾花和枪尖尾花，如图 1-17 所示。根据尾花可判断出所含合金元素的种类，狐尾尾花说明钢中含有钨元素，枪尖尾花说明钢中含有钼元素。

图 1-17　尾花的形状

6. 色泽

整个火束或某部分的火束的颜色，称为色泽。

1.2.3　碳钢火花的特征

碳钢中火花爆裂的情况随含碳量的增加而分叉增多，且形成二次花、三次花甚至更复杂。火花爆裂的大小随含碳量的增加而增大，含碳量在 0.5% 左右时最大，火花爆裂数量由少到多，花粉增多，如图 1-18 所示。

碳钢的火花特征变化规律如表 1-1 所示。

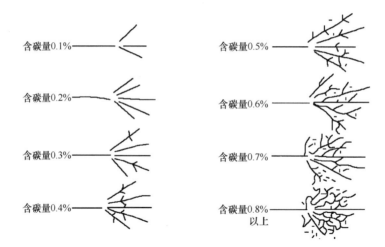

图 1-18　含碳量与火花特征

表 1-1　碳钢的火花特征

$W_C/\%$	流　线					爆　花				磨砂轮时手的感觉
	颜色	亮度	长度	粗细	数量	形状	大小	花粉	数量	
0	亮黄	暗	长	粗	少	无 爆 花				软
0.05						二根分叉	小	无	少	
0.1						三根分叉		无		
0.2						多根分叉		无		
0.3						二次花多分叉		微量		
0.4						三次花多分叉		稍多		
0.5										
0.6		亮	长	粗			大			
0.7										
0.8	黄橙	暗	短	细	多	复杂	小	多量	多	硬
>0.8										

1.2.4　专项技能训练课题

通过用砂轮磨削材料，观察火花形态的方法，辨别 15 钢、45 钢、T8 钢、W18Cr4V 钢等四种不同牌号的钢材。

1. 15 钢的火花特征

15 钢的火花特征是火束呈草黄微红色，流线长，节点清晰，爆花数量不多，如图 1-19 所示。

2. 45 钢的火花特征

45 钢的火花特征是火花束色黄而稍明，流线较多且细，挺直，节点清晰，爆花多为多根分叉三次花，花数占全体的 3/5 以上，有很多小花及花粉产生，如图 1-20 所示。

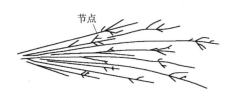

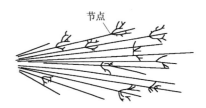

图 1-19　15 钢的火花特征　　　　　　　图 1-20　45 钢的火花特征

3. T8 钢的火花特征

T8 钢的火花特征是火花束为橙红微暗，流线短且直，节花多且较密集，如图 1-21 所示。

4. W18Cr4V 钢的火花特征

W18Cr4V 钢的火花特征是火花色泽赤橙，近暗红，流线长而稀，并有断续状流线，火花呈狐尾状，几乎无节花爆裂，如图 1-22 所示。

图 1-21　T8 钢的火花特征　　　　　　图 1-22　W18Cr4V 钢的火花特征

1.3　实践中常见问题的解析

1.3.1　过热与过烧

1. 过热

过热是指因工件加热温度过高或在高温下保温时间过长，而使晶粒粗大化的一种缺陷。过热使奥氏体晶粒变得粗大，容易造成淬火变形和开裂，并显著降低工件的塑性和韧度。

2. 过烧

过烧是指因加热温度过高而使奥氏体晶界出现严重氧化甚至熔化的现象。过烧后的工件晶粒极为粗大，晶粒间的联系被破坏，强度降低，脆性变大。

过热后的工件可以重新进行一次正火或退火以细化晶粒，再按常规工艺重新进行淬火；而过烧的工件则无法挽救，只能报废。

为避免过烧或过热，生产中常采用下列措施进行预防。

(1) 合理选择和确定加热温度和保温时间。

(2) 装炉时，工件与炉丝或电极的距离不能太近。

(3) 对截面厚薄相差较大的工件，应采取一定的工艺措施使之受热均匀。

1.3.2　氧化与脱碳

1. 氧化

氧化是指钢件加热时与炉内的氧化性的炉气发生化学反应而生成一层氧化皮的现象。氧化皮不仅使工件表面粗糙、尺寸不准确、钢材烧损，还影响工件的力学性能、切削加工性及耐腐蚀性等。

2. 脱碳

脱碳是指高温下工件表层中的碳与炉内的氧化性气氛发生化学反应形成气体逸出，使工件表面含碳量下降的现象。脱碳后，工件表面贫碳化，导致工件淬火后的硬度、耐磨性严重下降，并增加了工件的开裂倾向。

防止氧化和脱碳的措施有以下几种。

(1) 用保护气氛炉加热工件。

(2) 淬火加热前，在工件表面涂以防氧化脱碳的涂料。

(3) 将工件装入盛有硅砂、生铁屑或木炭粉的密封箱内加热。

(4) 用盐浴炉加热，并定期加入脱氧剂进行脱氧和除渣。

(5) 严格控制加热温度和保温时间。

3. 硬度不足或不均

1) 淬火工件硬度不足

淬火工件硬度不足是指工件淬火后整个工件或工件的较大区域内硬度达不到工艺规定要求的现象。

(1) 淬火工件硬度不足的原因如下。

① 加热温度过低或保温时间不足，使钢件的内部组织没有完全奥氏体化，有铁素体或残余的珠光体，从而使淬火硬度不足。

② 对过共析钢，加热温度过高，奥氏体含碳量过高，淬火后残余的奥氏体数量增多，也会造成硬度值偏低。

③ 冷却速度太慢，如冷却介质的冷却能力差等原因，使淬火工件发生高温转变，从而导致硬度不足。

④ 操作不当，如在冷却介质中停留时间过短；预冷时间过长，使奥氏体转变为非马氏体组织，从而导致硬度不足。

⑤ 工件表面脱碳，使工件含碳量过低，从而导致淬火硬度值偏低。

⑥ 原材料本身存在大块铁素体等缺陷。

⑦ 材料的牌号、成分未达到技术要求值。

(2) 预防及弥补淬火工件硬度不足的措施如下。

① 加强保护，防止工件氧化和脱碳。

② 严格按工艺流程进行操作。

③ 硬度不足的工件经退火或高温回火后重新进行淬火。

2) 淬火工件硬度不均

淬火工件硬度不均俗称"软点"，是指工件淬火后出现小区域硬度不足的现象。

(1) 淬火工件硬度不均的原因如下。

① 材料化学成分(特别是含碳量)不均匀。

② 工件表面存在氧化皮、脱碳部位或附有污物。

③ 冷却介质老化、污染。

④ 加热温度不足或保温时间过短。

⑤ 操作不当，如工件间相互接触、在冷却介质中运动不充分等。

(2) 预防及弥补淬火工件硬度不均的措施如下。

① 截面相差悬殊的工模具等工件选用淬透好的钢材。

② 通过锻造或球化退火等预备热处理改善工件原始组织。

③ 加热时要加强保护，盐浴炉要定期脱氧捞渣。

④ 选用合适的冷却介质并保持清洁。

⑤ 工件在冷却介质中冷却时要进行适当的搅拌或分散冷却。

⑥ 淬火温度和保温时间要足够，保证相变均匀，防止因加热温度和保温时间不足而造成"软点"。

1.3.3 变形与开裂

变形与开裂是由于工件淬火时产生的内应力而引起的。淬火时产生的内应力有两种：一种是工件在加热或冷却时因工件表面与心部的温差引起胀缩不同步而产生的，称为热应力；另一种是工件在淬火冷却时，因工件表面与心部的温差使马氏体转变不同步而产生的，称为组织应力。

当淬火工件的内应力超过工件材料的屈服极限时，则导致工件变形；若超过强度极限时，则导致工件开裂。防止变形和开裂的根本措施就是减少内应力的产生，在生产中可采取下列措施。

(1) 合理设计工件结构。厚薄交界处平滑过渡，避免出现尖角；对于形状复杂、厚薄相差较大的工件应尽量采用镶拼结构；防止太薄、太细件的结构。

(2) 合理选用材料。形状复杂、易变形和开裂或要求淬火变形极小的精密工件，选用淬透性好的材料。

(3) 合理确定热处理技术条件。用局部淬火或表面淬火能满足要求的，尽量避免采用整体淬火。

(4) 合理安排冷、热加工工序。工件毛坯经粗加工后去除表面缺陷，可减少淬火处理产生的裂纹。

(5) 应用预先热处理。对机加工应力较大的工件，应先去应力退火后再进行淬火；对高碳钢工件预先进行球化退火等。

(6) 采用合理的热处理工艺。对形状复杂易变形工件用较慢的速度加热；高合金钢采用多次预热；在满足硬度的前提下，尽可能选用冷却速度较慢的介质进行淬火冷却。

(7) 淬火后及时进行回火。

1.4 拓 展 训 练

1.4.1 车床主轴的热处理工艺

在机床、汽车制造业中，轴类零件是用量很大且相当重要的结构件之一。轴类零件经常承受交变应力的作用，故要求轴有较高的综合力学性能，承受摩擦的部位还要求有足够的硬度和耐磨性。零件大多经切削加工而制成，为兼顾切削加工性能和使用性能的要求，必须制定出合理的冷、热加工工艺。下面以车床主轴为例分析其加工工艺过程。

1) 车床主轴的性能要求

如图 1-23 所示为车床主轴，材料为 45 钢。热处理技术条件如下。

(1) 整体调质后硬度为 220～250 HBS。

(2) 内锥孔和外锥面处硬度为 45～50 HRC。

(3) 花键部分的硬度为 48～53 HRC。

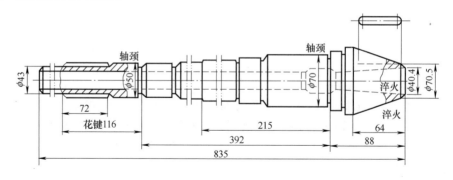

图 1-23 车床主轴

2) 车床主轴工艺过程

生产中车床主轴的工艺过程如下：备料—锻造—正火—粗加工—调质—半精加工—局部淬火(内锥孔、外锥面)、回火—粗磨(外圆、内锥孔、外锥面)—滚铣花键—花键淬火、回火—精磨。

其中正火、调质为预备热处理，内锥孔及外锥面的局部淬火、回火和花键的淬火、回火为最终热处理，它们的作用和热处理工艺分别如下。

(1) 正火：正火是为了改善锻造组织、降低硬度(170～230 HBS)以改善切削加工性能，也为调质处理做准备。

正火工艺如下：加热温度为 840～870℃，保温 1～1.5h，保温后出炉空冷。

(2) 调质：调质是为了使主轴得到较高的综合力学性能和抗疲劳强度。经淬火和高温回火后硬度为 200～230 HBS。调质工艺如下。

淬火加热：用井式电阻炉吊挂加热，加热温度为 830～860℃，保温时间为 20～25min。

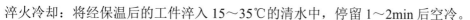

淬火冷却：将经保温后的工件淬入 15～35℃的清水中，停留 1～2min 后空冷。

回火工艺：将淬火后的工件装入井式电阻炉中，加热至(550±10)℃，保温 1～1.5h，出炉浸入水中快速冷却。

(3)　内锥孔、外锥面及花键部分经淬火和回火是为了获得所需的硬度。

内锥孔和外锥面部分的表面淬火可放入经脱氧校正的盐浴中快速加热，在 970～1050℃的温度下保温 1.5～2.5min 后，将工件取出淬入水中，淬火后在 260～300℃的温度下保温 1～3h(回火)，获得的硬度为 45～50 HRC。

花键部分可采用高频淬火，淬火后经 240～260℃的回火，获得的硬度为 48～53 HRC。

为减少变形，锥部淬火与花键淬火分开进行，并在锥部淬火及回火后，再经粗磨以消除淬火变形，而后再滚铣花键及花键淬火，最后以精磨来消除总变形，从而保证质量。

3)　车床主轴热处理注意事项

(1)　淬入冷却介质时应将主轴垂直浸入，并可做上下垂直窜动。

(2)　淬火加热过程中应垂直吊挂，以防工件在加热过程中产生变形。

(3)　在盐浴炉中加热时，盐浴应经脱氧校正。

1.4.2　圆拉刀的热处理工艺

拉刀是拉削加工所用的多齿刀具，外形较为复杂且精度要求较高，材料为 W18Cr4V 钢，热处理后刃部硬度达 63～66 HRC，柄部硬度达 40～55 HRC，允许热处理变形弯曲小于或等于 0.40mm。拉刀外部形状特征如图 1-24 所示。

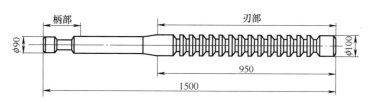

图 1-24　拉刀外部形状

圆拉刀的预备热处理可在一般性的任何炉型中进行，唯有淬火加热、分级淬火和回火必须谨慎选择炉型。目前大部分工厂都采用盐炉进行淬火加热和分级淬火，回火多采用带风扇的井式回火炉(也可用盐炉)。

进入热处理车间淬火回火的拉刀，其工艺过程一般是：预热(二次)—加热—冷却—热校直—清洗—回火—热校直—回火—热校直—回火—热校直—柄部处理—清洗—检验(硬度和变形量)—表面处理。

1. 预备热处理

1)　锻后退火

圆拉刀锻造后在电炉中等温退火的工艺如图 1-25 所示。

2)　消除应力退火

一般情况下，消除应力退火这道工序，应放在冷加工后、淬火前进行。特殊情况下，如果拉刀毛坯的弯曲量大，冷加工前需要进行校直，这时经过校直的拉刀毛坯需经消除应力退火后方可进行冷加工，而在冷加工后，仍需按常规进行消除应力退火。

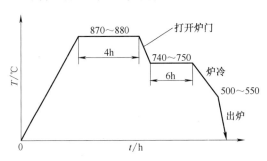

图 1-25　W18Cr4V 钢锻件在电炉中的退火工艺

2. 淬火和回火

1)　装炉和预热

拉刀在炉中加热或者冷却，必须垂直悬挂，以减少拉刀的弯曲变形。目前大部分工厂还没有专用夹具，只用铁丝捆扎拉刀柄部，再用铁钩悬挂，或用钳子夹住加热。

对于直径为100mm、长为1500mm的拉刀，应采用两次预热。第一次预热的温度为550～650℃，预热时间为 1h 左右，可在空气电阻炉中进行；第二次预热的温度为 800～870℃，预热时间为 30min 左右，在中温盐浴炉中进行。

2)　高温加热

拉刀的切削速度一般很低，它在工作时的表面温度常在 400℃ 左右，可见拉刀不太需要过高的红硬性，主要需要强度和韧性，所以可选下限温度进行加热，这样既可减少拉刀的弯曲变形和开裂倾向，又可提高强度和韧性。对直径为 100mm 的拉刀来说，适宜的加热温度为(1270 ± 10)℃。

至于加热时间，直径为 100mm 的拉刀可按高速钢加热系数 8～15s/mm 选其下限，即 13min 左右。如果装炉量多，拉刀入炉后的压温时间超过 8min，则应适当延长加热时间，以确保拉刀的热处理质量。

3)　淬火冷却

拉刀淬火冷却的方式与拉刀产生弯曲、裂纹和是否易于校直有着密切的关系，对于直径为 100mm、长为 1500mm 的拉刀，最好的冷却方案是二次分级加短时等温冷却，这样能控制残余奥氏体、贝氏体和马氏体的相对数量，有利于校直。

第一次分级的盐浴为 50%$BaCl_2$+30%KCl+20%NaCl，盐浴温度为 580～650℃，分级冷却时间，以拉刀刃部冷到 650～800℃为宜，约 3min 左右。

第二次分级盐浴为 100%KNO_3，分级温度为 450～550℃，分级冷却时间为 4min 左右，最后等温的盐浴成分为 50%KNO_3+50%$NaNO_3$，等温温度为 240～280℃，等温时间为 40min。

如果没有条件分级加等温冷却，也可采用油冷。将拉刀从高温炉中取出后，要进行延时，待拉刀表面温度冷到 1050～1200℃时浸入 80～120℃的油中，在油中冷到 350℃ 左右出油，出油后在几秒钟内，要使粘在拉刀上的油自燃。

无论是油冷还是分级加等温淬火的拉刀，在冷至 200℃ 左右时，将导向部分浸入中温盐浴中，加热几分钟(深约 20mm)后取出，这样可减少顶针孔开裂的危险。

4) 回火

淬火冷却到室温后，放入沸水中清洗，然后在 2h 内及时回火。拉刀的回火温度为 560℃。一般回火三次，每次约 90min，这是指到达回火温度的保温时间，第二次回火和第三次回火的间隔不得超过 24h。

5) 柄部淬火

柄部淬火在拉刀回火后进行。用铁丝将拉刀绑扎起来，柄部朝下，悬挂于中温盐浴炉中，柄部的加热温度为(900±10)℃，时间为 25min 左右，冷却是在油中或在 230～300℃ 的硝盐中进行。

3. 校直

1) 淬火后热校直

将拉刀从淬火介质中取出后(不低于 200℃)，其基体组织基本上为奥氏体或奥氏体加贝氏体(分级+等温)，这时塑性极好，可采用螺旋手压机进行热校直。将拉刀从油中或硝盐中取出后用棉纱或布擦净残盐，淬油的用铁刷刷掉油渍，清理净中心孔，然后卡在校直机的顶尖上，用百分表测量变形后取多点加压校正。

2) 回火后热校直

每次回火出炉后，趁热检查弯曲量，然后于 400℃ 左右放在校直机上长期加压，一直冷到室温为止。如在回火热校直后还有回火工序，则应将拉刀向弯曲反方向压过一些，以备再次回火时弯曲的恢复。

3) 冷校直

如果拉刀经上面几次校直后，弯曲量仍超差，可进行冷校直。冷校直常用的方法是借柄校直法，即将拉刀没有经过淬火的导向部压弯(在变形公差范围内)，以达到减少刃部偏摆量的校直方法。

1.4.3 汽车变速箱齿轮的渗碳热处理工艺

汽车变速箱齿轮是汽车中的重要零件，齿轮可以改变发动机曲轴和传动轴的速度比。齿轮经常在较高的载荷(包括冲击载荷和交变弯曲载荷)下工作，磨损也较大。在汽车运行中，由于齿根受着突然变载的冲击载荷以及周期性变动的弯曲载荷，会造成轮齿的脆性断裂或弯曲疲劳破坏；由于轮齿的工作面承受着较大的压应力和摩擦力，会造成麻点接触疲劳破坏及深层剥落；由于经常换挡，齿的端部经常受到冲击，也会造成损坏。因此，要求汽车变速箱齿轮具有较高的抗弯强度、接触疲劳强度和耐磨性，心部有足够的强度和冲击韧度，以保证有较长的使用寿命。

齿轮材料选用 20CrMnTi 钢，渗碳层深度为 0.8～1.3mm。渗碳层含碳量为 0.8%～1.05%。热处理后齿面硬度为 58～62 HRC，心部硬度为 33～48 HRC。其零件形状及尺寸如图 1-26 所示。

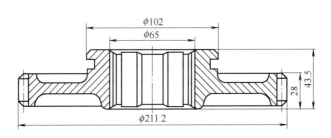

图 1-26　汽车变速箱齿轮示意图

1. 20CrMnTi 钢的材料特点

20CrMnTi 钢是低合金渗碳钢，淬透性和心部强度均较碳素渗碳钢高。其化学成分是：硅 0.20%～0.40%；锰 0.80%～1.10%；铬 1.00%～1.30%；钛 0.06%～0.12%。经渗碳淬火处理后，20CrMnTi 钢具有良好的耐磨性能和抗弯强度，具有较高的抗多次冲击能力。该钢的含碳量较低，这是因为变速箱齿轮要求其心部具有良好的韧性；合金元素铬和锰，是为了提高淬透性；在油中的淬透直径可达 40mm 左右，这样齿轮的心部淬火后可得到低碳马氏体组织，增加了钢的心部强度。其中的铬元素还能促进齿轮表面在渗碳过程中大量吸收碳，以提高渗碳的速度；锰不形成合金碳化物，锰的加入可稍微减弱铬钢渗碳时表面含碳量过高的现象；钢中加入 0.06%～0.12% 的钛，使钢的晶粒不易长大，提高了钢的强度和韧性，并且改善了钢的热处理工艺性能，使齿轮渗碳后可直接淬火。

2. 渗碳操作

1)　设备的选择与调整

设备选择 RQ3 型井式气体渗碳炉。

2)　渗碳剂的选用

渗碳剂选用煤油和甲醇同时滴入。

3)　加热温度的选择

20CrMnTi 钢的上临界点(Ac_3)约为 825℃，渗碳时必须全部转变为奥氏体。因为 γ+Fe 的溶碳能力远比 α+Fe 要大，所以 20CrMnTi 钢的渗碳温度略高于 825℃，但综合考虑渗碳速度和渗碳过程中齿轮的变形问题，宜选在 920～940℃ 之间。

4)　渗碳保温时间

在齿轮材料已确定的前提下，渗碳时间主要取决于要求获得的渗碳层深度。对于要求渗碳层深度为 0.8～1.3mm 的汽车变速箱齿轮而言，需外加磨量才能获得实际渗碳层的深度。假设齿轮磨量单面为 0.15mm，则实际渗碳层深度为 0.95～1.45mm，因此选择强渗时间为 4h，扩散时间为 2h。

5)　渗碳过程中渗碳剂滴量变化的原则

渗碳操作时，以每分钟滴入渗碳剂的毫升数来计算。对于具体炉子，再按实测每毫升多少滴折算成"滴/min"。以 75kW 井式炉为例，在每炉装的零件的总面积为 2～3m² 时，强渗阶段煤油的滴量应为 2.8～3.2mL/min，甲醇的滴量应为 5mL/min。如果实测得煤油 1mL 有 28 滴，而甲醇 1mL 有 30 滴，那么操作时，煤油可按照(84±5)滴/min 计，甲醇按 150 滴/min 计。

6) 工艺曲线

20CrMnTi 钢变速箱齿轮的渗碳工艺如图 1-27 所示,渗碳剂选用煤油和甲醇同时直接滴入炉膛。工艺曲线的渗碳过程可分四个阶段,即排气、强渗、扩散及降温保温出炉(缓冷或直接淬火)。

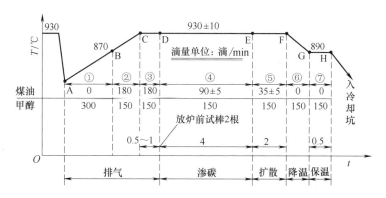

图 1-27　75kW 井式炉气体渗碳典型工艺曲线

3. 渗碳后的热处理

渗碳处理后,齿轮由表层的高碳(0.8%~1.05%)逐渐过渡到基体的低碳,渗碳后缓冷的组织由外向里一般是:过共析层—共析层—亚共析层。这种组织不能使齿轮获得必需的使用性能,只有渗碳后的热处理才能使齿轮获得高硬度、高强度的表面层和韧性好的心部。

1) 直接淬火

根据汽车变速箱齿轮的性能要求和渗碳零件的热处理特点,20CrMnTi 钢制齿轮在井式炉气体渗碳后常采用直接淬火。如图 1-28 所示是渗碳后直接淬火的工艺规范。齿轮经渗碳后延时到一定温度(850~860℃)即行直接油冷淬火。

至于延时温度,因为要保证齿轮的心部强度,故选 Ar_3,这样可避免心部出现大量游离铁素体。20CrMnTi 钢的过热倾向小,比较适合于采用直接淬火,这样可以大大减少齿轮的热处理变形和氧化退碳,也提高了经济效益。

2) 回火

齿轮直接淬火后,还要经低温回火,回火温度视淬火后的硬度而定,一般在(180±10)℃。低温回火后,虽然渗碳层的硬度变化很小,但是,因为回火过程消除了应力,改善了组织,使得渗碳层的抗弯强度、脆断强度和塑性得到了提高。

4. 质量检验

汽车变速箱齿轮经渗碳、淬火后的质量检查主要包括以下几方面。

(1) 渗碳层厚度的测定:测定渗碳层厚度的方法有很多,能得到行家认可的方法是显微分析法。对 20CrMnTi 钢制的渗碳齿轮来讲,应从渗碳试样表面测至基体组织为止。

(2) 金相组织检验:20CrMnTi 钢经渗碳+淬火+回火处理后,其表层组织应为回火马氏体+均匀分布的细粒状碳化物+少量残余奥氏体,心部组织为低碳马氏体+少量铁素体,各种组织的级别可按汽车渗碳齿轮专业标准进行检查。

(3) 表面及心部硬度检查：表面硬度以齿顶的表面硬度为准，以轮齿端面三分之一齿高位置处的检测值作为心部硬度。

(4) 渗碳层表面含碳量的检查：齿轮表面含碳量的检查一般采用剥层试样，将每层(一般为 0.10mm)铁屑剥下来进行定碳化验。

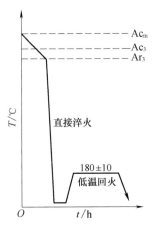

图 1-28　20CrMnTi 钢渗碳后直接淬火工艺规范

1.5　热处理操作安全规范

1.5.1　热处理工人的一般安全规范

(1) 热处理操作人员必须严格按照设备和工艺的操作规程进行操作。

(2) 工作时，操作者必须穿戴好防护用品，如工作服、口罩、手套等。

(3) 设备应运转良好，有故障必须及时修理。

(4) 车间区的危险区(如电源接线、转动机构、可燃气体等)应用挡板等加以防护并设警示牌。

(5) 化学药品及可燃、易爆、有毒物品应由专人保管并严格发放制度。

(6) 车间内应配备必要的急救药品或器械，操作者应懂得一般的急救常识。

(7) 车间内应配有消防器材，操作者应懂得其性能和使用方法。

(8) 热处理所排出的废液、废料都必须经过处理，符合国家排放标准后方可排放。

(9) 应保持车间内通道畅通。

1.5.2　盐浴炉操作安全规范

(1) 操作者工作前应检查汇流板、主副电极是否被短路，做好工夹具和挂具的烘烤或预热等准备工作。

(2) 添加新盐及盐浴校正剂时，必须预先烘干并徐徐加入；捞渣时应先切断电源。

(3) 工件放入盐浴介质时动作应缓慢，以防盐液溅出伤人。

(4) 高温盐浴炉的加热温度一般不超过 1300℃；中温盐浴炉的加热温度一般不超过 950℃；硝盐炉的加热温度一般不超过 570℃。

(5) 工件误落入盐浴炉时应先断电再打捞。

(6) 工作中严禁将硝盐带入中、高温盐浴炉。

(7) 硝盐炉应使用电加热，严禁用煤或油类加热。

(8) 硝盐着火时，不允许使用水、泡沫灭火器或湿砂灭火，只能用干砂灭火。

(9) 严禁将油类、木炭、焦炭、碳酸盐等含碳物质带入硝盐炉中，否则硝盐会燃烧甚至爆炸。

(10) 硝盐的水分含量应控制在 2%～10% 之间，水分过多会因沸腾而飞溅伤人。

1.5.3 箱式电阻炉和井式电阻炉操作安全规范

(1) 工件进出炉应断电操作。

(2) 工件进出炉时，工件或工具不得与电阻丝接触或碰撞，更不允许将工件随意扔入炉内。

(3) 大型井式电阻炉在吊装工件时，平台上、下不允许站人。

1.5.4 气体渗氮热处理操作安全规范

(1) 氨气瓶应放在阴凉通风处，严禁靠近热源、电源或在阳光下暴晒，并放在离工作场地 5m 以外的地方。

(2) 运送氨气瓶时严禁抛、滚、滑、碰。

(3) 液氨若发生冻结现象，只能用温水冲淋，严禁烘烤。

(4) 渗氮前，应仔细检查各管道接头是否存在泄漏。检查方法是用浸过盐酸的玻璃棒去接近各管接头，若有白烟产生，则说明该处有氨气泄漏。

(5) 因氨气有毒，车间内应设有抽风装置，且操作人员必须戴好口罩，以防吸入过量氨气而中毒。

(6) 渗氮过程中，若发现炉内温度突然升高，应立即切断电源，但不得切断氨气。

1.5.5 感应加热表面淬火热处理操作安全规范

(1) 操作者必须穿戴好绝缘鞋和绝缘手套以及其他规定的防护用品。

(2) 工作前应先检查设备的接地是否可靠，淬火设备和传动系统运行是否良好。

(3) 炉体前及周围应铺设绝缘胶板，工作场地要设防护栏。

(4) 高频感应加热淬火时，先通冷却水，工件放入感应器后方可送电加热。更换工件时，必须先切断高压电源。

(5) 施加高频电源后，手不得触及汇流板和感应器。

(6) 加热时，工件不得与感应器接触，以防烧伤工件或电源跳闸。

1.5.6　火焰加热表面淬火热处理操作安全规范

(1) 工作场地严禁堆放易燃、易爆品。

(2) 淬火用喷枪应完好。

(3) 操作者不许穿化纤服装上班。

(4) 操作时，必须穿戴好防护用品，特别是工作眼镜。

(5) 氧气瓶和乙炔瓶应放在离淬火场地较远处，并垂直放置。

(6) 用肥皂水检查有无泄漏，严禁点火检查。

本 章 小 结

本章介绍了钢材的退火、正火、淬火、回火以及表面热处理和钢材火花鉴别的方法，同时对热处理常用的设备进行了扼要讲解。对于热处理实践中常见的问题和缺陷原因进行了深入剖析。重点介绍了淬火、回火等热处理工艺，并以工程实例介绍了常见零件的热处理工艺流程。通过本章热处理项目的技能操作训练，学生可掌握基本热处理方法，可利用拓展训练了解复杂零件的热处理工艺并根据实际条件加以训练，熟悉热处理的操作方法。

思考与练习

一、思考题

1. 钢材的退火、正火、淬火和回火的目的是什么？各种热处理加热温度范围和冷却方法如何选择？热处理后形成的组织是什么？

2. 为什么要进行表面淬火？常用的表面淬火方法有哪些？

3. 常用的化学热处理方法有哪些？各自的目的何在？

4. 在进行钢材火花鉴别时，如何根据火花的特征区别 T8 钢与 45 钢？

5. 热处理常见的缺陷有哪些？如何防止？

二、练习题

1. 试分析 9Mn2V 钢螺纹磨床丝杆的热处理工艺。

2. 试分析齿轮淬火裂纹产生的原因与防止方法。

第 2 章 铸 造

学习要点

本章以砂型铸造为主，详细介绍了型(芯)砂的性能及组成、模样和型芯盒、造型和造芯以及综合工艺分析实例；扼要叙述了铸造合金的熔炼和浇注、浇注系统的作用和组成、铸件的落砂清理及缺陷分析等；最后介绍了特种铸造工艺、铸造安全生产等内容。

技能目标

通过本章的学习，读者应该掌握砂型铸造的基本工艺和造型方法，会分析简单零件的铸造工艺并绘制铸造工艺图。

铸造是指熔炼金属、制造铸型，并将熔融金属浇入铸型，凝固后获得一定形状与性能铸件的成型方法。铸件是指用铸造方法获得的零件或毛坯。毛坯要经过切削加工后才能制成零件。

铸造是现代机械制造中获得零件或毛坯的主要工艺方法，它广泛应用于机床制造、动力、交通运输、轻工机械、冶金矿山机械等设备。例如，汽车中铸件质量占总质量的 40%～60%；拖拉机中铸件质量占总质量的 70%；而普通切削机床中，铸件质量占总质量的 70%～80%；在矿山、冶金、重型机械中，铸件质量占总质量的 85%以上。

2.1 砂 型 铸 造

将液体金属浇入用型砂紧实成的铸型中，待凝固冷却后，将铸型破坏，取出铸件的铸造方法称为砂型铸造。砂型铸造是传统的铸造方法，它适用于各种形状、大小及各种常用合金铸件的生产。套筒的砂型铸造过程如图 2-1 所示，主要工序包括制造模样(型芯盒)、制备造型材料、造型、制芯、合型、熔炼、浇注、落砂、清理与检验等。

生产铸件前需根据零件图绘制出铸造工艺图。铸造工艺图是在零件图的基础上用各种工艺符号及参数表示出铸造工艺方案的图形，其中包括：浇注位置，铸型分型面，型芯的数量、形状、尺寸及其固定方法，加工余量，收缩率，浇注系统，起模斜度，冒口和冷铁的尺寸和布置等。铸造工艺图是指导模样(型芯盒)设计、生产准备、铸型制造和铸件检验的基本工艺文件。砂型铸造的主要工序包括以下几种。

(1) 根据零件图制造模样和型芯盒。

(2) 配制性能符合要求的型(芯)砂。

(3) 用模样和型芯盒进行造型和造芯。

(4) 烘干型芯(或砂型)并合箱。

(5) 熔炼金属并进行浇注。

(6) 出砂、清理和检验。

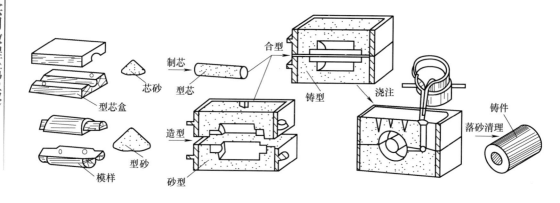

图 2-1　套筒的砂型铸造过程

2.1.1　常用造型工模具

1. 砂箱

制造砂型时,需要用一种无底、无盖并围绕砂型的框架,以防型砂捣实时向外挤出,这种框架就叫作砂箱。砂箱的作用是便于造型,便于翻转砂型以及搬运砂型。砂箱可紧固着在它里面所捣实的型砂,它的四壁可承受金属液体对型砂的侧压力,砂箱附有合型时的对准装置及吊运翻箱和夹紧装置,如图 2-2 所示。

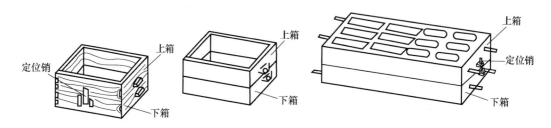

图 2-2　砂箱

砂箱的结构和尺寸是否合理,对获得优质铸件、提高生产率、减轻劳动强度都具有重要意义。在选择砂箱大小时,要根据模样的大小和数量来定,也就是说,模样应该有足够的吃砂量(模样边与砂箱内壁的距离),吃砂量太小,舂不紧,砂型强度低,易造成冲砂、漏箱缺陷;吃砂量太大,则浪费人力及型砂,降低生产率。砂箱选用多大合适,应根据具体情况而定。

2. 模底板

模底板是一块具有光滑工作面的平板,造型时用来托住模样、砂箱和砂型,如图 2-3 所示。模底板通常用硬质材料制成,也可采用铝合金或铸铁、铸钢铸成。

图 2-3　木制模底板

3. 模样与型芯盒

用来获得铸件外形的模具称为模样，用来获得铸件内腔的模具称为型芯盒。有时型芯盒制成的型芯，也可以用来获得铸件的外形。按制造模样和型芯盒所用材料的不同，可分为木模、金属模和塑料模 3 类。

(1) 木模：用木材制成的模样和型芯盒。木材质轻，易于加工成型，生产周期短，成本低，但不耐用、易变形，是单件或小批量生产中应用最广泛的模样材料。

(2) 金属模：用金属材料制作的模样和型芯盒。常用的金属材料有铝合金、铜合金和灰口铸铁等。铝合金具有质轻、易于加工成型、不易生锈等优点，是最常用的金属材料。

(3) 塑料模：塑料模的性能介于木模与金属模之间。

在实际生产中，木模的应用最为广泛。由木模形成铸型的型腔，故木模的结构一定要考虑铸造的特点。如为便于取模，在垂直于分型面的木模壁上要做出斜度(称拔模斜度)；木模上壁与壁的连接处应采用圆角过渡；在零件的加工部位上，要留出切削加工时切除的多余金属层(称加工余量)，考虑金属冷却后尺寸变小，木模的尺寸要比零件尺寸大一些(称收缩余量)；在零件上有孔的部位，木模上是实心无孔，且凸起一块(称型芯头)。可见木模与零件是有区别的，因此，木模一般不直接按照零件图纸来制造，但必须以零件图为基础，先对零件进行铸造工艺设计，并绘制出铸造工艺图后，再制造木模和型芯盒。

以上工装(模样及芯盒等)在使用时须注意维护其精度，如舂砂时避免捣着它们的表面；在起模或起芯盒后要立即用毛刷清理，并用棉纱擦干净，否则粘模的型(芯)砂风干后不易清除，用硬物清除时会刮坏工作表面；用毕后整理好，放在架上，防止受潮。

大型复杂件常靠多个砂芯及砂型分部组成其几何形状，下芯时需用样板来检验相互间位置尺寸是否正确。复杂的砂芯往往分块制造，有时需用下芯夹具使之装配好后一起下入型腔。

4. 造型工具

常用的造型工具有下列几种。

(1) 铁锹：又称铁锨，用来铲运与拌和型(芯)砂，如图 2-4 所示。

(2) 筛子：有方形和圆形两种，方形筛子用来筛分原砂或型砂，如图 2-5 所示；圆形筛子一般为手筛，将面砂筛到模样表面时使用。

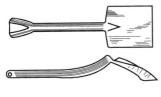

图 2-4　铁锹

图 2-5　方形筛子

(3) 砂舂：用来舂实型砂。砂舂的头部分扁头和平头两种，一般将它们分别做在砂舂的两端，扁头用来舂实模样周围及砂箱靠边处或狭窄部分的型砂，平头用以舂平砂型表面，如图 2-6 所示。

(4) 刮板：又称刮尺，用平直的木板或铁板制成，长度应比砂箱宽度略长些，如图 2-7

所示。在砂型舂实后，刮板用来刮去高出砂箱的型砂。

(a) 地面造型用砂舂   (b) 一般造型用砂舂

图 2-6   砂舂

图 2-7   刮板

(5) 通气针：又称气眼针，有直的和弯的两种，用来扎出通气的孔眼，一般为 $\phi 2\sim 8$ mm，用铁丝或钢条制成，如图 2-8 所示。

(6) 起模针和起模钉：用来起出砂型中的模样。工作端为尖锥形的叫起模针，用于起出较小的模样；工作端为螺纹形的叫起模钉，用于起出较大的模样，如图 2-9 所示。

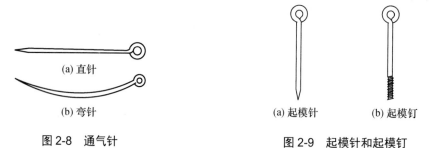

(a) 直针

(b) 弯针

图 2-8   通气针

(a) 起模针   (b) 起模钉

图 2-9   起模针和起模钉

(7) 掸笔：用来在起模前润湿模样边缘的型砂，或在小的砂型和砂芯上涂刷涂料，如图 2-10 所示。

(a) 扁头

(b) 圆头

图 2-10   掸笔

(8) 排笔：用来在砂型大的表面刷涂料或清扫砂型(芯)上的灰砂，如图 2-11 所示。

(9) 粉袋：用来在型腔表面抖敷石墨粉或滑石粉。

(10) 皮老虎：用来吹去砂型上散落的灰土和砂粒，使用时不可用力过猛，以免损坏砂型，如图 2-12 所示。

图 2-11   排笔

图 2-12   皮老虎

(11) 风动捣固器：又称风冲子或风枪，如图 2-13 所示。它由压缩空气带动，用来舂实较大的砂型和砂芯，以减轻劳动强度，提高劳动效率。

(12) 钢丝钳：用来绑扎芯骨或弯曲砂钩等。

(13) 活动扳手：在合型紧固工作中用来松紧螺母或螺钉。

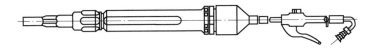

图 2-13　风动捣固器

5. 修型工具

制好的砂型(芯)还要用各种形状的修型工具把其缺陷处修补好，使砂型(芯)质量合格。常用的修型工具有以下几种。

(1) 镘刀：又称刮刀，一般用工具钢制成，头部形状有平头的、圆头的、尖头的几种，手柄用硬木制成，如图 2-14 所示。镘刀用于修理砂型(芯)的较大平面，开挖浇冒口，切割大的沟槽及在砂型插钉时把钉子拍入砂型等。

(2) 提钩：又称砂钩，用工具钢制成，如图 2-15 所示。提钩用于修理砂型(芯)中深而窄的底面和侧壁及提出落在砂型中的散砂。

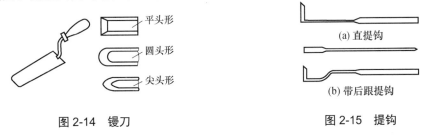

平头形
圆头形
尖头形

(a) 直提钩
(b) 带后跟提钩

图 2-14　镘刀　　　　　　　　　图 2-15　提钩

(3) 半圆：又叫竹爿梗或平光杆，用于修整垂直弧形的内壁和它的底面，如图 2-16 所示。

(4) 法兰梗：又称光槽镘刃，由钢或青铜制成，如图 2-17 所示。法兰梗供修理砂型(芯)的深窄底面及管子两端法兰的窄边用。

图 2-16　竹爿梗　　　　　　　　图 2-17　法兰梗

(5) 成型镘刀：用钢或铸铁制成，形状不一，往往根据实际生产中所修表面的形状而定，如图 2-18 所示。成型镘刀用于修整镘光砂型(芯)上的内外圆角、方角和弧形面等。

(6) 压勺：多由钢制成，一端为弧面，另一端为平面，勺柄斜度为30°，如图 2-19 所示。压勺供修理砂型(芯)较小平面，开设较小浇口时使用。

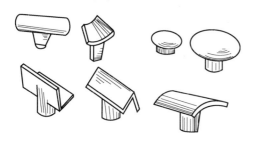

图 2-18　成型镘刀

图 2-19　压勺

(7) 双头铜勺：又称秋叶，是一种铜制的、两头均为匙形的修型工具，如图 2-20 所示。双头铜勺用来修整曲面或窄小的凹面。

6. 常用量具

(1) 卷尺：是用来测量长度的常用量具。

(2) 钢直尺：是测量长度、外径和内径等尺寸的常用量具，如图 2-21 所示。

图 2-20　双头铜勺

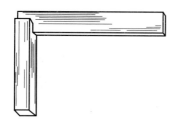

图 2-21　钢直尺

(3) 铁角尺：用来划线或检查被测物体的垂直度，如图 2-22 所示。

(4) 水平仪：用来测量被测平面是否水平，如图 2-23 所示。

图 2-22　铁角尺

图 2-23　水平仪

(5) 卡钳：是一种常用的量具，不能直接看出尺寸数字，必须与钢板尺配合来使用，用来测量砂型(芯)的外径与内径、凹槽宽度等，如图 2-24 所示。

(6) 湿态砂型硬度计：用来测定砂型(芯)的表面硬度，如图 2-25 所示。一般砂型紧实后的硬度为 70～80，紧实度高的砂型表面的硬度为 85～90，砂芯的硬度为 70～80。

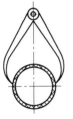
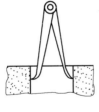

(a) 外径卡钳　　　(b) 内径卡钳

图 2-24　卡钳

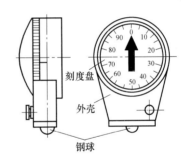

刻度盘

外壳

钢球

图 2-25　湿态砂型硬度计

湿态砂型硬度计是用钢球被压入的深度来表示硬度的大小。钢球压入 0.05mm 的深度为一度，从硬度计的指针可直接读出硬度值。

2.1.2　造型材料

制造铸型的材料称为造型材料。它通常由原砂、黏结剂、水及其他附加物(如煤粉、木屑、重油等)按一定比例混制而成。根据粘结剂的种类不同，可分为黏土砂、树脂砂、水玻璃砂等。造型材料的质量直接影响铸件的质量，据统计，铸件废品率 50%以上与造型材料有关。为保证铸件质量，要求型砂应具备足够的强度、良好的可塑性、高的耐火性和一定的透气性、退让性等。芯砂处于金属液体的包围之中，工作条件更加恶劣，所以对芯砂的基本性能要求更高。

1. 黏土砂

以黏土做黏结剂的型(芯)砂称为黏土砂。常用的黏土为膨润土和高岭土。黏土在与水混合时才能发挥黏结作用，因此必须使黏土砂保持一定的水分。此外，为了防止铸件粘砂，还需在型砂中添加一定数量的煤粉或其他附加物。

根据浇注时铸型的干燥情况可将其分为湿型、表干型及干型三种。湿型铸造具有生产效率高、铸件不易变形、适合于大批量流水作业等优点，广泛地应用于生产中、小型铸铁件，而大型复杂铸铁件则采用干型或表干型铸造。

到目前为止，黏土砂依然是铸造生产中应用最广泛的砂种，但它的流动性差，造型时需消耗较多的紧实功。用湿型砂生产大件，由于浇注时水分的迁移，容易在铸件的表面形成夹砂、胀砂、气孔等缺陷；而使用干型则生产周期长、铸型易变形，同时也会增加能源的消耗。因此，人们研究采用了其他黏结剂的砂种。

2. 树脂砂

以合成树脂做黏结剂的型(芯)砂称为树脂砂。目前国内铸造用的树脂黏结剂主要有酚醛树脂、尿醛树脂和糠醇树脂 3 类。但这 3 类树脂的性能都有一定的局限性，单一使用时不能完全满足铸造生产的要求，常采用各种方法将它们改性，生成各种不同性能的新树脂砂。

目前用树脂砂制芯(型)主要有 4 种方法：壳芯法、热芯盒法、冷芯盒法和温芯盒法。各种方法所用的树脂及硬化形式都不一样。与湿型黏土砂相比，型芯可直接在芯盒内硬化，且硬化反应快，不需进炉烘干，大大地提高了生产效率；制芯(造型)工艺过程简化，便于实现机械化和自动化；型芯硬化后取出，变形小，精度高，可制作形状复杂、尺寸精确、表面粗糙度低的型芯和铸型。

由于树脂砂对原砂的质量要求较高，树脂黏结剂的价格较贵，树脂硬化时会放出有害气体，对环境有污染，所以树脂砂只适合在制作形状复杂、质量要求高的中、小型铸件的型芯及壳型(制芯)时使用。

3. 水玻璃砂

用水玻璃做黏结剂的型(芯)砂称为水玻璃砂。它的硬化过程主要是化学反应的结果，并可采用多种方法使之自行硬化，因此也称为化学硬化砂。

化学硬化砂与黏土砂相比，具有型砂强度高、透气性好、流动性好等特点，易于紧实，铸件缺陷少，内在质量高；造型(芯)周期短，耐火度高，适合生产大型铸铁件及所有铸钢件。当然，水玻璃砂也存在一些缺点，如退让性差、旧砂回用较复杂等。针对这些问题，人们正在进行大量的研究工作，以逐步改善水玻璃砂的应用情况。目前国内用于生产的化学硬化砂有二氧化碳硬化水玻璃砂、硅酸二钙水玻璃砂和水玻璃石灰石砂等，其中二氧化碳硬化水玻璃砂用得最多。

4. 型砂与芯砂的配制

1) 型(芯)砂常用的配比

型(芯)砂组成物需按一定比例配制，以保证一定的性能。型(芯)砂有多种配比方案，下面举两例，供参考。

小型铸铁件湿型型砂的配比：新砂 10%～20%，旧砂 80%～90%；另加膨润土 2%～3%，煤粉 2%～3%，水分 4%～5%。

中、小型铸铁件芯砂的配比：新砂 40%，旧砂 60%；另加黏土 5%～7%，纸浆 2%～3%，水分 7.5%～8.5%。

2) 型(芯)砂的制备

型(芯)砂的混制工作是在混砂机中进行的，目前工厂常用的是碾轮式混砂机。混砂工艺为按比例将新砂、旧砂、黏土、煤粉等加入混砂机中先进行干混 2～3min，混拌均匀后再加入水或液体黏结剂(水玻璃、桐油等)，湿混约 10min，即可打开出砂口出砂。混制好的型砂应堆放 2～4h，使水分分布得更均匀，这一过程叫调匀。型砂在使用前还需进行松散处理，使砂块松开，空隙增加。

配好的型(芯)砂需经性能(强度、透气性、含水量)检验后方可使用。对于产量大的专业化铸造车间，常用型砂性能试验仪检验。单件小批量生产时，可用手捏检验法：用手抓一把型(芯)砂，捏成团后把手掌松开，如果砂团不松散也不黏手，手印清楚，掰断时断面不粉碎，则可认为砂中黏土与水分含量适宜，如图 2-26 所示。

(a) 型砂湿度适当时可用手捏成砂团　　　(b) 手放开后看到清晰的指纹

(c) 折断时断面没有碎裂型砂且有足够的强度

图 2-26　手捏法检验型砂

2.1.3　造型和造芯方法

造型是指用型砂及模样等工艺装备制造铸型的过程。造型是砂型铸造最基本的工序，通常分为手工造型和机器造型两大类。造型方法的选择是否合理，对铸件质量和成本有着很大影响。

1. 手工造型

手工造型是全部用手工或手动工具完成的造型工序。手工造型的特点是操作方便灵活、适应性强、模样生产准备时间短；但生产率低，劳动强度大，铸件质量不易保证。它只适用于单件或小批量生产。

各种常用手工造型方法的特点及其适用范围如表 2-1 所示。

表 2-1　常用手工造型方法的特点和适用范围

造型方法		主要特点	适用范围
按砂箱特征区分	两箱造型	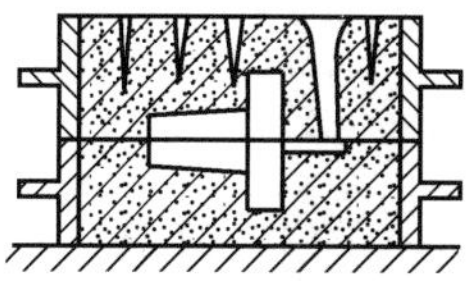 铸型由上型和下型组成，造型、起模、修型等操作方便，是造型最基本的方法	适用于各种生产批量的大、中、小型铸件
	三箱造型	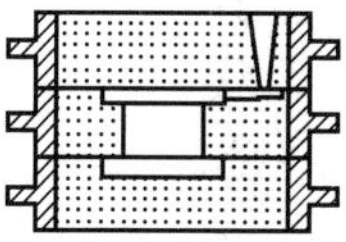 铸型由上、中、下三部分组成，中型的高度须与铸件两个分型面的间距相适应。三箱造型费工，应尽量避免使用	主要用于单件、小批量生产具有两个分型面的铸件
	地坑造型	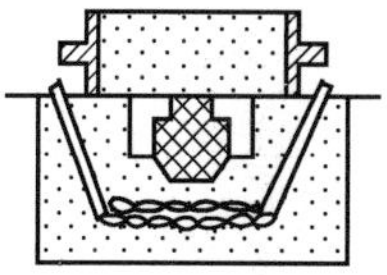 在车间地坑内造型，用地坑代替下砂箱，只要一个上砂箱，可减少砂箱的投资。地坑造型费工，而且要求操作者的技术水平较高	常用于砂箱数量不足、制造批量不大或质量要求不高的大、中型铸件

续表

造型方法		主要特点	适用范围
按模样特征区分	整模造型	模样是整体的，分型面为平面，多数情况下，型腔全部在下半型内，上半型无型腔。该方法造型简单，铸件不会产生错型缺陷	适用于一端为最大截面，且为平面的铸件
	挖砂造型	模样是整体的，但铸件的分型面是曲面。为了起模方便，造型时要用手工挖去阻碍起模的型砂。该方法每造一件，就挖砂一次，费工且生产率低	用于单件或小批量生产分型面不是平面的铸件
	假箱造型	为了克服挖砂造型的缺点，先将模样放在一个预先做好的假箱上，然后放在假箱上造下型，假箱不参与浇注，省去挖砂操作。假箱造型操作简便，分型面整齐	用于批量生产分型面不是平面的铸件
	分模造型	将模样沿最大截面处分为两半，型腔分别位于上、下两个半型内。造型简单，节省工时	常用于最大截面在中部的铸件
	活块造型	铸件上有妨碍起模的小凸台、肋条等。制模时将此部分作成活块，在主体模样起出后，从侧面取出活块。该方法造型费工，要求操作者的技术水平较高	主要用于单件、小批量生产带有突出部分、难以起模的铸件
	车板造型	用刮板代替模样造型。该方法可大大降低模样成本，节约木材，缩短生产周期；但生产率低，要求操作者的技术水平较高	主要用于有等截面的或回转体的大、中型铸件的单件或小批量生产

2. 机器造型

机器造型是指用机器完成全部或至少完成紧砂操作的造型工序。与手工造型相比，机器造型能够显著提高劳动生产率，铸型紧实度高而且均匀，型腔轮廓清晰，铸件质量稳定，并能提高铸件的尺寸精度、表面质量，使加工余量减小，改善劳动条件。机器造型是大批量生产砂型的主要方法，但由于机器造型需造型机、模板及特制砂箱等专用机器设备，其费用高，生产准备时间长，故只适用中、小铸件的成批或大量生产。

(1) 机器造型紧实砂型的方法。机器造型紧实砂型的方法很多，最常用的是振压紧实法和压实紧实法等。

振压紧实法如图 2-27 所示，砂箱放在带有模样的模板上，填满型砂后靠压缩空气的动力，使砂箱与模板一起振动而紧砂，再用压头压实型砂即可。

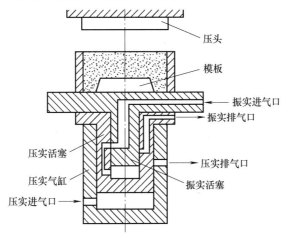

图 2-27　振压式造型机工作原理

压实紧实法是直接在压力的作用下使型砂得到紧实。如图 2-28 所示，其工作原理是固定在横梁上的压头将辅助框内的型砂从上面压入砂箱得以紧实。

(2) 起模方法。为了实现机械起模，机器造型所用的模样与底板连成一体，称为模板。模板上有定位销与砂箱精确定位。如图 2-29 所示为顶箱起模的示意图。起模时，四个顶杆在起模液压缸的驱动下一起将砂箱顶起一定高度，从而使固定在模板上的模样与砂型脱离。

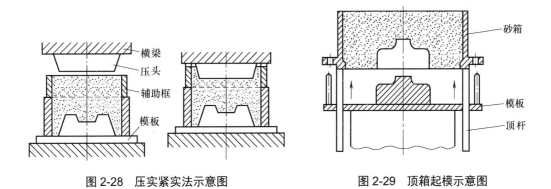

图 2-28　压实紧实法示意图　　　　图 2-29　顶箱起模示意图

3. 造芯

为获得铸件中的内孔或局部外形，用型砂或其他材料制成的、安放在型腔内部的铸型组元，称为型芯。

1) 型芯的用途及应具备的性能

型芯的主要作用是构成铸件空腔部分；型芯在浇注的过程中受到金属液流冲刷和包围，工作条件恶劣，因此要求型芯应具有比型砂更高的强度、透气性、耐火性和退让性，并便于清理。

2) 型芯的结构

型芯由型芯体和芯头两部分构成，如图 2-30 所示。型芯主体形成铸件的内腔；芯头起支撑、定位和排气的作用。

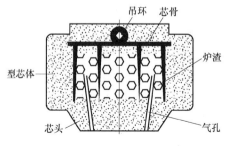

图 2-30　型芯结构

(1) 芯骨：为了增强型芯的强度和刚度，在其内部应安放芯骨。小型芯的芯骨常用铁丝制成，大型芯所用的芯骨通常用铸铁铸成，并铸出吊环，以便型芯的吊装。

(2) 排气孔道：芯中应开设排气孔道。小型芯的排气孔可用气孔针扎出；形状复杂不便扎出气孔的型芯，可采用埋设蜡线的方法做出；大型型芯中要放入焦炭或炉渣等加强通气。

(3) 上涂料及烘干：为防止铸件产生黏砂，型芯外表要喷刷一层有一定厚度的耐火涂料。铸铁件一般用石墨涂料，而铸钢件则常用硅石粉涂料。型芯一般需要烘干以增加其透气性和强度。黏土砂芯的烘干温度为 250~350℃，油砂芯的烘干温度为 180~240℃。

3) 造芯方法

根据型芯的尺寸、形状、生产批量及技术要求的不同，造芯的方法也不相同，通常有手工造芯和机器造芯两大类。手工造芯一般为单件小批生产，分为整体式芯盒造芯、对开式芯盒造芯和可拆式芯盒造芯 3 种，如图 2-31 所示。成批大量的型芯可用机器制出，机器造芯生产率高，紧实均匀，型芯质量好。常用的机器造芯方法有壳芯式、射芯式、挤压式、热芯盒射砂式和振实式等多种。

 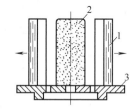 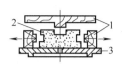

(a) 整体式芯盒造芯　　　(b) 对开式芯盒造芯　　　(c) 可拆式芯盒造芯

图 2-31　手工造芯方法
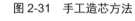
1—芯盒；2—型芯；3—烘干板

4. 合型

合型是造型的最后一道工序。合型不当，则会使铸件产生气孔、砂眼、错箱、偏芯、披缝等缺陷，严重时，会造成铸件报废。因此合型也是关系到铸件质量好坏的关键之一。合型时要做好如下几方面的工作。

(1) 要固定好砂芯。

对于有芯头的砂芯要注意以下几点。

① 芯头的通气孔要保证畅通，并要做好引气操作。

② 芯头与芯座的缝隙要堵好，防止金属液钻入芯头而堵塞通气孔。

③ 芯头与芯座的结合要严密，防止浇注时发生偏移或浮动。

对于尺寸较大、形状不规则的砂芯，由于自重和浮力较大，重心偏离，不能单靠芯头来固定，还要采用芯撑来予以固定。芯撑有双面与单面之分，使用时要注意以下几点。

① 双面芯撑的高度等于型壁与砂芯之间的距离。

② 芯撑要放牢固，安放后不得松动或跌落。

③ 芯撑的两面应与型芯、型壁随形贴合。

④ 单面芯撑的柱端应支撑在硬支承物上。

(2) 铸型的分型面要清扫干净，沿分型面、芯头处及通气孔周围要垫上石棉绳或黄泥条。

(3) 翻转上箱时要注意安全。翻箱后，砂型如有损坏，要进行修补和烘干。

(4) 检查上箱通气孔是否通畅，冒口内壁是否干净。检查上下型的定位部分是否准确无误。

(5) 合型时，上箱要吊平，平稳地合上上箱。

(6) 合型后，分型面的缝隙要用烂砂泥堵好。铸型紧固时，要在箱角处垫上铁块，以防压塌铸型。

(7) 所有的通气孔要留有标记(如插上纸片)，以便点火引气。冒口要盖好，防止异物掉入。

(8) 对型腔的轮廓尺寸及铸型的主要尺寸(如各砂芯的相互位置尺寸等)，都要进行认真检查。铸型检查要着重检查以下几方面。

① 各砂芯安放的位置是否准确，固定是否稳妥可靠，通气孔是否畅通，引气是否正确。

② 按照工艺图纸检查砂型的主要尺寸和铸件的壁厚尺寸，如不准确，应及时予以调整。

③ 检查砂型及砂芯有无破损，如有破损，应仔细修补并烘干。

④ 检查芯撑、内冷铁表面是否干净，放置是否稳固，布置是否均匀合理。

⑤ 检查型腔、浇注系统有无浮砂及其他杂物掉入，如有，则应仔细清除。

2.1.4 浇注与熔炼

1. 浇注系统

为将金属液引入型腔而在铸型中开出的通道称为浇注系统，浇注系统一般由外浇道(浇口杯)、直浇道、横浇道和内浇道4部分组成，如图2-32所示。但并非每个铸件都要有这4部分，应根据铸件结构、合金种类和性能要求而定。例如，对于形状简单、要求不高的小铸件，可以只有直浇道和内浇道，而无横浇道。

浇注系统的作用有以下几个方面。

(1) 使金属液能连续、平稳、均匀地进入型腔，避免冲坏型壁和型芯。

(2) 防止熔渣、砂粒或其他杂质进入型腔。

(3) 调节铸件各部分的凝固顺序和补给铸件在冷凝收缩时所需的金属液。

(4) 有利于排气。

为了能及时地补给铸件凝固收缩时所需要的金属液而增设的补缩部分称冒口。冒口的位置通常设在铸件的最厚、最高处，其顶面敞露在铸型外面(又称明冒口)，除了起补缩作用外，还有排气、集渣和观察铸型是否浇满的作用。另一种为暗冒口，它被埋在铸型中，由于其散热较慢，所以补缩效果比明冒口好，但制造麻烦。冷铁用来加快金属液的冷却，一般安置在厚大的截面处，以实现按顺序凝固。冷铁一般由碳钢或铸铁制成。如图 2-33 所示为某阀体的冒口和冷铁的设置情况。

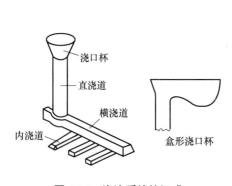

图 2-32　浇注系统的组成

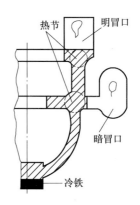

图 2-33　某阀体冒口和冷铁的设置

2. 合金的熔炼

凡是能用于生产铸件的合金都称为铸造合金。常用的铸造合金有铸铁、铸钢和铸造非铁合金等。合金熔炼的任务是：用最经济的方法和手段获得温度和化学成分合格的金属液。

1) 铸铁的熔炼

熔炼铸铁可使用的熔炼炉主要有冲天炉、中频或工频感应电炉等，由于环境污染等原因，目前冲天炉已逐渐被感应电炉所取代。工频感应电炉采用工业频率(50Hz)的交流电，简称工频炉。工频炉适用于熔炼铸铁、铸钢、非铁金属合金等各种金属材料。近年来，工频炉有了很大的发展。铸铁熔炼的基本要求如下。

(1) 铁液应具有足够高的温度。

(2) 铁液的化学成分和铸件的组织性能应达到技术要求。

(3) 熔化效率高且成本低。

2) 铸钢的熔炼

铸钢的熔炼设备以电弧炉和感应电炉最为常见。电极与炉料之间产生电弧用以熔化金属的炉子称为电弧炉。铸钢车间多用三相电弧炉。电弧炉熔炼时，温度容易控制，熔炼质量好，熔化速度快，开炉、停炉方便，既可以熔炼碳素钢，也可以熔炼合金钢。

3) 铸造非铁合金的熔炼

铸造非铁合金包括铜、铝、镁、锌及其合金等。它们大多熔点低，易氧化和吸气，使得铸件中容易产生非金属夹杂物和分散的小气孔，从而降低铸件的力学性能。为避免氧化和吸气，非铁合金多用坩埚炉熔炼和金属型浇注。

3. 浇注

将液态金属浇入铸型的过程称为浇注。浇注也是铸造生产中的重要工序。如果操作不当，会引起浇不足、冷隔、气孔、缩孔、夹渣等铸造缺陷，造成废品，甚至会产生工伤事故。因此要做好浇注前的各项准备工作，注意控制浇注温度和浇注速度。

1) 浇注前的准备工作

了解铸件的种类、牌号、重量和形状、尺寸，同牌号金属液的铸件应集中在一起，以便于浇注，且应检查铸型是否紧固。浇包是浇注工作的重要工具，用于承接已熔炼好的金属液，运送到浇注地点浇入铸型。常用的浇包有以下三种。

(1) 手提浇包：其容量为 15～20kg，适于浇注小铸件。

(2) 抬包：其容量为 25～100kg，通常由 2～6 人抬着浇注，适于浇注中小铸件。

(3) 吊包：容量在 200kg 以上，需用吊车运送金属液进行浇注。

浇注铁水用的浇包形状如图 2-34 所示。

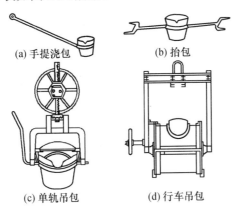

(a) 手提浇包　　　　(b) 抬包

(c) 单轨吊包　　　　(d) 行车吊包

图 2-34　浇包

浇包的外壳用钢板焊成，内壁搪上一定厚度的耐火材料。浇包使用前应烘干烘透，以防金属液浇入后产生的大量气体逸出，引起金属液沸腾和飞溅，致使金属液温度降低和影响铸件质量。

浇注场地要有通畅的走道，并且无积水。炉子金属液出口和出渣口下的地面不能有积水，一般应铺上干砂。

2) 浇注温度

合理选择浇注温度，对保证铸件质量可起到重要作用。一般要求金属液出炉时的温度尽可能高一些，以利于减少杂质和使熔渣上浮。但是在浇注时，应在保证金属液有足够流动性的前提下，温度尽可能低一些。因为浇注温度过高，金属液中的气体较多，液态收缩量增大，容易使铸件产生气孔、缩孔和黏砂等缺陷。浇注温度过低，金属液黏度大，流动性差，充满铸型型腔的能力下降，容易使铸件产生冷隔、浇不足等缺陷。生产时必须根据铸件的具体情况及要求确定浇注温度。如随着铸件的重要性及壁厚的增加，浇注温度降低。常见金属的浇注温度如表 2-2 所示。

表 2-2　常见金属的浇注温度

合金种类	铸件类型	浇注温度/℃	合金种类	铸件类型	浇注温度/℃
灰口铸铁	小件	1360～1390	碳　钢	/	1500
	中件	1320～1350	锡青铜	/	1200～1250
	大件	1260～1320	铝硅合金	/	680～720

3) 浇注速度

浇注速度一般用浇注时充型时间的长短来衡量。较快的浇注速度能使金属液很快充满铸型型腔，减少氧化，减少铸件各部分温差，有利于铸件的均匀冷却。但浇注速度过快对铸型的冲刷力大，易产生冲砂，不利于排气，易产生气孔。浇注速度慢会增加铸件各部分的温差，有利于冒口补缩。但浇注速度过慢，金属液对铸型的烘烤作用剧烈，易使型腔拱起脱落，且金属液与空气接触时间长，氧化严重，会使铸件产生黏砂、夹渣、冷隔、浇不足等缺陷。

生产中要根据铸件特点来掌握浇注速度。一般对于薄壁件、形状复杂铸件要用较快的浇注速度；对于厚壁件、形状简单件可按慢——快——慢的原则控制浇注速度。

4) 浇注操作

(1) 扒渣：金属液出炉后，应扒除液面上的浮渣，并覆盖保温除渣材料(如干砂或稻草灰)。在浇注前应再次去除液面上的熔渣，以免浇入铸型后造成夹渣。扒渣时应从浇包后面或侧面扒出，不能经过浇包嘴，以免损坏浇包嘴上的涂料，影响浇注工作的进行。

(2) 浇注：浇注过程要掌握好浇注顺序，当一包金属液浇注多个铸型时，一般是先浇薄壁复杂铸件和大件，后浇中小件及厚壁简单件。浇注过程要注意挡渣，让金属液充满外浇口，使金属液均匀、连续不断地流入铸型，直到冒口出现金属液为止。浇注结束时，往冒口顶面覆盖保温剂，以提高冒口的补缩能力。

(3) 点火：为利于导出浇注中使铸型产生的气体，应在浇注开始时立即点燃从铸型中排出的 CO 气体及其他气体，避免铸型中气体爆炸，防止铸件气孔的产生。同时氧化燃烧这些有害气体，也有益于操作工人的健康。

(4) 去压铁：当铸件凝固后，进入固态收缩阶段时，应及时卸去压铁，使铸件自由收缩，防止铸件产生变形或开裂等缺陷。

2.1.5　落砂和清理

浇注及冷却后的铸件必须经过落砂和清理，才能进行机械加工或使用。

1. 落砂

砂型浇注后用手工或机械使铸件、型砂和砂箱分开的工序叫落砂。人工就地落砂，通常在浇注场地进行。其特点是工具简单，适应性广；但生产率低，作业环境恶劣，劳动条件很差。所以现在一般工厂落砂的方式，都是在落砂机上进行的。

落砂时应注意开型的温度。温度过高，铸件未凝固，会发生烫伤事故。即使铸件已凝固，急冷也会使铸件产生表面硬皮，增加机械加工的难度，或使铸件产生变形和裂纹等缺陷。落砂过晚，又会影响生产率。一般铸铁件的落砂，温度在 400～500℃之间；形状复杂、易裂的铸铁件，应在 200℃ 以下落砂。

在保证铸件质量的前提下应尽早落砂。铸件在砂型中保留的时间与铸件的形状、大小和壁厚等有关。一般 10kg 以下的铸铁件，在车间地面冷却 1h 左右就可落砂；50～100kg 的铸铁件，在车间地面冷却 1.5～4h 就可落砂。单件生产时落砂用手工进行，成批生产时可在振动落砂机上进行。

振动落砂机是利用铸型与落砂机之间的碰撞来实现落砂的。振动落砂机按振动方式不同，分为偏心振动式、惰性振动式和电磁振动式 3 种基本形式。

2. 清理

铸件清理包括：切除浇冒口、清除型芯、清除内外表面黏砂、铲除铸件表面毛刺与飞边、表面精整等。

1) 切除浇冒口

切除浇冒口的方法，不仅受铸件材质的限制，而且还受浇冒口的位置及其与铸件连接处尺寸大小的影响。因此，应根据生产的具体情况，选用不同的切割方法。

(1) 敲击法：当铸铁件的冒口直径或浇口截面积较小时，可采用手锤直接敲击掉。若浇冒口与铸件的接触截面大，不便直接敲击掉时，最好先在浇冒口根部选好锯割方位，锯割适当深度，再锤击锯槽一侧，这样既便于浇冒口割除，又可防止损伤铸件，如图 2-35 所示。

(2) 锯割：对铜合金或铝合金铸件的浇冒口，由于材料的韧性好，不便用锤敲击掉，常用手锯或电锯等割除。

(3) 气割：气割是用可燃气体与氧气混合燃烧产生的巨大热量把金属烧熔的切割方法。气割设备简单、成本低、效率高，并能在各种位置进行切割，因此，广泛应用于中、低碳钢及含碳量在 0.25% 以下的低合金钢铸件浇冒口的切割。

(4) 等离子弧切割：等离子弧是一种被高度压缩和高度电离的电弧。等离子弧切割具有温度高、能量密度大、弧柱可控等优点。

2) 清除型芯

铸件内腔的型芯及芯骨一般用手工清除，也可用振动的清砂机或水力清砂装置清除，但后者多用于中、大型铸件的批量生产。

3) 清除内外表面黏砂

铸件内外表面往往黏结一层被烧结的砂子，需要清除干净，可用钢丝刷刷掉。但因劳动条件差，生产效率低，应尽量用清理机械代替手工操作。常用的清理方法有清理滚筒、喷砂及抛丸清理等。

清理滚筒是最简单而又普遍使用的清理机械，如图 2-36 所示。为提高清理效率，在滚筒中可装入一些硬度很高的白口铸铁、铸钢小球或三角块等。当滚筒转动时，小球与铸件碰撞、摩擦，而把铸件表面清理干净。滚筒端部有通风口，可将所产生的灰尘吸走。

喷丸清理是利用压缩空气将石英砂以 60～80m/s 的速度喷射到铸件表面，来达到清理的目的。

抛丸处理是利用抛丸器将直径为 0.5～3mm 的铁丸抛向铸件表面，来达到清理的目的。此法不仅能清理黏砂，还能使铸件表面光洁，表面性能得到强化。

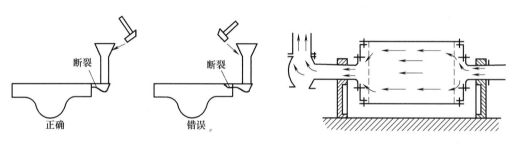

图 2-35　敲掉浇冒口应注意方向　　　　图 2-36　清理滚筒

4)　铲除铸件表面毛刺和飞边

铸件上的毛刺、飞边和浇冒口残迹要铲除干净，使铸件外形轮廓清晰，表面光洁。铲除时，可用錾子、风铲、砂轮等工具进行。

许多重要铸件在清理后还需进行消除内应力的退火，以提高铸件的形状和尺寸的稳定性。有的铸件的表面还需精整，以提高铸件表面质量。

2.1.6　专项技能训练课题

确定如图 2-37 所示铸件的造型工艺方案并完成造型操作。

零件名称：轴承座；铸件重量：约 5kg；零件材料：HT150；轮廓尺寸：240mm×65mm×75mm；生产性质：单件生产。

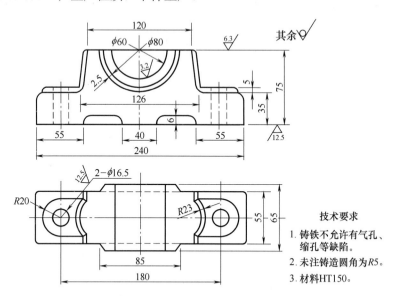

图 2-37　轴承座

1. 造型工艺方案的确定

造型工艺方案的正确与否，不仅关系到铸件质量的高低，而且对节约成本、缩短生产周期、简化工艺过程等都是至关重要的一个环节。

(1)　铸件结构及铸造工艺性分析：轴承座是轴承传动中的支承零件，其结构如图 2-37

所示。从图纸上看，该铸件外形尺寸不大，形状也较简单。材料虽是 HT150，但属厚实体零件，故应注意防止缩孔、气孔的产生。从其结构上看，座底是一个不连续的平面，座上两侧各有一个半圆形凸台，须制作活块并注意活块的位置准确。

(2)　造型方法：整模；采用活块、两箱造型。

(3)　铸型种类：因铸件较小，宜采用面砂、背砂兼用的湿型。

(4)　分型面的确定：座底面的加工精度比轴承部位低，并且座底都在一个平面上，因此选择从座底分型：座底面为上型，使整个型腔处于下型。这样分型也便于安放浇冒口。轴承铸造工艺图如图 2-38 所示。

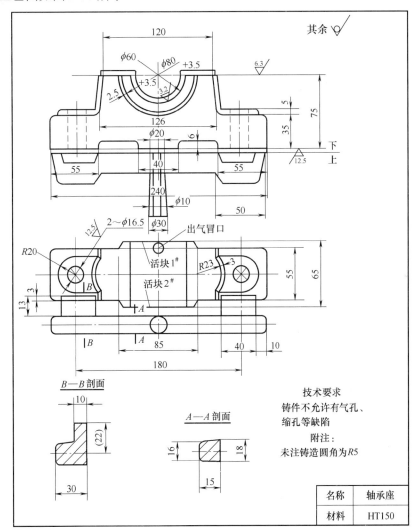

图 2-38　轴承座铸造工艺图

(5)　浇冒口位置的确定：该铸件材质为 HT150，体积收缩较小，但该铸件属厚实体零件，所以仍要注意缩孔缺陷的发生。因此内浇道引入的位置和方向很重要。根据铸件的结构特点，应采用定向凝固原则，内浇道应从座底一侧的两端引入。采用顶注压边缝隙浇口，既可减小浇口与铸件的接触热节，又可避开中间厚实部分(图样上的几何热节)的过热，并可缩短凝固时间，有利于得到合格的铸件。另外，由于压边浇口补缩效果好，故该铸件不需设置补缩冒口。为防止气孔的产生，可在顶部中间偏边的位置，设置一个 $\phi 8 \sim 10\text{mm}$ 的出气冒口。浇冒口的位置、形状、大小如图 2-38 所示。

2. 造型工艺过程

(1) 安放好模样，砂箱春下型。先填入适量面砂和背砂进行第一次春实。春实后，挖砂并准确地安放好两个活块，再填入少量面砂春实活块的周围，然后填砂春实。

(2) 刮去下箱多余的型砂并翻箱。

(3) 挖去下分型面上阻碍起模的型砂，修整分型面，撒分型砂。

(4) 放置好上砂箱(要有定位装置)，按工艺要求的位置安放好直浇口和冒口。

(5) 春上型。填入适量的面砂、背砂，固定好浇冒口并春几下加固，然后先轻后重地春好上型。

(6) 刮平上箱多余的型砂，起出直浇口和冒口，扎出通气孔。

(7) 开箱。

(8) 起模。注意应先松模并取出模样、活块。

(9) 按工艺要求开出横浇道和内浇道。

(10) 修型。修理型腔及浇口和冒口。

(11) 合型。

2.2　特种铸造工艺

砂型铸造虽然是应用最普遍的一种铸造方法，但其铸造尺寸精度低，表面粗糙度大，铸件内部质量差，生产过程不易实现机械化。为改变砂铸的这些缺点，满足一些特殊要求零件的生产，人们在砂型铸造的基础上，通过改变铸型材料(如金属型、磁型、陶瓷型铸造)、模型材料(如熔模铸造、实型铸造)、浇注方法(如离心铸造、压力铸造)、金属液充填铸型的形式或铸件凝固的条件(如压铸、低压铸造)等，又创造了许多其他的铸造方法。通常把这些不同于普通砂型铸造的铸造方法通称为特种铸造。每种特种铸造方法，在提高铸件精度和表面质量、改善合金性能、提高劳动生产率、改善劳动条件和降低铸造成本等方面，各有其优越之处。近年来，特种铸造在我国发展非常迅速，尤其是在有色金属的铸造生产中占有重要地位。特种铸造具有铸件精度和表面质量高、铸件内在性能好、原材料消耗低、工作环境好等优点；但铸件的结构、形状、尺寸、质量、材料种类往往受到一定限制。

本节就几种应用较多的特种铸造方法的工艺过程、特点及应用做一些简单介绍。

2.2.1　金属型铸造

金属型铸造是将液体金属在重力的作用下浇入金属铸型，以获得铸件的一种方法，又称硬模铸造。由于铸型可以反复使用几百次到几千次，因此也可称为永久型铸造。

1. 金属型的结构与材料

根据分型面位置的不同，金属型可分为垂直分型式、水平分型式和复合分型式 3 种结构。其中垂直分型式金属型开设浇注系统和取出铸件比较方便，易实现机械化，应用较广泛，如图 2-39 所示。

如图 2-40 所示为铸造铝合金活塞用的垂直分型式金属型，它由两个半型组成。上面的大金属芯由三部分组成，便于从铸件中取出。当铸件冷却后，首先取出中间的楔片及两个小金属芯，然后将两个半金属芯沿水平方向向中心靠拢，再向上拔出。

制造金属型的材料熔点一般应高于浇注合金的熔点。如浇注锡、锌、镁等低熔点合金，可用灰铸铁制造金属型；浇注铝、铜等合金，则要用合金铸铁或钢制造金属型。金属型用的芯子有砂芯和金属芯两种。有色金属铸件常用金属型芯。

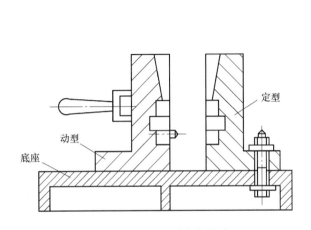

图 2-39　垂直分型式金属型

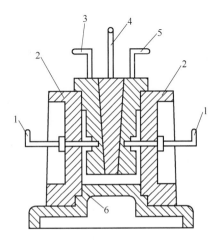

图 2-40　铝活塞金属型简图

1—销孔金属型芯；2—左右半型；

3、4、5—分块金属型芯；6—底型

2. 金属型的铸造工艺措施

由于金属型导热速度快，没有退让性和透气性，直接浇注易产生浇不到、冷隔等缺陷及内应力和变形，且铸件易产生白口组织，为了确保获得优质铸件和延长金属型的使用寿命，必须采取以下工艺措施。

(1) 预热金属型，减缓铸型的冷却速度。

(2) 表面喷刷防黏砂耐火涂料，以减缓铸件的冷却速度，防止金属液直接冲刷铸型。

(3) 控制开型时间。因金属型无退让性，除在浇注时正确选定浇注温度和浇注速度外，铸件浇注凝固后应及时从铸型中取出，如果铸件在铸型中的停留时间过长，易引起过大的铸造应力而导致铸件开裂。通常铸铁件出型的温度为 780～950℃左右，开型时间为 10～60s。

3. 金属型铸造的特点及应用范围

金属型铸造的特点如下。

(1) 尺寸精度高，尺寸公差等级为 IT12～IT14，表面质量好，表面粗糙度 Ra 值为 12.5～

6.3μm，机械加工余量小。

(2) 铸件的晶粒较细，力学性能好。

(3) 可实现一型多铸，提高了劳动生产率，且节约了造型材料。

但金属型的制造成本高，不宜生产大型、形状复杂和薄壁的铸件；由于冷却速度快，铸铁件表面易产生白口组织，切削加工困难；受金属型材料熔点的限制，熔点高的合金不适宜用金属型铸造。

金属型铸造用途：铜合金、铝合金等铸件的大批量生产，如活塞、连杆、汽缸盖等；铸铁件的金属型铸造目前也有所发展，但其尺寸限制在 300mm 以内，质量不超过 8kg，如电熨斗底板等。

2.2.2　压力铸造

将液态或半液态金属在高压下高速注入金属型腔，并在压力下成型和凝固而获得铸件的方法称为压力铸造。

1. 压铸机和压铸工艺过程

压铸是在压铸机上完成的。根据压室工作条件的不同，分为冷压室压铸机和热压室压铸机两类。热压室压铸机的压室与坩埚连成一体，而冷压室压铸机的压室与坩埚是分开的。冷压室压铸机又可分为立式和卧式两种，目前以卧式冷压室压铸机的应用较多，其工作原理如图 2-41 所示。

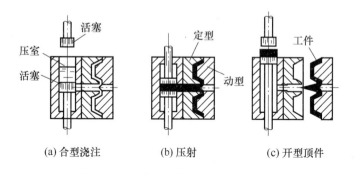

(a) 合型浇注　　(b) 压射　　(c) 开型顶件

图 2-41　卧式冷压室压铸机的工作原理

压铸铸型又称为压型，分定型、动型两部分。将定量金属液浇入压室，柱塞向前推进，金属液经浇道压入压铸模型腔中，经冷凝后开型，由推杆将铸件推出，完成压铸过程。冷压室压铸机，可用于压铸熔点较高的非铁金属，如铜、铝和镁合金等。

2. 压力铸造的特点及其应用

压铸的优点如下。

(1) 压铸件尺寸精度高，表面质量好，尺寸公差等级为 IT10～IT12，表面粗糙度 Ra 的值为 3.2～0.8μm，可不经机械加工而直接使用，而且互换性好。

(2) 可以压铸壁薄、形状复杂以及具有直径很小的孔和螺纹的铸件，如锌合金的压铸件最小壁厚可达 0.8mm，最小铸出孔径可达 0.8mm，最小可铸螺距可达 0.75mm。还能压铸镶嵌件。

(3) 压铸件的强度和表面硬度较高。在压力下结晶，加上冷却速度快，铸件表层晶粒细密，其抗拉强度比砂型铸件高 25%～40%，但延伸率有所下降。

(4) 生产率高，可实现半自动化及自动化生产。每小时可压铸几百个零件，是所有铸造方法中生产率最高的。

压铸的缺点：气体难以排出，压铸件易产生皮下气孔，压铸件不能进行热处理，也不宜在高温下工作；金属液凝固快，厚壁处来不及补缩，易产生缩孔和缩松；设备投资大，铸型制造周期长、造价高，不宜小批量生产。

压铸的应用：生产锌合金、铝合金、镁合金和铜合金等铸件；在汽车、拖拉机制造业，仪表和电子仪器工业、农业机械、国防工业、计算机、医疗器械等制造业应用广泛。

2.2.3　低压铸造

低压铸造是指使液体金属在较低压力(0.02～0.06MPa)的作用下充填铸型，并在压力下结晶以形成铸件的方法。

1. 低压铸造的工艺过程

低压铸造的工作原理如图 2-42 所示。把熔炼好的金属液倒入保温坩埚，装上密封盖，升液管使金属液与铸型相通，锁紧铸型，缓慢地向坩埚炉内通入干燥的压缩空气，金属液受气体压力的作用，由下而上沿着升液管和浇注系统充满型腔，并在压力下结晶。铸件成型后撤去坩埚内的压力，升液管内的金属液降回到坩埚内金属液面。开启铸型，取出铸件。

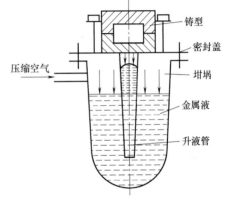

图 2-42　低压铸造的工作原理

2. 低压铸造的特点及应用

低压铸造具有以下特点。

(1) 浇注时金属液的上升速度和结晶压力可以调节，故可适用于各种不同铸型(如金属型、砂型等)，铸造各种合金及各种大小的铸件。

(2) 采用底注式充型，金属液充型平稳，无飞溅现象，可避免卷入气体及对型壁和型芯的冲刷，铸件的气孔、夹渣等缺陷少，提高了铸件的合格率。

(3) 铸件在压力下结晶，铸件组织致密、轮廓清晰、表面光洁，力学性能较高，对于大薄壁件的铸造尤为有利。

(4) 省去补缩冒口，金属利用率提高到 90%～98%。

(5) 劳动强度低，劳动条件好，设备简易，易实现机械化和自动化。

低压铸造的应用：主要用来生产质量要求高的铝、镁合金铸件，如汽车发动机缸体、缸盖、活塞、叶轮等。

2.2.4 离心铸造

离心铸造是指将熔融金属浇入旋转的铸型中，使液体金属在离心力的作用下充填铸型并凝固成型的一种铸造方法。

1. 离心铸造的类型

铸型采用金属型或砂型。为使铸型旋转，离心铸造必须在离心铸造机上进行。离心铸造机通常可分为卧式和立式两大类，其工作原理如图 2-43 所示。铸型绕水平轴旋转的称为卧式离心铸造，适合浇注长径比较大的各种管件；铸型绕垂直轴旋转的称为立式离心铸造，适合浇注各种盘、环类铸件。

可根据铸件直径的大小来确定离心铸造的铸型转速，一般在 250～1500r/min 范围内。

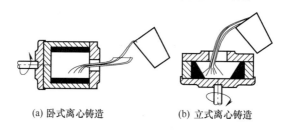

(a) 卧式离心铸造	(b) 立式离心铸造

图 2-43 离心铸造机原理图

2. 离心铸造的特点及应用范围

离心铸造的特点如下。

(1) 液体金属能在铸型中形成中空的自由表面，不用型芯即可铸出中空铸件，简化了套筒、管类铸件的生产过程。

(2) 由于旋转时液体金属所产生的离心力的作用，离心铸造可提高金属充填铸型的能力，因此一些流动性较差的合金和薄壁铸件都可用离心铸造法来生产。

(3) 由于离心力的作用，改善了补缩条件，气体和非金属夹杂物也易于自金属液中排出，因此产生缩孔、缩松、气孔和夹杂等缺陷的概率较小。

(4) 无浇注系统和冒口，节约金属。

(5) 可进行双金属铸造，如在钢套上镶铸薄层铜衬制作滑动轴承等，可节约贵重材料。

(6) 金属中的气体、熔渣等夹杂物，因密度较轻而集中在铸件的内表面上，所以内孔的尺寸不精确，质量也较差，铸件易产生成分偏析和密度偏析。

离心铸造的应用：主要用于大批量生产的各种铸铁和铜合金的管类、套类、环类铸件和小型成型铸件，如铸铁管、汽缸套、铜套、双金属轴承、特殊钢的无缝管坯、造纸机滚筒等铸件的生产。

2.2.5 熔模铸造

熔模铸造(又称失蜡铸造)，是用易熔材料制成模样，然后在模样上涂挂若干层耐火涂料制成型壳，经硬化后再将模样熔化，排出型外，经过焙烧后即可浇注液态金属获得铸件的铸造方法。由于熔模广泛采用蜡质材料来制造，故又称失蜡铸造或精密铸造。

1. 熔模铸造的工艺过程

熔模铸造的工艺过程如图 2-44 所示。

(1) 压型制造。压型如图 2-44 (b)所示，是用来制造蜡模的专用模具，它是用根据铸件的形状和尺寸制作的母模(见图 2-44 (a))来制造的。压型必须有很高的精度和低的表面粗糙度值，而且型腔尺寸必须包括蜡料和铸造合金的双重收缩率。当铸件精度高或大批量生产时，压型一般用钢、铜合金或铝合金经切削加工制成；当小批量生产或铸件精度要求不高时，可采用易熔合金(锡、铅等组成的合金)、塑料或石膏直接向母模上浇注而成。

(2) 制造蜡模。蜡模材料常用 50%的石蜡和 50%的硬脂酸配制而成。将蜡料加热至糊状，在一定的压力下压入型腔内，待冷却后，从压型中取出得到一个蜡模(见图 2-44 (c))。为提高生产率，常把数个蜡模熔焊在蜡棒上，成为蜡模组(见图 2-44 (d))。

(3) 制造型壳。在蜡模组表面浸挂一层用水玻璃和石英粉配制而成的涂料，然后在上面撒一层较细的硅砂，并放入固化剂(如氯化铵水溶液等)中硬化。使蜡模组外面形成由多层耐火材料组成的坚硬型壳(一般为 4～10 层)，型壳的总厚度为 5～7mm(见图 2-44 (e))。

(4) 熔化蜡模(脱蜡)。通常将带有蜡模组的型壳放在 80～90℃的热水中，使蜡料熔化后从浇注系统中流出。脱模后的型壳如图 2-44 (f)所示。

(5) 型壳的焙烧。把脱蜡后的型壳放入加热炉中，加热到 800～950℃，保温 0.5～2h，烧去型壳内的残蜡和水分，洁净型腔。为使型壳的强度进一步提高，可将其置于砂箱中，周围用粗砂充填，即"造型"(见图 2-44 (g))，然后再进行焙烧。

(6) 浇注。将型壳从焙烧炉中取出后，周围堆放干砂，加固型壳，然后趁热(600～700℃)浇入合金液，并凝固冷却(见图 2-44 (h))。

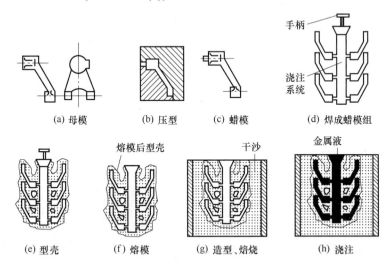

(a) 母模 (b) 压型 (c) 蜡模 (d) 焊成蜡模组

(e) 型壳 (f) 熔模 (g) 造型、焙烧 (h) 浇注

图 2-44 熔模铸造的工艺过程

(7) 脱壳和清理。用人工或机械的方法去掉型壳、切除浇冒口，清理后即得铸件。

2. 熔模铸造的特点和应用

熔模铸造的特点如下。

(1) 由于铸型精密，没有分型面，型腔表面极光洁，故铸件精度高、表面质量好，是少、无切削加工工艺的重要方法之一，其尺寸精度可达 IT9～IT12，表面粗糙度为 Ra6.3～1.6μm。如熔模铸造的涡轮发动机叶片，铸件精度已达到无加工余量的要求。

(2) 可制造形状复杂的铸件，其最小壁厚可达 0.3mm，最小铸出孔径为 0.5mm。对由几个零件组合成的复杂部件，可用熔模铸造一次铸出。

(3) 铸造合金种类不受限制，用于高熔点和难切削合金，如高合金钢、耐热合金等，有显著的优越性。

(4) 生产批量基本不受限制，既可成批、大批量生产，又可单件、小批量生产。

(5) 工序繁杂，生产周期长，原辅材料费用比砂型铸造高，生产成本较高，铸件不宜太大、太长，一般限于 25kg 以下。

熔模铸造的应用：生产汽轮机及燃气轮机的叶片，泵的叶轮，切削刀具，以及飞机、汽车、拖拉机、风动工具和机床上的小型零件。

2.2.6 专项技能训练课题

用熔模铸造的方法生产摩托车传动罩部件(见图 2-45)，铸件的重量约 0.2kg，零件材料为铸钢，轮廓直径为 φ25mm，高为 18mm，中等批量生产，要求铸件表面光洁，尺寸精确，不允许有缩孔、气孔等缺陷。从制作蜡模到生产出铸件所要经过的工艺流程如下。

1. 配制模料

配制模料的基本原料有石蜡和硬脂酸，将这两种原料按各占 50%的比例放入容器内加热，使模料融为蜡液，然后将蜡液倒入搅拌桶内，再加入适量回收模料，利用旋转的浆液将其搅拌成均匀的糊状，即可用来制造铸件蜡模。

2. 制作蜡模

制作蜡模的压型如图 2-46 所示，压型主要由压型主体、金属芯和夹紧装置组成。制模时先装配好压型，使打蜡机的压蜡嘴对准压型的注蜡口进行打蜡，然后按一定顺序分开压型，取出蜡模。为了防止变形，蜡模还需要放入水中冷却。

图 2-45　摩托车传动罩部件

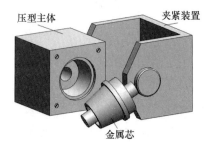

图 2-46　摩托车传动罩部件蜡模压型

浇口棒蜡模的制作方法与铸件蜡模的制作方法基本相同。制作好的蜡模要经过修型、倒角，以防铸件裂纹的产生，然后，用薄片烙铁将铸件蜡模与浇口棒蜡模融焊在一起，形成蜡模模组。

3. 配制涂料

配制涂料的基本原料有水玻璃、表面活性剂、去泡剂、270 目的石英粉和铝矾土，其中水玻璃、表面活性剂、去泡剂和石英粉用来配制表面层涂料。配制的时候将上述各种原料按一定的比例和先后顺序放入涂料桶内搅拌均匀，使用前需用黏度计测定其黏度是否合适。用水玻璃和铝矾土以类似的方法还可配制加强层涂料。

4. 结壳硬化

结壳所用的石英砂表面层粒度为 50～100 目，加强层粒度为 20～50 目。结壳时，先将蜡模模组浸入涂料桶内涂挂均匀，然后，将其放入沸腾沙床，使沙粒覆盖在模组表面，以形成表面层型壳。为了提高型壳强度，结壳后的蜡模模组还要放入氨水槽中浸入定量氨水，然后取出放置，进行自然风干使其硬化。加强层的结壳及硬化方法与表面层类似，这样反复 3～4 次即可得到具有一定强度和厚度的型壳。

5. 脱模与焙烧

型壳完全硬化后，将其放入盛有 90～98℃ 热水的容器中，使模料融化后从浇口流出。对经过脱模后的型壳还要将其送入 800～1000℃ 的炉内进行焙烧，使型壳中的水分和残留的模料通过燃烧挥发掉，从而使型壳具有足够的强度。

6. 熔炼与浇注

熔模铸造常用于生产铸钢件，所用的熔炼设备主要有中频和工频无芯感应电炉，出炉钢水经脱氧后进行浇注。液态钢水经过冷却清理以后，用割炬割掉浇注系统，便得到所需铸件。

以上便是用熔模铸造生产摩托车传动罩部件的工艺流程。

2.3　实践中常见问题的解析

2.3.1　铸造缺陷分析

铸件生产工序多，很容易使铸件产生各种缺陷。某些有缺陷的产品经修补后仍可使用，严重的缺陷则使铸件成为次品。为保证铸件的质量，首先应正确判断铸件的缺陷类别，并进行分析，找出原因，以便采取改进措施。砂型铸造的铸件常见的缺陷有：气孔、砂眼、黏砂、夹砂、胀砂、冷隔和浇不足等。

1. 气孔

气体在金属液结壳之前未及时逸出，在铸件内生成的孔洞类缺陷称为气孔。气孔的内壁光滑，明亮或带有轻微的氧化色。铸件中产生气孔后，将会减小其有效承载面积，且在气孔周围会引起应力集中而降低铸件的抗冲击性和抗疲劳性。气孔还会降低铸件的致密性，致使某些要求承受水压试验的铸件报废。另外，气孔对铸件的耐腐蚀性和耐热性也有不良影响。

防止气孔产生的有效方法是：降低金属液中的含气量，增大砂型的透气性，以及在型腔的最高处增设出气冒口等。

2. 砂眼

在铸件内部或表面充塞着型砂的孔洞类缺陷称为砂眼。砂眼主要是由于型砂或芯砂强度低、型腔内散砂未吹尽、铸型被破坏、铸件结构不合理等原因产生的。

防止砂眼产生的方法是：提高型砂强度；合理设计铸件结构；增加砂型紧实度。

3. 黏砂

铸件表面上黏附有一层难以清除的砂粒，称为黏砂，如图 2-47 所示。黏砂既影响铸件的外观，又会增加铸件清理和切削加工的工作量，甚至会影响机器的寿命。例如，铸齿表面有黏砂时容易损坏；泵或发动机等机器零件中若有黏砂，则将影响燃料油、气体、润滑油和冷却水等流体的流动，并会沾污和磨损整个机器。

防止黏砂的方法是：在型砂中加入煤粉，以及在铸型表面涂刷防黏砂涂料等。

4. 夹砂

夹砂是指在铸件表面形成的沟槽和疤痕缺陷，在用湿型铸造厚大平板类铸件时极易产生。铸件中产生夹砂的部位大多是与砂型上表面相接触的地方，型腔上表面受金属液辐射热的作用，容易拱起和翘曲，当翘起的砂层受金属液流不断冲刷时可能断裂破碎，留在原处或被带入其他部位。铸件的上表面越大，型砂体积膨胀就越大，形成夹砂的倾向性也越大。

防止夹砂的方法是：避免大的平面结构。

5. 胀砂

浇注时在金属液的压力作用下，铸型型壁移动，铸件局部胀大形成的缺陷称为胀砂。

为了防止胀砂，应提高砂型强度、砂箱刚度，加大合箱时的压箱力或紧固力，并适当地降低浇注温度，使金属液的表面提早结壳，以降低金属液对铸型的压力。

6. 冷隔和浇不足

液态金属充型能力不足，或充型条件较差，在型腔被填满之前，金属液便停止了流动，将使铸件产生浇不足或冷隔缺陷。浇不足时，会使铸件不能获得完整的形状；冷隔时，铸件虽可获得完整的外形，但因存有未完全融合的接缝(见图 2-48)，铸件的力学性能严重受损。

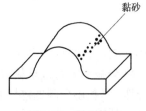

图 2-47　黏砂缺陷

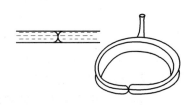

图 2-48　冷隔

防止冷隔和浇不足的方法是：提高浇注温度与浇注速度；合理设计壁厚。

2.3.2 铸件缺陷鉴别

1. 缩孔与气孔的鉴别

缩孔和气孔是铸件中最常见的孔眼类缺陷。缩孔是铸件在凝固过程中，由于补缩不良而产生的。气孔是由于铸型(芯)的透气性不足，浇注时产生的大量气体不能及时排出而产生的。

1) 缩孔的鉴别

铸件中缩孔的特征是孔壁粗糙，形状极不规则，常出现在铸件最后凝固的厚大部位或铸壁的交接处，如图 2-49 所示。鉴别缩孔的主要方法如下。

(1) 观察铸件缺陷的表面形状，如表面高低不平、非常粗糙，而且是暗灰色的、形状不规则的孔眼，即为缩孔。

(2) 孔眼的位置，若在铸件最后凝固的肥厚处，或在两壁相交的热节处，而且位于其断面的中部或中上部位，则为缩孔。

(3) 一般铸钢件厚大断面上较集中的孔眼缺陷为缩孔或气缩孔。

2) 气孔的鉴别

铸件中的气孔与缩孔有较大的区别，气孔的特征如下。

(1) 孔壁光滑，内表面呈亮白色或带有轻微氧化色。

(2) 气孔呈圆形、长条形或不规则形状。

(3) 气孔的尺寸变化很大，大至几厘米，小至几分之一毫米。

(4) 气孔常以单个、数个或呈蜂窝状存在于铸件表面或靠近砂芯、冷铁、芯撑或浇、冒口地方，有时也布满整个截面。

如图 2-50 所示为因型砂水分过高和透气性太差而使铸件产生的气孔缺陷。

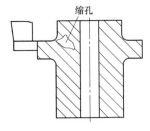

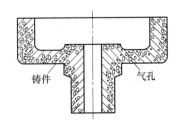

图 2-49　缩孔　　　　　图 2-50　因型砂水分过高和透气性太差而使铸件产生的气孔

如图 2-51 所示是因砂芯排气不良而使铸件产生的气孔缺陷。

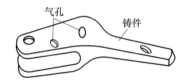

图 2-51　因砂芯排气不良而使铸件产生的气孔

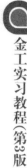

如图 2-52 所示是因冷铁和芯撑表面锈蚀而使铸件产生的气孔缺陷。

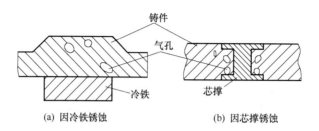

(a) 因冷铁锈蚀   (b) 因芯撑锈蚀

图 2-52   冷铁和芯撑表面锈蚀使铸件产生气孔

2. 错型、错芯及偏芯的鉴别

1) 错型的鉴别

错型是铸件的一部分与另一部分在分型面处相互错开的缺陷,一般是由于合型定位不准所造成的,如图 2-53 所示。

图 2-53   错型

如果铸型中有砂芯,而砂芯又是安放在下型的,则这种缺陷是错型而不是偏芯。

2) 错芯的鉴别

错芯是砂芯在分型面处相互错开,使铸件的内腔产生变形,如图 2-54 所示。它是错芯不是错型,故铸件外表面的形状正确。

3) 偏芯的鉴别

偏芯是由于砂芯的位置发生了不应有的变化,而引起的铸件形状及尺寸与图样不符,如图 2-55 所示。

3. 浇不到缺陷与未浇满缺陷的鉴别

1) 浇不到缺陷的鉴别

浇不到缺陷是指铸件上有残缺,轮廓形状不完整。铸件上的浇不到缺陷,常出现在远离浇口的部位及薄壁处,而浇注系统中是充满金属液的。它不是浇注时金属液不够,而是因为金属液的流动性太差或流动阻力太大所造成的。如图 2-56 所示为因浇不到而造成的不完整圆环铸件。

2) 未浇满缺陷的鉴别

未浇满缺陷是在铸件浇注位置的上部产生缺肉,缺肉处的铸件边角略呈圆形。未浇满缺陷与浇不到缺陷是不同的,未浇满缺陷是由于进入型腔的金属液不足而产生的,如浇包中的金属液不够或浇注中断等。如图 2-57 是金属液浇不足时和浇注中断后再浇时的情况。

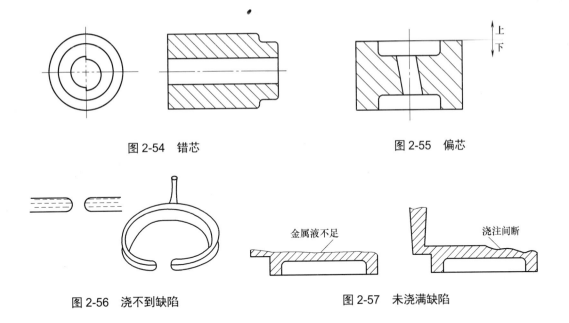

图 2-54　错芯

图 2-55　偏芯

图 2-56　浇不到缺陷

图 2-57　未浇满缺陷

2.4　拓　展　训　练

2.4.1　支承轮刮板造型

完成如图 2-58 所示支承轮刮板造型工序。

零件材料：HT200；轮廓尺寸：ϕ300mm×100mm；铸件重量：约 19kg；生产性质：单件生产。

1. 造型工艺方案的确定

1）铸件结构及铸造工艺性分析

如图 2-58 所示是支承轮零件图，图 2-59 为支承轮铸造工艺图。

从图纸上可以看出，该铸件外形结构为旋转体，辐板上均布了 3 个 ϕ40mm 的通孔，辐板下有三根加强肋并与 ϕ40 mm 孔成六等分均匀分布，外形较为简单，主要壁厚为 35mm。虽然轮缘略厚些，但主要热节处是轮毂。另外轮毂部位 ϕ40mm 的孔加工精度高，轮毂孔需下一个砂芯。该铸件应注意防止轮毂部位产生缩孔和气孔。

2）造型方法

支承轮外形结构为旋转体，形状较为简单，又是单件生产。为节约制模材料和工时，采用刮板造型较为经济合理。上、下型主体部分均由刮板车制而成，辐板上的三个通孔下补砂砂芯，辐板下挖三条肋，中间轮毂孔下一个砂芯。合型定位采用外圆线定位法。车板架设采用悬臂式。

3）铸型种类

由于支承轮外形尺寸不大，形状较为简单，铸件也无特殊要求，因此铸型选用湿型(面、背砂兼用),这样既可简化工艺过程,缩短制作周期,也能保障质量。

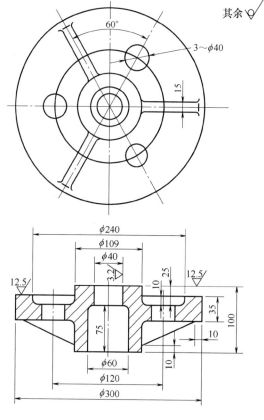

技术要求
1. 未注铸造圆角为R10。
2. 材料HT200。

图2-58 支承轮零件图

4) 分型面的确定

分型面位置如图2-59所示。整个铸型的大部分都处于下型,上型只是φ240mm×16mm的凸砂型和φ100mm×31mm的轮毂凹砂型。这样分型既便于车型和下芯,又便于开设浇、冒口。

5) 浇、冒口位置的确定

根据铸件外形和结构特点,内浇口设置如按同时凝固原则,则工艺较为复杂,也没有这个必要;采用定向凝固顶注法,则工艺简便可行。如采用顶注引入,如果把内浇道设置在轮毂部位,工艺虽可更为简单,但不妥。因为轮毂处于铸件的中心部位,散热慢,同时轮毂又是铸件在图样上的主要几何热节处,从此处引入内浇道,将造成热节叠加,使凝固时间延长,出现缩孔、气孔的倾向增加。因此内浇道设置的位置,应开设在下分型面上,沿轮缘外周边,并分散引入。

为了加强排气和防止缩孔,应在内浇道对面的轮缘边,开设一个排气兼有限补缩的冒口。在轮毂上设置一个出气冒口(兼有冷肋冒口的作用,加速轮毂凝固)。浇、冒口的位置、形状及大小如图2-59所示。

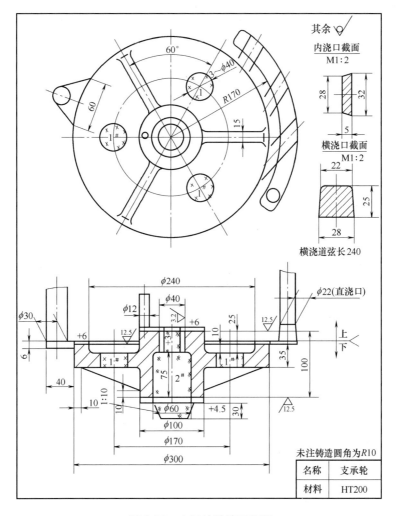

图 2-59　支承轮铸造工艺图

2. 造型工艺过程

1) 上型车制

(1) 在工作场地铲出一块比较平整的砂地，撒上分型砂，放置好上砂箱。

(2) 填入型砂并舂实(砂箱下部填背砂，上部填面砂)，刮平后，在砂箱中心打入定位车心。

(3) 架设并校正车板，使分型面略高于砂箱边 5～10mm，并在凸砂处打入加强吊砂的木片或铁钉(木片或铁钉的长度应适当)。

(4) 填入面砂并舂实。凸砂部分的舂实可用左手挡砂，右手握小铁棒舂；凸砂边沿部分应用手进一步压实。

(5) 用车板车上型，车好后在砂型上扎一定数量的通气孔。

(6) 为使车制的砂型棱角清晰、表面光滑，粗车后，应清理干净车板口，再在砂型表面均匀地喷一层薄薄的水，筛上一层细面砂。然后用车板反复车制几次，同时将多余的型砂清理出去，并车出合型定位外圆线。

(7) 拆去车板，修整砂型，开横浇道，用管子打出直浇道和冒口，并按工艺要求进行修整，然后修整合型定位线。

2) 下型车制

用同一块车板的另一边车下型车制，下型车制工艺过程与上型的基本相同。

(1) 下型车制好后，对车出的辐板通孔中心圆线进行六等分，过等分点及圆心作直径线并延长到轮辐边缘，再用圆规划出三个通孔位置线。

(2) 利用直径线和辐板孔位置线，分别挖肋和下辐板通孔砂芯，并用铁钉固定通孔砂芯。

(3) 在对应的位置上开出内浇道。

(4) 修型腔、内浇道、合型定位外圆线。

(5) 下轮毂孔芯，用内卡尺检查和校正孔芯位置，在孔芯顶面的出气孔周围堆放一圈厚度适当的分型砂。

3) 合型

先对准相应的位置试合型，开箱检查位置是否准确，型腔有无损坏和气孔砂圈是否压牢、压实。一切无误后，在上型根据压砂圈的印迹，用直径 4～6mm 的通气针，扎一个出气孔，再合型。合型后在上下砂箱之间的四角处用斜铁塞紧。

2.4.2 压力机飞轮

完成如图 2-60 所示的压力机飞轮造型工序。

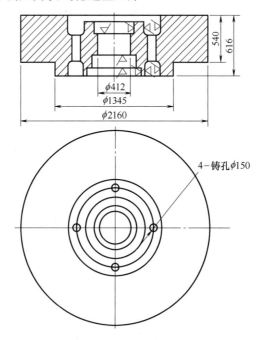

图 2-60 压力机飞轮

铸件材料：QT500-7；轮廓尺寸：ϕ2160mm×616mm；铸件重量：1600kg；生产性质：单件生产；技术要求：铸件组织致密，晶粒细小，无气孔、缩松等缺陷。加工好的零件要求在 280r/min 的转速下进行动平衡试验。

1. 零件结构特点及铸造工艺性分析

飞轮是压力机的重要零件，它的作用是储存和释放能量。飞轮零件如图 2-60 所示。从图纸上可以看出，铸件形状虽然简单，但其断面较厚，又为球墨铸铁件，技术要求较高。因此，必须采用相应的工艺措施，防止铸件产生缩孔、缩松、晶粒粗大、石墨漂浮和石墨化不良等缺陷。

2. 造型方法的选择

飞轮是结构简单的旋转体，且为单件生产，因此为节约制模材料和加工工时，采用刮板和实模组合造型。下箱和中箱采用刮板车制，上箱采用模样造型。

3. 铸型种类的选择

因为飞轮属于大型厚壁铸件，为了保证质量，选择干砂型造型。

4. 凝固原则的选择

根据材料性质和零件的结构特点，确定采用定向凝固原则，加设冒口和冷铁，以获得组织致密的铸件。

5. 浇注位置的选择

飞轮为回转体盘类零件，浇注时轴线处于垂直位置。这种浇注形式使得处于顶面位置的飞轮端面可能出现某些缺陷，因此要适当加大顶部加工余量，以保证铸件端面的质量。

6. 分型面的选择

由于是单件生产并车板造型，因此根据铸件的结构特点，采用三箱造型。造型时先车出中箱，烘干后即与下箱装配好。在轮毂下部和轮缘外周铺设石墨块(激冷材料)，石墨块之间的缝隙及石墨块与砂型之间的间隙用水泥砂灌注，以获得刚性好的铸型。铸件全部位于中、下箱内，便于下芯、合型。

7. 浇冒口设计

飞轮是一个实块类铸件，形状虽然简单，但要获得无缩孔、无缩松、晶粒细小、组织致密的铸件，却是非常困难的。因此，在设计浇冒口系统时必须考虑以下几个问题。

(1) 冒口设计：由于铸件壁太厚，热量集中，散热慢，合金液态收缩大，因此应设置补缩能力强的冒口。工艺规定设置 $\phi360mm$ 的易割冒口 3 个，高度为 1000mm。

(2) 浇口设计：根据铸件的结构特点，采用雨淋浇口。铁水从顶部注入，与冒口配合，以获得铸件自下而上的定向凝固。浇口尺寸为 $\phi30mm$，共 9 个，沿轮毂圆周均布。

为改善金属液在型腔内的流动情况，使型腔底部同时被金属液覆盖，在底部再开设 6 道内浇道，从而有利于整个铸件自下而上地定向凝固。飞轮铸造整个浇注系统的设计如图 2-61 所示。

(3) 低温慢浇：浇注温度越低，则铸件冷却越快，金属在型腔内保持液态的时间越短，对石墨化越不利。但基于飞轮这样厚大的铸件，冷却很慢，石墨化条件很好，故取低温浇注，减小体收缩，以利于减少缩孔。浇注温度在 1300℃左右。慢浇可使后续液流对已浇注的金属液所产生的体收缩进行补缩，从而使铸件最终的液态需补量有所减少。浇注时间为 220s。同时，在浇满之后，向冒口内补浇热铁水，直至完全凝固为止，以提高冒口的补缩作用。

(4) 加设石墨块激冷：一些工厂的生产实践证明，石墨块的激冷能力与铸铁的激冷能力基本相同。采用石墨块激冷，相当于减小壁厚，有利于细化晶粒，使组织致密，同时，可提高铸型的刚性，充分利用石墨化膨胀自补缩的特点。所以，铸型采用适宜的激冷材料是大断面球墨铸铁铸件生产的一项重要工艺措施。

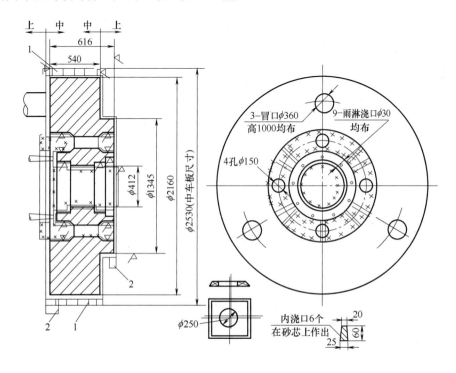

图 2-61　飞轮铸造工艺图

1—石墨块；2—金相试块

8. 工艺参数的确定

(1) 加工余量。根据有关标准确定。

(2) 铸造收缩率。径向取 0.8%，轴向取 0.5%(考虑到分型负数)。

9. 砂芯设计

铸件中心轴孔与辐板上的 4 个铸孔均由砂芯形成。1#砂芯的高度较低，故只设下芯头。构成辐板部位的上下两个圆环形凹下空腔，如果采用自带砂芯，由于高度较大，斜度较小，势必给造型操作带来困难。所以，上下分别各用四个砂芯形成环形凹下空腔，2#砂芯湿补在下砂型，形成 4 铸孔的 3#砂芯湿补在 2#砂芯上，进窑同时烘干。

压力机飞轮是重要的大型铸件，其铸型装配图如图 2-62 所示。

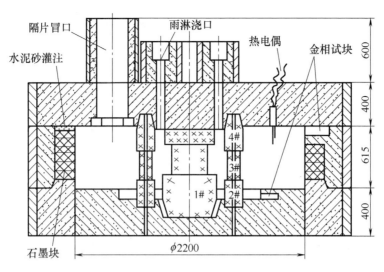

图 2-62　飞轮铸型装配图

2.5　铸造操作安全规范

铸造生产由于工序繁多，起重运输工作量大，金属液温度较高，极易发生烧伤、烫伤现象，同时铸造的集体操作性很强，所以实习时人人都应重视安全生产，严格遵守安全技术操作规程和制度，防止发生事故。

(1) 穿戴好劳动保护用品，如石棉服装、手套、皮靴、防护眼镜等，开炉浇注时严禁穿化纤类服装。砂箱堆放要平稳，搬动砂箱时要注意轻放，以防砸伤手脚。

(2) 修型时要采用 36V 的安全灯具或手电筒，严禁使用 110～220V 的电灯。

(3) 使用的砂箱应完好，禁止使用已有裂纹的砂箱，尤其是箱把、吊轴等处有裂纹的砂箱。

(4) 混砂机在转动时，不得用手扒料和清理碾轮，不准伸手到机盆内添加黏结剂等附加物料。

(5) 所有破碎、筛分、落砂、混碾和清理设备应尽量采用密闭方法，以减少车间里的粉尘。

(6) 浇注前必须紧固铸型。上下铸型要用卡紧机构使之锁紧，或在上型顶面放置为铸件重量 3～5 倍的压铁，否则高温金属液浇入型腔时可能会将上型抬起而造成射箱(铁液从分型面喷出)或跑火(燃着的气体窜出箱外)现象，浇注过程中不要用眼正视冒口，以防跑火时金属液喷射伤人。

(7) 浇注前要清理场地。炉前出铁口和出渣口地面必须干燥无积水，浇注场地的过道要通畅、无积水。

(8) 浇包中的金属液不能太满(不超过容量的 80%)，以免吊装或抬运时溢出。吊装和抬运浇包时动作要协调。

(9) 浇注中要及时用引火棒引燃浇注时从铸型出气孔、冒口排出的气体，防止现场人员中毒。

(10) 避免烫伤。剩余铁液不得乱倒；人员要注意避开流溅在浇注区域地面和铸型上的高温金属液，铸件完全冷却后才能用手接触。

(11) 锤击去除浇冒口时，应注意敲打方向不要正对着他人。打锤时不能戴手套。

(12) 浇注用具要烘干。预热浇包使用前要将耐火内衬修理平整并烘干预热以除去水汽，保证铸件质量和防止铁液飞溅伤人。与金属液直接接触的用具也要事先烘干。

(13) 吊运砂箱和其他重物时必须两人挂钩(链)，互相配合。起吊时要离开 1m 以外，不允许站在被吊物与邻近固定物之间，只允许一人指挥吊车。

本 章 小 结

本章以砂型铸造为主，详细地讲述了型(芯)砂的性能及组成、模样和型芯盒、造型和造芯以及综合工艺分析实例；扼要地叙述了铸造合金的熔炼和浇注、浇注系统的作用和组成、铸件的落砂清理及缺陷分析等；最后介绍了特种铸造工艺、铸造安全生产等内容。通过本章铸造工艺实例的学习，读者可以了解和掌握一些简单零件的铸造工艺，提高读者的操作技能。

思 考 与 练 习

一、思考题

1. 什么是铸造？有何特点？

2. 型砂和芯砂由哪些材料组成？

3. 型砂应具备哪些性能？这些性能如何影响铸件的质量？

4. 如何用手来简单判断型砂的性能？

5. 常用的手工造型方法有哪些？它们各自的特点是什么？

6. 试述手工造型和机器造型各自的特点及应用范围。

7. 型芯的作用和结构是什么？型芯中芯骨的作用是什么？

8. 冒口、冷铁的作用是什么？它们应设置在铸件的什么位置？

9. 浇注系统一般由哪几部分组成？它们的作用是什么？内浇道应如何设置？

10. 常见的铸造缺陷有哪些？它们的特征及产生的原因是什么？

11. 试比较熔模铸造、金属型铸造、离心铸造、压力铸造以及低压铸造的特点及各自的适用范围。

二、练习题

1. 如图 2-63 所示，铸件为单件生产，各应采用何种造型方法？试确定最佳分型面并绘制铸造工艺图。

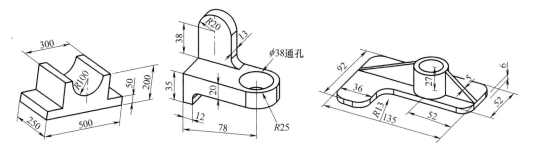

图 2-63 支架板铸件

2. 试分析如图 2-64 所示的 CW6140 车床床身的铸造工艺。

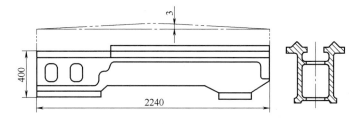

图 2-64 床身铸件

第3章 锻　　压

学习要点

锻压是利用外力使金属坯料产生塑性变形，获得所需尺寸、形状及性能的毛坯或零件的加工方法。锻压是锻造和冲压的总称。它是金属压力加工的主要方式，也是机械制造中毛坯生产的主要方法之一。

技能目标

了解金属锻压的特点、分类及应用，理解金属塑性变形的有关理论基础，初步掌握自由锻、模锻和板料冲压的基本工序、特点及应用。

锻压是指对坯料施加外力，使其产生塑性变形，改变其形状、尺寸，改善性能，用以制造机械零件、工件或毛坯的成型加工方法，它是锻造和冲压的总称。常见的金属压力加工方法有自由锻、模锻、冲压、挤压、轧制、拉拔等，如图 3-1 所示。

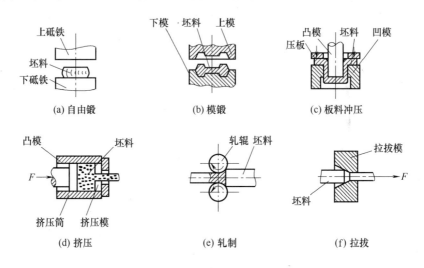

图 3-1　常用的金属压力加工方法

锻造是指在加压设备及工(模)具的作用下，使坯料、铸锭产生局部或全部的塑性变形，以获得一定几何尺寸、形状和质量的锻件的加工方法，它包括自由锻、模锻、胎模锻等加工方法。冲压是指使坯料经分离或成型而得到制件的加工方法。

金属锻压加工在机械制造、汽车、拖拉机、仪表、造船、冶金及国防等工业中应用广泛，常用来制造主轴、连杆、曲轴、齿轮、高压法兰、容器、汽车外壳、电机硅钢片、武器、弹壳等。以汽车为例，按质量计算，汽车上 70%的零件都是由锻压加工制造的。

金属锻压加工主要有以下特点。

(1) 改善金属的组织、提高力学性能。金属材料经锻压加工后，其组织、性能都得到改善和提高。锻压加工能消除金属铸锭内部的气孔、缩孔和树枝状晶等缺陷，得到致密的金属组织，从而提高金属的力学性能。在零件设计时，若正确选用零件的受力方向与纤维组织方向，可以提高零件的抗冲击性能。

(2) 材料的利用率高。金属塑性成型主要是靠金属的形体组织相对位置重新排列来实现的，不需要切除金属。

(3) 较高的生产率。锻压加工一般是利用压力机和模具进行成型加工的。例如，利用多工位冷镦工艺加工内六角螺钉，比用棒料切削加工工效提高 400 倍以上。

(4) 毛坯或零件的精度较高。应用先进的技术和设备，可实现少切削或无切削加工。例如，精密锻造的伞齿轮齿形部分可不经切削加工直接使用，复杂曲面形状的叶片经过精密锻造后只需磨削便可达到所需精度。

(5) 锻压所用的金属材料应具有良好的塑性，以便在外力的作用下，能产生塑性变形而不破裂。常用的金属材料中，铸铁属脆性材料，塑性差，不能用于锻压；钢和非铁金属中的铜、铝及其合金等可以在冷态或热态下锻压加工。

(6) 不适合成型形状较复杂的零件。锻压加工是在固态下成型的，与铸造相比，金属的流动受到限制，一般需要采取加热等工艺措施才能实现。对制造形状复杂，特别是具有复杂内腔的零件或毛坯较困难。

由于锻压具有上述特点，因此承受冲击或交变应力的重要零件(如机床主轴、齿轮、曲轴、连杆等)，都应采用锻件毛坯加工。所以锻压加工在机械制造、军工、航空、轻工、家用电器等行业得到了广泛应用。例如，飞机上的塑性成型零件的质量分数占 85%；汽车、拖拉机上的锻件的质量分数占 60%～80%。

3.1　锻　　　造

锻造是毛坯成型的重要手段，尤其是在工作条件复杂、力学性能要求高的重要结构零件的制造中，具有重要的地位。锻造是使加热好的金属坯料，在外力的作用下，发生塑性变形，通过控制金属的流动，使其成型为所需形状、尺寸和组织的方法。根据变形时金属流动的特点不同，锻造可以分为自由锻和模锻两大类。使用模具在自由锻设备上对金属材料进行成型的加工方法，称为胎模锻。在实际生产中，通常把胎模锻划归到自由锻的范畴。

3.1.1　自由锻与胎模锻

在自由锻锻造过程中，金属坯料在上、下砧铁间受压变形时，可朝各个方向自由流动，不受限制，其形状和尺寸主要由操作者的技术来控制。

自由锻分为手工锻造和机器锻造两种，手工锻造只适合生产单件、小型的锻件，机器锻造则是自由锻的主要生产方法。

1. 锻造设备与工具

自由锻所用设备根据其对坯料施加外力的性质不同，分为锻锤和液压机两大类。锻锤是依靠产生的冲击力使金属坯料变形，设备主要有空气锤、蒸汽-空气自由锻锤，主要用于单件、小批量的中小型锻件的生产。液压机是依靠产生的压力使金属坯料变形。其中，水压机可产生很大的作用力，能锻造质量达 300t 的大型锻件，是重型机械厂锻造生产的主要设备。

1) 空气锤

空气锤由锤身、压缩缸、工作缸、传动机构、操纵机构、落下部分及砧座等几部分组成。锤身和压缩缸及工作缸铸成一体；传动机构包括减速机构、曲轴和连杆等；操纵机构包括踏杆(或手柄)、旋阀及其连接杠杆；落下部分包括工作活塞、锤头和上砧铁。

空气锤自带压缩空气装置，锤身为单柱式结构，三面敞开，使用灵活，操作方便。其外形结构及传动原理如图 3-2 所示。电机通过减速齿轮带动曲柄连杆机构，使压缩缸中的活塞上下运动产生压缩空气，通过上旋阀或下旋阀，压缩空气进入工作缸的上部或下部空间，推动落下部分下降或上升。通过操纵手柄或脚踏杆操纵上、下旋阀，可使锤头实现空转、上悬、下压、单打、连打、轻打和重打等动作。

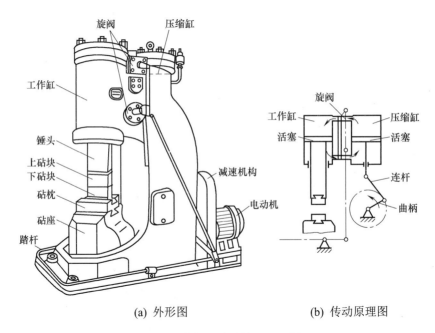

(a) 外形图　　　　　　　　(b) 传动原理图

图 3-2　空气锤的结构原理示意图

空气锤的规格以落下部分的总质量来表示，常用的有 65kg、150kg、250kg、400kg、560kg、750kg、1000kg 等规格的空气锤。锻锤所产生的打击力约是落下部分重量的 1000 倍，适用于单件、小批量小型锻件的生产或制坯和修整等场合。

2) 蒸汽-空气自由锻锤

蒸汽-空气自由锻锤是利用 0.7～0.9MPa 蒸汽或 0.6～0.8MPa 的压缩空气为动力进行工作的锻压设备。因此，必须配备蒸汽锅炉或空气压缩机及其管道，其投资比空气锤大，适合锻造中型和较大型的锻件。

蒸汽-空气自由锻锤的工作原理如图 3-3 所示。蒸汽(或空气)从进气管 8 经节气阀 9 进入滑阀 10。当滑阀 10 处在图示位置时，气体经过滑阀中间细颈部分的环形气道，再经下气道 11 进入汽缸 6 的下部，并作用在活塞 5 的环形底面上，使锻锤落下部分向上运动。而这时，汽缸 6 上部的废气从上气道 7，经过滑阀 10 的内腔由排气管 15 排出。反之，当滑阀 10 提起时，滑阀中间细颈部分的环形气道与上气道 7 连通，这时气体由滑阀环形气道，经过上气道 7 进入汽缸 6 的上部，并作用在活塞 5 的顶面上，使锻锤的落下部分向下运动，从而对放在下砧 12 上的坯料 1 进行锻打。与此同时，汽缸 6 下部的废气通过下气道 11，进入滑阀下部，由排气管 15 排出。可简述为：气体通过滑阀上、下运动的转换，交替作用在活塞的上面或下面，使落下部分分别做下、上往复运动，从而实现锻打工作。操作时，是用手柄操纵节气阀和滑阀，使锤头完成悬空、压紧、单次打击和连续打击等动作。

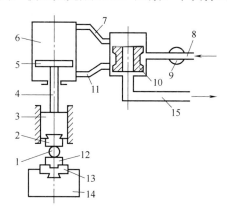

图 3-3　蒸汽-空气自由锻锤的工作原理示意图

1—坯料；2—上砧；3—锤头；4—锤杆；5—活塞；6—汽缸；7—上气道；8—进气管；
9—节气阀；10—滑阀；11—下气道；12—下砧；13—砧垫；14—砧座；15—排气管

3)　自由锻水压机

自由锻水压机是锻造大型锻件的主要设备。水压机的基本工作过程如图 3-4 所示。水泵启动后，作用在水泵柱塞(小柱塞)上的力，通过管道作用在工作活塞(大柱塞)上，产生出增大了的力，再经上砧作用于下砧上的坯料，使之变形。工作活塞面积是水泵柱塞面积的多少倍，则工作活塞产生增大的力就是水泵柱塞上力的多少倍。

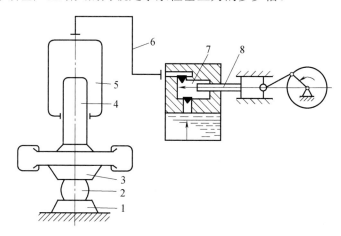

图 3-4　水压机的工作原理示意图

1—下砧；2—坯料；3—上砧；4—工作活塞；5—工作缸；6—管道；7—泵室；8—水泵柱塞

4) 锻造工具

锻造所用的工具形式很多,在锻造操作的各个工序中起着不同的作用,如图 3-5～图 3-7 所示。锻造工具按其功用可分为以下几类。

(1) 支持工具:如手工自由锻用的铁砧、花盘砧等(见图 3-5),常用铸钢制成。

(2) 打击工具:如大锤、手锤等(见图 3-5),这种工具在自由锻和模锻中都会用到。

(3) 成型工具:如自由锻用的型锤、摔子、斜铁、胎模及模锻用的模具等(见图 3-5、图 3-6)。

(4) 夹持工具:用于夹持坯料或锻件的各种钳子,如图 3-7 所示。

(5) 测量工具:如卡尺(或卡钳)、角尺、直尺等,如图 3-7 所示。

锻前应根据所采用的锻造成型方法、不同工序、坯料和锻件外形尺寸选择合适的各类工具,做好工具的准备工作。通常情况下,所选用的有些工具(如成型工具)还必须进行预热准备工作,一般预热温度为 150～250℃,以防止坯料与温度较低的工具接触而造成坯料表面温度降低。

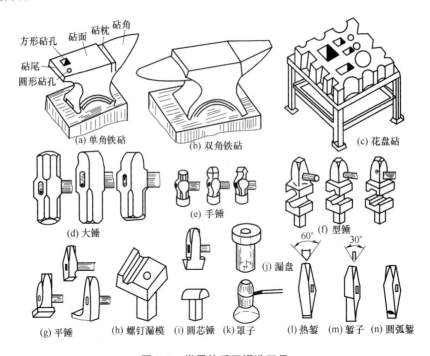

图 3-5　常用的手工锻造工具

2. 自由锻

自由锻是利用简单的通用工具靠人力锻打或在锻造设备的上下铁砧间锻打,使经加热后的金属坯料产生塑性变形而获得所需的形状、尺寸和性能的锻件的加工方法。

锻件图是工艺规程的核心部分,它是以零件图为基础,结合自由锻造工艺特点绘制而成。绘制自由锻件图时应考虑如下几方面内容。

(1) 增加敷料。为了简化零件的形状和结构,便于锻造而增加的一部分金属,称为敷料。如零件上的窄环形沟槽、尺寸相差不大的台阶等均可增设敷料以简化锻件结构。

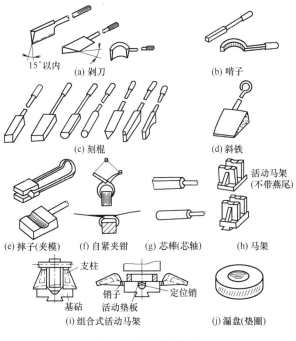

(a) 剁刀　　　　　　　(b) 啃子

(c) 刻棍　　　　　　　(d) 斜铁

活动马架
(不带燕尾)

(e) 摔子(夹模)　(f) 自紧夹钳　(g) 芯棒(芯轴)　(h) 马架

支柱

销子　定位销
基础　活动垫板

(i) 组合式活动马架　　(j) 漏盘(垫圈)

图 3-6　常用机锻工具

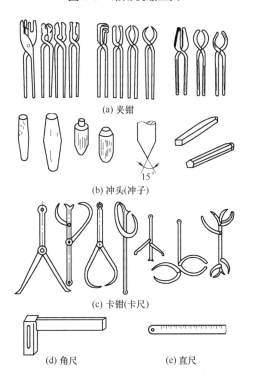

(a) 夹钳

15°

(b) 冲头(冲子)

(c) 卡钳(卡尺)

(d) 角尺　　　　　　(e) 直尺

图 3-7　通用工具

(2)　考虑加工余量和公差。在零件的加工表面上为切削加工而增加的尺寸称为余量，锻件公差是锻件名义尺寸的允许变动值，它们的数值应根据锻件的形状、尺寸和锻造方法等因素查相关手册确定。

自由锻锻件如图 3-8 所示，图中双点划线为零件轮廓。

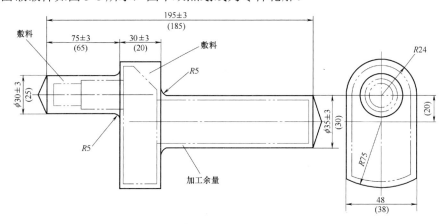

图 3-8　自由锻锻件图

自由锻的工序包括基本工序、辅助工序和修整工序。基本工序是指完成主要变形的工序，可分为镦粗、拔长、冲孔、弯曲、切割(下料)、扭转、错移等。辅助工序是为基本工序操作方便而进行的预先变形，如压钳把、倒棱、压肩(压痕)等。修整工序是用以精整锻件外形尺寸，减小或消除外观缺陷的工序，如滚圆、平整等。基本工序的操作如表 3-1 所示。

表 3-1　自由锻基本工序的操作

工序	图　例	定　义	操作要领	实　例
镦粗或局部镦粗		镦粗是使坯料高度减小、横截面积增大的锻造工序	①防止坯料镦弯、镦歪或镦偏。 ②防止产生裂纹和夹层	圆盘、齿轮、叶轮、轴头等
拔长	(a) 左右进料 90°翻转　(b) 螺旋线进料 90°翻转　(c) 前后进料 90°翻转	拔长是使坯料横截面积减小、长度增加的锻造工序	①应使坯料各面受压均匀，冷却均匀。 ②截面的宽厚比应不大于2.5，以防产生弯曲	锻造光轴、阶梯轴、拉杆等轴类锻件
冲孔	(a) 放正冲子试冲　(b) 冲浅坑，撒煤灰　(c) 冲至工件厚度的2/3深　(d) 翻转工件在钟砧圆孔上冲透	冲孔是利用冲子在经过镦粗或镦平的饼坯上冲出通孔或盲孔的锻造工序	①坯料应加热至始锻温度，防止冲裂。 ②冲深时应注意保持冲子与砧面相垂直，防止冲歪	圆环、圆筒、齿圈、法兰、空心轴等

续表

工序	图 例	定 义	操作要领	实 例
弯曲	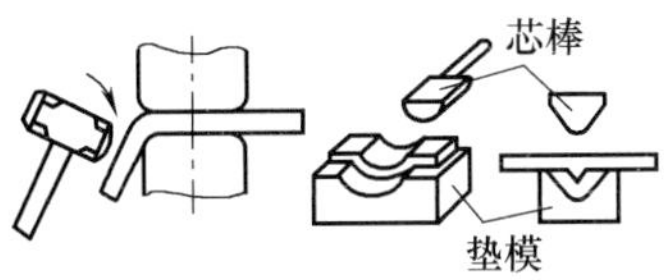 芯棒 垫模	弯曲是采用一定的工具或模具,将毛坯弯成规定外形的锻造工序	弯曲前应根据锻件的弯曲程度和要求适当地增大补偿弯曲区截面尺寸	弯杆、吊钩、轴瓦等
切割下料	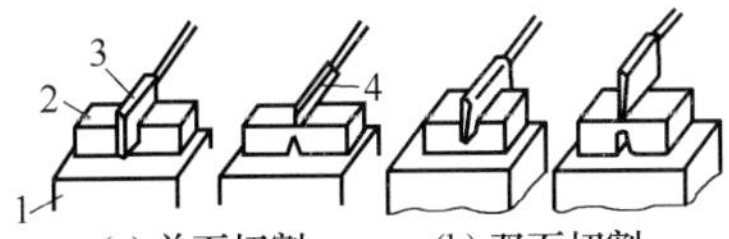 3 2 4 1 (a) 单面切割 (b) 双面切割 1—下砧铁;2—坯料;3—剁刀;4—翘棍	切割是将坯料分割开或部分割裂的锻造工序	双面切割易产生毛刺,常用于截面较大的坯料以及料头的切除	轴类、杆类零件以及毛坯下料等
扭转	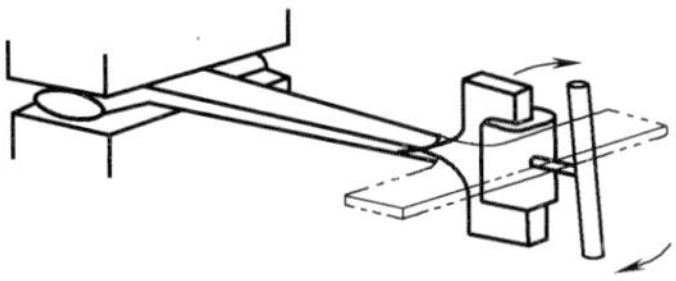	扭转是将坯料的一部分相对于另一部分旋转一定角度的锻造工序	适当固定,有效控制扭转变形区域	多拐曲轴和连杆等
错移	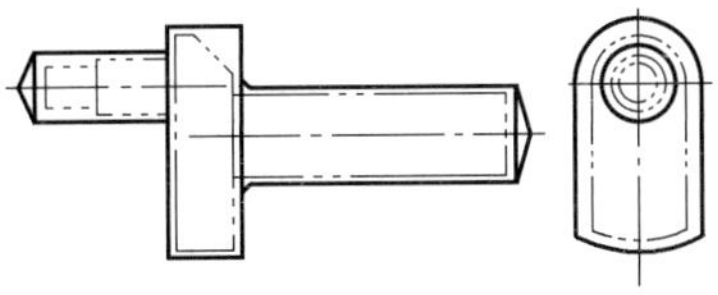	错移是使坯料的一部分相对于另一部分平移错开的锻造工序	切肩、错移并延伸	各种曲轴、偏心轴等

设计自由锻造零件时,除应满足使用性能要求外,还必须考虑锻造工艺的特点,一般应力求简单和规则,这样可使自由锻成型方便,节约金属,并保证质量和提高生产率。具体要求如表 3-2 所示。

表 3-2 自由锻锻件结构工艺性

结构要求	不合理的结构	合理的结构
尽量避免锥体或斜面	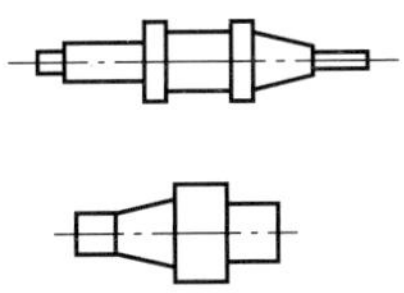	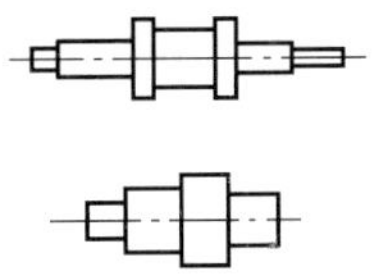
避免几何体的交接处形成空间曲线(圆柱面与圆柱面相交或非规则外形)	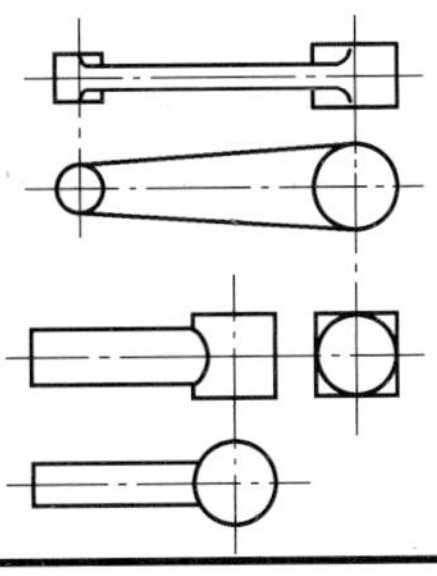	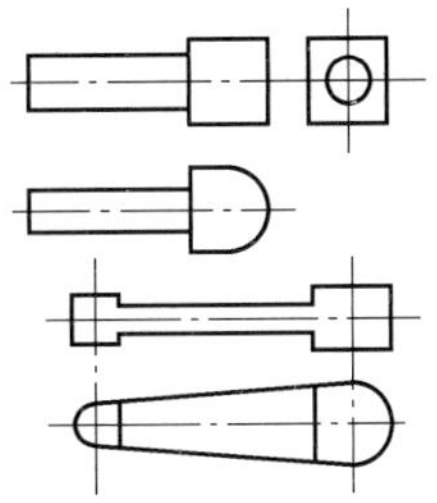

续表

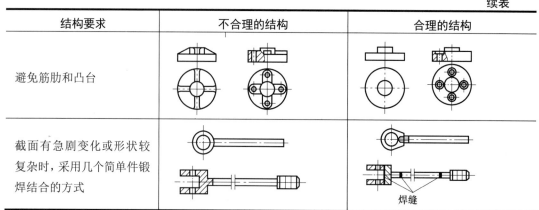

结构要求	不合理的结构	合理的结构
避免筋肋和凸台		
截面有急剧变化或形状较复杂时,采用几个简单件锻焊结合的方式		焊缝

下面介绍计算坯料重量及尺寸的方法。

锻件的重量可按下式计算:

$$G_{坯料}=G_{锻件}+G_{烧损}+G_{料头}$$

式中,$G_{坯料}$为坯料重量;$G_{锻件}$为锻件重量;$G_{烧损}$为加热中坯料表面因氧化而烧损的重量(第一次加热时,取被加热金属重量的 2%~3%,以后各次加热的烧损量取被加热金属重量的 1.5%~2%);$G_{料头}$为在锻造过程中冲掉或被切掉的那部分金属的重量。

坯料的尺寸根据坯料的重量和几何形状确定,还应考虑坯料在锻造中所必需的变形程度,即锻造比的问题。对于以钢锭作为坯料并采用拔长的方法锻制的锻件,锻造比一般不小于 2.5~3;如果采用轧材作坯料,则锻造比可取 1.3~1.5。

除上述内容外,任何锻造方法都还应确定始锻温度、终锻温度、加热规范、冷却规范,选定相应的设备及确定锻后所必需的辅助工序等。

3. 胎模锻

胎模锻是用自由锻的设备,并使用简单的非固定模具(胎模)生产模锻件的一种工艺方法。与自由锻相比,胎模锻具有生产率高、粗糙度值低、节约金属等优点;与模锻相比,胎模锻又节约了设备投资,大大地简化了模具制造。但是胎模锻的生产率和锻件质量都比模锻差,劳动强度大,安全性差,模具寿命低。因此,这种锻造方法只适合于小型锻件的中、小批量生产。

3.1.2　模锻

模锻是在高强度金属锻模上预先制出的与锻件形状一致的模膛,并固定在锻造设备上,按工艺要求的加热温度和生产节拍,对原坯料预热后使其在模膛内受压变形,由于模膛对金属坯料流动的限制,因此锻造终了时,能得到和模膛形状相符的锻件。根据所用设备的不同,模锻可分为锤上模锻和压力机上模锻两种。

1. 模锻设备

模锻设备大致可分为模锻锤、机械压力机、螺旋压机和液压机等。与自由锻设备相比,模锻设备的机身刚度大,上下模导轨的运动精度高,有些设备还有锻件顶出机构等。模锻设备主要适合于中小型锻件的大批量生产。

1) 蒸汽-空气模锻锤

如图 3-9 所示为蒸汽-空气模锻锤的外形及操纵系统简图。其机身刚度大，锤头与导轨间隙小，砧座也比自由锻锤大得多。砧座与锤身连成一个封闭的框架结构，保证了锤头运动精确，使上下模能够对准。锤击时绝大部分能量被砧座吸收，提高了设备的稳定性和精密性。蒸汽-空气模锻锤的规格以落下部分的总重量表示，常用的有 1t、2t、3t、5t、10t 及 16t 规格的模锻锤，可生产 0.5～150kg 的模锻件。

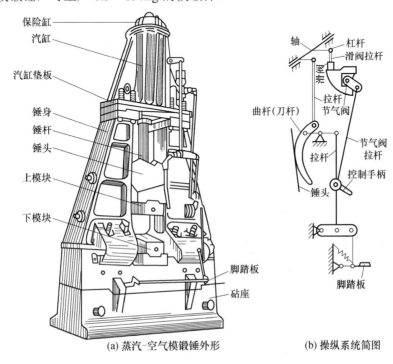

(a) 蒸汽-空气模锻锤外形　　(b) 操纵系统简图

图 3-9　蒸汽-空气模锻锤结构原理图

2) 热模锻压力机

热模锻压力机是我国目前模锻行业广泛采用的模锻设备之一。它可以实现多模膛锻造，锻件尺寸精度较高，加工余量小，适用于大批量流水线生产中。它是模锻车间设备更新改造的优选设备，具有如下优点。

(1) 振动和噪声小，工作环境比较安静。

(2) 设备的刚性和稳定性好，操作安全可靠。

(3) 滑块行程次数较高，因此生产率较高。

(4) 有可靠的导轨和可调整精确的行程，能够保证锻件的精度。

(5) 具有较大顶出力的上、下顶料装置，保证锻件贴模后容易脱出。

(6) 具有脱出"闷车"的装置，当坯料尺寸偏大、温度偏低、设备调整或操作失误时，出现"闷车"而不至于损坏设备，并能及时解脱"闷车"状况。

热模锻压力机的缺点如下。

(1) 锻造过程中清除氧化皮较困难。

(2) 超负荷时容易损坏设备。

(3) 它与模锻锤相比较，其工艺灵活性较小，对滚挤或拔长工序较困难。

热模锻压力机可分为楔式热模锻压力机与连杆式热模锻压力机两种形式。

楔式热模锻压力机的工作原理如图 3-10 所示：电动机 4 转动时，通过带轮和齿轮传至曲轴 3，再通过连杆 1 驱动楔块 6 使滑块 7 沿导轨做上、下往复运动，调整设备的装模高度是通过装在连杆大头上的偏心蜗轮 2 来实现的。

连杆式热模锻压力机的工作原理如图 3-11 所示：当电动机转动时，通过 V 带使传动轴上的飞轮和小齿轮转动，并带动大齿轮和曲轴。当离合器松开时，大齿轮便空转；当离合器接合时，制动器超前离合器脱开，大齿轮便带动曲轴转动。曲轴通过连杆带动滑块在导轨间做上、下往复运动。

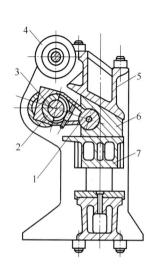

图 3-10　楔式热模锻压力机的工作原理图

1—连杆；2—偏心蜗轮；3—曲轴；4—电动机；
5—机身；6—楔块；7—滑块

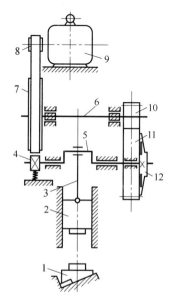

图 3-11　连杆式热模锻压力机的工作原理图

1—工作台；2—滑块；3—连杆；4—制动器；5—曲轴；
6—传动轴；7—飞轮；8—带轮；9—电动机；
10—小齿轮；11—大齿轮；12—离合器

3)　平锻机

平锻机作为曲轴压力机的一个分支，主要是用局部镦粗的方法生产模锻件。在该设备上除可进行局部聚集工步外，还可实现冲孔、弯曲、翻边、切边和切断等工作。由于它的生产率较高，适合大批量生产，故广泛地用于汽车、拖拉机、轴承和航空工业中。根据该设备生产的工艺特点，对平锻机有如下要求。

(1) 需要设备具有足够的刚度，滑块的行程不变，工作时振动小，保证锻出高精度的锻件。

(2) 需要有两套机构按照各自的运动规律分别实现冲头的镦锻和凹模的夹紧。

(3) 夹紧装置有过载保护机构，以防工作中因意外因素过载时损坏设备。

(4) 应有良好的润滑系统，以保证设备在频繁工作中能正常运行。

平锻机可实现多模膛模锻，锻件的加工余量小，很少有飞边，锻件质量好，生产率高，

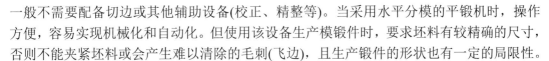

一般不需要配备切边或其他辅助设备(校正、精整等)。当采用水平分模的平锻机时，操作方便，容易实现机械化和自动化。但使用该设备生产模锻件时，要求坯料有较精确的尺寸，否则不能夹紧坯料或会产生难以清除的毛刺(飞边)，且生产锻件的形状也有一定的局限性。

4) 螺旋压力机

螺旋压力机除传统的双盘、单盘摩擦螺旋压力机外，还有液压螺旋压力机、电动螺旋压力机、气液螺旋压力机和离合器式高能螺旋压力机等。由于后几种螺旋压力机还没有在我国广泛使用，故暂不做介绍。

螺旋压力机利用飞轮或蓄势器储存能量，在锻打时将能量迅速释放出来，可以获得很大的打击力。其有效打击能量除往复运动的动能外，还有由于工作部分的旋转而得到的附加旋转运动动能。它的优点是设备结构简单、紧凑，振动小，基础简单，没有砧座，减少了设备和厂房的投资，劳动条件较好，操作安全，维护容易，具有顶出装置，可减少模锻件斜度，工艺性能较广，锻件的质量好、精度高，尤其是在精锻齿轮中得到了广泛的应用。它的缺点是行程速度较慢、打击力不易调节，生产率相对而言较低，对有高肋或尖角的锻件较难充满，不宜于多模膛模锻。

摩擦螺旋压力机的工作原理如图3-12所示。锻模分别安装在滑块7和机座9上。滑块与螺杆1相连，沿导轨8上下滑动。螺杆穿过固定在机架上的螺母2，其上端装有飞轮3。两个摩擦盘4同装在一根轴上，由电动机5经传动带6使摩擦盘轴旋转。改变操纵杆位置可使摩擦盘轴沿轴向窜动，这样就会把某一个摩擦盘靠紧飞轮边缘，借摩擦力带动飞轮转动。飞轮分别与两个摩擦盘接触，产生不同方向的转动，螺杆也就随飞轮做不同方向的转动。在螺母的约束下，螺杆的转动变为滑块的上下滑动，实现模锻生产。

2. 模锻操作

锻模由上、下模组成。上模和下模分别安装在锤头下端和模座的燕尾槽内，用楔铁紧固，如图3-13所示。上、下模合在一起，其中部形成完整的模膛。根据模膛功用的不同，模膛可分为模锻模膛和制坯模膛两大类。模锻模膛又分为终锻模膛和预锻模膛两种；制坯模膛一般包括拔长模膛、滚压模膛、弯曲模膛和切断模膛等，如图3-14所示。生产中，根据锻件复杂程度的不同，锻模可分为单膛锻模和多膛锻模两种。单膛锻模是在一副锻模上只具有一个终锻模膛；多膛锻模是在一副锻模上具有两个以上的模膛，把制坯模膛或预锻模膛与终锻模膛同做在一副锻模上，如图3-15所示。

模锻的锻造工步包括制坯工步和模锻工步。

1) 制坯工步

制坯工步包括镦粗、拔长、滚挤、弯曲和切断等工序。

(1) 镦粗：将坯料放正在下模的镦粗平台上，利用上模与下模打靠时，镦粗平台的闭合高度来控制坯料镦粗的高度。其目的是减小坯料的高度，使氧化皮脱落，可减少模锻时终锻型腔的磨损，同时防止过多氧化皮沉积在下模终锻型腔底部，而造成锻件"缺肉"，即充不满现象。

(2) 拔长：利用模具上拔长型腔对坯料的某一部分进行拔长，使其横截面积减小，长度增加。操作时坯料要不断送进并不断翻转。拔长型腔一般设在锻模的边缘，分开式和闭式两种。

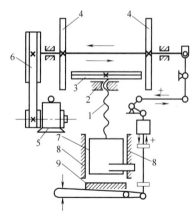

图 3-12　摩擦压力机传动图

1—螺杆；2—螺母；3—飞轮；4—摩擦盘；

5—电动机；6—传动带；7—滑块；

8—导轨；9—机座

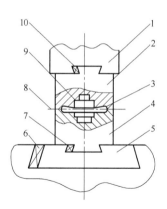

图 3-13　单模膛锻模

1—锤头；2—上模；3—飞边槽；4—下模；

5—模垫；6、7、10—楔铁；8—分模面；9—模膛

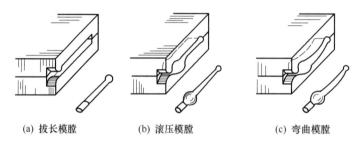

(a) 拔长模膛　　　　(b) 滚压模膛　　　　(c) 弯曲模膛

图 3-14　常见的制坯模膛

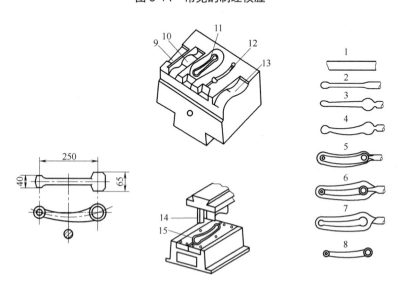

图 3-15　弯曲连杆多膛锻模

1—原始坯料；2—延伸；3—滚压；4—弯曲；5—预锻；6—终锻；7—飞边；8—锻件；9—延伸模膛；
10—滚压模膛；11—终锻模膛；12—预锻模膛；13—弯曲模膛；14—切边凸模；15—切边凹模

(3) 滚挤：利用锻模上的滚挤型腔使坯料的某部分横截面积减小，而另一部分横截面积增大。操作时将坯料需滚挤的部分放在滚挤型腔内，一边锻打，一边不断翻转坯料。滚挤型腔分开式和闭式两种：当模锻件沿轴线各部分的横截面相差不很大或对拔长后的毛坯进行修整时，采用开式滚挤模腔；当锻件的最大和最小截面相差较大时，采用闭式滚挤型腔。

(4) 弯曲：对于轴线弯曲的杆类锻件，需用弯曲型腔对坯料进行弯曲。坯料可直接弯曲，也可先经其他制坯工序后放入弯曲型腔进行弯曲。

(5) 切断：在上、下模的角上设置切断型腔，用来切断金属。当单件锻造时，用它把夹持部分切下得到带有毛边的锻件；当多件同时锻造时，用它来分离锻件。

2) 模锻工步

模锻工步包括预锻工序和终锻工序。

预锻是将坯料(可先制坯)放于预锻型腔中，锻打成型，得到的形状与终锻件相近，而高度尺寸较终锻件高、宽度尺寸较终锻件小的坯料(称为预锻件)。预锻是为了在终锻时主要以镦粗的方式成型，易于充满型腔，同时可减少终锻型腔的磨损，延长其使用寿命。

终锻是将坯料或预锻件放在终锻型腔中锻打成型，得到所需形状和尺寸的锻件。开式模锻在设计终锻型腔时，周边设计有毛边槽，其作用是阻碍金属从模腔中流出，使金属易于充满型腔，并容纳多余的金属。

预锻型腔和终锻型腔与分模面垂直的壁都应设置一个斜角(称为模压角或拔模斜角)，其目的是便于锻件出模。

为了提高模锻件成型后精度和表面质量的工序称精整，包括切边、冲连皮、校正等。如图 3-16 所示为切边模和冲孔模。

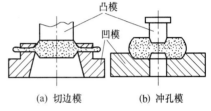

图 3-16 切边模和冲孔模

3.1.3 专项技能训练课题

在 3000kN 螺旋压力机上模锻双头扳手锻件。

1. 工艺分析

双头扳手锻件如图 3-17 所示。

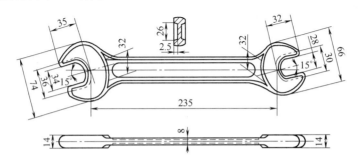

图 3-17 双头扳手锻件图

从图 3-17 中可以看出，锻件类别属于长轴类锻件，中间杆部为工字形截面，两端为截面大小不同的端头，其尺寸和形状要求控制在一定的精度范围内。根据双头扳手的结构和技术要求，确定用精密模锻工艺生产。其工艺流程为：下料—加热—辊锻制坯—精锻—切边—余热淬火、回火—清理—精压—打磨—检查。

2. 工艺设计

1) 辊锻制坯设计

按计算毛坯图确定辊锻制坯的步骤如下。

(1) 编制计算毛坯图。在锻件图各截面上加飞边后得出计算毛坯。该计算毛坯可分成 3 段：左端头 I、杆部 II 和右端头 III。其最大截面 A_{max} 在右端，而最小截面 A_{min} 在中间。

(2) 设计辊锻毛坯。由于左端头 I 和右端头 III 两部分的截面差别不是太大，为简化起见，都按最大截面计算来设计辊锻毛坯。

(3) 确定辊锻工艺参数。双头扳手辊锻的工艺参数如表 3-3 所示。

表 3-3　双头扳手辊锻的工艺参数

辊锻毛坯最大截面 面积 A_{max}/mm²	辊锻毛坯最小截面 面积 A_{min}/mm²	平均延 伸系数	辊锻道 次数
1130	330	≈1.8	2

根据辊锻制坯工艺的特点，选用单臂式辊锻机，辊径为 $\phi 315mm$，这时的辊锻模膛系可采用：方形—椭圆—方形，其变形过程如图 3-18 所示。

(4) 确定辊锻坯料的尺寸。根据辊锻毛坯最大截面确定坯料边长后，按照变形过程图并考虑加热火耗，计算出坯料的尺寸为 $\phi 34mm×136mm$。

双头扳手的锻件制坯也可用楔模轧制坯，这时选用 $\phi 38mm$ 棒料，除将中间杆部轧成 $\phi 20mm$ 外，两端头还可按计算毛坯图的形状进行倒角，可节约金属 0.1～0.2kg。由于最大截面面积和最小截面面积之比大于 2，因此，楔形模应设计成两道一次完成。

2) 螺旋压力机精锻

制出的毛坯经如图 3-19 所示的终锻模成型后，可利用锻后余热直接淬火，经回火后达到锻件图技术要求的热处理硬度。

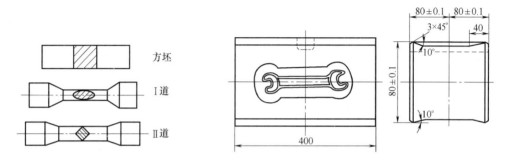

图 3-18　双头扳手辊锻变形过程图　　　　图 3-19　双头扳手锻模图

备注：夹持时方形坯料的对角线呈水平和垂直位置，送入下一工步前应转 90°。

3. 工艺过程卡

双头扳手精锻工艺卡如表 3-4 所示。

表 3-4　双头扳手精锻工艺卡

(厂名)	模锻工艺卡片	产品型号		零件图号		共 1 页
		产品名称		零件名称		第 1 页

材料牌号	45 钢	锻件图(见图 3-19)
材料规格/mm	ϕ34	技术要求
下料长度/mm	136	(1) 未注起模斜度 3°，圆角 R2mm
坯料质量/kg	1.23	(2) 毛刺：不加工面≮0.5mm，加工面≮1mm
坯料制锻件数/件	1	(3) 表面缺陷深度≤0.3mm
锻件质量/kg	0.68	(4) 翘曲≤0.6mm
锻件材料利用率/%	55.3	(5) 表面粗糙度 Ra=6.3μm
零件材料利用率/%		(6) 高度公差 $^{+0.3}_{0}$ mm，水平公差 $^{+0.3}_{-0.2}$ mm
火耗/kg		(7) 热处理后硬度 41～45HRC

工序号	工步号	工序和工步名称	工序(工步内容)与要求	设备		工具		备注
				名　称	编号	名　称	编号	
1		下料	长度尺寸公差±1.5mm	1600kN 剪断机		刀　片		
2		加热	始锻温度 1230℃	室式炉				
3		辊锻制坯	在二道模腔中变形：椭圆，方形	单臂315辊锻机		辊锻模		
4		精锻	精锻模腔终成型	3000kN 螺旋压力机		锻　模		
5		切边	去除飞边	1600kN 切边压力机		切边模		
6		余热处理	余热淬火、回火	淬火槽、回火炉				
7		清理	喷丸清除氧化皮	清理滚筒				
8		精压	压印出商标、规格和两端头平面	4000kN 精压机		精压模		
9		打磨	去除周边毛刺	砂轮机				
10		检查	按锻件图的要求进行					

					编制(日期)	校对(日期)	批准(日期)	会签(日期)	审核(日期)

标记	处数	更改文件号	签字	日期	标记	处数	更改文件号	签字	日期					

4．工艺操作要点

(1) 辊锻制坯时，用夹钳夹持的坯料，应将方坯的对角线呈水平和垂直方位放置于辊锻模膛中。完成第Ⅰ道变形后，应将坯料翻转90°再送入第Ⅱ道模膛内变形。

(2) 在室式炉内加热时，一次装炉不能过多，加热要均匀，要防止过热和过烧。

(3) 要熟悉锻模并应检查锻模的完好情况，按装模顺序进行安装、调整、试锻，直到锻出合格锻件为止。

3.2 冲 压

板料冲压是金属塑性加工的基本方法之一，它是通过装在压力机上的模具对板料施压，使之产生分离或变形，从而获得一定形状、尺寸和性能的零件或毛坯的加工方法。这种加工通常是在常温条件下进行的，因此又称为冷冲压。只有当板料厚度超过 8～10 mm 或材料塑性较差时才采用热冲压。冲压工艺广泛地应用于汽车、拖拉机、家用电器、仪器仪表、飞机、导弹、兵器以及日用品的生产中。板料冲压与其他加工方法相比具有以下特点。

(1) 板料冲压所用的原材料必须有足够的塑性，如低碳钢、高塑性的合金钢、不锈钢、铜、铝、镁及其合金等。

(2) 冲压件尺寸精度高，表面光洁，质量稳定，互换性好，一般不需要进行机械加工，可直接装配使用。

(3) 可加工形状复杂的薄壁零件。

(4) 生产率高，操作简便，成本低，工艺过程易实现机械化和自动化。

(5) 可利用塑性变形的加工硬化提高零件的力学性能，在材料消耗少的情况下获得强度高、刚度大、质量好的零件。

(6) 冲压模具结构复杂，加工精度要求高，制造费用大，因此板料冲压只适合于大批量生产。

3.2.1 冲压设备

冲压设备种类较多，常用的有剪床、冲床、液压机、摩擦压力机等。其中剪床和冲床是进行冲压生产最主要的设备。

1．剪床

剪床的用途是将板料切成一定宽度的条料或块料，为冲压生产做坯料准备。如图 3-20 所示是龙门剪床的外形和传动示意图。剪床的上下刀块分别固定在滑块和工作台上，滑块在曲柄连杆机构的带动下通过离合器可做上下运动，被剪的板料置于上下刀片之间，在上刀片向下运动时压紧装置先将板料压紧，然后上刀片继续向下运动使板料分离。根据上下刀片之间的夹角的不同，剪床可分为平刃剪床和斜刃剪床。剪裁同样厚度的板料，用平刃剪床可获得剪切质量好且平整的坯料；用斜刃剪床剪切时易使条料产生弯扭，但剪切力小。所以剪切窄而厚的板材时，应选用平刃剪床；剪切宽度大的板材时可选用斜刃剪床。

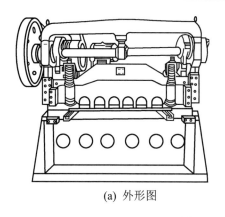
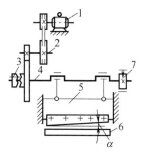

(a) 外形图　　　　　　　　　　　(b) 传动示意图

图 3-20　剪床结构示意图

1—电动机；2—轴；3—牙嵌离合器；4—曲轴；5—滑块；6—工作台；7—制动器

2. 冲床

冲床又称为曲柄压力机，可完成冲压的绝大多数基本工序。冲床的主轴结构形式可以是偏心轴或曲轴。采用偏心轴结构的冲床，其行程可调节；采用曲轴结构的冲床，其行程是固定不变的。冲床按其床身结构的不同，可分为开式和闭式两种。开式冲床的滑块和工作台在床身立柱外面，多采用单动曲轴驱动，称之为开式单动曲轴冲床。它是由带轮将动力传给曲轴，通过连杆带动滑块沿导轨做上下往复运动而进行冲压，如图 3-21 所示为开式双柱可倾斜式冲床。开式单动曲轴冲床吨位较小，一般为 630～2000kN。闭式冲床的滑块和工作台在床身立柱之间，多采用双动曲轴驱动，称之为闭式双动曲轴冲床。这种冲床吨位较大，一般为 1000～31 500kN。

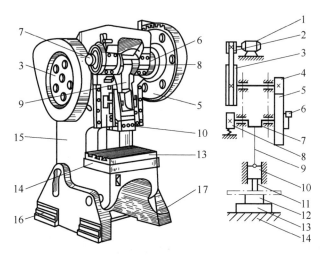

图 3-21　开式双柱可倾斜式冲床

1—电动机；2—小带轮；3—大带轮；4—小齿轮；5—大齿轮；6—离合器；7—曲轴；8—制动器；
9—连杆；10—滑块；11—上模；12—下模；13—垫板；14—工作台；15—床身；16—底座；17—脚踏板

3.2.2　冲模结构与冲压基本工序

1. 冲模结构

冲模结构根据冲压件所需工序的不同而不同。如图 3-22 所示是最常见的单工序、带导向装置的冲模的典型结构，各部分的名称及其在模具中所起的作用都不同。冲模包括上模部分和下模部分，其核心是凸模和凹模，两者共同作用使坯料分离或变形。

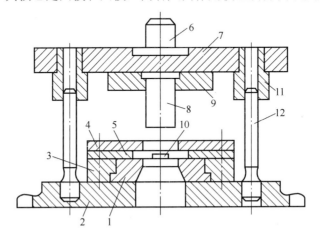

图 3-22　冲模

1—凹模；2—下模板；3—压板；4—卸料板；5—导板；6—模柄；
7—上模板；8—凸模；9—压板；10—定位销；11—套筒；12—导柱

(1)　凸模和凹模：是冲模的核心部分。凸模又称冲头，借助模柄固定在冲床的滑块上，随滑块做上下运动；凹模是借助凹模板用螺栓固定在冲床工作台上。两者共同作用使板料分离和成型。

(2)　导套和导柱：用来引导凸模和凹模对准，是保证模具运动精度的重要部件。

(3)　导料板和挡料销：导料板用于控制坯料送进的方向，挡料销用来控制坯料的送进量。

(4)　卸料板：在凸模的回程时，将工件或坯料从凸模上卸下。

2. 冲压基本工序

板料冲压的基本工序可分为冲裁、拉深、弯曲和成型等。

(1)　冲裁是指使坯料沿封闭轮廓分离的工序，包括落料和冲孔。落料时，冲落的部分为成品，而余料为废料；冲孔是为了获得带孔的冲裁件，而冲落部分是废料。

(2)　拉深是指利用模具冲压坯料，使平板冲裁坯料变形成开口空心零件的工序，也称拉延，如图 3-23 所示。拉深过程中，由于板料边缘受到压应力的作用，很可能产生波浪状变形折皱，板料厚度愈小，拉深深度愈大，就愈容易产生折皱。为防止折皱的产生，必须用压边圈将坯料压住。压力的大小以工件不起皱、不拉裂为宜。如拉应力超过拉深件底部的抗拉强度，拉深件底部就会被拉裂。

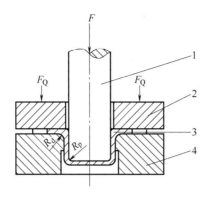

图 3-23　拉深过程示意图

1—凸模；2—压边圈；3—坯料；4—凹模

（3）弯曲是指利用模具或其他工具将坯料的一部分相对于另一部分弯曲成一定的角度和圆弧的变形工序。弯曲过程及典型弯曲件如图 3-24 所示。

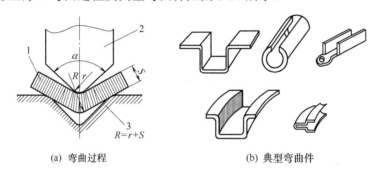

(a) 弯曲过程　　　　　　　　　　(b) 典型弯曲件

图 3-24　弯曲过程及典型弯曲件

1—工件；2—凸模；3—凹模

坯料弯曲时，其变形区仅限于曲率发生变化的部分，且变形区内侧受压缩、外侧受拉深。位于板料的中心部位有一层材料不产生应力和应变，称其为中性层。

弯曲变形区最外层金属受切向拉应力和切向伸长变形最大。当最大拉应力超过材料强度极限时，则会造成弯裂。内侧金属也会因受压应力过大而使弯曲角内侧失稳起皱。弯曲时应考虑材料的纤维方向，尽可能使弯曲线与坯料纤维方向垂直、使弯曲时的拉应力方向与纤维方向一致。

（4）成型是指使板料毛坯或制件产生局部拉深或压缩变形来改变其形状的冲压工艺。成型工艺应用广泛，既可以与冲裁、弯曲、拉深等工艺相结合，制成型状复杂、强度高、刚性好的制件，又可以被单独采用，制成型状特异的制件。成型主要包括翻边、胀形、起伏等。

① 翻边是指将内孔或外缘翻成竖直边缘的冲压工序。内孔翻边在生产中应用广泛，翻边过程如图 3-25 所示。

② 胀形是指利用局部变形使半成品部分内径胀大的冲压成型工艺，可以采用橡皮胀形、机械胀形、气体胀形或液压胀形等。如图 3-26 所示为管坯胀形实例。

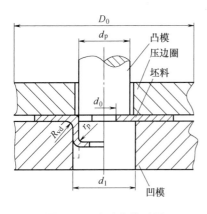

图 3-25　内孔翻边过程

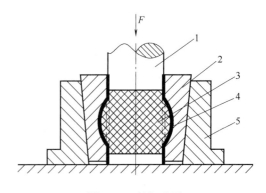

图 3-26　管坯胀形

1—凸模；2—凹模；3—橡胶；4—坯料；5—外套

③　起伏是指利用局部变形使坯料压制出各种形状的凸起或凹陷的冲压工艺，主要应用于薄板零件上制出筋条、文字、花纹等。如图 3-27 所示为采用橡胶凸模压筋，从而获得与钢制凹模相同的筋条。

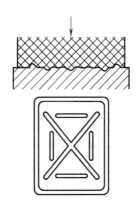

图 3-27　橡胶凸模压筋

随着工业的不断发展，对塑性加工生产提出了越来越高的要求，不仅要能生产各种毛坯，更需要直接生产更多的零件。近年来，在压力加工生产方面出现了许多特种工艺方法，并得到了迅速发展，如精密模锻、零件挤压、零件轧制及超塑性成型等。现代塑性加工正向着高科技、自动化和精密成型的方向发展。

3.2.3　专项技能训练课题

冲裁如图 3-28 所示的垫片零件。

1. 冲压零件分析

(1) 材料：该冲裁件的材料 A3 钢是普通碳素钢，具有较好的可冲压性能。

(2) 零件结构：该冲裁件结构简单，厚度为 0.5mm，需大批量生产，比较适合冲裁。

(3) 尺寸精度：零件图上尺寸未注公差，可按 IT14 级确定工件尺寸的公差。取各尺寸公差为：$\phi_1 = 45_{-0.62}^{0}$，$\phi_2 = 28_{-0.52}^{0}$。

(4) 分析零件的结构，最后确定用复合冲裁的方式进行生产。

2. 排样设计

(1) 确定搭边值。

两工件间的搭边：a=0.8mm。

工件边缘搭边：a_1=1.0mm。

步距：45.8mm。

料条宽度：$B = (D + 2a_1) = (45 + 2 \times 1) = 47$。

确定后的垫圈排样如图 3-29 所示。

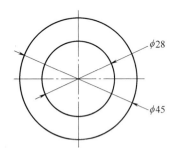

图 3-28　垫圈冲压件　　　　　　　　　　图 3-29　垫圈排样图

(2) 确定材料利用率。

一个步距内的材料利用率 η 为

$$\eta = \frac{A}{BS} \times 100\% = \frac{3.14 \times (22.5^2 - 14^2)}{47 \times 45.8} \times 100\% = 45\%$$

查板材标准，宜选 900mm×1000mm 的钢板，每张钢板可剪裁为 19 张条料(47×1000)，每张条料可冲 21 个工件，每张钢板可冲 19×21=399 个工件，则 $\eta_{总}$ 为

$$\eta_{总} = \frac{nA_1}{LB} \times 100\% = \frac{399 \times 974.185}{900 \times 1000} \approx 43\%$$

3.3　实践中常见问题的解析

3.3.1　材料加热缺陷及其防止措施

坯料加热时易产生的缺陷及其防止措施如下。

(1) 氧化：在高温下，坯料的表层金属与炉气中的氧化性气体(氧、二氧化碳、水蒸气及二氧化硫等)进行化学反应生成氧化皮，造成金属烧损，这种现象称为氧化。减少氧化的措施是在保证加热质量的前提下，尽量采用快速加热和避免金属在高温下停留时间过长。

(2) 脱碳：在加热过程中，金属表层的碳与炉气中的二氧化碳、水蒸气、氧气等发生化学反应，引起表层含碳量减少的现象称为脱碳。

(3) 过热：当坯料加热温度过高或在高温下保持时间过长时，内部晶粒会迅速长大，成为粗晶粒，这种现象称为过热。过热的坯料在锻造时容易产生裂纹，力学性能变差。

(4) 过烧：加热温度超过始锻温度过多到接近金属的熔化温度时，晶粒边界氧化及熔化，使晶粒之间失去连接力，一经锻打便会碎裂，这种现象称为过烧。碳钢发生过烧时，由于晶界被氧化，会射出耀眼的白炽色火花。过烧缺陷是无法挽救的，故加热时不允许有过烧现象出现。

(5) 裂纹：金属受热后体积膨胀，温度愈高，膨胀愈大，如加热速度过快，则坯料内外温差大，膨胀不一致，可能会产生裂纹。为了防止裂纹，应严格制定和遵守正确的加热速度。

3.3.2　自由锻件的缺陷及其产生原因

自由锻件锻造缺陷及其产生的原因归纳分析如下。

(1) 横向裂纹：通常的横向裂纹有表面横向裂纹和内部横向裂纹两种缺陷形式。表面横向裂纹是由于原材料质量不好或拔长时进锤量过大而造成的；内部横向裂纹产生的原因主要是加热速度过快或拔长时进锤量太小。

(2) 纵向裂纹：纵向裂纹同样也可分为表面纵向裂纹和内部纵向裂纹。表面纵向裂纹主要是由于原材料质量不好或倒棱时压下量过大造成的；内部纵向裂纹产生的原因一般是由于钢锭拔长或二次缩孔切头不足或加热速度快，内外温差大造成的，也可由于变形量过大或对低塑性材料进锤量过大以及同一部位反复翻转拔长所致。

(3) 表面龟裂：由于始锻温度过高造成的。

(4) 局部粗晶：主要是由于加热温度高或变形不均匀，以及局部变形程度(锻比)太小等原因造成的。

(5) 表面折叠：由于平砧圆角过小或进锤量小于压下量等原因产生的。

(6) 中心偏移：由于加热温度不均或操作压下量不均所造成的。

(7) 力学性能不能满足要求：主要是炼钢配方不符合质量要求或热处理不适当而造成强度指标不合格，以及由于冶炼杂质太多或锻比不够而造成横向力学性能不合格等缺陷。

3.3.3　模锻件的缺陷及其产生原因

(1) 锻件表面有局部凹坑。这是由于加热时间太长或粘上炉底熔渣、坯料在模槽中成型时氧化皮未清除干净等原因所造成的。

(2) 锻件形状不完整。其主要原因如下。

① 原材料尺寸偏小。

② 加热时间太长，火耗太大。

③ 加热温度过低，金属流动性差，模槽内的润滑剂未吹掉。

④ 设备吨位不足，锤击力太小。

⑤ 锤击轻重掌握不当。

⑥ 制坯模槽设计不当或飞边槽阻力小。

⑦ 终锻模槽磨损严重。

⑧　锻件从模槽中取出不慎碰塌。

(3)　锻不足，锻件高度超差。缺陷形成的主要原因包括：原毛坯质量超差、加热温度偏低、锤击力不足、制坯模槽设计不当或飞边槽阻力太大。

(4)　尺寸不足。表现为锻件尺寸偏差小于负公差。产生的原因包括：终锻温度过高或设计锻模模槽时考虑收缩率不足、终锻模槽变形、切边模安装欠妥、锻件局部被切。

(5)　锻件上下部分发生错移。其主要原因如下。

①　锻锤导轨的间隙太大。

②　上下模调整不当或锻模检验角有误差。

③　锻模紧固部分(如燕尾)磨损或锤击时错位。

④　锻模中心与相对位置不当。

⑤　导锁设计欠妥。

(6)　锻件局部被压伤。

①　坯料未放正或锤击中跳出模槽连击压坏。

②　设备有故障，单击时发生连击动作。

(7)　翘曲。表现为锻件中心线与分模面有弯曲偏差。其主要原因如下。

①　锻件从模槽中撬起时变形。

②　锻件在切边时变形。

(8)　锻件分模面处有残余毛刺。其主要原因如下。

①　切边模与终锻模槽尺寸不相符合。

②　切边模磨损或锻件放置不正。

(9)　锻件轴向有细小裂纹。钢锭皮下气泡被轧长，在模锻和酸洗后呈现细小的长裂纹。

(10)　夹渣。耐火材料等杂质熔入钢液，浇注时流入钢锭中间形成夹渣。

(11)　夹层。即坯料表面有裂缝。其主要原因如下。

①　坯料在模槽中位置不对。

②　操作不当。

③　锻模设计不合理。

④　操作时变形程度大，产生毛刺后不慎将毛刺压入锻件中。

3.3.4　常见冲压件废品和缺陷的主要形式及产生的原因

1. 冲裁件

(1)　毛刺太大。产生的主要原因如下。

①　凸模或凹模的刃口变钝。

②　凸模和凹模间的间隙值大于或小于相应材料的正常间隙值。

(2)　形状不正确。其产生的主要原因如下。

①　定位销安装不正确。

②　所用材料太宽或太窄。

③　条料发生弯曲。

2. 弯曲件

(1) 尺寸不合格。由模具设计与制造时角度补偿不足所造成。

(2) 表面压伤。一般为所用材料太软而造成的。

(3) 裂纹。产生裂纹的原因很多，归纳如下。

① 弯曲半径太小。

② 板料纤维方向与弯曲时的拉深方向垂直。

③ 板料受弯的外侧面有毛刺。

(4) 弯曲区变薄。一般为弯曲半径太小所造成。

3. 拉深件

(1) 局部变薄太大和断裂。其产生原因归纳如下。

① 拉深系数太小。

② 凹模洞口圆角半径太小或不光滑。

③ 凸凹模间隙太小或凸凹模不同心而造成其间隙不均。

④ 压边力太大或不均匀。

⑤ 材料本身带有缺陷。

(2) 起皱。其产生原因归纳如下。

① 压边力太小或不均匀。

② 压边圈平面与凹模端面不平行。

③ 板料厚度不均。

(3) 表面划伤。产生表面划伤的原因较多，归纳如下。

① 冲模或工件表面不干净。

② 冲模工作表面不光滑。

③ 润滑剂不洁净。

④ 润滑不良。

3.4 拓 展 训 练

锤上自由锻造工艺一般只绘制锻件图，计算出锻件质量、坯料质量及其规格尺寸，选择锻造设备、锻后冷却和热处理方式等。只有变形过程复杂和要求很严的锻件，才编制变形过程示意图，以作为操作时的参考。锻造如图 3-30 所示的法兰锻件，材料为 45 钢，锻造工艺如下。

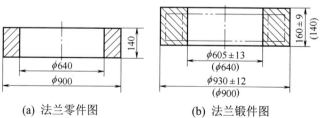

(a) 法兰零件图　　　　　(b) 法兰锻件图

图 3-30　法兰零件图和锻件图

1. 绘制锻件图

经阅读法兰零件图后得知，该锻件尺寸已超出 GB/T 15826.4—95 的范围，经用户同意，其余量公差如下。

$a=(28\pm12)\text{mm}$；

$b=(22\pm9)\text{mm}$；

$c=(35\pm13)\text{mm}$。

因 $(D-d)/2=(900-640)/2=130\text{mm}$，故不考虑增值系数。

将余量与公差加在相应的零件尺寸上，得锻件的基本尺寸和公差如下。

$D=\phi900+28\pm12=\phi(928\pm12)\text{mm}$，取 $D=\phi(930\pm12)\text{mm}$；

$d=\phi640-35\pm13=\phi(605\pm13)\text{mm}$；

$H=140+22\pm9=(162\pm9)\text{mm}$，取 $H=(160\pm9)\text{mm}$。

绘制锻件图，如图 3-30(b)所示。

2. 计算锻件的质量

锻件质量的计算公式如下。

$$G_{锻件}=\frac{\pi}{4}(D^2-d^2)H\rho=\frac{3.14}{4}\times(9.3^2-6.05^2)\times1.6\times7.85=492(\text{kg})$$

3. 确定坯料的质量和尺寸

坯料质量按以下方法计算。

$$G_{坯料}=G_{锻件}+G_{烧损}+G_{料头}$$

将冲芯损耗和烧损合并一起考虑，火耗和切头损失查表 3-5 可知为 7%～9%。因此件需两火完成，故取 9%。

表 3-5　火耗和切头损失

序　号	锻件类型	主要工序	总耗量/%
1	圆饼、短圆柱、短方柱和方块等	镦粗、滚圆和平整	2～3
2	带孔圆盘和方盘	镦粗、冲孔、滚圆和平整	6～8
3	套筒、圆圈和方套	镦粗、冲孔、心棒扩孔或拔长、平整	7～9
4	光圆轴、方轴和扁方轴类	拔长、切头和修整	9～11
5	台阶轴(单、双)	拔长、切肩、切头、修整	12～15
6	多台阶轴	拔长、切肩、切头、修整	15～18
7	曲轴、偏心轴	拔长、切肩、错移、扭转、切头、修整	18～25

$$G_{坯料}=492+492\times9\%=536(\text{kg})$$

为避免产生镦粗弯曲及下料方便，坯料直径应按下式计算：

$$D_{坯料}=(0.8\sim1)\sqrt[3]{\frac{G_{坯料}}{\rho}}=(0.8\sim1)\sqrt[3]{\frac{536}{7.85}}=(0.8\sim1)\times4.1=3.28\sim4.1(\text{dm})=328\sim410(\text{mm})$$

取 $D_{坯料}=350\text{mm}$。

$$H_{坯料}=\frac{4G_{坯料}}{\rho\pi D_{坯料}^2}=\frac{4\times536}{7.85\times3.14\times3.5^2}=7.1(\text{dm})=710(\text{mm})$$

因 $\dfrac{H_{坯料}}{D_{坯料}} = \dfrac{710}{350} = 2.03$ ，故符合镦粗和下料的要求。

4. 确定锻造工艺方案

因 $D/d = 930/605 \approx 1.54$ ， $H/d = 160/605 \approx 0.26$ ，由图 3-31 查得锻造变形工序为冲孔、马杠扩孔。所以该锻件的锻造工序应为下料—镦粗—冲孔—马杠扩孔和平整。

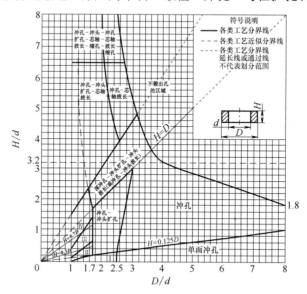

图 3-31 锤上锻空心锻件变形工序方案

Ⅰ—数件合锻(或冲孔、扩孔，再镦粗)；Ⅱ—冲孔、扩孔；

Ⅲ—冲孔、冲头扩孔、扩孔；Ⅳ—冲孔、冲头扩孔、冲头拔长、扩孔

5. 工序尺寸的确定

(1) 考虑冲孔前坯料高度 H_1 在冲孔时略有减小，因此取冲孔前坯料的高度 $H_1 = 1.1H = 1.1 \times 160 = 176\text{mm}$ 。则冲孔前坯料的直径为

$$D_1 = \sqrt{\dfrac{4G_{坯料}}{\pi H_1 \rho}} = \sqrt{\dfrac{4 \times 536}{3.14 \times 1.76 \times 7.85}} = \sqrt{49.4}(\text{dm}) \approx 7.03(\text{dm}) = 703(\text{mm})$$

按 $D_1/d_1 = 3$ ，则冲孔直径 $d_1 = D_1/3 \approx 234(\text{mm})$ 。

根据现有冲头规格选取 $\phi 250\text{mm}$ 的冲头冲孔。

(2) 因用马杠扩孔时坯料高度略有增加，故扩孔前毛坯高度应以 $H_2 = 1.05KH_1$ 进行计算。因 $d/d_1 = 605/250 = 2.42$ ， $H/D = 160/930 = 0.172$ ，则由图 3-32 查得 K 值为 0.91。

则有：

$H_2 = 1.05 \times 0.91 \times 176 = 168.168(\text{mm})$ ，取 $H_2 = 170(\text{mm})$ 。

故冲孔前的坯料高度 H_2 应为 170mm。

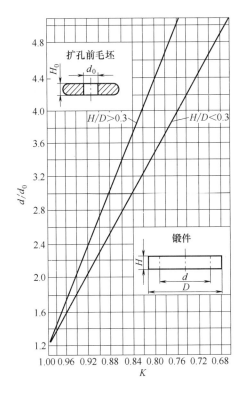

图 3-32 锤上马杠扩孔增宽系数

6. 锻造设备和工具的选择

由表 3-6 查得该锻件需用 3t 锤锻造。所需工具为 $\phi250\text{mm}$ 的冲子和相应的扩孔马杠和马架。

表 3-6 自由锻锤的锻造能力

锻件类型		设备吨位/t						
		5	3	2	1	0.75	0.5	0.25
钢锭直径/mm		600	450	400	300	250	200	125
钢坯边长/mm		550	400	350	275	225	175	100
圆轴	D/mm	≤350	≤275	≤225	≤175	≤150	≤125	≤80
	m/kg	≤1500	≤1000	≤750	≤500	<300	<200	<100
圆饼 /mm	D	≤750	≤600	≤500	≤400	<300	<250	<200
	H	≤300	≤300	≤250	<150	<100	<50	<35
圆环 /mm	D	≤1200	≤1000	≤600	≤500	<400	<350	<150
	H	≤300	≤250	≤200	<150	<100	≤75	≤60
长筒 /mm	D	≤700	≤350	<300	<275	<250	<175	≤150
	d	>500	>150	>125	>125	>125	>125	≥100
	H	≤550	≤400	≤350	≤300	≤275	≤200	≤150

锻件类型		设备吨位/t						
		5	3	2	1	0.75	0.5	0.25
方块	$B=H$(mm)	≤450	≤300	≤250	≤200	≤175	≤150	≤80
	m/kg	≤1000	≤800	≤350	≤100	<70	<80	<25
扁方	$B≤$	700	600	400	200	175	160	100
/mm	$H≥$	70	50	40	25	20	15	7
整形锻件重量/t		300	100	70	50	35	20	5
吊钩起重量/t		75	50	30	20	10	5	3

7. 确定锻后冷却和热处理规范

根据材质和锻件尺寸，经查表 3-7，该锻件锻后空冷即可；经查表 3-8，该锻件锻后应进行正火。

表 3-7　用冷坯或轧材锻制锻件锻后冷却方式

类别	钢 号	有效截面尺寸/mm					
		≤50	51～100	101～150	151～200	201～300	301～400
1	Q235～Q275，10～55，50Mn，65Mn，30Mn2，15Cr～45Cr，45Mn2，15CrMo～35CrMo，38SiMnMo，34CrNi1Mo～34CrNi3Mo，T7，T8，38CrMnMo，40CrNiMoA，12CrNiA，12CrNi3A	空冷					
2	50Cr，55Cr，9Cr，5CrNiMo，5CrMnMo，GCr15，9Cr2，6CrW2Si，20Cr2Ni4WA，4CrW2Si，60Si2Mn，T10，20Cr2Mn2Mo	空冷	灰冷或砂冷		炉冷		
3	1Cr13	砂冷或灰冷			炉冷		
4	W18Cr4V，W9Cr4V，Cr12，Cr12MoV，CrMn，CrWMn，Cr17，2Cr13，3Cr13，4Cr13，3Cr2W8V	砂冷或灰冷		炉冷			

表 3-8　常用锻件热处理工艺

热处理	钢号举例	加热温度/℃	冷却方法	硬度/HBS
不处理	10、20、30、Q235	—	—	—
正火	10、20、30、Q235	880～920	静止空气中冷却	≤156
	35、40、Q275	850～870		≤207
	45、50、40Cr	820～860		
	55、60、65、70	800～820		≤229
	40CrNi、50Cr、50CrNi	820～840		≤241
	T7、T8、T10、T12	790～820		≤269

热处理	钢号举例	加热温度/℃	冷却方法	硬度/HBS
退火	T7、T8、T10、T12	750～780	炉冷到 600～650℃，保温 1～2h，再炉冷到 600℃，出炉空冷	170～207
	9CrSi、CrWMn、CrMn、9CrWMn、CrW5、GCr9、GCr15	770～780	炉冷到 680～720℃，保温 3～5h，再炉冷到 600℃，出炉空冷	207～255
	5CrMnMo、5CrWMn、5CrNiMo	760～790	炉冷到 600℃以下空冷	197～241
	W9Cr4V2、W18Cr4V、W6Mo5Cr4V2	820～850	炉冷到 720～750℃，保温 4～6h，再炉冷到 600℃，出炉空冷	217～255
	Cr12、Cr12Mo	850～870		207～269
	2Cr13、3Cr13、4Cr13	860～900	保温 3～4h 后，炉冷到 600℃以下空冷	207～255
固溶处理	0Cr18Ni9、1Cr18Ni9Ti、2Cr18Ni9	1050～1100	保温后在水中急速冷却	140～200

8. 确定工时定额

根据锻件的复杂程度和工厂工时定额标准确定该锻件单件工时为 80min。

9. 填写工艺卡片

将上述编制好的法兰锻件工艺规程填入工艺卡片，如表 3-9 所示。

表 3-9　法兰锻造工艺卡片

××厂	锻造工艺卡片		订货单位		
××车间			日　期		年 月 日
生产编号		锻件质量/kg	492	锻造比	拔长	1.5
零件图号		钢锭(坯料)质量/kg	536		镦粗	4.1
零件名称	法兰	锭钢利用率 η /%	92	锻件类别	III
钢　　号	20	设　　备	3t 锤	单件工时/min	80
每锭(坯)锻件数		每锻件制零件数/件	1	材料规格/min	φ350

锻件图

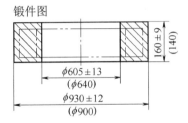

技术要求：

(1) 生产路线：加热—锻造—空冷—热处理(正火)—取样—发$\begin{bmatrix}车间\\订户\end{bmatrix}$

(2) 印记内容：生产编号、图号、熔炼炉号

编制		审核		批准	
火 次	温度/℃	操作说明	变形过程	设 备	工 具
Ⅰ	1230～700	1. 镦粗	170	3t 锤	平砧钳子
		2. 冲孔	ϕ250 170	3t 锤	ϕ250mm 冲子、漏盘
Ⅱ	1230～700	3. 上马架扩孔至内圆 ϕ400mm，换马杠扩孔至外径 ϕ940mm		3t 锤	扩孔马架、马杠，粗细两种
		4. 平整至锻件基本高度 5. 打印记		3t 锤	平砧

3.5 锻压操作安全规范

3.5.1 自由锻实训的安全技术

(1) 工作前必须检查设备及工具有无松动、开裂现象。

(2) 选择夹钳时必须使钳口与锻坯形状相适应，以保证坯料夹持牢固、可靠。

(3) 掌钳时应握紧夹钳柄部，并将钳柄置于身体旁侧，严禁钳柄或其他带柄工具的尾部正对着人体或将手指放入钳股之间。

(4) 锻打时，坯料应放在下砧块的中部，锻件及垫铁等工具必须放正、放平，以防工具受力后飞出伤人。

(5) 踩锻锤脚踏杆时，脚跟不许悬空，以保证操作者身体稳定、操纵自如。非锤击时，应随即使脚离开脚踏杆，以防误踏失事。

(6) 两人或多人配合操作时，必须分工明确、协调配合，听从掌钳人的统一指挥，以避免动作失误。锻锤冲孔或切割时，司锤者应听从拿剁刀或夹冲头者的指挥。

(7) 严禁用锤头空击下砧铁，不许锻打过烧、过冷的锻件，以免金属迸溅或锻件飞出伤人。

(8) 在下砧铁上放置或移出工具、清理氧化皮时，必须使用夹钳、扫帚等工具，严禁

用手直接伸入上下砧铁的工作面内取放物品。

3.5.2 模锻实训的安全技术

(1) 工作前必须检查设备及模具有无松动现象，对运转部分注入润滑剂。

(2) 模锻前必须将模具预热到150~200℃，严禁空击未经预热过的锻模。

(3) 模锻中发现机器运转不正常或发出特殊声音时，应立即停车检查，待恢复正常后方能继续操作。

(4) 与操作无关的物件不得放入机床工作台上或上下锻模之间。滑块未停稳之前，严禁在工作面内徒手取放锻件或涂加润滑剂、冷却液等。

(5) 同一设备有多人操作时，必须相互配合一致，并听从掌钳人的统一指挥。

(6) 模锻结束时，应将锤头或滑块放下，使模具处于闭合状态，同时切断电源、停止供给蒸汽或压缩空气，清理并打扫工作场地。

3.5.3 冲压实习的安全技术

(1) 开车前应检查设备主要紧固件有无松动、模具有无裂纹以及运动系统的润滑情况，并开空车试几次。

(2) 安装模具必须将滑块降至下极限点，仔细调节闭合高度及模具间隙，模具紧固后进行点冲或试冲。

(3) 当滑块向下运动时，严禁徒手拿工具伸进锻模内。小件一定要用专门的工具进行操作。模具卡住工件时，只许用工具解脱。

(4) 发现冲床运转异常时，应停止送料，查找原因。每完成一次行程后，手或脚必须及时离开按钮或脚踏板，以防连冲。

(5) 装拆或调整模具时应停机操作。

(6) 两人以上共同操作时应由一人专门控制踏脚板。踏脚板上应有防护罩，或将其放在安全处。工作台上应清除杂物，以免杂物坠落于踏脚板上造成误冲事故。

(7) 模锻件切边前，需看清冲头的内腔形状，然后确定冲切有毛边模锻件的摆放方向。冲切时，必须将前一模锻件的毛边取出后，才能进行下一模锻件的冲切工作，以防毛边堆积过厚而使冲床超载。

(8) 操作结束时，应切断电源，使滑块处于最低位置(模具处于闭合状态)，然后进行必要的清理。

本 章 小 结

本章介绍了锻造和冲压加工，简称锻压。锻压是利用外力使金属坯料产生塑性变形，获得所需的尺寸、形状及性能的毛坯或零件的加工方法。它是金属压力加工的主要方式，也是机械制造中毛坯生产的主要方法之一。通过本章的学习，读者应了解金属锻压的特点、分类及应用，理解金属塑性变形的有关理论基础，分析项目案例锻压工艺，初步掌握自由锻、模锻和板料冲压的基本工序、特点及应用，熟练掌握基本锻压的操作技能。

思考与练习

一、思考题

1. 自由锻有哪些基本工序？

2. 镦粗方法有哪几种？应注意哪些事项？

3. 拔长时为何要不断地翻转坯料？坯料拔长有哪几种方法？如何提高拔长的效率？

4. 冲孔方法有哪几种？如何选用？

5. 锻模型腔为什么要设置模锻斜度？

6. 弯曲件的裂纹是如何产生的？减少或避免弯曲裂纹的措施有哪些？

7. 拉深件产生拉裂和皱折的原因是什么？防止拉裂和皱折的措施有哪些？

8. 冲孔和落料有何异同？冲模由哪几个部分组成？

二、练习题

锻出如图 3-33 所示的六方，要求形状正确，尺寸符合要求，面要平整，一火内完成。并将锻造温度、工序内容、使用工具和量具填写在表 3-10 内。

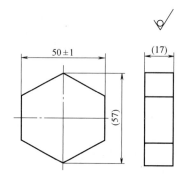

图 3-33　六方锻造

名称：六方(比例 1：1)。

材料：中碳钢(45 钢)。

毛坯尺寸：$\phi40mm \times 60mm$。

锻造设备：65kg 空气锤。

表 3-10　六方锻造工艺

锻造温度	始锻温度：	终锻温度：
火次	工序内容	工具、量具

第4章 焊　　接

学习要点

了解焊接成型方法的特点、分类及应用；了解手工电弧焊和气焊所用的设备、工具的结构、工作原理及使用方法；掌握常用焊接接头形式和坡口形式及施焊方法；了解其他常用的焊接方法(埋弧自动焊、气体保护焊、电阻焊、钎焊等)的特点和应用等。

技能目标

通过本章的学习，读者应该掌握手工电弧焊的基本操作方法；熟悉气焊的基本操作方法；能正确选择焊接电流及调整火焰，独立完成手工电弧焊、气焊、气割等操作。

焊接是利用加热或加压(或加热和加压)，借助于金属原子的结合与扩散，使分离的两部分金属牢固地、永久地结合起来的工艺。焊接方法可以拼小成大，还可以与铸、锻、冲压相结合成复合工艺生产大型复杂件。其主要用于制造金属构件，如锅炉、压力容器、管道、车辆、船舶、桥梁、飞机、火箭、起重机、海洋设备和冶金设备等。

焊接的方法及种类很多，按照焊接过程的特点可分为 3 大类。

(1) 熔化焊：它是利用局部加热的方法，将工件的焊接处加热到熔化态，形成熔池，然后冷却结晶，形成焊缝。熔化焊是应用最广泛的焊接方法，如气焊(气体火焰为热源)、电弧焊(电弧为热源)、电渣焊(熔渣电阻热为热源)、激光焊(激光束为热源)、电子束焊(电子束为热源)和等离子弧焊(压缩电弧为热源)等。

(2) 压力焊：它是在焊接过程中需要对焊件施加压力(加热或不加热)的一类焊接方法，如电阻焊、摩擦焊、扩散焊以及爆炸焊等。

(3) 钎焊：它是利用熔点比母材低的填充金属熔化后，填充接头间隙并与固态的母材相互扩散，实现连接的焊接方法，如软钎焊和硬钎焊。

本章介绍常用的焊接方法。

4.1　手工电弧焊

利用电弧作为热源，用手工操纵焊条进行焊接的方法称为手工电弧焊(也称焊条电弧焊)。由于手工电弧焊设备简单，维修容易，焊钳小，使用灵活，可以在室内、室外、高空和各种方位进行焊接，因此，它在焊接生产中应用最为广泛。

4.1.1　焊接设备与焊接材料

电弧焊机是焊接电弧的电源，可分为交流弧焊机和直流弧焊机两类。

1. 交流弧焊机

交流弧焊机简称弧焊变压器，如图 4-1 所示。它实际上是一种特殊的降压变压器，为了适应焊接电弧的特殊需要，电焊机应具有降压特性，这样，才能使焊接过程稳定。它在未起弧时的空载电压为 50～90V，起弧后自动降到 16～35V，以满足电弧正常燃烧时的需要。它能自动限制短路电流，不怕起弧时焊条与工件接触而发生的短路，还能供给几十安到几百安焊接时所需的电流，并且这个焊接电流还可根据焊件的厚薄和焊条直径的大小来调节其数值。电流调节分初调和细调两级，初调用改变输出线头的接法来大范围调节；细调用摇动调节手柄改变电焊机内可动铁芯或可动线圈的位置来小范围调节。交流弧焊机结构简单、价格便宜、噪声小、使用可靠、维修方便；但电弧稳定性较差，有些种类的焊条使用受到限制。在我国，交流弧焊机使用非常广泛。

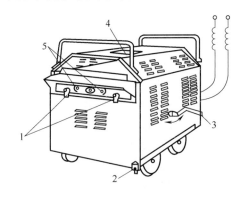

图 4-1　交流弧焊机

1—焊接电源两极(接工件和焊条)；2—接地螺钉；3—调节手柄(细调电流)；

4—电流指示盘；5—细圈抽头(粗调电流)

2. 直流弧焊机

直流弧焊机常用的有旋转式(发电机式)和整流式两类。

旋转式直流弧焊机又称弧焊发电机，如图 4-2 所示。它是由一台三相感应电动机和一台直流弧焊发电机组成，能获得稳定的直流焊接电流，引弧容易、电弧稳定、焊接质量较好，能适应各种焊条焊接；但它的结构复杂，耗电量大，现已不再生产。

整流式直流弧焊机称为弧焊整流器，如图 4-3 所示。它是用大功率硅整流原件组成整流器，将交流电变为直流焊接电流，没有旋转部分，结构较旋转式简单，电弧稳定性好、噪声很小、维修简单。

3. 电弧焊机的基本技术参数

电弧焊机的基本技术参数一般标注在焊机的铭牌上，其主要基本技术参数如下。

(1) 初级电压：是指弧焊机所要求的电源电压。一般交流弧焊机为 220V 或 380V(单相)，直流弧焊机为 380V(三相)。

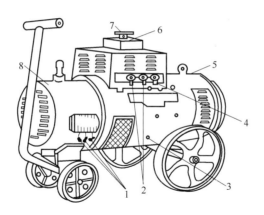

图 4-2　旋转式直流弧焊机

1—外接电源；2—焊接电源两极(接工件和焊条)；3—接地螺钉；4—正极抽头(粗调电流)；
5—直流发电机；6—电流指示盘；7—调节手柄(细调电流)；8—交流电动机

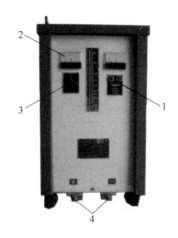

图 4-3　整流式直流弧焊机

1—电源开关；2—电流指示；3—电流调节；4—输出接头

(2) 空载电压：是指弧焊机在未焊接时的输出端电压。一般交流弧焊机的空载电压为 60～80V，直流弧焊机的空载电压为 50～90V。

(3) 工作电压：是指弧焊机在焊接时的输出端电压。一般弧焊机的工作电压为 20～40V。

(4) 输入容量：是指网路输入到弧焊机的电流与电压的乘积，它表示弧焊变压器传递电功率的能力，其单位为 kW。功率是旋转式直流弧焊机的一个主要参数，通常是指弧焊发电机的输出功率，单位为 kW。

(5) 电流调节范围：是指弧焊机在正常工作时可提供的焊接电流范围。

(6) 负载持续率：指电弧焊接在断续工作方式，负载工作时间与整个周期之比值的百分率。在负载持续(连续工作)的工作状态下，弧焊机允许用的电流值要小些，相反可允许使用较大的电流。

4. 焊条

焊条是手工电弧焊用的主要焊接材料。它由焊芯和药皮组成,如图 4-4 所示。

图 4-4　焊条

1) 焊芯

焊芯采用焊接专用金属丝。结构钢焊条一般含碳量低,有害杂质少,含有一定的合金元素,如 H08A 等。

焊芯的作用有两个:一是作为电极传导电流;二是其熔化后可成为填充金属,与熔化的母材共同组成焊缝金属。因此,可以通过焊芯调整焊缝金属的化学成分。

2) 药皮

药皮是压涂在焊芯表面上的涂料层。原材料有矿石、铁合金、有机物和化工产品等。如表 4-1 所示为结构钢焊条药皮配方示例。

表 4-1　结构钢焊条药皮配方示例　　　　　　　　　单位:%

焊条牌号	人造金红石	钛白粉	大理石	萤石	长石	菱苦土	白泥	钛铁	45 硅铁	硅锰合金	纯碱	云母
J422	30	8	12.4	—	8.6	7	14	12	—	—	—	7
J507	5	—	45	25	—	—	—	13	3	7.5	1	2

药皮的主要作用有以下几点。

(1) 改善焊接工艺性。如药皮中含有稳弧剂,使电弧易于引燃和保持燃烧稳定。

(2) 对焊接区起保护作用。药皮中含有造渣剂、造气剂等,产生的气体和熔渣,对焊缝金属起双重保护作用。

(3) 起冶金处理作用。药皮中含有脱氧剂、合金剂、稀渣剂等,使熔化的金属顺利进行脱氧、脱硫、去氢等冶金化学反应,并补充被烧损的合金元素。

3) 焊条的分类、型号与牌号

(1) 焊条的分类。焊条按用途不同可分为 10 大类:结构钢焊条、钼和铬钼耐热钢焊条、低温钢焊条、不锈钢焊条、堆焊焊条、铸铁焊条、镍及镍合金焊条、铜及铜合金焊条、铝和铝合金焊条以及特殊用途焊条等。其中结构钢焊条分为碳钢焊条和低合金钢焊条两种。

结构钢焊条按药皮性质的不同可分为酸性焊条和碱性焊条两种,酸性焊条的药皮中含有大量的酸性氧化物(SiO_2、MnO_2 等),碱性焊条药皮中含大量的碱性氧化物(如 CaO 等)和萤石(CaF_2)。由于碱性焊条的药皮中不含有机物,药皮产生的保护气氛中氢的含量极少,所以又称为低氢焊条。

(2) 焊条的型号与牌号。焊条型号是国家标准中规定的焊条代号。焊接结构件生产中应用最广的是碳钢焊条和低合金钢焊条，其型号标准见 GB/T 5117—1995 和 GB/T 5118—1995。国家标准规定，碳钢焊条型号由字母 E 和四位数字组成，如 E4303、E5016、E5017等，其含义如下。

"E"表示焊条。前两位数字表示熔敷金属的最小抗拉强度，单位为 MPa。

第三位数字表示焊条的焊接位置，"0"及"1"表示焊条适于全位置焊接(平、立、仰、横)；"2"表示只适于平焊和平角焊；"4"表示向下立焊。

第三位和第四位数字组合时表示焊接的电流种类及药皮类型，如"03"为钛钙型药皮，交流或直流正、反接；"15"为低氢钠型药皮，直流反接；"16"为低氢钾型药皮，交流或直流反接。

焊条牌号是焊条生产行业统一的焊条代号。焊条牌号用一个大写汉语拼音字母和三个数字表示，如 J422、J507 等。拼音表示焊条的大类，如"J"表示结构钢焊条，"Z"表示铸铁焊条；前两位数字代表焊缝金属抗拉强度等级，单位为 MPa；末位数字表示焊条的药皮类型和焊接的电流种类，1～5 为酸性焊条，6、7 为碱性焊条，如表 4-2 所示。

表 4-2　焊条药皮类型与电源种类

编号	1	2	3	4	5	6	7	8
药皮类型和电源种类	钛型，直流或交流	钛钙型，交、直流	钛铁型，交、直流	氧化铁型，交、直流	纤维素型，交、直流	低氢钾型，交、直流	低氢钠型，直流	石墨型，交、直流

4) 酸性焊条与碱性焊条的对比

酸性焊条与碱性焊条在焊接工艺性和焊接性能方面有许多不同，使用时要注意区别，不可以随便用酸性焊条替代碱性焊条。两者对比，有以下特点。

(1) 从焊缝金属力学性能考虑，碱性焊条焊缝金属力学性能好，酸性焊条焊缝金属的塑性、韧性较低，抗裂性较差。这是因为碱性焊条的药皮含有较多的合金元素，且有害元素(硫、磷、氢、氮、氧等)比酸性焊条的有害元素含量少，故焊缝金属力学性能好，尤其是冲击韧度较好，抗裂性好，适用于焊接承受交变冲击载荷的重要结构钢件和几何形状复杂、刚度大、易裂的钢件；酸性焊条的药皮熔渣氧化性强，合金元素易烧损，焊缝中氢、硫等的含量较高，故只适于普通结构钢件焊接。

(2) 从焊接工艺性考虑，酸性焊条稳弧性好，飞溅小，易脱渣，对油污、水垢的敏感性小，可采用交、直流电流，焊接工艺性好；碱性焊条稳弧性差，飞溅大，对油污、水垢敏感，焊接电源多要求直流，焊接烟雾有毒，要求现场通风和防护，焊接工艺性较差。

(3) 从经济性考虑，碱性焊条的价格高于酸性焊条的价格。

5) 焊条的选用原则

焊条的选用是否恰当将直接影响焊接的质量、劳动生产率和产品成本。通常遵循以下基本原则。

(1) 等强度原则，应使焊缝金属与母材具有相同的使用性能。

焊接低、中碳钢或低合金钢的结构件时，按照"等强"原则，选择强度级别相同的结构钢焊条。

(2) 若无等强要求，选强度级别较低、焊接工艺性好的焊条。

(3) 焊接特殊性能的钢(不锈钢、耐热钢等)和非铁金属，按照"同成分"、"等强度"原则，选择与母材化学成分、强度级别相同或相近的各类焊条。焊补灰铸铁时，应选择相适应的铸铁焊条。

4.1.2 常用焊接工具

常用的焊接工具有以下几种。

1) 电焊钳

电焊钳的功用是夹紧焊条和传导电流。电焊钳应具有良好的导电性，不易发热，重量轻，夹持焊条牢固，更换方便等。电焊钳常用的规格有 300A 和 500A 两种。

使用时，应防止摔碰，经常检查焊钳与焊接电缆连接是否紧固，手把绝缘是否良好，钳口上的熔渣、飞溅等要经常清除，以减少电阻，降低发热量；严禁将焊钳浸入水中冷却，要与备用焊钳轮换使用，以免烫手。

2) 焊接电缆及快速接头

焊接电缆的作用是传导焊接电流，它应柔软易弯，具有良好的导电性能与绝缘性能，使用时应按使用的电流大小来选择，禁止拖拉、砸碰造成绝缘保护层破损。通常焊接电缆的长度不应超过 20～30m，且中间接头不应多于两个，连接接头外表应保证绝缘可靠，最好采用快速接头。

快速接头是一种快速方便地使焊接电缆与焊机相连接或接长焊接电缆的专用器具，它应具有良好的导电性能和外套绝缘性能，使用中不易松动，保证接触良好、安全可靠，禁止砸碰。

3) 面罩及护目玻璃

面罩用来保护焊工头部及颈部免受强烈弧光及金属飞溅的灼伤，它分头戴式与手持式两种，要求重量轻，使用方便，并应有一定的防撞击能力。

护目玻璃用来减弱弧光强度，吸收大部分红外线与紫外线，以保护焊工眼睛免遭弧光的伤害。护目镜片的颜色及深浅应按焊接电流的大小来进行选择，如表 4-3 所示，过深与过浅都不利于工作和保护。

面罩不得漏光，使用时应避免碰撞，禁止作承载工具使用。

表 4-3　护目玻璃规格

色　号	适用电流/A	尺寸/mm^3
7～8	≤100	2×50×107
9～10	100～300	2×50×107
11～12	≥300	2×50×107

4) 焊条保温筒和干燥筒

保温筒是利用焊机二次电压来加热存放焊条的，以达到防潮的目的；而干燥筒是利用筒内干燥剂的吸潮作用来防止使用中的焊条受潮。虽其原理不同，但目的一致，都是为了防止现场施工的焊条受潮。

保温筒分立式、卧式和背包式三种，存放的焊条重有 2.5kg 与 5kg 两种，工作温度为 60～300℃。使用时必须盖紧筒盖，随用随取，防止摔跌。对干燥筒的使用，应在干燥剂变红时烘干，使之变蓝后才能承装焊条。

5) 辅助工具

焊接时常用的辅助工具有以下几种。

(1) 角向磨光机：主要用来打磨坡口和焊缝接头或修磨焊接缺陷的一种电动工具。它不得强力或冲击性使用，严禁提拉电缆。其型号按砂轮片的直径来编制，砂轮片的直径越大，电动机的功率也越大。

(2) 电动磨头：具有角向磨光机的功能，不过磨头较小，易实现细小部位的磨削。它易产生切屑飞出伤人，使用时应加强自身及他人的防护；刀具更换时应夹紧，严禁使用已弯曲的刀具。

(3) 气动刮铲和针束打渣除锈器：其功能主要是用于除锈、打渣。其结构轻巧灵活，后坐力小，方便安全。其突出的优点是大大地降低了焊渣清除过程中的飞溅和劳动强度。

4.1.3 焊接工艺

1. 焊接接头与坡口形式

(1) 接头形式：根据焊件的厚度和工作条件的不同，需要采用不同的焊接接头形式。常用的有对接、搭接、角接和 T 字接等，如图 4-5 所示。对接接头受力比较均匀，是用得最多的一种接头形式，重要的受力焊缝应尽量选用对接接头。

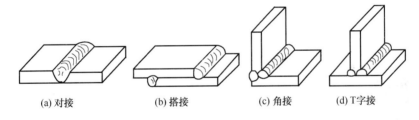

(a) 对接　　(b) 搭接　　(c) 角接　　(d) T字接

图 4-5　焊接接头形式

(2) 坡口形式：手弧焊的熔深一般为 2～5mm。工件较薄时，可以采用单面焊或双面焊把工件焊透；工件较厚时，为了保证焊透，工件需要开坡口。常用的坡口形式有 I 形坡口、V 形坡口、X 形坡口和 U 形坡口等。如图 4-6 所示为对接接头的坡口形式。为了便于施焊和防止焊穿，坡口的下部要留有 2mm 的直边，称为钝边。

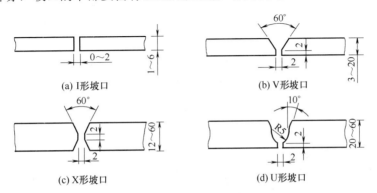

(a) I形坡口　　(b) V形坡口

(c) X形坡口　　(d) U形坡口

图 4-6　对接接头的坡口形式

坡口形式的选择,一般主要根据板厚,可参考图4-6来进行。根据实际施焊的可能性,I形坡口、V形坡口、U形坡口采取单面焊或双面焊均可焊透,如图4-7所示。当然,工件一定要焊透时,在条件允许时,应尽量采用双面焊,因为双面焊容易保证焊透。

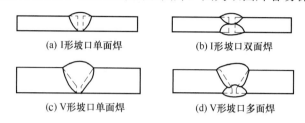

(a) I形坡口单面焊　　　　(b) I形坡口双面焊

(c) V形坡口单面焊　　　　(d) V形坡口多面焊

图4-7　单面焊和双面焊

工件较厚时,要采用多层焊才能焊满坡口,如图4-8(a)所示。如果坡口较宽,同一层中还可采用多道焊,如图4-8(b)所示。多层焊时,要保证焊缝根部焊透,并且每焊完一道后,必须仔细检查、清理,才能施焊下一道,以防止产生夹渣、未焊透等缺陷。焊接层数应以每层厚度小于4～5mm的原则来确定。当每层厚度为焊条直径的0.8～1.2倍时,生产效率较高。

(a) 多层焊　　　　　　　　(b) 多层多道焊

图4-8　对接V形坡口的多层焊

2. 焊接位置

熔焊时,焊件接缝所处的空间位置称为焊接位置,分为平焊、立焊、横焊和仰焊等。对接接头的各种焊接位置,如图4-9所示。平焊操作的生产率高,劳动条件好,焊接质量容易保证。因此,应尽量放在平焊的位置施焊。

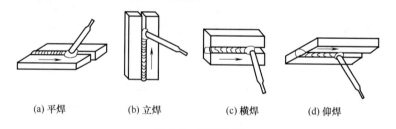

(a) 平焊　　　　(b) 立焊　　　　(c) 横焊　　　　(d) 仰焊

图4-9　焊接位置

3. 焊接工艺参数

焊接工艺参数是指焊接时为保证焊接质量而选定的诸物理量(如焊接电流、电弧电压、焊接速度等)的总称。手工电弧焊的焊接工艺参数包括焊条直径、焊接电流、电弧电压、焊接速度和焊接层数等。焊接工艺参数选择是否合适,对焊接质量和生产率都有很大的影响。手弧焊焊接工艺参数的选择,一般先根据焊件厚度选择焊条直径,如表4-4所示。多层焊的第一道焊缝和非水平位置施焊的焊条，应选用直径较小的焊条。

表 4-4　焊条直径的选择
单位：mm

焊件厚度	2	3	4～7	8～12	>12
焊条直径	1.6，2.0	2.5，3.2	3.2，4.0	4.0，5.0	4.0～6.0

应根据焊条的直径选择焊接电流。一般情况下，可参考下面的经验公式进行选择：

$$I = (30 \sim 55)d$$

式中：I 为焊接电流，单位为 A；d 为焊条直径，单位为 mm。

应当指出，按此公式求得的焊接电流，只是一个大概数值。实际工作时，还要考虑焊件厚度、接头形式、焊接位置、焊条种类等因素，通过试焊来调整和确定焊接电流的大小。非水平位置焊接时，焊接电流一般应小些(即减少 10%～20%)。

手工电弧焊的电弧电压由电弧长度决定。电弧长，电弧电压高；电弧短，电弧电压低。电弧过长时，燃烧不稳定，熔深减小，容易产生焊接缺陷。因此，焊接时应力求使用短弧焊接。一般情况下，要求电弧长度不超过所选焊条的直径，多为 2～4mm。用碱性焊条焊接时，应比酸性焊条弧长更短一些。

焊接速度是指单位时间内完成的焊缝长度。手工电弧焊时，一般不规定焊接速度，由焊工凭经验来控制。焊接过程中，焊接速度应均匀合适，既要保证焊透，又要避免烧穿，同时还要使焊缝的外形尺寸符合要求。

焊接工艺参数是否合适，直接影响焊缝的外部形状。如图 4-10 所示为焊接电流和焊接速度对焊缝形状的影响。其中，图 4-10(a)焊接电流和焊接速度都合适，焊缝到母材过渡平滑，焊波均匀并呈椭圆形，焊缝外形尺寸符合要求；图 4-10(b)的焊接电流太小，电弧吹力小，熔池液态金属不易流开，焊波变圆，焊缝到母材过渡突然，余高增大，熔宽和熔深均减小；图 4-10(c)的焊接电流太大，焊条熔化过快，尾部发红，飞溅增多，焊波变尖，熔宽和熔深都增加，焊缝出现下塌，两侧易产生咬边，焊件较薄时，有出现烧穿的可能；图 4-10(d)的焊接速度太慢，焊波变圆，余高、熔宽和熔深均增加，若焊件较薄，则容易烧穿；图 4-10(e)的焊接速度太快，焊波变尖，熔深浅，焊缝窄而低。

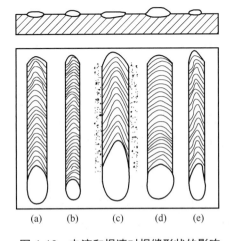

图 4-10　电流和焊速对焊缝形状的影响

4.1.4　焊接方法与操作

手工电弧焊的操作过程包括：引燃电弧、送进焊条和沿焊缝移动焊条。手工电弧焊的焊接过程如图 4-11 所示。电弧在焊条与工件(母材)之间燃烧，电弧热使母材熔化形成熔池，焊条金属芯熔化并以熔滴的形式借助重力和电弧吹力进入熔池，燃烧、熔化的药皮进入熔池成为熔渣浮在熔池的表面，保护熔池不受空气侵害。药皮分解产生的气体环绕在电弧周围，隔绝空气，保护电弧、熔滴和熔池金属。当焊条向前移动、新的母材熔化时，原熔池和熔渣凝固，形成焊缝和渣壳。

1. 焊接电弧

(1) 电弧的产生。电弧是在焊条(电极)和工件(电极)之间产生的强烈、稳定而持久的气体放电现象。先将焊条与工件相接触，瞬间有强大的电流流经焊条与焊件之间的接触点，产生强烈的电阻热，并将焊条与工件表面加热到熔化，甚至蒸发、汽化。电弧引燃后，弧柱中充满了高温电离气体，放出大量的光和热。

(2) 焊接电弧的结构。电弧由阴极区、阳极区和弧柱区三部分组成，其结构如图 4-12 所示。阴极是电子供应区，温度约 2400K；阳极为电子轰击区，温度约 2600K；弧柱区位于阴阳两极之间的区域。对于直流电焊机，工件接阳极，焊条接阴极，称正接；而工件接阴极，焊条接阳极，称反接。

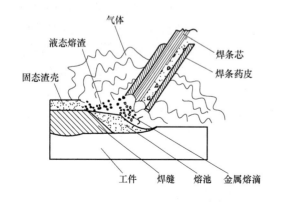

图 4-11　手工电弧焊过程示意图

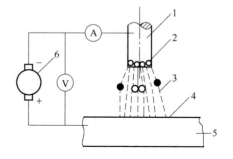

图 4-12　焊接电弧示意图

1—焊条；2—阴极区；3—弧柱区；4—阳极区；
5—工件；6—电焊机

为保证顺利引弧，焊接电源的空载电压(引弧电压)应是电弧电压的 1.8～2.25 倍，电弧稳定燃烧时所需要的电弧电压(工作电压)为 29～45V。

2. 引弧操作

使焊条和焊件之间产生稳定电弧的过程称为引弧。引弧时，先将焊条引弧端接触焊件，形成短路，然后迅速将焊条向上提起 2～4mm，电弧即可引燃。常用的引弧方法有敲击法和划擦法两种，如图 4-13 所示。

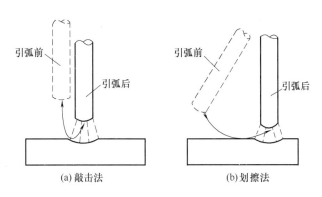

图 4-13　引弧方法

引弧操作应注意以下几点。

(1)　焊条经敲击或划擦后要迅速提起，否则易粘住焊件，产生短路。若发生粘条，可将焊条左右摇动后拉开；若拉不开，则要松开焊钳，切断电路，待焊条冷却后再做处理。

(2)　焊条不能提得过高，否则会燃而复灭。

(3)　如果焊条与焊件多次接触后仍不能引弧，应将焊条在焊件上重击几下，清除端部绝缘物质(氧化铁、药皮等)，以利于引弧。

3. 运条方法

当电弧引燃后，焊条要有三个基本方向的运动才能使焊缝良好成型。这三个方向的运动是：朝着熔池方向做逐渐送进运动，做横向摆动，沿着焊接方向逐渐移动，如图 4-14 所示。焊条朝着熔池方向做逐渐送进，主要是用来维持所要求的电弧长度。为了达到这个目的，焊条送进的速度应与焊条熔化的速度相同。焊条应以合理的焊接速度沿着焊接方向逐渐移动，同时焊条横向摆动，主要是为了达到一定宽度的焊缝，其摆动范围与焊缝要求的宽度和焊条的直径有关。摆动的范围越宽，则得到的焊缝宽度也越大。在焊接生产实践中，焊工们根据不同的焊缝位置、不同的接头形式，以及考虑焊条直径、焊接电流、焊件厚度等各种因素，创造出许多摆动手法，即运条方法。常用的运条方法除直线形运条方法外，还有直线往复运条法、锯齿形运条法、月牙形运条法、斜三角形运条法、正三角形运条法和圆圈形运动法等，如图 4-15 所示。

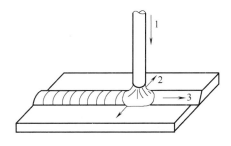

图 4-14　焊条的三个基本运动方向

1—焊条送进；2—焊条摆动；3—沿焊缝移动

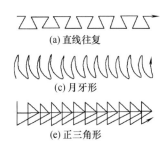
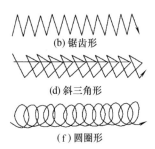

(a) 直线往复　　　　　　　　　(b) 锯齿形

(c) 月牙形　　　　　　　　　　(d) 斜三角形

(e) 正三角形　　　　　　　　　(f) 圆圈形

图 4-15　常用的运条方法

4. 焊缝的收尾

在一条焊缝焊完时，应把收尾处的弧坑填满，以避免焊缝收尾处强度减弱或造成应力集中而产生裂缝。一般收尾动作有以下几种。

(1) 画圈收尾法：焊条移至焊缝终点时，做圆圈运动，直到填满弧坑再拉断电弧，如图 4-16 所示。此法适用于厚板收尾。

(2) 反复断弧收尾法：焊条移至焊缝终点时，在弧坑处反复熄弧、引弧数次，直到填满弧坑为止，如图 4-17 所示。此法一般适用于薄板和大电流焊接，但碱性焊条不宜使用此法，因为容易产生气孔。

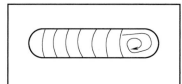

图 4-16　画圈收尾法

(3) 回焊收尾法：焊条移至焊缝收尾处即停住，但未熄弧，此时适当地改变焊条的角度(见图 4-18)，焊条由位置 1 转到位置 2，待填满弧坑后再转到位置 3，然后慢慢拉断电弧。此法适用于碱性焊条。

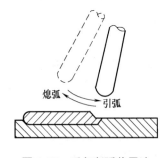

熄弧　引弧

图 4-17　反复断弧收尾法

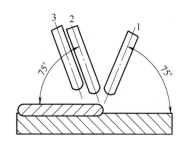

图 4-18　回焊收尾法

5. 焊缝的连接

手工电弧焊接时，由于受焊条长度的限制，不可能一根焊条完成一条焊缝，因此出现了焊缝前后两段的连接问题。焊缝连接接头的好坏不仅影响焊缝的外观，而且对整个焊缝的质量影响也较大。一般焊缝的连接如图 4-19 所示。其中，图 4-19(a)为后焊焊缝的起头与先焊焊缝的结尾相接；图 4-19(b)为后焊焊缝的起头与先焊焊缝的起头相接；图 4-19(c)为后焊焊缝的结尾与先焊焊缝的结尾相接；图 4-19(d)为后焊焊缝的结尾与先焊焊缝的起头相接。

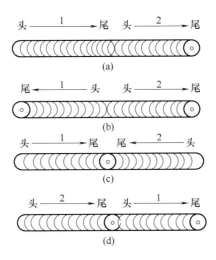

图 4-19　焊缝的连接

6. 施焊方法

1)　平焊

平焊是将对接接头在水平位置上施焊的一种操作方法。如图 4-20 所示为对接平焊的操作示意图。厚度 4～6mm 的低碳钢板对接平焊的操作过程如下。

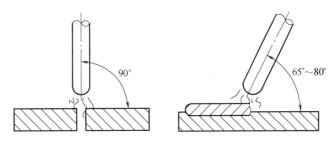

图 4-20　对接平焊的操作示意图

(1)　坡口准备：钢板厚 4～6mm，可采用 I 形坡口。

(2)　焊前清理：将焊件坡口表面和坡口两侧 20～30mm 范围内的油污、铁锈、水分清除干净。

(3)　组对：将两块钢板水平放置、对齐，留 1～2mm 间隙。注意防止产生错边，错边的允许值应小于板厚的 10%。

(4)　定位焊：在钢板两端先焊上长 10～15mm 的焊缝(称为定位焊缝)，以固定两块钢板的相对位置。这种固定待焊焊件相对位置的焊接，称为定位焊。若钢板较长，则可每隔 200～300mm 焊一小段定位焊缝。

(5)　焊接：选择合适的工艺参数进行焊接，为使得焊接可靠，应尽量采用双面焊。

(6)　焊后清理：用钢丝刷等工具把焊渣和飞溅物等清理干净。

(7)　外观检验：检查焊缝的外形和尺寸是否符合要求，并检查有无其他焊接缺陷。

2)　立焊

立焊是指对接接头在竖直位置上施焊的一种操作方法。如图 4-21 所示为对接立焊的操作示意图。立焊有由下向上施焊和由上向下施焊两种方法。一般生产中常用由下向上施焊的立焊法。

立焊时由于熔化金属受重力的作用容易下淌，使焊缝成型产生困难，为此可采取以下措施。

(1) 采用小直径的焊条(直径 4mm 以下)，使用较小的焊接电流(比平焊小 10%～15%)，这样熔池体积较小，冷却凝固快，可以减少和防止液体金属下淌。

(2) 采用短弧焊接，弧长不大于焊条的直径，利用电弧吹气托住铁水，同时短弧也有利于焊条熔化金属向熔池中过渡。

(3) 根据焊接接头形式的特点和焊接过程中熔池温度的情况，灵活运用运条法。厚度在 6mm 以下的薄钢板对接立焊时，可采用 I 形坡口，也可以采用跳弧法和灭弧法，以防止烧穿。

跳弧法就是当熔滴脱离焊条末端过渡到熔池后，立即将电弧向焊接方向提起，这时为不使空气侵入，其长度不应超过 6mm(见图 4-22)。其目的是让熔化金属迅速冷却凝固，形成一个"台阶"，当熔池缩小到焊条直径的 1～1.5 倍时，再将电弧(或重新引弧)移到"台阶"上面，在"台阶"上形成一个新的熔池，如此不断地重复熔化—冷却—凝固—再熔化的过程，就能由下向上形成一条焊缝。

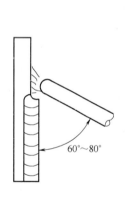

图 4-21 对接立焊操作

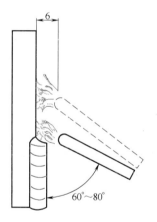

图 4-22 立焊跳弧法

灭弧法就是当熔滴从焊条末端过渡到熔池后，立即将电弧熄灭，使熔化的金属有瞬时凝固的机会，随后重新在弧坑里引燃电弧。灭弧时间在开始时可以短一些，因为此时焊件还是冷的，随着焊接时间的延长，灭弧时间也要增加，才能避免烧穿和产生焊瘤。

不论用哪种方法焊接，起头时，当电弧引燃后，应将电弧稍微拉长，以对焊缝端头稍有预热，随后再压低电弧进行正常焊接。

4.1.5 专项技能训练课题

1. 试件尺寸及要求

零件名称：中厚板的板-板对接，如图 4-23 所示。

试件材料牌号：Q235。

试件尺寸：300×200×14mm。

坡口尺寸：60°V形坡口。

焊接位置：平焊。

焊接要求：单面焊双面成型。

焊接材料：E4315。

焊机：ZX7-400。

2. 试件装配

(1) 钝边 1mm。

(2) 清除坡口面及坡口正反两侧 20mm 范围内的油、锈、水分及其他污物，至露出金属光泽。

(3) 装配。

① 装配间隙：始端为 3mm，终端为 4mm。

② 定位焊：采用与焊接试件相同牌号的焊条进行定位焊，并在试件反面的两端点焊，焊点长度为 10~15mm。

③ 预置反变形量 3°或 4°，也可用下式高差进行。

$$\Delta = b\sin\theta = 100\sin 3° = 5.23\text{mm}$$

试板两端边高差如图 4-24 所示。

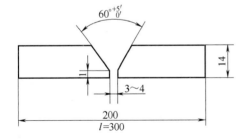

图 4-23　试件及坡口尺寸

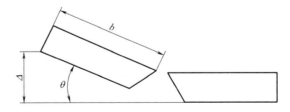

图 4-24　试板两端边高差

④ 错边量 ≤1.4mm。

3. 焊接工艺参数

焊接工艺参数如表 4-5 所示。

表 4-5　焊接工艺参数

焊接层次	焊条直径/mm	焊接电流/A
打底焊(1)	3.2	90~120
填充焊(2、3、4)	4	140~170
盖面焊(5)		140~160

4. 操作要点及注意事项

本试件的平对接是焊接位置中较易操作的一种焊接位置,它是其他焊接位置和试件的操作基础。

(1) 打底焊。应保证得到良好的反面成型。

单面焊双面成型的打底焊,操作方法有连弧法与断弧法两种,掌握好了都能焊出高质量的焊缝。

连弧法的特点是焊接时,电弧燃烧不间断,生产效率高,焊接熔池保护得好,产生缺陷的机会少;但它对装配质量的要求高,参数选择要求严,故其操作难度较大,易产生烧穿和未焊透等缺陷。

断弧法(又分两点击穿法和一点击穿法两种)的特点是依靠电弧时燃时灭的时间长短来控制熔池的温度,因此,焊接工艺参数的选择范围较宽,易掌握;但生产效率低,焊接质量不如连弧法易保证,且易出现气孔、冷缩孔等缺陷。

本实例介绍的操作手法为断弧焊一点击穿法。

置试板大装配间隙于右侧,在试板左端定位焊缝处引弧,并用长弧稍做停留进行预热,然后压低电弧在两钝边间做横向摆动。当钝边熔化的铁水与焊条金属熔滴连在一起,并听到"噗噗"声时,便形成了第一个熔池,然后灭弧。

运条动作的特点是:每次接弧时,焊条中心应对准熔池的 2/3 处,电弧同时熔化两侧钝边。当听到"噗噗"声后,果断灭弧,使每个新熔池覆盖前一个熔池的 2/3 左右。

操作时必须注意:当接弧位置选在熔池后端,接弧后再把电弧拉至熔池前端灭弧,则易形成焊缝夹渣。此外,在封底焊时,还易产生缩孔,解决的办法是提高灭弧频率,由正常的 50～60 次/分钟,提高到 80 次/分钟左右。

更换焊条时的接头方法是:在换焊条收弧前,在熔池前方做一熔孔,然后回焊 10mm 左右再收弧,以使熔池缓慢冷却。迅速更换焊条,在弧坑后部 20mm 左右处起弧,用长弧对焊缝预热,在弧坑后 10mm 左右处压低电弧,用连弧手法运条到弧坑根部,并将焊条往熔孔中压下,听到"噗噗"击穿声后,停顿 2s 左右灭弧,即可按断弧封底法进行正常操作。

(2) 填充焊。施焊前先将前一道焊缝熔渣、飞溅清除干净,修正焊缝的过高处与凹槽。进行填充焊时,应选用较大一些的电流,并采用如图 4-25 所示的焊条倾角,焊条的运条方法可采用月牙形或锯齿形,摆动幅度应逐层加大,并在两侧稍做停留。

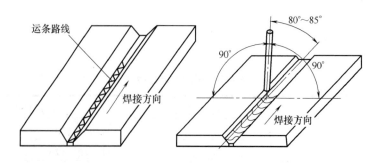

图 4-25　厚板平对接焊时焊接中间层的运条方法及焊条角度

在焊接第四层填充层时,应控制整个坡口内的焊缝比坡口边缘低 0.5～1.5mm,最好略呈凹形，以便使盖面时能看清坡口和不使焊缝高度超高。

(3) 盖面。所使用的焊接电流应稍小一点，要使熔池形状和大小保持均匀一致，焊条与焊接方向夹角应保持 75°左右，焊条摆动到坡口边缘时应稍做停顿，以免产生咬边。

盖面层的接头方法：换焊条收弧时应对熔池稍填熔滴铁水，迅速更换焊条，并在弧坑前约 10mm 处引弧，然后将电弧退至弧坑的 2/3 处，填满弧坑后就可正常地进行焊接了。

盖面层的接头注意事项：若接头位置偏后，则使接头部位焊缝过高；若接头位置偏前，则易造成焊道脱节。盖面层的收弧可采用 3～4 次断弧引弧收尾，以填满弧坑，使焊缝平滑为准。

4.2　气焊与气割

气焊是利用气体火焰作为热源的焊接方法，最常用的是氧乙炔焊。它使用的可燃气体是乙炔(C_2H_2)，氧气是助燃气体。乙炔和氧气在焊炬中混合均匀后从焊嘴喷出燃烧，将焊件和焊丝熔化后形成熔池，冷却凝固后形成焊缝。气焊的焊接过程如图 4-26 所示。它主要用于焊接厚度在 3mm 以下的薄钢板、铜、铝等有色金属及其合金、低熔点材料以及铸铁焊补等。此外，在没有电源的野外作业，常常使用气焊。

氧气切割(简称气割)是指利用气体火焰的热能将工件切割处预热到一定温度后，喷出高速切割氧流，使其燃烧并放出热量实现切割的方法。气割过程是预热—燃烧—吹渣形成切口重复不断进行的过程，如图 4-27 所示。因此，气割的实质是金属在纯氧中的燃烧，而不是金属的氧化，这是气割过程与气焊过程的本质区别。

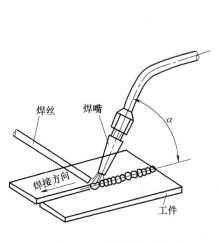

图 4-26　气焊示意图

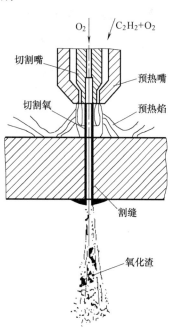

图 4-27　气割过程示意图

4.2.1　设备与工具

气焊设备系统如图4-28所示。

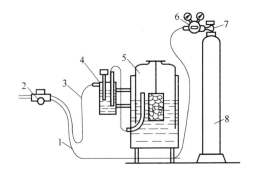

图4-28　气焊设备系统

1—氧气管道；2—焊炬；3—乙炔管道；4—回火防止器；
5—乙炔发生器；6—减压器；7—气阀；8—氧气瓶

1. 储气设备

1)　乙炔发生器

乙炔发生器是利用电石和水的相互作用，来制取乙炔的设备，如图4-29所示。按乙炔发生器制取的压力不同，可分为低压式(0.045MPa以下)和中压式(0.045～0.15MPa)两种。按安装方式不同，乙炔发生器可分为移动式和固定式两种。按电石与水作用方式不同，乙炔发生器可分浮筒式、电石入水式、水入电石式、排水式和联合式等。

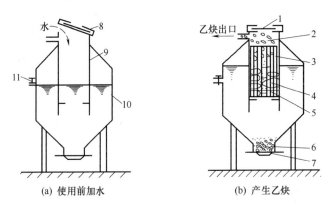

图4-29　乙炔发生器工作示意图

1—防爆膜；2—乙炔；3—电石篮；4—电石；5—内桶水面；
6—电石渣；7—下盖；8—上盖；9—内桶；10—外桶；11—水位阀

排水式中压乙炔发生器是目前应用较广的一种乙炔发生器，其型号有Q3-0.5、Q3-1和Q3-3等。

2)　氧气瓶

氧气瓶是一种储存和运输氧气的高压容器。它由瓶体、瓶箍、瓶阀、防震圈、瓶帽及底座等构成。目前工业中最常用的氧气瓶规格是：瓶体外径为 ϕ219mm，瓶体高度为 (1370±20)mm，容积为 40L，工作压力为 15MPa。它在常压下可储存 6m³ 氧气。

氧气瓶的安全是由瓶阀中的金属安全膜来实现的，一旦瓶内压力达 18～22.5MPa，安全膜片即自行爆破泄压，以确保瓶体安全。

氧气瓶应直立应用，若卧放时应使减压器处于最高位置。

3)　乙炔瓶(又称溶解乙炔瓶)

常压 15℃时，乙炔在丙酮中的溶解度为 23.5，当压力为 1.5MPa 时，溶解度为 375。溶解乙炔瓶就是利用这一特性来储运乙炔的。乙炔瓶由瓶体、瓶阀、硅酸钙填料、易熔塞、瓶帽、过滤网和瓶座等构成。

目前生产中最常用的溶解乙炔气瓶的规格为：瓶体外径为 ϕ250mm，容积为 40L，充装丙酮量为 13.2～14.3kg，充装乙炔量为 6.2～7.4kg，约 5.3～6.3m³(15℃，101 325Pa)，工作压力为 15MPa。

乙炔瓶的安全是由设于瓶肩上的易熔塞来实现的，当瓶体温度达(100±5)℃时，易熔塞中易熔合金会熔化而泄压，以确保瓶体安全。乙炔瓶应直立使用，不得卧放，且卧放的乙炔瓶直立使用时，必须静置 20min 后方能使用。

2. 必备工具

1)　减压阀

减压阀的作用是将储存在气瓶内的高压气体，减压到所需的稳定工作压力。减压器种类较多，按用途分有集中式和岗位式；按构造分有单级式和双级式；按作用原理分有正作用式和反作用式；按使用介质分有氧气表、乙炔表和丙烷表等。

2)　焊炬

焊炬又称焊枪，它的作用是用来控制气体混合比例、流量以及火焰结构，它是焊接的主要工具。所以对焊炬的要求是：能方便地调节氧与乙炔的比例和热量的大小，同时要求结构重量轻、安全可靠。

焊炬按可燃气体与氧气混合的方式不同分为射吸式和等压式两种。

(1)　射吸式焊炬：其结构示意图如图 4-30 所示，它是目前国内应用最广的一种形式。其特点是结构较复杂，可同时使用低压乙炔和中压乙炔，适应范围广。其焊炬的型号有：H01-6、H01-12 和 H01-20 等。

(2)　等压式焊炬：它的特点是所使用的氧与乙炔压力相等，结构简单，不易回火，但只适用于中压乙炔。目前工业上应用较少。其焊炬型号有：H02-12、H02-20 等。

3)　割炬

割炬的作用是将可燃气体与氧以一定的方式和比例混合后，形成具有一定热能和形状的预热火焰，并在预热火焰中心喷射切割氧进行切割。割炬按预热火焰中可燃气体与氧气混合方式的不同分为以下两种。

(1)　射吸式割炬：其型号有 G01-30、G01-100、G01-300 等，是目前国内应用较广的一种形式，如图 4-31 所示。

(2) 等压式割炬：其型号有：G02-100、G02-300 等。

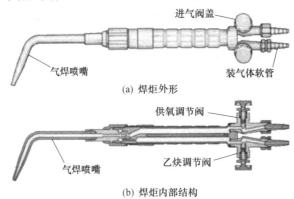

（a）焊炬外形

（b）焊炬内部结构

图 4-30 射吸式焊炬

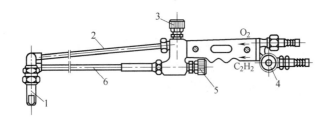

图 4-31 射吸式割炬

1—切割嘴；2—切割氧管道；3—切割氧阀门；4—乙炔阀门；5—预热氧阀门；6—氧-乙炔混合管道

4) 橡皮胶管及辅助工具

焊割所用的橡皮胶管，按其所输送的气体不同分为以下几种。

(1) 氧气胶管：现用氧气胶管为红色，由内外胶层和中间纤维层组成。其外径为 18mm，内径为 8mm，工作压力为 1.5MPa。

(2) 乙炔胶管：其结构与氧气胶管相同，但其管壁较薄。其外径为 16mm，内径为 10mm，工作压力为 0.3MPa。

现用的氧气与乙炔胶管的颜色标志：氧气胶管为红色，乙炔胶管为黑色。但根据 GB 9448—1988 焊接与切割安全的规定，氧气胶管应为黑色，乙炔胶管应为红色。

(3) 橡皮管接头：它用于气焊和气割用的氧气胶管、燃气胶管的连接。根据 GB 5107—1985 的规定，它由螺纹接头、螺段及软管接头三部分组成，燃气与氧气软管接头分别为 $\phi6$、$\phi8$、$\phi10$ 三种(即胶管孔径的)规格，而其螺段则有 M12×1.25、M16×1.5、M18×5 三种(即减压器、焊炬、乙炔发生器等螺纹接头规格)。

5) 其他辅助工具

(1) 点火枪：用于焊割作业的点火工具，其特点是方便安全。

(2) 护目镜：保护焊工的眼睛不受火焰亮光的刺激，防止飞溅物对眼睛的伤害，便于观察焊接熔池。其颜色和深浅，应按焊工的视力与焊炬的火焰能率选用。

其他的辅助工具还有清理工具，如钢丝刷、凿子、锤子、锉刀等；连接和启闭气瓶用

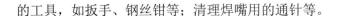

的工具，如扳手、钢丝钳等；清理焊嘴用的通针等。

4.2.2 气焊的焊接工艺与操作

1. 焊丝与焊剂

气焊所用的焊丝只作为填充金属，它是表面不涂药皮的金属丝，其成分与工件基本相同，原则上要求焊缝与工件等强度。所以选用与母材同样成分或强度高一些的焊丝焊接，气焊低碳钢一般用 H08A 焊丝，不用焊剂，重要接头如 20 钢管可采用 H08MnA，最好用 H08MnReA 专用气焊焊丝。其他型号的钢及非铁金属用焊丝可查表。焊丝表面不应有锈蚀、油垢等污物。

焊剂又称焊粉或熔剂，其作用是在焊接过程中避免形成高熔点稳定氧化物(特别是非铁金属或优质合金钢)等，防止夹渣，另外也可以消除已形成的氧化物。焊剂可与这类氧化物形成低熔点的熔渣，浮出熔池。金属氧化物多呈碱性，所以一般选用酸性焊剂，如硼砂、硼酸等。焊铸铁时，会出现较多的 SiO_2，因此常用碱性焊剂，如碳酸钠和碳酸钾等。使用时，可把焊剂撒在接头表面或用焊丝蘸在端部送入熔池。

2. 气焊火焰

1) 焊接火焰的分类

氧与乙炔混合燃烧所形成的火焰称为氧乙炔焰，由于它的火焰温度高(约 3200℃)，加热集中，是气焊中主要采用的火焰。根据氧和乙炔在焊炬混合室内混合比 β 的不同，燃烧后的火焰可分为三种。

(1) 中性焰：当氧气与乙炔的混合比 $\beta=1.1\sim1.2$ 时，此时乙炔可充分燃烧，无过剩的氧和乙炔，称为中性焰。中性焰的结构分为焰芯、内焰和外焰三部分，内焰和外焰没有明显的界线，只从颜色上可略加区别。中性焰的最高温度位于离焰心尖端 $2\sim4mm$ 处，可达 $3100\sim3150℃$。

(2) 碳化焰：当氧与乙炔的混合比 $\beta<1.1$ 时燃烧所形成的火焰称为碳化焰。碳化焰中含有游离碳，具有较强的还原作用和一定的渗碳作用。碳化焰的火焰明显分为焰芯、内焰和外焰三部分，整个火焰比中性焰长而柔软，乙炔供给量越多，火焰越长越柔软，挺直度越差。当乙炔过剩量很大时，由于缺乏使乙炔充分燃烧所必需的氧气，所以火焰开始冒黑烟。碳化焰的最高温度为 $2700\sim3000℃$。

(3) 氧化焰：氧与乙炔的混合比 $\beta>1.2$ 时，燃烧所形成的火焰称为氧化焰。氧化焰的整个火焰长度较短，供氧的比例越大，则火焰越短，且内焰和外焰层次极为不清，故可看成由焰芯和外焰两部分组成。火焰挺直燃烧时发出急剧的"嘶嘶"噪声。氧化焰中有过量的氧，在焰芯外形成氧化性的富氧区。氧化焰的最高温度可达 $3100\sim3300℃$。

2) 不同火焰的适用范围

不同金属材料气焊时所采用的火焰如表 4-6 所示。

表 4-6   不同金属材料气焊时应选用的焊接火焰

焊件材料	应用火焰	焊件材料	应用火焰
低碳钢	中性焰或轻微碳化焰	铬镍不锈钢	中性焰或轻微碳化焰
中碳钢	中性焰或轻微碳化焰	紫铜	中性焰
低合金钢	中性焰	锡青铜	轻微氧化焰
高碳钢	轻微碳化焰	黄铜	氧化焰
灰铸铁	碳化焰或轻微碳化焰	铝及其合金	中性焰或轻微碳化焰
高速钢	碳化焰	铅、锡	碳化焰或轻微碳化焰
锰钢	轻微碳化焰	镍	碳化焰或轻微碳化焰
镀锌铁皮	轻微碳化焰	蒙乃尔合金	碳化焰
铬不锈钢	中性焰或轻微碳化焰	硬质合金	碳化焰

3. 气焊工艺

气焊工艺参数是确保焊接质量的重要环节，气焊的工艺参数通常包括以下几方面。

1) 焊丝直径的选择

焊丝直径应根据焊件的厚度和坡口形式、焊接位置、火焰能率等因素来确定。焊丝直径过细易造成未熔合和焊缝高低不平、宽窄不一；过粗易使热影响区过热。一般平焊应比其他焊接位置粗，右焊法比左焊法粗；多层焊时第一、二层应比以后各层细。低碳钢气焊时焊件厚度与焊丝直径的关系如表 4-7 所示。

表 4-7   焊件厚度与直径的关系   单位：mm

焊件厚度	1～2	2～3	3～5
焊丝直径	不用或 1～2	2	3～4

2) 气焊火焰的性质和能率的选择

(1) 火焰性质的选择：火焰性质应根据焊件材料的种类及性能来选择，可参见表 4-6。通常中性焰可以减少被焊材料元素的烧损和增碳；对含有低沸点元素的材料可选用氧化焰，可防止这些元素的蒸发；对允许和需要增碳的材料可选用碳化焰。

(2) 火焰能率的选择：火焰能率是以每小时可燃气体的消耗量(L/h)来表示的，它主要取决于氧乙炔混合气体的流量。材料性能不同，选用的火焰能率就不同。焊接厚件、高熔点、导热性好的金属材料应选较大的火焰能率，才能确保焊透，反之应选较小的。实际生产中在确保焊接质量的前提下，为了提高生产率，应尽量选用较大的火焰能率。

(3) 焊嘴倾角的选择：焊嘴倾角是指焊嘴中心线与焊件平面之间的夹角 α。焊嘴倾角与焊件的熔点、厚度、导热性以及焊接的位置有关。倾角越大，热量散失越少，升温越快。焊嘴倾角在气焊过程中是要经常改变的，起焊时大，结束时小。焊接碳素钢时，焊嘴倾角与焊接厚度的关系如图 4-32 所示。

(4) 焊接速度的选择：焊接速度的快慢，将影响产品的质量与生产率。通常焊件厚度大、熔点高，则焊速应慢，以免产生未熔合；反之则要快，以免烧穿和过热。

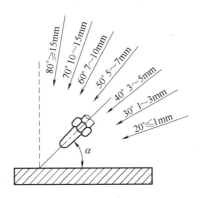

图 4-32　焊嘴倾角与焊件厚度的关系

4. 气焊操作

(1) 点火、调节火焰与灭火：点火时先微开氧气阀门，后开启乙炔阀门，再点燃火焰。刚点火的火焰是碳化焰，然后逐渐开大氧气阀门，改变氧气和乙炔的比例，根据被焊材料性质的要求，调到所需的中性焰、氧化焰或碳化焰。焊接结束时应灭火，应先关乙炔阀门，再关氧气阀门，否则会引起回火。

(2) 堆平焊波：气焊时，一般用左手拿焊丝，右手拿焊炬，两手动作要协调，沿焊缝向左或向右焊接。焊嘴轴线的投影与焊缝重合，同时要注意掌握好焊嘴与焊件的夹角 α，焊件越厚，α 越大。在焊接刚开始时，为了较快地加热焊件和迅速形成熔池，α 应大些；正常焊接时，α 一般保持在 $30°\sim50°$ 范围内；当焊接结束时，α 应适当减小，以便更好地填满熔池和避免焊穿。焊炬向前移动的速度应能保证焊件熔化并保持熔池具有一定的大小，焊件熔化形成熔池后，再将焊丝适量地点入熔池内熔化。熔池要尽量保持瓜子形、扁圆形或椭圆形。

4.2.3　气割原理与操作

1. 气割的原理与特点

气割是利用气体火焰的热能将工件切割处预热到一定温度后，喷出高速切割氧流，使其燃烧，并放出热量实现切割的方法。通常气体火焰采用乙炔与氧混合燃烧的氧乙炔焰。气割是一种热切割方法，气割时利用割炬，把需要气割处的金属用预热火焰加热到燃烧温度，使该处金属发生剧烈氧化，即燃烧。金属氧化时放出大量的热，使下一层的金属也自行燃烧，再用高压氧气射流把液态的氧化物吹掉，形成一条狭小而又整齐的割缝。

与其他切割方法(如机械切割)相比，气割的特点是灵活方便，适应性强，可在任意位置和任意方向切割任意形状和厚度的工件，生产率高，操作方便，切口质量好，可采用自动或半自动切割，运行平稳，切口误差在±0.5mm 以内，表面粗糙度与刨削加工相近。气割的设备也很简单。气割存在的问题是切割材料有条件限制，适于一般钢材的切割。

2. 气割对材料的要求

(1) 燃点应低于熔点。这就保证了燃烧是在固态下进行的，否则在切割之前已经熔化，就不能形成整齐的切口。钢的熔点随其含碳量的增加而降低，当含碳量等于 0.7%时，钢的熔点接近于燃点，因此对高碳钢和铸铁不能顺利进行气割。

(2) 燃烧生成的金属氧化物的熔点应低于金属本身的熔点，且流动性好。这就使燃烧生成的氧化物能及时熔化并被吹走，新的金属表面能露出而继续燃烧。由于铝的熔点(660℃)低于三氧化二铝的熔点(2050℃)，铬的熔点(1150℃)低于三氧化二铬的熔点(1990℃)，所以，铝合金和不锈钢均不具备气割条件。

(3) 金属燃烧时能释放出大量的热，而且金属本身的导热性低。这就保证了下层金属有足够的预热温度，使切口深处的金属也能产生燃烧反应，保证切割过程不断地进行。铜及其合金燃烧放出的热量较小而且导热性又很好，因此不能进行气割。

综上所述，能符合气割要求的金属材料是低碳钢、中碳钢和部分低合金钢。

3. 气割工艺

气割工艺参数的项目选择如下。

(1) 切割氧的压力：切割氧的压力随着切割件的厚度和割嘴孔径的增大而增大。此外，随着氧的纯度降低，氧的消耗量也在增加。

(2) 气割速度：割件愈厚，气割速度愈慢。气割速度是否得当，通常根据割缝的后拖量来判断。

(3) 预热火焰的能率：它与割件的厚度有关，常与气割速度综合考虑。

(4) 割嘴与割件间的倾角：它对气割速度和后拖量有着直接的影响。倾角的大小主要根据割件的厚度来定，割件越厚，割嘴倾角 α (见图 4-32)应越大。当气割 5～30mm 厚的钢板时，割炬应垂直于工件；当厚度小于 5mm 时，割炬可向后倾斜 5°～10°；若厚度超过 30mm，在气割开始时割炬可向前倾斜 5°～10°，待割透时，割炬可垂直于工件，直到气割完毕。若割嘴倾角 α 选择不当，气割速度不但不能提高，反而会使气割困难，并增加氧气的消耗量。

(5) 割嘴离割件表面的距离：应根据预热火焰的长度及割件的厚度来决定。通常火焰焰芯离开割件表面的距离应保持在 3～5mm 之内，可使加热条件最好，割缝渗碳的可能性也最小。一般来说，切割薄板时离表面距离可大一些。

4. 操作技术

1) 气割前的准备

检查设备、场地是否符合安全生产的要求，垫高割件，清除割缝表面的氧化皮和污垢，按图划线放样，选择割炬及割嘴，试割等。

2) 操作技术

(1) 起割：先预热起割点至燃烧温度，慢慢开启切割氧，当看到有铁水被氧吹动时，可加大切割氧至割件被割穿。可按割件厚度灵活掌握切割速度，沿割线切割。

(2) 切割：切割过程中调整好割嘴与割件间的倾角，保持焰芯距割件表面的距离及切割速度，切割长缝时应在每割 300～500mm 割缝后，及时移动操作位置。

(3) 终端的切割：割嘴应向气割方向后倾一定角度，使割件下部先割穿，并注意余料下落的位置，然后将割件全部割断，使收尾割缝平整。切割完，应先关闭切割氧，抬起割炬，再关闭乙炔，最后关闭预热氧。

(4)　收工：当初割工作完成时应关闭氧与乙炔瓶阀，松开减压阀调压螺钉，放出胶管内的余气，卸下减压阀，收起割炬及胶管，清扫场地。

4.2.4　专项技能训练课题

厚钢板的长短直线与硬角、圆弧相接的气割。

(1)　割件的形状如图 4-33 所示。

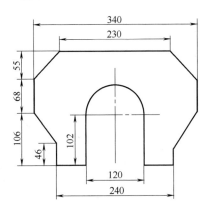

图 4-33　割件的形状

(2)　工件材料与厚度：厚度为 30mm，材料为低碳钢。

(3)　割炬型号：G01-100 型割炬，5 号割嘴。

(4)　气割参数：氧气压力为 0.5～0.7MPa；乙炔压力为 0.05～0.1MPa。

(5)　气割顺序：先割顶部较长直线段，到拐点处停割一下；接着顺次切割其他直线段，当直线段较短，割位允许连续进行气割时，要一直割下去。圆弧与直线相接处，先割直线，后割圆弧。

4.3　其他焊接方法

4.3.1　埋弧自动焊

手工电弧焊的生产率低，对工人的操作技术要求高，工作条件差，焊接质量不易保证，而且质量不稳定。埋弧自动焊(简称埋弧焊)是电弧在焊剂层内燃烧进行焊接的方法，电弧的引燃、焊丝的送进和电弧沿焊缝的移动，是由设备自动完成的。

1. 埋弧自动焊设备

埋弧自动焊的动作程序和焊接过程弧长的调节，都是由电器控制系统来完成的。埋弧焊设备由焊车、控制箱和焊接电源三部分组成。埋弧焊的电源有交流和直流两种。

2. 焊接材料

埋弧焊的焊接材料有焊丝和焊剂。焊丝和焊剂选配的总原则是：根据母材金属的化学成分和力学性能，选择焊丝，再根据焊丝选配相应的焊剂。例如，焊接普通结构低碳钢，选用 H08A 焊丝，配合 HJ431 焊剂；焊接较重要的低合金结构钢，选用 H08MnA 或 H10Mn2 焊丝，配合 HJ431 焊剂；焊接不锈钢，选用与母材成分相同的焊丝配合低锰焊剂。

3. 埋弧自动焊焊接过程及工艺

埋弧自动焊的焊接过程如图 4-34 所示，焊剂均匀地堆覆在焊件上，形成厚度为 40～60mm 的焊剂层，焊丝连续地进入焊剂层下的电弧区，维持电弧平稳燃烧，随着焊车的匀速行走，完成电弧焊缝自行移动的操作。

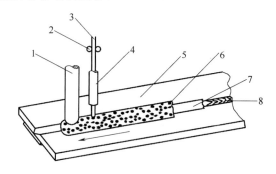

图 4-34　埋弧自动焊的焊接过程示意图

1—焊剂漏斗；2—送丝滚轮；3—焊丝；4—导电嘴；5—焊件；6—焊剂；7—渣壳；8—焊缝

埋弧焊焊缝形成的过程如图 4-35 所示，在颗粒状焊剂层下燃烧的电弧使焊丝、焊件熔化形成熔池，焊剂熔化形成熔渣，蒸发的气体使液态熔渣形成封闭的熔渣泡，有效地阻止空气侵入熔池和熔滴，使熔化金属得到焊剂层和熔渣泡的双重保护，同时阻止熔滴向外飞溅，既避免弧光四射，又使热量损失减少，加大熔深。随着焊丝沿焊缝前行，熔池凝固成焊缝，比重轻的熔渣结成覆盖焊缝的渣壳。没有熔化的大部分焊剂回收后可重新使用。

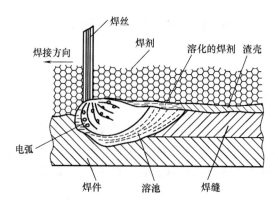

图 4-35　埋弧焊焊缝形成过程示意图

埋弧焊焊丝从导电嘴伸出的长度较短，所以可大幅度提高焊接电流，使熔深明显加大。

一般埋弧焊的电流强度比焊条电弧焊高 4 倍左右。当板厚在 24mm 以下对接焊时，不需要开坡口。

4. 埋弧自动焊的特点及应用

埋弧自动焊与手工电弧焊相比，有以下特点。

(1) 生产率高、成本低。由于埋弧焊时电流大，电弧在焊剂层下稳定燃烧，无熔滴飞溅，热量集中，焊丝熔敷速度快，比手工电弧焊的效率提高 5～10 倍左右；焊件熔深大，较厚的焊件不开坡口也能焊透，可节省加工坡口的工时和费用，减少焊丝填充量，没有焊条头，焊剂可重用，从而节约焊接材料。

(2) 焊接质量好、稳定性高。埋弧焊时，熔滴、熔池金属得到焊剂和熔渣泡的双重保护，有害气体浸入减少；焊接操作自动化程度高，工艺参数稳定，焊缝成型美观，内部组织均匀。

(3) 劳动条件好，没有弧光和飞溅；操作过程实现自动化，使得劳动强度降低。

(4) 埋弧焊适应性较差，通常只适于焊接长直的平焊缝或较大直径的环焊缝，不能焊空间位置焊缝及不规则焊缝。

(5) 设备费用一次性投资较大。

埋弧自动焊适用于成批生产的中、厚板结构件的长直及环焊缝的平焊。

4.3.2 气体保护焊

气体保护电弧焊是用外加气体作为电弧介质并保护电弧和焊接区的电弧焊。按照保护气体的不同，气体保护焊分为两类：使用惰性气体作为保护的称惰性气体保护焊，包括氩弧焊、氦弧焊、混合气体保护焊等；使用 CO_2 气体作为保护的气体保护焊，简称 CO_2 焊。

1. 氩弧焊

氩弧焊是以氩气作为保护气体的电弧焊。氩气是惰性气体，可保护电极和熔化金属不受空气的有害作用，在高温条件下，氩气与金属既不发生反应，也不熔入金属中。

1) 氩弧焊的种类

根据所用电极的不同，氩弧焊可分为非熔化极氩弧焊和熔化极氩弧焊两种，如图 4-36 所示。

(1) 钨极氩弧焊，常以高熔点的铈钨棒作电极，焊接时，铈钨极不熔化(也称非熔化极氩弧焊)，只起导电和产生电弧的作用。焊接钢材时，多用直流电源正接，以减少钨极的烧损；焊接铝、镁及其合金时采用反接，此时，铝工件作阴极，有"阴极破碎"的作用，能消除氧化膜，使焊缝成型美观。

钨极氩弧焊需要加填充金属，它可以是焊丝，也可以在焊接接头中填充金属条或采用卷边接头。

为防止钨合金熔化，钨极氩弧焊焊接电流不能太大，所以一般适用于焊接厚度小于 4mm 的薄板件。

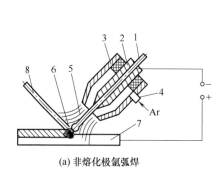
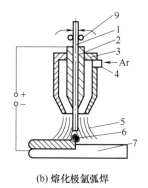

(a) 非熔化极氩弧焊　　　　　(b) 熔化极氩弧焊

图 4-36　氩弧焊示意图

1—电极或焊丝；2—导电嘴；3—喷嘴；4—进气管；5—氩气流；

6—电弧；7—工件；8—填充焊丝；9—送丝辊轮

(2) 熔化极氩弧焊，用焊丝作电极，焊接电流比较大，母材熔深大，生产率高，适于焊接中厚板，比如厚度为 8mm 以上的铝容器。为了使焊接电弧稳定，通常采用直流反接，这对于焊铝工件正好有"阴极破碎"的作用。

2) 氩弧焊的特点

(1) 用氩气保护，可焊接化学性质活泼的非铁金属及其合金或特殊性能钢，如不锈钢等。

(2) 电弧燃烧稳定，飞溅小，表面无熔渣，焊缝成型美观，焊接质量好。

(3) 电弧在气流压缩下燃烧，热量集中，焊缝周围气流冷却，热影响区小，焊后变形小，适用于薄板焊接。

(4) 明弧可见，操作方便，易于自动控制，可实现各种位置焊接。

(5) 氩气价格较贵，焊件成本高。

综上所述，氩弧焊主要适用于焊接铝、镁、钛及其合金，以及稀有金属、不锈钢、耐热钢等。脉冲钨极氩弧焊还适于焊接厚度 0.8mm 以下的薄板。

2. CO_2 气体保护焊

CO_2 气体保护焊(简称 CO_2 焊)是利用廉价的 CO_2 作为保护气体，既可降低焊接成本，又能充分利用气体保护焊的优势。CO_2 焊的焊接过程如图 4-37 所示。

CO_2 气体经焊枪的喷嘴沿焊丝周围喷射，形成保护层，使电弧、熔滴和熔池与空气隔绝。由于 CO_2 气体是氧化性气体，在高温下能使金属氧化，烧损合金元素，所以不能焊接易氧化的非铁金属和不锈钢。因为 CO_2 气体冷却能力强，熔池凝固快，焊缝中易产生气孔。若焊丝中含碳量高，飞溅较大。因此要使用冶金中能产生脱氧和渗合金的特殊焊丝来完成 CO_2 焊。常用的 CO_2 焊焊丝是 H08Mn_2SiA，适于焊接抗拉强度小于 600MPa 的低碳钢和普通低合金结构钢。为了稳定电弧，减少飞溅，CO_2 焊采用直流反接。

CO_2 气体保护焊的特点如下。

(1) 生产率高。CO_2 焊电流大，焊丝熔敷速度快，焊件熔深大，易于自动化，生产率比手工电弧焊可提高 1～4 倍。

(2) 成本低。CO_2 气体价廉，焊接时不需要涂料焊条和焊剂，总成本仅为手工电弧焊和埋弧焊的 45%左右。

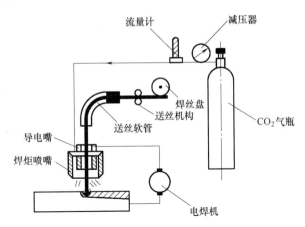

图 4-37 CO_2 气体保护焊示意图

(3) 焊缝质量较好。CO_2 焊电弧热量集中，加上 CO_2 气流强冷却，焊接热影响区小，焊后变形小。采用合金焊丝，焊缝中氢的含量低，焊接接头抗裂性好，焊接质量较好。

(4) 适应性强。焊缝操作位置不受限制，能全位置焊接，易于实现自动化。

(5) 由于是氧化性保护气体，不宜焊接非铁金属和不锈钢。

(6) 焊缝成型稍差，飞溅较大。

(7) 焊接设备较复杂，使用和维修不方便。

CO_2 焊主要适用于焊接低碳钢和强度级别不高的普通低合金结构钢焊件，焊件厚度最厚可达 50 mm(对接形式)。

4.3.3 压焊与钎焊

压焊与钎焊也是应用比较广泛的焊接方法。压力焊是在焊接的过程中需要加压的一类焊接方法，简称压焊，主要包括电阻焊、摩擦焊、爆炸焊、扩散焊和冷压焊等。这里主要介绍电阻焊和摩擦焊。钎焊是利用熔点比母材低的填充金属熔化后，填充接头间隙并与固态的母材相互扩散，实现连接的焊接方法。

1. 电阻焊

电阻焊是指将焊件组合后通过电极施加压力，利用电流通过焊件及其接触处所产生的电阻热，将焊件局部加热到塑性或熔化状态，然后在压力下形成焊接接头的焊接方法。

由于工件的总电阻很小，为使工件在极短的时间内迅速加热，必须采用很大的焊接电流(几千到几万安)。

与其他焊接方法相比，电阻焊具有生产率高、焊接变形小、不需另加焊接材料、劳动条件好、操作简便、易实现机械化等优点；但其设备较一般熔焊复杂、耗电量大、可焊工件厚度(或断面尺寸)及接头形式受到限制。

按工件接头形式和电极形状的不同，电阻焊分为点焊、缝焊和对焊三种形式。

1) 点焊

点焊是利用柱状电极加压通电，在搭接工件接触面之间产生电阻热，将焊件加热并局部熔化，形成一个熔核(周围为塑性态)，然后在压力下熔核结晶成焊点的一种焊接方法，如图 4-38 所示。如图 4-39 所示为几种典型的点焊接头形式。

焊完一个点后，电极将移至另一点进行焊接。当焊接下一个点时，有一部分电流会流经已焊好的焊点，称为分流现象。分流将使焊接处电流减小，影响焊接质量。因此两个相邻焊点之间应有一定的距离。工件厚度越大，材料导电性越好，则分流现象越严重，故点距应加大。如表 4-8 所示为不同材料及不同厚度的工件焊点之间的最小距离。

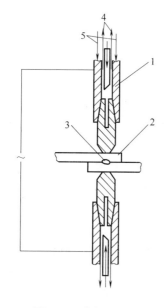

图 4-38　点焊示意图

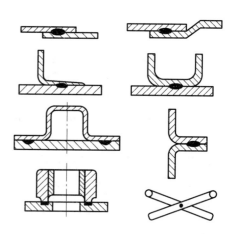

图 4-39　典型的点焊接头形式示意图

1—电极；2—焊件；3—熔核；4—冷却水；5—压力

表 4-8　点焊焊点之间的最小距离　　　　　　　　　　　单位：mm

工件厚度	点　距		
	结　构　钢	耐　热　钢	铝　合　金
0.5	10	8	15
1	12	10	18
2	16	14	25
3	20	18	30

影响点焊质量的主要因素有焊接电流、通电时间、电极压力及工件表面清理情况等。点焊焊件一般都采用搭接接头。

点焊主要适用于厚度为 0.05～6mm 的薄板、冲压结构及线材的焊接。目前，点焊已广泛应用于制造汽车、飞机、车厢等薄壁结构件以及罩壳等轻工、生活用品。

2) 缝焊

缝焊过程与点焊相似，只是用旋转的圆盘状滚动电极代替柱状电极，焊接时，盘状电极压紧焊件并转动(也带动焊件向前移动)，配合断续通电，即形成连续重叠的焊点，因此称为缝焊，如图 4-40 所示。

缝焊时，焊点相互重叠 50%以上，密封性好。其主要用于制造要求密封性的薄壁结构，如油箱、小型容器与管道等。但因缝焊过程分流现象严重，焊接相同厚度的工件时，焊接电流约为点焊的 1.5～2 倍，因此要使用大功率的电焊机。

缝焊只适用于厚度为 3mm 以下的薄板结构。

3) 对焊

对焊是利用电阻热使两个工件整个接触面焊接起来的一种方法，可分为电阻对焊和闪光对焊。焊件配成对接接头形式，如图 4-41 所示。对焊主要用于刀具、管子、钢筋、钢轨、锚链和链条等的焊接。

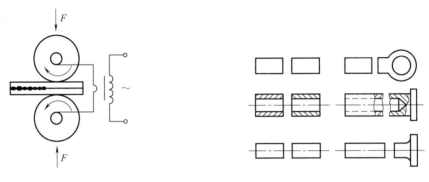

图 4-40　缝焊示意图　　　　　　　图 4-41　对焊接头形式图

(1) 电阻对焊，是指将两个工件夹在对焊机的电极钳口中，施加预压力使两个工件端面接触，并被压紧，然后通电，当电流通过工件和接触端面时产生电阻热，将工件接触处迅速加热到塑性状态(碳钢为 1000～1250℃)，再对工件施加较大的顶锻力并同时断电，使接头在高温下产生一定的塑性变形而焊接起来，如图 4-42(a)所示。

电阻对焊操作简单，接头比较光滑，一般只用于焊接截面形状简单、直径(或边长)小于 20mm 和强度要求不高的杆件。

(2) 闪光对焊，是指将两工件先不接触，接通电源后使两工件轻微接触，因工件表面不平，首先只是某些点接触，强电流通过时，这些接触点的金属即被迅速加热熔化、蒸发、爆破，高温颗粒以火花的形式从接触处飞出而形成"闪光"。此时应保持一定的闪光时间，待焊件端面全部被加热熔化时，迅速对焊件施加顶锻力并切断电源，焊件在压力的作用下产生塑性变形而焊在一起，如图 4-42 (b)所示。

在闪光对焊的焊接过程中，工件端面的氧化物和杂质，在最后加压时随液态金属挤出，因此接头中夹渣少、质量好、强度高。闪光对焊的缺点是金属损耗较大，闪光火花易污染其他设备与环境，接头处有毛刺，需要加工清理。

闪光对焊常用于对重要工件的焊接，还可焊接一些异种金属，如铝与铜、铝与钢等的焊接，被焊工件可为直径小到 0.01mm 的金属丝，也可以是断面大到 20mm^2 的金属棒和金属型材。

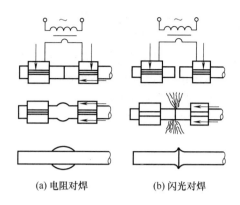

(a) 电阻对焊   (b) 闪光对焊

图 4-42　对焊示意图

2. 摩擦焊

摩擦焊是利用工件间相互摩擦产生的热量，同时加压而进行焊接的方法。

如图 4-43 所示是摩擦焊示意图。先将两焊件夹在焊机上，加一定的压力使焊件紧密接触。然后一个焊件做旋转运动，另一个焊件向其靠拢，使焊件接触摩擦产生热量。待工件端面被加热到高温塑性状态时，立即使焊件停止旋转，同时对端面加大压力使两焊件产生塑性变形而焊接起来。

摩擦焊的特点如下。

(1) 接头质量好而且稳定。在摩擦焊的过程中，焊件接触表面的氧化膜与杂质被清除，因此，接头组织致密，不易产生气孔、夹渣等缺陷。

(2) 可焊接的金属范围较广。不仅可焊接同种金属，也可以焊接异种金属。

(3) 生产率高、成本低；焊接操作简单，接头不需要特殊处理；不需要焊接材料；容易实现自动控制，电能消耗少。

(4) 设备复杂，一次性投资较大。摩擦焊主要用于旋转件的压焊，非圆截面焊接比较困难。如图4-44所示展示了摩擦焊可用的接头形式。

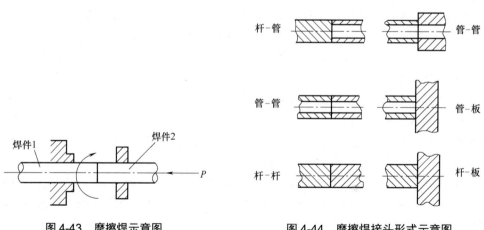

图 4-43　摩擦焊示意图   图 4-44　摩擦焊接头形式示意图

3. 钎焊

钎焊是利用熔点比焊件低的钎料作为填充金属，加热时钎料熔化而母材不熔化，利用液态钎料浸润母材，填充接头间隙并与母材相互扩散而将焊件连接起来的焊接方法。

钎焊接头的承载能力在很大程度上取决于钎料，根据钎料熔点的不同，钎焊可分为硬钎焊与软钎焊两类。

1) 硬钎焊

钎料熔点在 450℃以上，接头强度在 200MPa 以上的钎焊，为硬钎焊。属于这类的钎料有铜基、银基钎料等。钎剂主要有硼砂、硼酸、氟化物和氯化物等。硬钎焊主要用于受力较大的钢铁和铜合金构件的焊接，如自行车架、刀具等。

2) 软钎焊

钎料熔点在 450℃以下，焊接接头强度较低，一般不超过 70MPa 的钎焊，为软钎焊。例如，锡焊是常见的软钎焊，所用钎料为锡铅，钎剂有松香、氧化锌溶液等。软钎焊广泛地应用于电子元器件的焊接。

钎焊构件的接头形式都采用板料搭接和套件镶接。如图 4-45 所示为几种常见的形式。

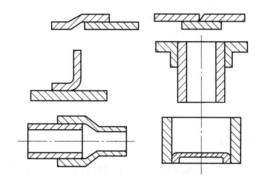

图 4-45　钎焊接头形式示意图

3) 钎焊的特点

与一般熔化焊相比，钎焊的特点如下。

(1) 工件加热温度较低，组织和力学性能变化很小，变形也小，接头光滑平整。

(2) 可焊接性能差异很大的异种金属，对工件厚度的差别也没有严格的限制。

(3) 生产率高，工件整体加热时，可同时钎焊多条接缝。

(4) 设备简单，投资费用少。

但钎焊的接头强度较低，尤其是动载强度低，允许的工作温度也不高。

4.3.4　专项技能训练课题

1. 试件尺寸及要求

(1) 试件材料牌号：16Mn(Q235)。

(2) 试件及坡口尺寸：V 形坡口，如图 4-46 所示。

(3) 焊接位置：平焊。

(4) 焊接要求：薄板的板-板对接，单面焊双面成型。

(5) 焊接材料：H08Mn2SiA 或 H05MnSiAlTiZr；焊丝直径ϕ2.5。

(6) 焊机：NSA4-300，直流正接。

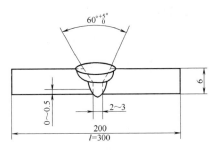

图 4-46　薄板对接试件及坡口尺寸

2. 试件装配

(1) 钝边：0～0.5mm，要求坡口平直。

(2) 清除焊丝表面和试件坡口内及其正反两侧 20mm 范围内的油、锈、水分及其他污物，至露出金属光泽，再用丙酮清洗该处。由于在手工钨极氩弧焊焊接过程中惰性气体仅起保护作用，无冶金反应，所以坡口的清洗质量直接影响焊缝的质量。因此采用氩弧焊时，应特别重视对坡口的清洗工作质量。

(3) 装配。

① 装配间隙为 2～3mm，钝边为 0～0.5mm。

② 定位焊：采用与试件焊接时相同牌号的焊丝进行定位焊，并点焊于试件反面两端，焊点长度为 10～15mm。

③ 预置反变形量为 3°。

④ 错边量：应不大于 0.6mm。

3. 焊接工艺参数

焊接工艺参数如表 4-9 所示。

表 4-9　焊接工艺参数

焊接层次	焊接电流/A	电弧电压/V	氩气流量/(L/min)	钨极直径/mm	焊丝直径/mm	钨极伸出长度/mm	喷嘴直径/mm	喷嘴至工件距离/mm
打底	90～100	12～16	7～9	2.5	2.5	4～8	10	≤12
填充	100～110							
盖面	110～120							

4. 操作要点及注意事项

由于钨极氩弧焊时对熔池的保护及可见性好，熔池温度又易控制，所以不易产生焊接缺陷，适合于各种位置的焊接，尤其适合较薄工件的焊接。所以，对本实例的焊接操作技能要求较简单。

1) 打底焊

通常对于手工钨极氩弧焊采用左向焊法，故将试件大的装配间隙置于左侧。

(1) 引弧：在试件右端定位焊缝上引弧。

(2) 焊接：引弧后预热引弧处，当定位焊缝左端形成熔池，并出现熔孔后开始填丝。填丝的方法可采用连续填丝法或断续填丝法(见图 4-47)。操作时的持枪方法如图 4-48 所示，平焊时焊枪与焊丝的角度如图 4-49 所示。

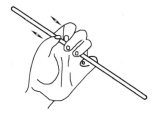

图 4-47　连续填丝操作技术

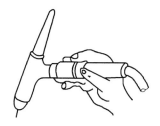

图 4-48　持枪方法

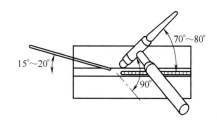

图 4-49　平焊时焊枪与填丝的角度

封底焊时，采用较小的焊枪倾角和较小的焊接电流，而焊接速度和送丝速度应较快，以免使焊缝下凹和烧穿。焊丝填入动作要均匀、有规律，焊枪移动要平稳，速度要一致。焊接中应密切注意焊接熔池的变化，随时调节有关工艺参数，保证背面焊缝良好成型，当熔池增大、焊缝变宽并出现下凹时，说明熔池的温度过高，应减小焊枪与焊件之间的夹角，加快焊接速度；当熔池减小时，说明熔池的温度较低，应增加焊枪与焊件之间的夹角，减慢焊接速度。

(3) 接头：当更换焊丝或暂停焊接时，需要接头。这时松开枪上按钮开关，停止送丝，借焊机的电流衰减熄弧，但焊枪仍须对准熔池进行保护，待其完全冷却后方能移开焊枪。若焊机无电流衰减功能时，则当松开按钮开关后，应稍抬高焊枪，待电弧熄灭、熔池完全冷却后才能移开焊枪。

在接头前应先检查接头熄弧处弧坑的质量，当保护较好、无氧化物等缺陷时，则可直接接头；当有缺陷时，则须将缺陷修磨掉，并使其前端成斜面。在弧坑右侧 15～20mm 处引弧，并慢慢向左移动，待弧坑处开始熔化，并形成熔池和熔孔后，才能继续填丝焊接。

(4) 收弧：当焊至试板末端时，应减小焊枪与工件之间的夹角，使热量集中在焊丝上，加大焊丝熔化量，以填满弧坑。切断控制开关，则焊接电流将逐渐减小，熔池也将随着减小，焊丝抽离电弧，但不离氩气保护区；停弧后，氩气须延时 10s 左右才能关闭，以防熔池金属在高温下氧化。

2) 填充焊

填充焊的操作步骤和注意事项同打底焊。焊接时焊枪应横向摆动，可采用锯齿形运动方法，其幅度应稍大，并在坡口两侧稍停留，保证坡口两侧熔合好，焊道均匀。填充焊道应低于母材 1mm 左右，且不能熔化坡口上棱缘。

3) 盖面焊

要进一步加大焊枪的摆动幅度，保证熔池两侧超过坡口棱边 0.5～1mm，并按焊缝余高确定填丝速度与焊接速度。

4.4 实践中常见问题的解析

4.4.1 焊缝表面尺寸不符合要求

焊缝表面高低不平、焊缝宽窄不齐、尺寸过大或过小、角焊缝单边以及焊脚尺寸不符合要求，均属于焊缝表面尺寸不符合要求，如图 4-50 所示。

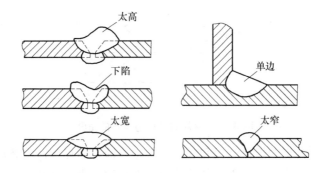

图 4-50 焊缝表面尺寸不符合要求

1. 产生的原因

焊件坡口角度不对，装配间隙不均匀，焊接速度不当或运条手法不正确，焊条和角度选择不当或改变，加上埋弧焊焊接工艺选择不正确等都会造成焊缝表面尺寸不符合要求这种缺陷。

2. 防止的方法

选择适当的坡口角度和装配间隙；正确选择焊接工艺参数，特别是焊接电流值；采用恰当的运条手法和角度，以保证焊缝成型均匀一致。

4.4.2 焊接裂纹

在焊接应力及其他致脆因素的共同作用下，焊接接头局部地区的金属原子结合力遭到破坏而形成的新界面所产生的缝隙叫作焊接裂纹。它具有尖锐的缺口和大的长宽比等特征。

1. 热裂纹的产生原因与防止方法

焊接过程中，焊缝和热影响区金属冷却到固相线附近的高温区产生的焊接裂纹叫作热裂纹。

1) 产生原因

这是由于熔池冷却结晶时，受到的拉应力和凝固时，低熔点共晶体形成的液态薄层共

同作用的结果。增大任何一方面的作用，都能促使形成热裂纹。

2) 防止方法

(1) 控制焊缝中的有害杂质的含量，即硫、磷以及碳的含量，减少熔池中低熔点共晶体的形成。

(2) 预热：以降低冷却速度，改善应力状况。

(3) 采用碱性焊条，因为碱性焊条的熔渣具有较强脱硫、脱磷的能力。

(4) 控制焊缝的形状，尽量避免得到深且窄的焊缝。

(5) 采用收弧板，将弧坑引至焊件外面，即使发生弧坑裂纹，也不影响焊件本身。

2. 冷裂纹的产生原因及防止方法

焊接接头冷却到较低温度时(对钢来说，在马氏体转变的开始温度为 M_s 以下或 200～300℃)，产生的焊接裂纹叫作冷裂纹。

1) 产生的原因

冷裂纹主要发生在中碳钢、低合金和中合金高强度钢中，原因是焊材本身具有较大的淬硬倾向，焊接熔池中溶解了多量的氢，以及焊接接头在焊接过程中产生了较大的拘束应力。

2) 防止的方法

冷裂纹防止的方法从减少以上三个因素的影响和作用着手。

(1) 焊前按规定要求严格烘干焊条、焊剂，以减少氢的来源。

(2) 采用低氢型碱性焊条和焊剂。

(3) 焊接淬硬性较强的低合金高强度钢时，采用奥氏体不锈钢焊条。

(4) 焊前预热。

(5) 后热：焊后立即将焊件的全部(或局部)进行加热或保温、缓冷的工艺措施叫作后热。后热能使焊接接头中的氢有效地逸出，所以是防止延迟裂纹的重要措施。但后热加热温度低，不能起到消除应力的作用。

(6) 适当增加焊接电流，减慢焊接速度，可减慢热影响区冷却速度，防止形成淬硬组织。

3. 再热裂纹的产生原因与防止方法

焊后焊件在一定温度范围内再次加热(消除应力热处理或其他加热过程如多层焊时)而产生的裂纹，叫作再热裂纹。 再热裂纹一般发生在熔点线附近，被加热至 1200～1350℃的区域中，产生的加热温度对低合金高强度钢大致为 580～650℃。当钢中含铬、钼、钒等合金元素较多时，再热裂纹的倾向增加。防止再热裂纹的措施包括：一是控制母材中铬、钼、钒等合金元素的含量；二是减少结构钢焊接残余应力；三是在焊接过程中采取减少焊接应力的工艺措施，如使用小直径焊条、小参数焊接、焊接时不摆动焊条等。

4. 层状撕裂的产生原因与防止方法

焊接时焊接构件中沿钢板轧层形成的阶梯状的裂纹叫作层状撕裂，如图4-51所示。

产生层状撕裂的原因是：轧制钢板中存在着硫化物、氧化物和硅酸盐等非金属夹杂物，在垂直于厚度方向的焊接应力的作用下(图4-5中箭头)，在夹杂物的边缘产生应力集中，当应力超过一定数值时，某些部位的夹杂物首先开裂并扩展，以后这种开裂在各层之间相继发生，连成一体，形成层状撕裂的阶梯形。

防止层状撕裂的措施是严格控制钢材的含硫量，在与焊缝相连接的钢材表面预先堆焊几层低强度焊缝和采用强度级别较低的焊接材料。

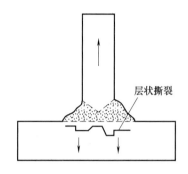

图 4-51　层状撕裂

4.4.3　气孔

焊接时，熔池中的气泡在凝固时未能逸出，残存下来形成的空穴叫作气孔。

1. 产生的原因

(1) 铁锈和水分：它们对熔池一方面有氧化作用，另一方面又带来大量的氢。

(2) 焊接方法：埋弧焊时由于焊缝大，焊缝厚度深，气体从熔池中逸出困难，故生成气孔的倾向比手弧焊大得多。

(3) 焊条种类：碱性焊条比酸性焊条对铁锈和水分的敏感性大得多，即在同样的铁锈和水分含量下，碱性焊条十分容易产生气孔。

(4) 电流种类和极性：当采用未经很好烘干的焊条进行焊接时，使用交流电源，焊缝最易出现气孔；直流正接气孔倾向较小；直流反接气孔倾向最小。采用碱性焊条时，一定要用直流反接，如果使用直流正接，则生成气孔的倾向显著增大。

(5) 焊接工艺参数：焊接速度增加，焊接电流增大，电弧电压升高都会使生成气孔的倾向增加。

2. 防止的方法

(1) 对手弧焊焊缝两侧各 10mm，埋弧自动焊两侧各 20mm 内，仔细清除焊件表面上的铁锈等污物。

(2) 焊条、焊剂在焊前按规定严格烘干，并存放于保温桶中，做到随用随取。

(3) 采用合适的焊接工艺参数，使用碱性焊条焊接时，一定要采用短弧焊。

4.4.4　咬边

由于焊接参数选择不当，或操作工艺不正确，沿焊趾的母材部位产生的沟槽或凹陷叫作咬边，如图 4-52 所示。

1. 产生的原因

咬边产生的原因主要是由于焊接工艺参数选择不当、焊接电流太大、电弧过长、运条速度和焊条角度不适当等。

2. 防止的方法

选择正确的焊接电流及焊接速度，电弧不能拉得大长，掌握正确的运条方法和运条角度。埋弧焊时一般不会产生咬边。

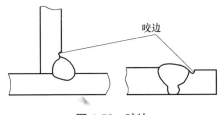

图 4-52　咬边

4.4.5　未焊透

焊接时接头根部未完全熔透的现象叫作未焊透，如图 4-53 所示。

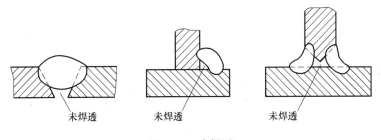

图 4-53　未焊透

1. 产生的原因

未焊透产生的原因：焊缝坡口钝边过大，坡口角度太小，焊根未清理干净，间隙太小；焊条或焊丝角度不正确，电流过小，速度过快，弧长过大；焊接时有磁偏吹现象；电流过大，焊件金属尚未充分加热时，焊条已急剧熔化；层间或母材边缘的铁锈、氧化皮及油污等未清除干净，焊接位置不佳，焊接可达性不好等。

2. 防止的方法

未焊透的防止方法：正确选用和加工坡口尺寸，保证必需的装配间隙，正确选用焊接电流和焊接速度，认真操作，防止焊偏等。

4.4.6　未熔合

熔焊时，焊道与母材之间或焊道与焊道之间未完全熔化结合的部分叫作未熔合，如

图 4-54 所示。

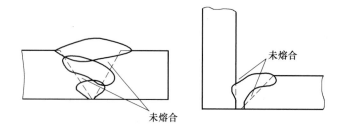

图 4-54　未熔合

1. 产生的原因

未熔合产生的原因：层间清渣不干净，焊接电流太小，焊条偏心，焊条摆动幅度太窄等。

2. 防止的方法

未熔合防止的方法：加强层间清渣，正确选择焊接电流，注意焊条摆动等。

4.4.7　夹渣

焊后残留在焊缝中的熔渣叫作夹渣，如图 4-55 所示。

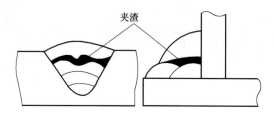

图 4-55　夹渣

1. 产生的原因

夹渣产生的原因：焊接电流太小，以致液态金属和熔渣分不清；焊接速度过快，使熔渣来不及浮起；多层焊时，清渣不干净；焊缝成型系数过小；手弧焊时焊条角度不正确等。

2. 防止的方法

夹渣的防止方法：采用具有良好工艺性能的焊条；正确选用焊接电流和运条角度；焊件坡口角度不宜过小；多层焊时，认真做好清渣工作等。

4.4.8　焊瘤

焊接过程中，熔化金属流淌到焊缝之外未熔化的母材上，所形成的金属瘤叫作焊瘤，如图 4-56 所示。

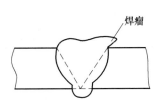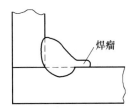

图 4-56　焊瘤

1. 产生的原因

焊瘤产生的原因：操作不熟练和运条角度不当。

2. 防止的方法

焊瘤的防止方法：提高操作的技术水平；正确选择焊接工艺参数，灵活调整焊条角度，装配间隙不宜过大；严格控制熔池温度，不使其过高。

4.4.9　塌陷

单面熔化焊时，由于焊接工艺选择不当，造成焊缝金属过量透过背面，而使焊缝正面塌陷、背面凸起的现象叫作塌陷，如图 4-57 所示。

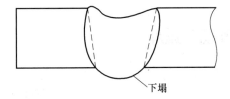

图 4-57　塌陷

塌陷产生的原因：塌陷往往是由于装配间隙或焊接电流过大所致。

4.4.10　凹坑

焊后在焊缝表面或焊缝背面形成的低于母材表面的局部低洼部分叫作凹坑。背面的凹坑通常叫作内凹。凹坑会减小焊缝的工作截面。

凹坑产生的原因：电弧拉得过长、焊条倾角不当或装配间隙太大等。

4.4.11　烧穿

焊接过程中，熔化金属自坡口背面流出，形成穿孔的缺陷叫作烧穿。

1. 产生的原因

烧穿产生的原因：对焊件加热过甚。

2. 防止的方法

烧穿的防止方法：正确选择焊接电流和焊接速度，严格控制焊件的装配间隙，另外，还可以采用衬垫、焊剂垫、自熔垫或使用脉冲电流防止烧穿。

4.4.12 夹钨

钨极惰性气体保护焊时，由钨极进入到焊缝中的钨粒叫作夹钨。夹钨的性质相当于夹渣。

1. 产生的原因

夹钨产生的原因：主要是焊接电流过大，使钨极端头熔化，焊接过程中钨极与熔池接触以及采用接触短路法引弧时容易发生。

2. 防止的方法

夹钨的防止方法：降低焊接电流，采用高频引弧。

4.5 拓 展 训 练

4.5.1 骑座式管板角接手弧焊

1. 试件尺寸及要求

(1) 试件材料牌号：20钢。
(2) 试件及坡口尺寸：如图4-58所示。
(3) 焊接位置：垂直俯位。
(4) 焊接要求：单面焊双面成型。
(5) 焊接材料：E5015(E4315)。
(6) 焊机：ZX5-400或ZX7-400。

2. 试件装配

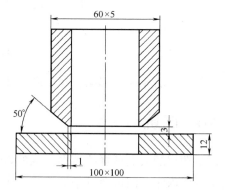

图4-58 骑座式管板试件及坡口尺寸

(1) 将管子锉钝边为1mm。
(2) 清除管子及孔板的坡口范围内两侧20mm内外表面上的油、锈以及其他污物，至露出金属光泽。
(3) 装配。
① 装配间隙：为3mm。
② 定位焊：一点定位，采用与试件相同的焊条，在坡口内进行定位焊，焊点长度为10～15mm。焊点不能过厚，必须焊透和无缺陷，焊点两端预先打磨成斜坡(便于接头)。
③ 试件装配错边量应不大于0.5mm。

④ 管子应与孔板相垂直。

3. 焊接的工艺参数

焊接的工艺参数如表 4-10 所示。

表 4-10 骑座式管板焊接的工艺参数

焊接层次	焊条直径/mm	焊接电流/A
打底焊(共 1 道)	2.5	70～80
盖面焊(共 2 道)	3.2	100～120

4. 操作要点及注意事项

本实例管板角接的难度在于施焊空间受工件形式的限制，接头没有对接接头大，又由于管子与孔板厚度的差异，造成散热条件不同，使熔化情况也不相同。焊接时除了要保证焊透和双面成型外，还要保证焊脚高度达到规定的尺寸，所以它的相对难度要大。目前生产中这种接头形式却未被重视，主要原因在于它的检测手段尚不完善，只能通过表面探伤及间接金相抽样来实现，不能对产品(如对接试样)上焊缝进行 100%射线探伤，所以焊缝内部质量不太有保证。

1) 打底焊

应保证根部焊透，防止焊穿和产生焊瘤。打底焊道采用连弧法焊接，在定位焊点相对称的位置起焊，并在坡口内的孔板上引弧，进行预热。当孔板上形成熔池时，向管子一侧移动，待与孔板熔池相连后，压低电弧使管子坡口击穿并形成熔孔，然后采用小锯齿形或直线形运条法进行正常焊接，焊条角度如图 4-59 所示。焊接过程中焊条角度要求基本保持不变，运条速度要均匀平稳，电弧在坡口根部与孔板边缘应稍做停留。应严格控制电弧长度(保持短弧)，使电弧的 1/3 在熔池前，用来击穿和熔化坡口根部；2/3 覆盖在熔池上，用来保护熔池，防止产生气孔。并要注意熔池的温度，保持熔池的形状和大小基本一致，以免产生未焊透、内凹和焊瘤等缺陷。

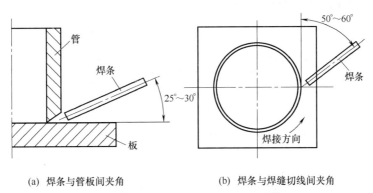

(a) 焊条与管板间夹角　　　　(b) 焊条与焊缝切线间夹角

图 4-59 骑座式管板垂直俯位打底焊时焊条角度

更换焊条的方法：当每根焊条即将焊完前，向焊接相反方向回焊约 10～15mm，并逐渐拉长电弧至熄灭，以消除收尾气孔或将其带至表面，以便在换焊条后将其熔化。接头尽量采用热接法，如图 4-60 所示，即在熔池未冷却前，在 A 点引弧，稍做上下摆动移至 B 点，压低电弧，当根部击穿并形成熔孔后，转入正常焊接。

接头的封闭：应先将焊缝始端修磨成斜坡形，待焊至斜坡前沿时，压低电弧，稍作停留，然后恢复正常弧长，焊至与始焊缝重叠约 10mm 处，填满弧坑即可熄弧。

2）盖面焊

盖面层必须保证管子不咬边，焊脚对称。盖面层采用两道焊，后道焊缝覆盖前一道焊缝的 1/3～2/3，应避免在两焊道间形成沟槽和焊缝上凸，盖面层焊条角度如图 4-61 所示。

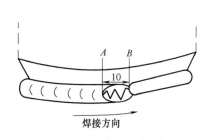

图 4-60　骑座式管板打底焊接头的方法

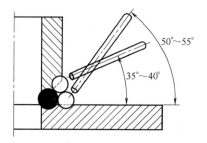

图 4-61　盖面层焊接时焊条角度

4.5.2　小管径对接手工钨极氩弧焊

1. 试件尺寸及要求

(1) 试件材料牌号：20。

(2) 试件及坡口尺寸：V 形坡口，如图 4-62 所示。

(3) 焊接位置：水平转动。

(4) 焊接要求：单面焊双面成型。

(5) 焊接材料：H08Mn2SiA，$\phi 2.5$。

(6) 焊机：NSA4-300，直流正接。

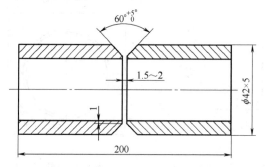

图 4-62　小管对接试件及坡口尺寸

2. 试件装配

(1) 钝边：0.5～1mm。

（2）清除坡口内及管子坡口端内外表面 20mm 范围的油、锈及其他污物，至露出金属光泽，再用丙酮清洗该处。

（3）装配。

① 装配间隙：1.5～2mm。

② 定位焊：一点定位焊，焊点长度 10～15mm。

③ 错边量≤0.5mm。

3. 焊接的工艺参数

焊接的工艺参数如表 4-11 所示。

表 4-11　小管水平转焊的工艺参数

焊接层次	焊接电流 /A	电弧电压 /V	氩气流量 /(L/min)	钨极直径 /mm	焊丝直径 /mm	喷嘴直径 /mm	喷嘴至工件距离/mm
打底焊	90～100	10～12	6～8	2.5	2.5	8	≤10
盖面焊							

4. 操作要点及注意事项

1）打底焊

（1）引弧：将定位焊缝置于如图 4-63 所示的位置点引弧，管子不转动也不加丝，待管子坡口熔化并形成明亮的熔池和熔孔后，开始转动管子并加丝。

（2）焊接：焊接过程中，焊枪及焊丝的角度如图 4-63 所示，电弧始终保持对准间隙，可稍做横向摆动，应保证管子的转速与焊接速度相一致。焊丝的填充可用间断式或连续式；焊丝送进要有规律，不能时快时慢，以便使得焊缝成型美观。

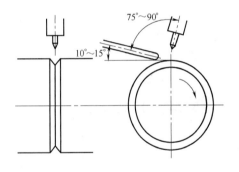

图 4-63　焊枪角度

焊接过程中，试件与焊丝、喷嘴的位置要保持一定的距离，避免焊丝扰乱气流及触到钨极。焊丝末端不得脱离氩气保护区，以免被氧化。

（3）接头：当焊至定位焊缝处，应暂停焊接，并收弧。将定位焊缝磨掉，同时将收弧处焊缝磨成斜坡并清理干净。在磨成的斜坡上引弧，待焊缝开始熔化时，加丝接头，焊枪重新回到起点位置，管子继续转动，至焊完打底焊缝(若定位焊缝无缺陷时，可直接与之相连不必磨掉)。

（4）打底焊道的封闭：先停止送丝和转动，待原来的焊缝头部开始熔化时，再加丝接头，填满弧坑后断弧。

2）盖面焊

除焊枪横向摆动幅度稍大外，其余的操作要求同打底焊。

4.5.3 中厚板对接 CO_2 气体保护焊

1. 试件尺寸及要求

(1) 试件材料牌号：16Mn(Q235)。

(2) 试件及坡口尺寸：V 形坡口，如图 4-64 所示。

(3) 焊接位置：平焊。

(4) 焊接要求：单面焊双面成型。

(5) 焊接材料：H08Mn2SiA，ϕ1.2。

(6) 焊机：NBC-400。

2. 试件装配

(1) 钝边：0～0.5mm。

(2) 清除坡口内及坡口正反两侧 20mm 范围内油、锈、水分及其他污物，至露出金属光泽。

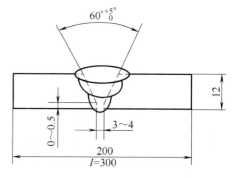

图 4-64　试件及坡口的尺寸

(3) 装配。

① 装配间隙为 3～4mm。

② 定位焊：采用与所焊试件相同的焊丝进行定位焊，并点焊于试件坡口内两端，焊点长度为 10～15mm。

③ 预置反变形量 3°。

④ 错边量≤1.2mm。

3. 焊接的工艺参数

焊接的工艺参数如表 4-12 所示。

表 4-12　对接平焊的工艺参数

焊接层次	焊丝直径/mm	焊丝伸出长度/mm	焊接电流/A	电弧电压/V	气体流量/(L/min)
打底焊			90～110	18～20	10～15
填充焊	1.2	20～25	220～240	24～26	20
盖面焊			230～250	25	20

4. 操作要点及注意事项

采用左向焊法，焊接层次为三层三道，焊枪的角度如图 4-65 所示。

1) 打底焊

将试件间隙小的一端放于右侧。在离试件右端点焊焊缝约 20mm 坡口的一侧引弧，然后开始向左焊接打底焊道，焊枪沿坡口两侧做小幅度横向摆动，并控制电弧在离底边约 2～3mm 处燃烧，当坡口底部熔孔直径达 3～4mm 时，转入正常焊接。

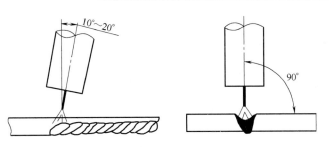

图 4-65 焊枪的角度

打底焊时应注意以下事项。

(1) 电弧始终在坡口内做小幅度横向摆动，并在坡口两侧稍微停留，使熔孔直径比间隙大 0.5～1mm，焊接时应根据间隙和熔孔直径的变化调整横向摆动幅度和焊接速度，尽可能维持熔孔的直径不变，以获得宽窄和高低均匀的反面焊缝。

(2) 依靠电弧在坡口两侧的停留时间，保证坡口两侧熔合良好，使打底焊道两侧与坡口结合处稍下凹，焊道表面平整，如图 4-66 所示。

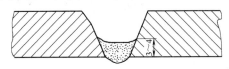

图 4-66 打底焊道

(3) 打底焊时，要严格控制喷嘴的高度，电弧必须在离坡口底部 2～3mm 处燃烧，保证打底层的厚度不超过 4mm。

2) 填充焊

调试填充层工艺参数，在试件右端开始焊填充层，焊枪的横向摆动幅度稍大于打底层。注意熔池两侧熔合情况，保证焊道表面平整并稍下凹，并使填充层的高度低于母材表面 1.5～2mm，焊接时不允许烧化坡口棱边。

3) 盖面焊

调试好盖面层工艺参数后，从右端开始焊接，需注意下列事项。

(1) 保持喷嘴高度，焊接熔池边缘应超过坡口棱边 0.5～1.5mm，并防止咬边。

(2) 焊枪横向摆动幅度应比填充焊时稍大，尽量保持焊接速度均匀，使焊缝外形美观。

(3) 收弧时一定要填满弧坑，并且收弧弧长要短，以免产生弧坑裂纹。

4.5.4 中厚板对接埋弧焊

1. 试件尺寸及要求

(1) 试件材料牌号：16Mn 或 20 钢。

(2) 试件及坡口尺寸：I 形坡口，如图 4-67 所示。

(3) 焊接位置：平焊。

(4) 焊接要求：双面焊、焊透。

(5) 焊接材料：焊丝，H08MnA(H08A)，ϕ5；焊剂，HJ301(原 HJ431)；定位焊用焊条，

E5015，ϕ4。

    (6) 焊机：MZ-1000 型或 MZ1-1000 型。

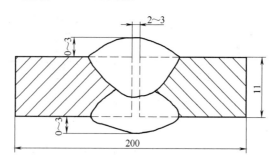

图 4-67 Ⅰ形坡口

2. 试件装配

(1) 清除试件坡口面及其正反两侧 20mm 范围内的油、锈及其他污物，至露出金属光泽。

(2) 装配：试件装配要求如图 4-68 所示。

① 装配间隙：2～3mm。

② 试件错边量≤1.4mm。

③ 反变形量 3°。

④ 在试件两端焊引弧板与引出板，并做定位焊，它们的尺寸为 100mm×100mm×14mm。

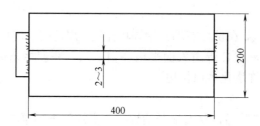

图 4-68 试件装配图

3. 焊接的工艺参数

焊接的工艺参数如表 4-13 所示。

表 4-13 焊接的工艺参数

焊缝位置	焊丝直径/mm	焊接电流/A	电弧电压/V	焊接速度/(m/h)
背面	5	700～750	交流 36～38	30
正面		800～850	直流反接 32～34	

4. 操作要求及注意事项

(1) 将试件置于水平位置熔剂垫上，进行 2 层 2 道双面焊，先焊背面焊道，后焊正面焊道。

(2) 背面焊道的焊接。

① 熔剂垫必须垫好，以防熔渣和熔池的金属流失。所用焊剂必须与试件焊接用的相同，使用前必须烘干。

② 对中焊丝：置焊接小车轨道中线与试件中线相平行(或相一致)，往返拉动焊接小车，使焊丝都处于整条焊缝的间隙中心。

③ 引弧及焊接：将小车推至引弧板端，锁紧小车行走离合器，按动送丝按钮，使焊丝与引弧板可靠接触，给送焊剂，使焊剂覆盖住焊丝伸出部分。

按启动按钮开始焊接，观察焊接电流表与电压表读数是否与规范参数相符，如不符应随时调整。焊剂在焊接过程中必须覆盖均匀，不应过厚，也不应过薄而漏出弧光。小车走速应均匀，防止电缆的缠绕阻碍小车的行走。

④ 收弧：当熔池全部达到引出板后，开始收弧。先关闭焊剂漏斗，再按下一半停止按钮，使焊丝停止给送，小车停止前进，但电弧仍在燃烧，以使焊丝继续熔化来填满弧坑，并以按下这一半按钮的时间长短来控制弧坑填满的程度，然后继续将停止开关按到底，熄灭电弧，结束焊接。

⑤ 清渣：松开小车离合器，将小车推离焊件，回收焊剂，清除渣壳，检查焊缝的外观质量。要求背面焊缝的熔深应达到 40%～50%，否则应加大间隙或增大电流、减小焊接速度的方法来解决。

(3) 正面焊道的焊接：将试件翻面，焊接正面焊道。其方法和步骤与背面焊道完全相同，但需注意以下两点。

① 防止未焊透或夹渣：要求正面焊道的熔深达 60%～70%，因此通常以加大电流的方法来实现较为简便。

② 焊正面焊道时，一般不再使用焊剂垫，应进行悬空焊接，这样可在焊接过程中观察背面焊道的加热颜色来估计熔深。如果操作所必需，也可仍在焊剂垫上进行。

4.6　焊接操作安全规范

4.6.1　电弧焊操作安全规范

(1) 保证设备安全，线路各连接点必须紧密接触，防止因松动或接触不良而发热、漏电。

(2) 焊前检查焊机，必须接地良好；手弧焊时焊钳和电缆的绝缘性必须良好。

(3) 戴电焊手套，穿焊接鞋，不准赤手接触导电部分，焊接时应站在木垫板上。

(4) 焊接时必须穿工作服、戴工作帽和用面罩，防止弧光伤害和烫伤。

(5) 除渣时要防止焊渣烫伤脸和眼睛，工件焊后只许用火钳夹持，不准马上直接用手拿。

(6) 手弧焊焊钳任何时候都不得放在金属工作台上，以免短路烧坏焊机。发现焊机或线路发热烫手时，应立即停止工作。

(7) 操作完毕或检查焊机及电路系统时必须拉闸，切断电源。

(8) 焊接时周围不得有易燃易爆物品。

4.6.2 气焊气割操作安全规范

1. 氧气瓶使用的注意事项

(1) 氧气瓶禁止与可燃气瓶放在一起，应离火源 5m 以外。不得太阳暴晒，以免膨胀爆炸。瓶口不得沾有油脂、灰尘。阀门冻结千万不可火烤，可用温水、蒸气适当加热。

(2) 应牢固放置，防止振动倾倒引起爆炸，防止滚动，瓶体上应套上两个胶皮减震圈。

(3) 开启前应检查压紧螺母是否拧紧，平稳旋转手轮，人站在出气口一侧。使用时不能将瓶内氧气全部用完(要剩 0.1～0.3MPa 压力)。不用时必须罩好保护罩。

(4) 在搬运中应尽量避免振动或互相碰撞。严禁人背氧气瓶，禁止用吊车吊运氧气瓶。

2. 乙炔发生器及乙炔瓶使用的注意事项

(1) 发生器及乙炔瓶不要靠近火源，应放在空气流通的地方，并不能漏气。

(2) 发生器罩上禁放重物，装入的电石量一般不超过容积的一半。发生器内水温不应超过 60℃。工作环境温度低于 0℃时应向发生器和回火防止器内注入温水。在气温特别低时必须在水中加入少许食盐或甘油，避免水冻结。如有冻结，必须用热水或蒸气解冻，严禁火烤或锤击。

3. 回火或火灾的紧急处理方法

(1) 当焊炬或割炬发生回火后应首先关闭乙炔开关，然后再关闭氧气开关，待火焰熄灭冷却后方可继续工作。

(2) 经常检查回火防止器的水位，水位降低时应添加水，并检查其连接处的密封性。

(3) 回火时听到在焊炬出口处产生猛烈爆炸声，应迅速关断气源，制止回火。回火的原因可能是气体压力太低，流速太慢；焊嘴被飞溅物沾污，出口局部堵塞，工作过久，高温使焊嘴过热；操作不当，焊嘴太靠近熔池等。

(4) 当引起火灾时，首先关闭气源阀，停止供气，停止生产气体。用砂袋、石棉被盖在火焰上，不可用水或灭火器去灭乙炔发生器的火。

本 章 小 结

焊接是通过加热或加压(或两者并用)，使工件产生原子间结合的一种连接方法。焊接在现代工业生产中具有十分重要的作用。通过本章的学习读者可以了解焊接成型方法的特点、分类及应用；通晓手工电弧焊和气焊所用设备、工具的结构、工作原理及使用；掌握常用焊接接头形式和坡口形式及施焊方法；了解其他常用焊接方法(埋弧自动焊、气体保护焊、电阻焊、钎焊等)的特点和应用等。通过操作项目的练习，读者可掌握手工电弧焊的基本操作方法；熟悉气焊的基本操作方法；正确选择焊接电流及调整火焰，独立完成手工电弧焊、气焊的平焊操作。

思考与练习

一、思考题

1. 常用的焊接方法有哪些？

2. 熔化焊、压力焊、钎焊的区别是什么？

3. 什么是焊接电弧？焊接电弧的构造及温度分布如何？

4. 常用的手弧焊机有哪几种？举例说明电焊机的主要参数及其含义。

5. 手工电弧焊焊条由哪几部分组成？各起什么作用？

6. 手工电弧焊焊接规范有哪些？怎样选择？

7. 焊接最基本的接头形式有哪些？坡口的作用是什么？

8. 手工电弧焊常见的焊接缺陷有哪些？产生的原因各是什么？

9. 试说明气焊的过程和操作方法。

10. 气焊火焰有哪几种？如何区分？

11. 试说明焊接变形产生的原因和焊接变形的主要形式。

12. 常用的焊接质量检验方法有哪几种？

二、练习题

大直径管对接，U形坡口，水平转动焊，单面焊双面成型。试件尺寸及要求如下。

(1) 试件材料牌号：20钢。

(2) 试件及坡口尺寸：如图4-69所示。

(3) 焊接位置：管子水平转动。

(4) 焊接材料：E5015(E4315)。

(5) 焊机参数：ZX5-400 或 ZX7-400。

确定试件装配与焊接工艺参数并完成其焊接操作。

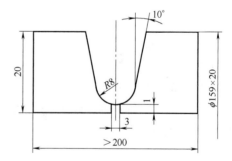

图4-69 试件及坡口尺寸

第5章 钳 工

学习要点

本章主要讲解了各种常用钳工工具以及每项技能操作的要点，包括锯割工具与操作要点、锉削工具及方法、钻孔设备与操作、内螺纹与外螺纹的加工方法以及刮削、研磨、校正的工艺与方法等；详细阐述了钳工的基础理论知识与实践。

技能目标

通过本章的学习，读者应该掌握锯削、锉削、錾削、钻孔、扩孔、铰孔、攻丝与套丝、刮削与研磨以及校正、弯曲的操作技能，并结合本章所提供的大量技能课题的训练以达到掌握其操作要领的目的。

5.1 划 线

根据图样的尺寸要求，用划线工具在毛坯或半成品工件上划出待加工部位的轮廓线或作为基准的点、线的操作称为划线。可以借助划线检查毛坯或工件的尺寸和形状，并合理地分配各加工表面的余量，及早剔出不合格品，避免造成后续加工工时的浪费；在板料上划线下料，可做到正确排料，使材料得到合理使用。划线是一项复杂、细致的重要工作，要求尺寸准确、位置正确、线条清晰、冲眼均匀。划线精度一般在 0.25～0.5mm 之间，划线的精度直接关系到产品的质量。

5.1.1 划线工具及使用

划线工具按用途可分为以下几类：基准工具、量具、直接绘划工具、辅助划线设备和夹持工具等。

1. 基准工具

划线平台是划线的主要基准工具，如图 5-1 所示。其安放要平稳牢固，上平面应保持水平。划线平台的平面各处要均匀使用，以免局部磨凹，其表面不准碰撞也不准敲击，且要经常清洁，保持其表面洁净。划线平台长期不用时，应涂油防锈，并加盖保护罩。

2. 量具

量具有钢直尺、90°角尺、高度尺等。普通高度尺(见图 5-2(a))又称量高尺，由钢直尺和底座组成，使用时配合划针盘量取高度尺寸。高度游标卡尺(见图 5-2(b))能直接表示出高度尺寸，其读数精度一般为 0.02mm，可作为精密划线工具。

 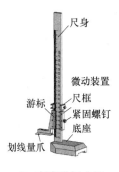

(a) 普通高度尺   (b) 高度游标卡尺

图 5-1 划线平台   图 5-2 高度尺

3. 直接绘划工具

直接绘划工具有划针、划规、划卡、划线盘和样冲等。

(1) 划针。划针(见图 5-3)是在工件表面划线用的工具，常用 $\phi 3\sim 6$mm 的工具钢或弹簧钢丝制成，其尖端磨成 15°～20° 的尖角，并经淬火处理。有的划针在尖端部位焊有硬质合金，这样划针就更锐利，耐磨性更好。划线时，划针要依靠钢直尺或 0° 角尺等导向工具移动，并向外侧倾斜约 15°～20°，向划线方向倾斜约 45°～75° (见图 5-3(c))。在划线时，要做到尽可能一次划成，使线条清晰、准确。

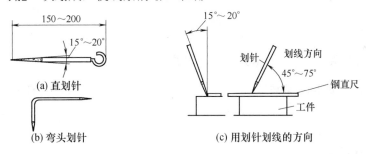

图 5-3 划针的种类及使用方法

(2) 划规。划规是划圆、划弧线、等分线段及量取尺寸等操作使用的工具，如图 5-4 所示，它的用法与制图中的圆规相同。

(3) 划卡。划卡(单脚划规)主要是用来确定轴和孔的中心位置，其使用方法如图 5-5 所示。操作时应先划出 4 条圆弧线，然后根据圆弧线确定中心位置并打样冲点。

(4) 划线盘。划线盘(见图 5-6)主要用于立体划线和校正工件位置。用划线盘划线时，要注意划针的装夹应牢固，伸出长度要短，以免产生抖动。其底座要保持与划线平台贴紧，不要摇晃和跳动。

(5) 样冲。样冲(见图 5-7)是在划好的线上冲眼时使用的工具。冲眼是为了强化显示用划针划出的加工界线，也为了使划出的线条具有永久性的位置标记，另外它也可用作圆弧线中心点位置的确定。样冲用工具钢制成，尖端处磨成 45°～60° 角并经淬火硬化。

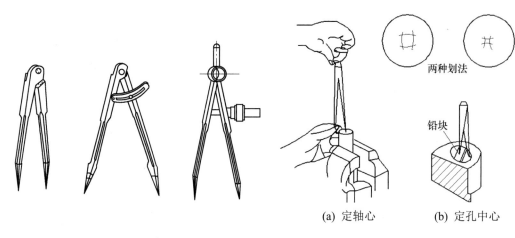

两种划法

铅块

(a) 定轴心   (b) 定孔中心

图 5-4 划规   图 5-5 用划卡定中心

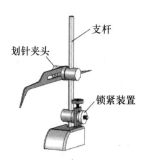

支杆

划针夹头

锁紧装置

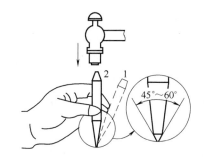

45°~60°

(a) 普通划线盘   (b) 可调式划线盘

图 5-6 划线盘   图 5-7 样冲及其用法

1—对准位置；2—冲孔

4．辅助划线设备

划线操作时对于按圆周规律分布的图形，经常用到分度头来确定分点的位置，即等分或不等分圆周。分度头根据结构及原理的不同，可分为机械、光学、电磁等类型，应用较普遍的是万能分度头。分度头的规格是以主轴中心到底面的高度，即中心高来表示的，如FW125，"F"表示分度头，"W"表示万能型，"125"表示主轴中心高(mm)。各种分度头的分类如表 5-1 所示。

表 5-1 分度头分类

类型代号	名　称	类型代号	名　称
FJ	简式分度头	FA	电感分度头
FB	半万能分度头	FK	数控分度头
FW	万能分度头	FG	光学分度头
FN	等分分度头	FP	影屏光学分度头

类型代号	名　称	类型代号	名　称
FC	梳齿分度头	FX	数字显示分度头
FD	电动分度头		

1)　万能分度头的结构

万能分度头的外形如图 5-8 所示，主要是由壳体和壳体中部的鼓形回转体(即球形扬头)、主轴以及分度盘和分度叉等组成。

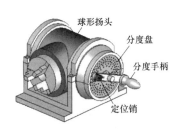

图 5-8　万能分度头的外形

主轴的前端有莫氏 4 号的锥孔，可插入顶尖。主轴前端的外螺纹，可用来安装三爪自定心卡盘。松开壳体上部的两个螺钉，可使装有主轴的球形扬头在壳体的环形导轨内转动，从而使主轴轴心线相对于工作台平面在向上 90° 角和向下 10° 角范围内转动任意角度。主轴倾斜的角度可从扬头侧壁上的刻度看出来。刻度盘固定在分度头主轴上，和主轴一起旋转。刻度盘上有 0°～360° 的刻度，可用作直接分度。

在分度头的左侧有两个手柄：一个是用于紧固主轴的，在分度时应松开，分度完毕后应紧固，以防止主轴松动；另一个是用于脱落蜗杆的，它可以使蜗杆与蜗轮连接或脱开。蜗杆与蜗轮之间的间隙，可用螺母调整。

2)　万能分度头的传动系统

常用的万能分度头的传动系统如图 5-9 所示。在手柄轴上空套着一个套筒，套筒的一端装有螺旋齿轮，另一端装有分度盘。套筒上的螺旋齿轮与挂轮轴上的螺旋齿轮相啮合(在主轴和挂轮轴上安装配换齿轮，实现分度盘的附加转动，可进行复杂分度)。简单分度时，可旋紧紧定螺钉将分度盘固定，当转动手柄时，分度盘不转动，通过传动比为 1：1 的圆柱齿轮传动，使蜗杆带动蜗轮及主轴转动进行分度。刻度盘上标有 0°～360° 的刻度，可用作对分度精度要求不高的直接分度。

3)　万能分度头的使用

万能分度头的主要功能是按要求对工件进行分度加工或划线。分度的方法有直接分度法、简单分度法、角度分度法、复式分度法、差动分度法、近似分度法、直线移距分度法和双分度头复式分度法等。其中简单分度法和差动分度法是常用的两种分度法。

(1) 简单分度法：工件的等分数若是一个能分解的简单数，可采用简单分度法分度。如图 5-9 所示，蜗杆为单头，主轴上蜗轮齿数为 40，传动比为 1：40，即当手柄转过 1 周，分度头主轴便转过 1/40 周。如果要求主轴上支持的工件作 Z 等分，即应转过 1/Z 周，则分度头手柄的转数可按传动关系式求出：

$$1：40 =(1/Z)：n,\ n= 40/Z$$

式中，n 为分度头手柄转数，周；Z 为工件的等分数。

在使用过程中，经常会遇到的是手柄需转过的不是整周数，这时可用下列公式：

$$n = 40/Z = a +P/Q$$

式中，a 为分度手柄的整周数，周；Q 为分度盘上某一孔圈的孔数，孔/周；P 为手柄在孔数为 Q 的孔圈上应转过的孔距数，孔。

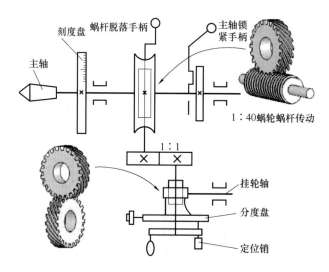

图 5-9　万能分度头的传动系统

上式表示手柄在转过 a 整周后，还应在 Q 孔圈上再转过 P 个孔距数。

（2）差动分度法：当分度时遇到的等分数是采用简单分度法难以解决的较大质数(如61、67、71、79 等)时，就要采用差动分度法来分度。

差动分度法就是将主轴后锥孔内装入挂轮心轴，将分度头主轴与挂轮轴用配换齿轮连接起来。当旋转分度手柄在进行简单分度的同时，主轴的转动通过挂轮及螺旋齿轮副使分度盘也随之正向或反向旋转，以达到补偿分度差值而进行精确分度的目的。差动分度手柄的实际转数是手柄相对于分度盘的转数与分度盘本身转数的代数和。

采用差动分度法在计算手柄转数和确定分度盘的旋转方向时，可首先选取一个与工件要求的实际等分数 Z 接近而又能进行简单分度的假设等分数 Z_0；当假设等分数 Z_0 大于工件实际等分数 Z 时，装挂轮时应使分度盘与手柄的旋转方向相同；当假设等分数 Z_0 小于工件实际等分数 Z 时，应使分度盘与手柄的旋转方向相反。分度盘的旋转方向，可通过在挂轮板上增加中间介轮来控制，即当主轴每转过 $1/Z_0$ 周时，就比要求实际所转的 $1/Z$ 周多转或少转了一个较小的角度。这个角度就要通过挂轮使分度盘向正向或反向转动来补偿。

由此可得到差动分度的计算公式：

$$40/Z = 40/Z_0+(1/Z)i$$

式中，Z 为工件实际等分数；Z_0 为工件假设等分数；i 为挂轮传动比。

分度时手柄转数 n 可用下式计算：

$$n = 40/Z_0$$

挂轮传动比 i 为负值时，表示分度盘和分度手柄转向相反。

5．夹持工具

夹持工具有方箱、千斤顶和 V 形架等。

(1) 方箱。方箱是用铸铁制成的空心立方体，它的六个面都经过精加工，其相邻各面互相垂直，如图 5-10 所示。方箱用于夹持、支承尺寸较小而加工面较多的工件。通过翻转方箱，可在工件的表面上划出互相垂直的线条。

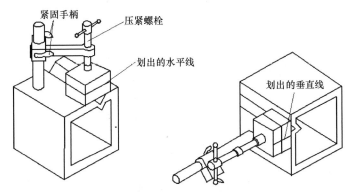

(a) 将工件压紧在方箱上，划出水平线   (b) 方箱翻转 90°角划出垂直线

图 5-10 用方箱夹持工件

(2) 千斤顶。千斤顶是在平板上作支承工件划线使用的工具，其高度可以调整，如图 5-11 所示。通常三个千斤顶组成一组，用于不规则或较大工件的划线找正。

图 5-11 千斤顶

(3) V 形架。V 形架用于支承圆柱形工件，使工件轴心线与平台平面(划线基面)平行，如图 5-12 所示。一般两个 V 形架为一组。

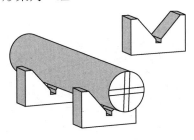

图 5-12 V 形架

5.1.2 划线操作

1. 划线基准的选择原则

一般选择重要孔的轴线为划线基准(见图 5-13(a))；若工件上个别平面已加工过，则应以加工过的平面为划线基准(见图 5-13(b))。

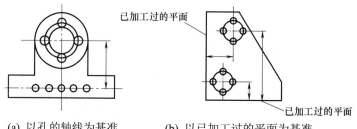

(a) 以孔的轴线为基准   (b) 以已加工过的平面为基准

图 5-13　划线基准

常见的划线基准有 3 种类型。

(1) 以两个互相垂直的平面(或线)为基准(见图 5-14(a))。

(2) 以一个平面与一对称平面(或线)为基准(见图 5-14(b))。

(3) 以两互相垂直的中心平面(或线)为基准(见图 5-14(c))。

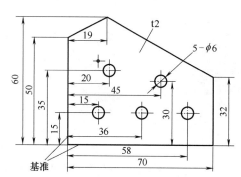

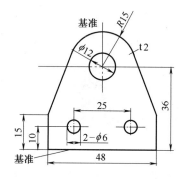

(a) 以两个互相垂直的平面(或线)为基准 (b) 以一个平面与一对称平面(或线)为基准

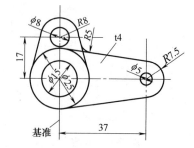

(c) 以两互相垂直的中心平面(或线)为基准

图 5-14　划线基准种类

2. 划线找正和借料

在对零件毛坯进行划线之前，一般都要先进行安放和找正工作。所谓找正，就是指利用划线工具(如划针盘、直角尺等)使毛坯表面处于合适的位置，即需要找正的点、线或面与划线平板平行或垂直。另外，当铸、锻件毛坯在形状、尺寸和位置上有缺陷，且用找正划线的方法不能满足加工的要求时，还要用借料的方法进行调正，然后重新划线加以补救。

1) 划线找正

在对毛坯进行划线之前，首先要分析清楚各个基准的位置，即明确尺寸基准、安放基准和找正基准的位置。在具体划线时，不论是平面划线，还是立体划线，找正的方法一般有以下几种。

(1) 找正基准。

如图 5-15 所示，为保证 $R40$mm 外缘与 $\phi40$mm 内孔之间壁厚的均匀以及底座厚度的均匀，选 $R40$mm 外缘两端面中心连线 Ⅰ—Ⅰ 和底座上缘 A、B 两面为找正基准。找正时也应首先将其找正，即用划针盘将 $R40$mm 两端面的中心连线 Ⅰ—Ⅰ 和 A、B 两面找正与划线平板平行，这样才能使上述两处加工后壁厚均匀。

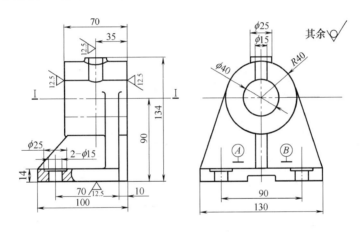

图 5-15　轴承座

(2) 找正尺寸基准。

如图 5-16 所示的工件，所有加工部位的尺寸基准在两个方向上均为对称中心，所以划线找正时，应将水平和垂直两个方向的对称中心在两个方向找成与划线平板平行，以保证所有部位尺寸的对称。

2) 借料

铸、锻件毛坯因形状复杂，在制作毛坯时经常会产生尺寸、形状和位置方面的缺陷。当按找正基准进行划线时，就会出现某些部位加工余量不够的问题，这时就要用借料的方法进行补救。

如图 5-17 所示的齿轮箱体毛坯，由于铸造误差，使 A 孔向右偏移了 6mm，毛坯孔距减小为 144mm。若按找正基准划线(见图 5-17(a))，应以 $\phi125$mm 凸台外圆的中心连线为划线基准和找正基准，并保证两孔的中心距离为 150mm，然后再划出两孔的 $\phi75$mm 圆周线，但这样划线会使 A 孔的右边没有加工余量。这时就要用借料的方法(见图 5-17(b)),即将 A 孔毛坯中心向左借过 3mm,用借过料的中心再划两孔的圆周线,就可以使两孔都能分配到加工余量,从而使毛坯得以利用。

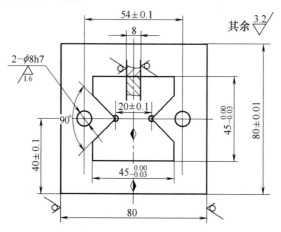

图 5-16 双 V 形冲模

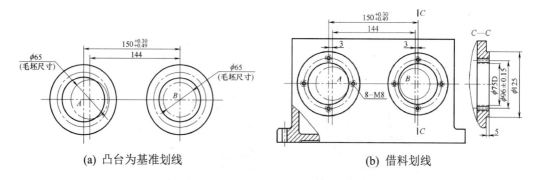

(a) 凸台为基准划线   (b) 借料划线

图 5-17 齿轮箱体

借料实际上就是将毛坯重要部位的误差转移到非重要部位的方法。在本例中是将 A、B 两孔中心距的铸造误差转移到了两孔凸台外圆的壁厚上,由于偏心程度不大,所以对外观质量的影响也不大。

3. 平面划线和立体划线

划线方法分平面划线和立体划线两种。平面划线是在工件的一个平面上划线(见图 5-18(a));立体划线是平面划线的复合,是在工件的几个表面上划线,即在长、宽、高三个方向划线(见图 5-18(b))。平面划线与平面作图方法类似,即用划针、划规、90°角尺和钢直尺等在工件表面上划出几何图形的线条。

平面划线的步骤如下。

(1) 分析图样,查明要划哪些线,选定划线基准。

(2) 划基准线和加工时在机床上安装找正所用的辅助线。

(3) 划其他直线。

(4) 划圆和连接圆弧及斜线等。

(5) 检查核对尺寸。

(6) 打样冲眼。

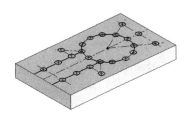

(a) 平面划线

(b) 立体划线

图 5-18　平面划线和立体划线

立体划线是平面划线的复合运用，它和平面划线有许多相同之处，其不同之处是在两个以上的面划线，如划线基准一经确定，其后的划线步骤与平面划线大致相同。立体划线的常用方法有两种：一种是工件固定不动，该方法适用于大型工件，其划线精度较高，但生产率较低；另一种是工件翻转移动，该方法适用于中、小型工件，其划线精度较低，而生产率较高。在实际工作中，特别是中、小型工件的划线，有时也采用中间方法，即将工件固定在可以翻转的方箱上，这样便可兼得两种划线方法的优点。

5.1.3　专项技能训练课题

依据图 5-19 所示进行简单薄板零件的平面划线训练。其划线步骤如下：研究图样，确定划线基准；清理工件表面，给划线部位涂上工艺墨水，找正划线；检查划线质量并用游标卡尺校核，确认无误后打样冲眼，划线结束。

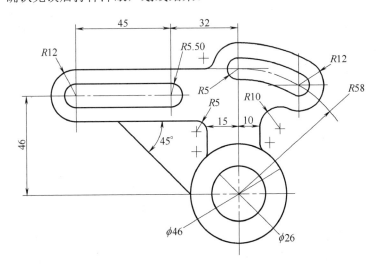

图 5-19　薄板零件的平面划线

1. 划线前的准备

(1) 工件准备：包括工件的清理除锈、检查和表面涂色等。

(2) 工具的准备：按工件图样的要求，选择所需的工具并检查和校验工具。

2. 操作时应注意的事项

(1) 看懂图样，了解零件的作用，分析零件的加工程序和加工方法。

(2) 工件夹持或支承要稳当，以防滑倒或移动。

(3) 毛坯划线时，要做好找正工作。第一条线如何划，要从多方面考虑，制订划线方案时要考虑到全局。

(4) 在定位好的工件上应将要划出的平行线全部划出，以免再次支承补划造成划线误差。

(5) 正确使用划线工具，划出的线条要准确、清晰，关键部位要划辅助线，样冲眼的位置要准确，大小疏密要适当。

(6) 划线时自始至终要认真、仔细，划完后要反复核对尺寸，直到确实无误后才能转入机械加工。

5.2 锯、锉、錾削

5.2.1 锯削

锯削是用手锯对工件或材料进行分割的一种切削加工，是钳工需要掌握的基本功之一。

1. 锯削工具

锯弓分固定式和可调节式两种，如图 5-20 所示。固定式锯弓的弓架是整体的，只能装一种长度规格的锯条(见图 5-20(a))；可调式锯弓的弓架分成前后两段，由于前段在后段套内可以伸缩，因此可以安装几种长度规格的锯条(见图 5-20(b))。

(a) 固定式　　　　　　　　　　　　　　　(b) 可调节式

图 5-20　锯弓的构造

锯条用工具钢制成，并经热处理淬硬。锯条的规格以锯条两端安装孔间的距离来表示，常用的手工锯条长 300mm、宽 12mm、厚 0.8mm。锯条的切削部分是由许多锯齿组成的，每个齿相当于一把錾子，起切削作用。常用的锯条后角 α 为 40°～45°，楔角 β 为 45°～50°，前角 γ 约为 0°，如图 5-21 所示。

在制造锯条时，把锯齿按一定的形状左右错开，排列成一定的形状，这被称为锯路。锯路有交叉、波浪等不同的排列形状，如图 5-22 所示。其作用是使锯缝的宽度大于锯条背部的厚度。其目的是防止锯割时锯条卡在锯缝中，这样就可减少锯条与锯缝的摩擦阻力，并使排屑顺利，锯削省力，提高工作效率。

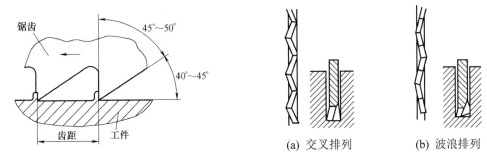

图 5-21　锯齿的形状　　　　　　　　图 5-22　锯齿的排列形状

锯齿的粗细是按锯条上每 25mm 长度内的齿数来表示的，14～18 齿为粗齿，24 齿为中齿，32 齿为细齿。

锯齿的粗细应根据加工材料的硬度、厚薄来选择。锯削软材料或厚材料时，因锯屑较多，要求有较大的容屑空间，应选用粗齿锯条。锯削硬材料或薄材料时，因材料硬，锯齿不易切入，锯屑量少，不需要大的容屑空间，而薄材料在锯削中锯齿易被工件勾住而崩裂，需要多齿同时工作(一般要有三个齿同时接触工件)，使锯齿承受的力量减少，所以这两种情况应选用细齿锯条。一般中等硬度的材料选用中齿锯条。

手锯是在向前推时进行切削的，在向后返回时不起切削作用，因此安装锯条时要保证齿尖的方向朝前。锯条的松紧要适当，太紧会失去应有的弹性，锯条易崩断；太松会使锯条扭曲，锯缝歪斜，锯条也容易折断。

2. 锯削的姿势

锯削时的站立姿势与錾削相似，人体重量均分在两腿上，右手握稳锯柄，左手扶在锯弓前端，锯削时推力和压力主要由右手控制，如图 5-23 所示。

推锯时，锯弓的运动方式有两种：一种是直线运动，适用于锯缝底面要求平直的槽和薄壁工件的锯削；另一种是锯弓做上、下轻微摆动，这样操作自然，两手不易疲劳。手锯在回程中因不进行切削，故不要施加压力，以免锯齿磨损。在锯削过程中锯齿崩落后，应将邻近几个齿都磨成圆弧状，如图 5-24 所示，才可继续使用，否则会连续崩齿直至锯条报废。

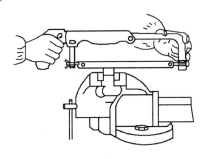

图 5-23　手锯的握法

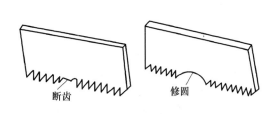

图 5-24　崩齿修磨

3. 锯削操作方法

起锯是锯削工作的开始,起锯的好坏会直接影响锯削的质量。起锯的方式有远边起锯和近边起锯两种。一般情况下采用远边起锯(见图 5-25(a)),因为此时锯齿是逐步切入材料的,不易被卡住,起锯比较方便;如采用近边起锯(见图 5-25(b)),掌握不好时,锯齿由于突然锯入且较深,容易被工件的棱边卡住,甚至崩断或崩齿。无论采用哪种起锯方法,起锯角 α 以 15° 为宜,如果起锯角太大,则锯齿易被工件的棱边卡住;如果起锯角太小,则不易切入材料,锯条还可能打滑,把工件表面锯坏(见图 5-25(c))。为了使起锯的位置准确而平稳,可用左手大拇指挡住锯条来定位,起锯时压力要小,往返行程要短,速度要慢,这样可使起锯平稳。

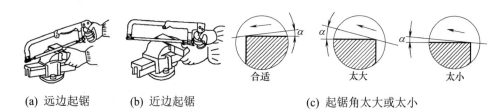

(a) 远边起锯   (b) 近边起锯   (c) 起锯角太大或太小

图 5-25   起锯的方式

锯削的操作示例如下。

1) 圆管锯削

锯薄管时应将管子夹在两块木制的 V 形槽垫之间,以防夹扁管子,如图 5-26 所示。锯削时不能从一个方向锯到底(见图 5-27(b)),其原因是锯齿锯穿管子内壁后,锯齿即在薄壁上切削,受力集中,很容易被管壁钩住而折断。圆管锯削的正确方法是:多次变换方向进行锯削,每一个方向只能锯到管子的内壁处,随即把管子转过一个角度,一次一次地变换,逐次进行锯切,直至锯断为止(见图 5-27(a))。另外,在变换方向时,应使已锯部分向锯条推进方向转动,不要反转,否则锯齿也会被管壁钩住。

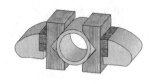

图 5-26   管子的夹持

(a) 正确   (b) 不正确

图 5-27   锯管子的方法

2) 薄板锯削

锯削薄板时应尽可能从宽面锯下去,如果只能在板料的窄面锯下去时,可将薄板夹在两木板之间一起锯削(见图 5-28(a)),这样可以避免锯齿被勾住,同时还可以增加板的刚性。当板料太宽,不便使用台虎钳装夹时,应采用横向斜推锯削(见图 5-28(b))。

3) 深缝锯削

当锯缝的深度超过锯弓的高度(见图 5-29(a))时,应将锯条转过 90° 角重新安装,把锯弓转到工件边(见图 5-29(b))。锯弓横下来后锯弓的高度仍然不够时，也可以按如图 5-29(c) 所示将锯条锯过 180°角后，把锯条锯齿安装在锯弓内进行锯削。

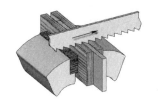

(a) 用木板夹持

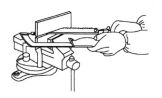

(b) 横向斜推锯削

图 5-28　薄板锯削

(a) 锯缝深度超过锯弓高度

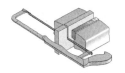

(b) 将锯条转过 90°角安装

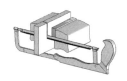

(c) 将锯条转过 180°角安装

图 5-29　深缝锯削

5.2.2　锉削

用锉刀对工件表面进行切削加工的方法称为锉削。锉削加工比较灵活，可以加工工件的内外平面、内外曲面、内外沟槽以及各种复杂形状的表面，加工精度也较高。在现代化工业生产的条件下，对某些零部件的加工广泛采用锉削的方法来完成。例如，单件或小批量生产条件下某些复杂形状的零件加工、样板和模具等的加工，以及装配过程中对个别零件的修整等都需要用锉削加工。锉削是钳工最重要的基本操作之一。

1. 锉削工具

锉刀是锉削的主要工具，常用碳素工具钢 T12、T13 制成，并经热处理淬硬至 62～ 67HRC。

锉刀由锉刀面、锉刀边、锉刀舌、锉刀尾和木柄等部分组成，如图 5-30 所示。

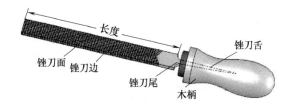

图 5-30　锉刀各部分的名称

按用途分，锉刀可分为钳工锉、整形锉和特种锉 3 类。

钳工锉(见图 5-31)按其截面形状可分为平锉、方锉、圆锉、半圆锉和三角锉 5 种；按其长度可分为 100mm、150mm、200mm、250mm、300mm、350mm 及 400mm 7 种；按其齿纹可分单齿纹、双齿纹两种；按其齿纹粗细可分为粗齿、中齿、细齿、粗油光(双细齿)和细油光 5 种。

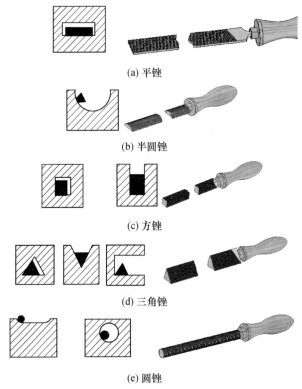

(a) 平锉

(b) 半圆锉

(c) 方锉

(d) 三角锉

(e) 圆锉

图 5-31　钳工锉

整形锉主要用于精细加工及修整工件上难以机加工的细小部位，由若干把各种截面形状的锉刀组成一套，如图 5-32 所示。

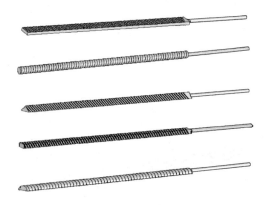

图 5-32　整形锉

特种锉可用于加工零件上的特殊表面。它有直的和弯曲的两种，其截面形状很多，如图 5-33 所示。

合理选用锉刀对保证加工质量、提高工作效率和延长锉刀寿命有很大的影响。锉刀的一般选择原则是：根据工件表面形状和加工面的大小选择锉刀的断面形状和规格，根据材料软硬、加工余量、精度和粗糙度的要求选择锉刀齿纹的粗细。

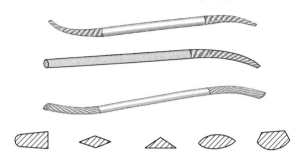

图 5-33　特种锉及截面形状

　　粗齿锉刀由于齿距较大、不易堵塞，一般用于锉削铜、铝等软金属以及加工余量大、精度低和表面粗糙工件的粗加工；中齿锉刀齿距适中，适用于粗锉后的加工；细齿锉刀可用于锉削钢、铸铁(较硬材料)以及加工余量小、精度要求高和表面粗糙度值低的工件；油光锉用于最后修光工件的表面。

2. 锉削操作

　　正确握持锉刀有助于提高锉削的质量，可根据锉刀大小和形状的不同，采用相应的握法。

　　(1)　大锉刀的握法。该握法是：右手心抵着锉刀木柄的端头，大拇指放在锉刀木柄的上面，其余四指弯在下面，配合大拇指捏住锉刀木柄；左手则根据锉刀大小和用力的轻重，可选择多种姿势，如图 5-34 所示。

　　(2)　中锉刀的握法。该握法的右手握法与大锉刀的握法相同，而左手则需用大拇指和食指捏住锉刀前端，如图 5-35(a)所示。

　　(3)　小锉刀的握法。该握法是：右手食指伸直，拇指放在锉刀木柄上面，食指靠在锉刀的刀边上，左手几个手指压在锉刀的中部，如图 5-35(b)所示。

　　(4)　更小锉刀(整形锉)的握法。该握法一般只用右手拿着锉刀，食指放在锉刀上面，拇指放在锉刀的左侧，如图 5-35(c)所示。

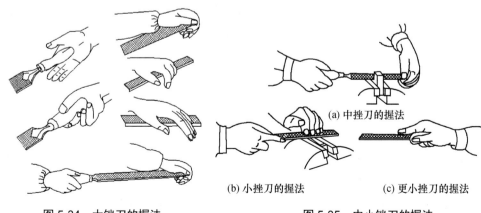

(a) 中挫刀的握法

(b) 小挫刀的握法　　　　　　(c) 更小挫刀的握法

图 5-34　大锉刀的握法　　　　　　图 5-35　中小锉刀的握法

正确的锉削姿势，能够减轻疲劳，提高锉削的质量和效率。人站立的位置与錾削时基本相同，即左腿弯曲，右腿伸直，身体向前倾斜，重心落在左腿上。锉削时，两脚站稳不动，靠左膝的屈伸使身体做往复运动，手臂和身体的运动要互相配合，并要使锉刀的全长充分利用。开始锉削时身体要向前倾斜10°角左右，左肘弯曲，右肘向后(见图5-36(a))。锉刀推出三分之一行程时，身体要向前倾斜约15°角左右(见图5-36(b))，这时左腿稍弯曲，左肘稍直，右臂向前推。锉刀推到三分之二行程时，身体逐渐倾斜到18°角左右(见图5-36(c))，最后左腿继续弯曲，左肘渐直，右臂向前使锉刀继续推进，直到推尽，身体随着锉刀的反作用方向退回到15°角位置(见图5-36(d))。行程结束后，把锉刀略微抬起，使身体与手恢复到开始时的姿势，如此反复。

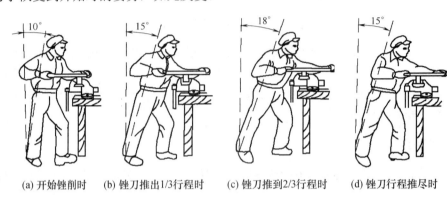

(a) 开始锉削时　　(b) 锉刀推出1/3行程时　　(c) 锉刀推到2/3行程时　　(d) 锉刀行程推尽时

图 5-36　锉削动作

锉削的速度一般为每分钟 30～60 次，太快，操作者容易疲劳且锉齿易磨钝；太慢，切削效率低。

3. 锉削操作

1) 平面锉削

平面锉削是最基本的锉削，常用的方法有 3 种，如图 5-37 所示。

(1) 顺向锉法：如图 5-37(a)所示，锉刀沿着工件表面横向或纵向移动，锉削平面可得到正直的锉痕，比较整齐美观。这种方法适用于工件锉光、锉平或锉顺锉纹。

(2) 交叉锉法：如图 5-37(b)所示，该方法是以交叉的两方向顺序对工件进行锉削。由于锉痕是交叉的，容易判断锉削表面的不平程度，因此也容易把表面锉平。交叉锉法去屑较快，适用于平面的粗锉。

(3) 推锉法：如图 5-37(c)所示，两手对称地握住锉刀，用两大拇指推锉刀进行锉削。这种方法适用于对表面较窄且已经锉平、加工余量很小的工件进行修正尺寸和减小表面粗糙度。

2) 圆弧面(曲面)的锉削

(1) 外圆弧面锉削。锉刀要同时完成两个运动：锉刀的前推运动和绕圆弧面中心的转动。前推是完成锉削，转动是保证锉出圆弧面形状。

常用的外圆弧面锉削的方法有滚锉法和横锉法两种。滚锉法(见图5-38(a))是使锉刀顺着圆弧面锉削，此法用于精锉外圆弧面；横锉法(见图5-38(b))是使锉刀横着圆弧面锉削，此法用于粗锉外圆弧面或不能用滚锉法加工的情况。

逐次自左向右锉削

(a) 顺向锉法

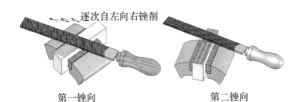

逐次自左向右锉削

第一锉向　　　　　　　第二锉向

(b) 交叉锉法

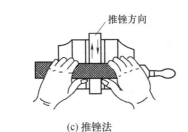

推锉方向

(c) 推锉法

图 5-37　平面锉削

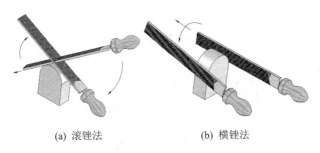

(a) 滚锉法　　　　　　　(b) 横锉法

图 5-38　外圆弧面锉削

(2) 内圆弧面锉削(见图 5-39)。锉刀要同时完成三个运动：锉刀的前推运动、锉刀的左右移动和锉刀自身的转动，缺少任何一项运动都锉不好内圆弧面。

3)　通孔的锉削

根据通孔的形状、工件材料、加工余量、加工精度和表面粗糙度来选择所需的锉刀进行通孔的锉削。通孔的锉削方法如图 5-40 所示。

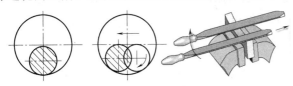

图 5-39　内圆弧面锉削　　　　　　　图 5-40　通孔的锉削

4. 锉削的质量问题与质量检查

锉削中常见的质量问题如下。

(1) 平面出现凸、塌边和塌角。该问题是由于操作不熟练，锉削力运用不当或锉刀选用不当造成的。

(2) 形状、尺寸不准确。该问题是由于划线错误或锉削过程中没有及时检查工件尺寸造成的。

(3) 表面较粗糙。该问题是由于锉刀粗细选择不当或锉屑卡在锉齿间造成的。

(4) 锉掉了不该锉的部分。该问题是由于锉削时锉刀打滑，或者是没有注意带锉齿工作边和不带锉齿的光边造成的。

(5) 工件夹坏。该问题是由于工件在台虎钳上装夹不当造成的。

锉削质量的检查方法如下。

(1) 检查直线度。用钢直尺和90°角尺以透光法来检查工件的直线度，如图5-41(a)所示。

(2) 检查垂直度。用90°角尺采用透光法检查。其方法是：先选择基准面，然后对其他各面进行检查，如图5-41(b)所示。

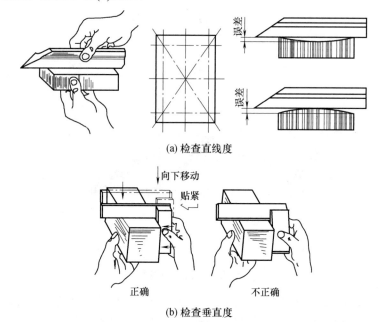

(a) 检查直线度

(b) 检查垂直度

图5-41 用90°角尺检查直线度和垂直度

(3) 检查尺寸。检查尺寸是指用游标卡尺在工件全长不同的位置上进行数次测量。

(4) 检查表面粗糙度。检查表面粗糙度一般用眼睛观察即可。如要求准确，可用表面粗糙度样板对照进行检查。

5.2.3 錾削

錾削是指用手锤敲击錾子对金属工件进行切削加工的一种方法。它主要用于对不便于进行机械加工的零件的某些部位进行切削加工，如去除毛坯上的毛刺、凸楂、錾削异形油槽、板材等。錾削是钳工工作中的一项重要的基本技能，其中的锤击技能是装拆机械设备必不可少的基本功。

1. 錾削工具

錾削用的工具主要是各种錾子和手锤。

1) 錾子

錾子由锋口(切削刃)、斜面、柄部和头部 4 个部分组成，如图 5-42 所示。其柄部一般制成菱形，全长 170mm 左右，直径为 $\phi18\sim20mm$。

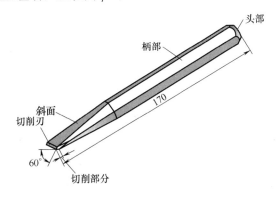

图 5-42　錾子的构造

根据工件加工的需要，一般常用的錾子有以下几种。

(1) 平口錾：又称扁錾，如图 5-43(a)所示，有较宽的切削刃(刀刃)，刃宽一般在 15～20mm，可用于錾大平面、较薄的板料、直径较细的棒料，清理焊件边缘及铸件与锻件上的毛刺、飞边等。

(2) 窄錾：如图 5-43(b)所示，其刀刃较窄，一般为 2～10mm，用于錾槽和配合扁錾錾削宽的平面。

(3) 油槽錾：如图 5-43(c)所示，油槽錾的刀刃很短并呈圆弧状，其斜面做成弯曲形状，可用于錾削轴瓦和机床润滑面上的油槽等。

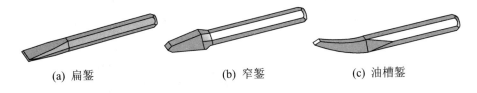

(a) 扁錾　　　　　(b) 窄錾　　　　　(c) 油槽錾

图 5-43　錾子的种类

在制造模具或其他特殊场合，如还需要特殊形状的錾子，可根据实际需要锻制。錾子的材料通常采用碳素工具钢 T7、T8，经锻造并做热处理。其硬度要求是：切削部分 52～57HRC，头部 32～42HRC。

錾子的切削部分呈楔形，由两个平面与一个刀刃组成。其两个面之间的夹角称为楔角 β。錾子的楔角越大，切削部分的强度越高。錾削阻力加大，不但会使切削困难，而且会将材料的被切面挤切不平，所以应保证錾子在具有足够强度的前提下尽量选取小的楔角值。一一般来说，錾子楔角要根据工件材料的硬度来选择：在錾削硬材料(如碳素工具钢)时，楔角取 60°～70°；錾削碳素钢和中等硬度的材料时，楔角取 50°～60°；錾削软材料(铜、铝)时，楔角取 30°～50°。

2) 手锤

手锤是錾削工作中不可缺少的工具，手锤由锤头和木柄两部分组成，如图 5-44 所示。锤头用碳素工具钢制成，两端经淬火硬化、磨光等处理，顶面稍稍凸起。锤头的另一端形状可根据需要制成圆头、扁头、鸭嘴或其他形状。手锤的规格以锤头的重量大小来表示，其规格有 0.25kg、0.5kg、0.75kg、1kg 等几种。木柄需用坚韧的木质材料制成，其截面形状一般呈椭圆形。木柄长度要合适，过长则操作不方便，过短则不能发挥锤击力量。木柄长度一般以操作者手握锤头时手柄与肘长相等为宜。木柄装入锤孔中必须打入楔子(见图 5-45)，以防锤头脱落伤人。

图 5-44　钳工用手锤

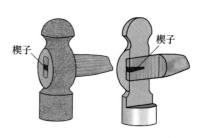

图 5-45　锤柄端部打入楔子

2. 錾削操作方法

握錾的方法随工作条件的不同而不同，其常用的方法有以下几种。

(1) 正握法。如图 5-46(a)所示，这种握法是：手心向下，用虎口夹住錾身，拇指与食指自然伸开，其余三指自然弯曲靠拢并握住錾身。这种握法适用于在平面上进行錾削。

(2) 反握法。如图 5-46(b)所示，这种握法是：手心向上，手指自然捏住錾柄，手心悬空。这种握法适用于小的平面或侧面錾削。

(3) 立握法。如图 5-46(c)所示，这种握法是：虎口向上，拇指放在錾子一侧，其余四指放在另一侧捏住錾子。这种握法适用于垂直錾切工件，如在铁砧上錾断材料等。

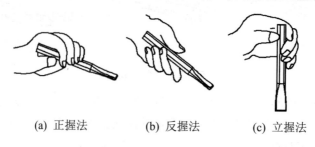

(a) 正握法　　　(b) 反握法　　　(c) 立握法

图 5-46　錾子的握法

手锤的握法有紧握法和松握法两种。

(1) 紧握法。如图 5-47 所示，这种握法是：右手五指紧握锤柄，大拇指合在食指上，虎口对准锤头方向，木柄尾端露出 15～30mm，在锤击的过程中五指始终紧握。这种方法因手锤紧握，所以容易疲劳或将手磨破，应尽量少用。

(2) 松握法。如图5-48所示，这种握法是：在锤击的过程中，拇指与食指仍卡住锤柄，其余三指稍有自然松动并压着锤柄，锤击时三指随冲击逐渐收拢。这种握法的优点是轻便自如、锤击有力、不易疲劳，故常在操作中使用。

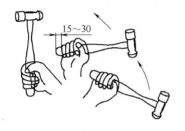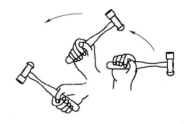

图5-47 手锤紧握法   图5-48 手锤松握法

挥锤方法有腕挥、肘挥和臂挥3种。

(1) 腕挥。如图5-49(a)所示，腕挥是指单凭腕部的动作，挥锤敲击。这种方法锤击力小，适用于錾削的开始与收尾，或錾油槽、打样冲眼等用力不大的地方。

(2) 肘挥。如图5-49(b)所示，肘挥是靠手腕和肘的活动，也就是小臂的挥动来完成挥锤动作。挥锤时，手腕和肘向后挥动，上臂不大动，然后迅速向錾子顶部击去。肘挥的锤击力较大，应用最广。

(3) 臂挥。如图5-49(c)所示，臂挥靠的是腕、肘和臂的联合动作，也就是挥锤时手腕和肘向后上方伸，并将臂伸开。臂挥的锤击力大，适用于要求锤击力大的錾削工作。

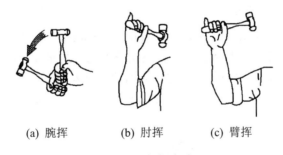

(a) 腕挥   (b) 肘挥   (c) 臂挥

图5-49 挥锤方法

錾削时，操作者的步位和姿势应便于用力。操作者身体的重心偏于右腿，挥锤要自然，眼睛应正视錾刃而不是看錾子的头部，錾削时的步位和正确姿势如图5-50所示。

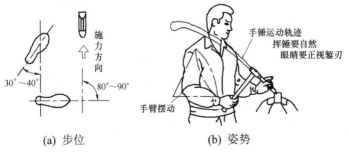

(a) 步位   (b) 姿势

图5-50 錾削时的步位和姿势

在錾削过程中錾子需与錾削平面形成一定的角度,如图 5-51 所示。各角度的主要作用如下。

(1) 前角 γ (前刀面与基面之间的夹角)。其作用是减少切屑变形并使錾削轻快,前角愈大,切削愈省力。

(2) 后角 α (后刀面与切削平面之间的夹角)。其作用是减少后刀面与已加工面之间的摩擦,并使錾子容易切入工件。

(3) 切削角 δ (前刀面与切削平面之间的夹角)。其大小与錾削质量、錾削工作效率有很大的关系。

由 $\delta = \beta + \alpha$ 可知, δ 的大小由 α 和 β 确定,而楔角 β 是根据被加工材料的软、硬程度选定的,在工作中是不变的,所以切削角的大小取决于后角。后角过大,会使錾子切入工件太深,錾削困难,甚至损坏錾子刃口和工件(见图 5-52(a));后角太小,錾子容易从材料表面滑出,或切入很浅,效率不高(见图 5-52(b))。所以,錾削时后角是关键角度, α 一般以 $5°\sim8°$ 为宜。在錾削过程中,应掌握好錾子,使后角保持稳定不变,否则工件表面将錾得高低不平。

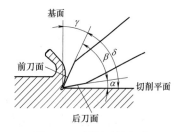

图 5-51　錾削时的角度

(a) 后角太大　　(b) 后角太小

图 5-52　后角大小对錾削的影响

起錾时,錾子应尽可能向右倾斜 45° 左右(见图 5-53(a)),从工件尖角处向下倾斜 30°,轻打錾子,这样錾子就便容易切入材料,然后按正常的錾削角度,逐步向中间錾削。

当錾削到距工件尽头约 10mm 左右时,应调转錾子来錾掉余下的部分(见图 5-53(b))。这样可以避免单向錾削到终了时边角崩裂的情况,保证錾削质量,这在錾削脆性材料时尤其应该注意。

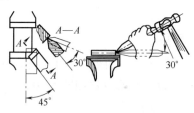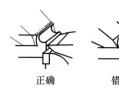

(a) 起錾方法　　　　　　　　　　(b) 结束錾削的方法

图 5-53　起錾和结束錾削的方法

在錾削过程中每分钟锤击次数在 40 次左右。刃口不要老是顶住工件,每錾两三次后,可将錾子退回一些。这样既可观察錾削刃口的平整度,又可使手臂肌肉放松一下,效果较好。

3. 錾削操作示例

1) 錾平面

较窄的平面可以用平錾进行,每次錾削厚度为 0.5～2mm;对宽平面,应先用窄錾开槽,然后用平錾錾平，如图 5-54 所示。

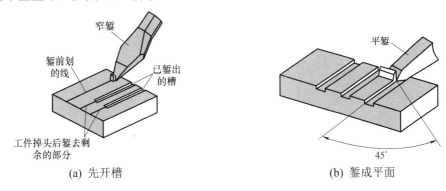

(a) 先开槽　　　　　　　　　　　　(b) 錾成平面

图 5-54　錾宽平面

2)　錾油槽

錾削油槽时，要选用与油槽宽度相同的油槽錾錾削(见图 5-55)，油槽必须錾得深浅均匀，表面光滑。在曲面上錾油槽时，錾子的倾斜角要灵活掌握，应随曲面而变动并保持錾削时后角不变，以使油槽的尺寸、深度和表面粗糙度达到要求，錾削后还需用刮刀裹以砂布修光。

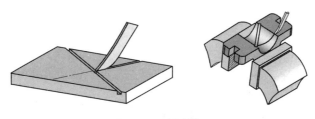

图 5-55　錾油槽

3)　錾断

錾断薄板(厚度 4mm 以下)和小直径棒料(ϕ13mm 以下)可在台虎钳上进行(见图 5-56(a))，即用扁錾沿着钳口并斜对着板料约成 45° 角自右向左錾削。对于较长或大型板料，如果不能在台虎钳上进行，可以在铁砧上錾断，如图 5-56(b)所示。

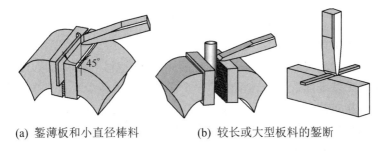

(a) 錾薄板和小直径棒料　　　　(b) 较长或大型板料的錾断

图 5-56　錾断

当錾断形状复杂的板料时，最好在工件轮廓周围钻出密集的排孔，然后再錾断。对于轮廓的圆弧部分，宜用狭錾錾断；对于轮廓的直线部分，宜用扁錾錾削，如图 5-57 所示。

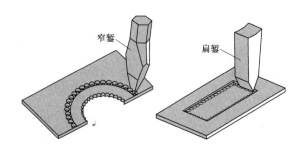

图 5-57　弯曲部分的錾断

5.2.4　专项技能训练课题

运用钳工划线、锯割、錾削、锉削等方法，加工如图 5-58 所示的錾口榔头，分析錾口榔头图纸，确定加工工艺。

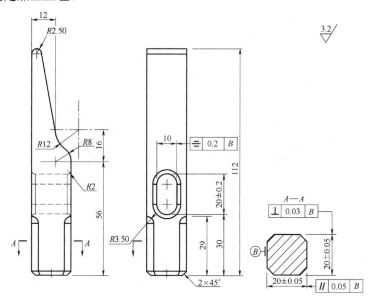

图 5-58　錾口榔头

錾口榔头的加工工艺步骤如下。

(1) 下料。选择截面尺寸为 25mm×25mm 的 45 方钢型材，截取长度 115mm。

(2) 加工第一个基准面。由于锉削的第一个面相对要求较少，只有平面度要求，所以应该选择加工难度相对较大的大平面，这里选择一个 25mm×115mm 的平面加工。注意在锉削时，毛坯表面可能会有较厚的锈蚀氧化皮，应选择一把较大的粗齿旧锉刀清除锈蚀，然后再根据粗、精加工要求选择相应的锉刀。

(3) 加工第二个基准面。选择与第一基准相邻的 25mm×115mm 平面加工，加工的方法与第一基准面基本相同，增加与第一基准的垂直度测量。

(4) 加工第三个基准面。选择与第一、第二基准相垂直的 25mm×25mm 平面加工，此面不仅有平面度要求，还分别有相对第一、第二基准面的垂直度要求。

(5) 长方体划线。以前 3 步加工的基准面作为划线基准，在划线平板上完成 20mm×20mm×112mm 长方体的划线。

(6) 锯割长方体。沿所划线外侧锯割，均匀留下 0.30mm 左右的锉削加工余量。如果所留余量较大，可先用扁錾錾去多余的金属，使得锉削余量均匀适当。

(7) 锉削长方体。按图纸公差要求完成 20mm×20mm×112mm 长方体的锉削，检测平面度、垂直度、平行度的要求。

(8) 錾口榔头划线。按图纸完成榔头划线，可预先制作划线样板，这样批量划线时可以提高效率。

(9) 錾口榔头锯割。沿錾口斜面锯割分离材料，圆弧处可以斜面近似锯出。

(10) 錾口榔头锉削。平面选择平锉、圆弧面选择半圆锉锉削加工，按图纸要求检测各项尺寸和形状位置的误差，圆弧用半径规检测。

(11) 孔加工。按图纸划线，选 ϕ10mm 麻花钻，钻削两个相切孔，使用圆锉贯通两孔锉削至图纸所示形状，检测榔头手柄孔的对称度。

(12) 修整。修整各已加工表面，使得锉纹方向一致，表面美观。

(13) 热处理。錾口榔头整体做淬火处理。

5.3　钻、扩、锪、铰孔加工

各种零件上的孔加工，除去一部分由车、镗、铣等机床完成外，很大一部分是由钳工利用各种钻床和钻孔工具完成的。钳工加工孔的方法一般是指钻孔、扩孔和铰孔。

5.3.1　加工设备

1. 钻床

常用的钻床有台式钻床、立式钻床和摇臂钻床 3 种，手电钻也是常用的钻孔工具。

(1) 台式钻床：如图 5-59 所示，台式钻床简称台钻，是一种放在工作台上使用的小型钻床。台钻重量轻，移动方便，转速高(最低转速在 400r/min 以上)，适于加工小型零件上的小孔(直径≤13mm)，其主轴进给是手动的。

(2) 立式钻床：如图 5-60 所示，立式钻床简称立钻，其规格用最大钻孔直径表示。常用的立钻规格有 25mm、35mm、40mm 和 50mm 等几种。与台钻相比，立钻刚性好，功率大，因此允许采用较高的切削用量，生产效率较高，加工精度也较高。立钻主轴的转速和走刀量变化范围大，而且可以自动走刀，因此可适应不同的刀具进行钻孔、扩孔、锪孔、铰孔和攻螺纹等多种加工。立钻适用于单件、小批量生产中的中、小型零件的加工。

(3) 摇臂钻床：如图 5-61 所示，这类钻床机构完善，它有一个能绕立柱旋转的摇臂，摇臂带动主轴箱可沿立柱垂直移动，同时主轴箱还能在摇臂上做横向移动。由于结构上的这些特点，摇臂钻床操作时能很方便地调整刀具位置以对准被加工孔的中心，而无须移动工件来进行加工。此外，摇臂钻床的主轴转速范围和进给量范围很大，因此适用于笨重、大工件及多孔工件的加工。

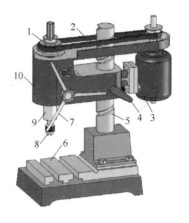

图 5-59　台式钻床

1—塔轮；2—V 带；3—电动机；4—锁紧手柄；5—立柱；6—工作台；
7—进给手柄；8—钻夹头；9—主轴；10—头架

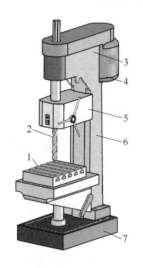

图 5-60　立式钻床

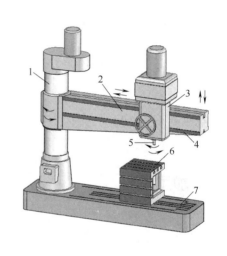

图 5-61　摇臂钻床

1—工作台；2—主轴；3—主轴变速箱；4—电动机；　1—立柱；2—摇臂；3—主轴箱；4—摇臂导轨；
5—进给箱；6—立柱；7—机座　　　　　　　5—主轴；6—工作台；7—机座

(4) 手电钻。如图 5-62 所示，手电钻主要用于钻直径 12mm 以下的孔，常用于不便使用钻床钻孔的场合。手电钻的电源有 220V 和 380V 两种。由于手电钻携带方便，操作简单，使用灵活，因此其应用比较广泛。

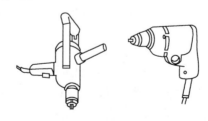

图 5-62　手电钻

2. 钻头与夹具

麻花钻是钻孔用的主要刀具,用高速钢制造,其工作部分经热处理淬硬至 62～65HRC。钻头由柄部、颈部及工作部分组成,如图 5-63 所示。

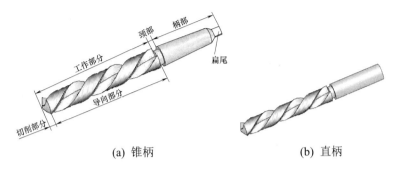

(a) 锥柄　　　　　　　　　　　(b) 直柄

图 5-63　麻花钻头的构造

(1) 柄部:柄部是钻头的夹持部分,起传递动力的作用。锥柄按形状分为直柄和锥柄两种。直柄传递的扭矩力较小,一般用于直径小于 12mm 的钻头;锥柄可传递较大的转矩,用于直径大于 12mm 的钻头。锥柄顶部是扁尾,起传递转矩的作用。

(2) 颈部:颈部在制造钻头时起砂轮磨削退刀的作用。钻头直径、材料和厂标一般刻在颈部。

(3) 工作部分:工作部分包括导向部分与切削部分。

导向部分有两条狭长的、螺旋形的、高出齿背 0.5～1mm 的棱边(刃带),其直径前大后小,略有倒锥度,这样可以减少钻头与孔壁间的摩擦。两条对称的螺旋槽,可以用来排除切屑并输送切削液,同时整个导向部分也是切削部分的后备部分。切削部分(见图 5-64)有三条切削刃(刀刃):前刀面和后刀面相交形成两条主切削刃,担负主要切削作用;两后刀面相交形成的两条棱刃(副切削刃),起修光孔壁的作用;修磨横刃是为了减小钻削轴向力和挤刮现象,并提高钻头的定心能力和切削稳定性。

切削部分的几何角度主要有前角 γ、后角 α、顶角 2ψ、螺旋角 ω 和横刃斜角 ψ,其中顶角 2ψ 是两个主切削刃之间的夹角,一般取 $120°\pm2°$。

夹具主要包括钻头夹具和工件夹具两种。

1) 钻头夹具

常用的钻头夹具有钻夹头和钻套,如图 5-65 所示。

(1) 钻夹头。钻夹头适用于装夹直柄钻头,其柄部是圆锥面,可以与钻床主轴内锥孔配合安装,而在其头部的三个夹爪有同时张开或合拢的功能,这使得钻头的装夹与拆卸都很方便。

(2) 钻套。钻套又称过渡套筒,用于装夹锥柄钻头。由于锥柄钻头柄部的锥度与钻床主轴内锥孔的锥度不一致,为使其配合安装,故把钻套作为锥体过渡件。锥套的一端为锥孔,可内接钻头锥柄,另一端的外锥面接钻床主轴的内锥孔。钻套依其内外锥锥度的不同分为 5 个型号(1～5)。例如,2 号钻套其内锥孔为 2 号莫氏锥度,外锥面为 3 号莫氏锥度,使用时可根据钻头锥柄和钻床主轴内锥孔的锥度来选用。

2) 工件夹具

加工工件时,应根据钻孔直径和工件形状来合理地使用工件夹具。装夹工件要牢固可靠，但又不能将工件夹得过紧而损伤工件或使工件变形而影响钻孔质量。常用的夹具有手虎钳、机床用平口虎钳、V形架和压板等。

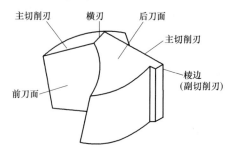

主切削刃　横刃　后刀面　主切削刃　棱边（副切削刃）　前刀面

图 5-64　麻花钻的切削部分

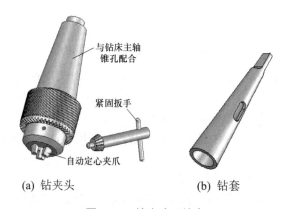

与钻床主轴锥孔配合　紧固扳手　自动定心夹爪

(a) 钻夹头　　　　(b) 钻套

图 5-65　钻夹头及钻套

对于薄壁工件和小工件，常用手虎钳夹持，如图 5-66(a)所示；机床用平口虎钳用于中小型平整工件的夹持，如图 5-66(b)所示；对于轴或套筒类工件可用 V 形架夹持(见图 5-66(c))，并和压板配合使用；对不适于用虎钳夹紧的工件或要钻大直径孔的工件，可用压板、螺栓直接固定在钻床工作台上，如图 5-66(d)所示。在成批和大量生产中可广泛应用钻模夹具，这种方法可提高生产率。例如，应用钻模钻孔时，可免去划线工作，提高生产效率，钻孔精度可提高一级，粗糙度也有所减小。

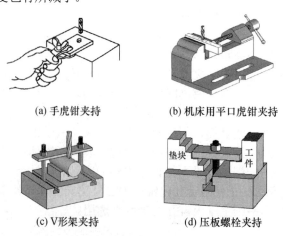

(a) 手虎钳夹持　　　　(b) 机床用平口虎钳夹持

(c) V形架夹持　　　　(d) 压板螺栓夹持

图 5-66　工件夹持方法

3. 扩孔、铰孔、锪孔使用的刀具

1) 扩孔钻

一般用麻花钻作扩孔钻。在扩孔精度要求较高或生产批量较大时，还采用专用扩孔钻扩孔。扩孔钻和麻花钻相似，所不同的是它有3～4条切削刃，但无横刃，其顶端是平的，螺旋槽较浅，故钻芯粗实、刚性好、不易变形、导向性能好。扩孔钻切削平稳，可提高扩孔后孔的加工质量。如图5-67所示为扩孔钻。

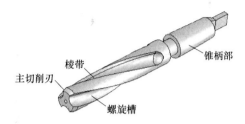

图 5-67　扩孔钻

2) 铰刀及铰杠

铰刀是多刃切削刀具，有6～12个切削刃，铰孔时其导向性好。由于刀齿的齿槽很浅，铰刀的横截面大，因此铰刀的刚性好。铰刀按使用方法可分为手用和机用两种；按所铰孔的形状分为圆柱形和圆锥形两种，如图5-68所示。

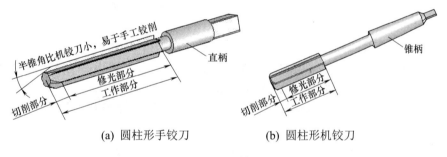

(a) 圆柱形手铰刀　　　　(b) 圆柱形机铰刀

图 5-68　铰刀

3) 锪钻

常用的锪钻种类有柱形锪钻(锪柱孔)、锥形锪钻(锪锥孔)和端面锪钻(锪端面)三种，如图5-69所示。

(a) 柱形锪钻　　　(b) 锥形锪钻　　　(c) 端面锪钻

图 5-69　锪钻

5.3.2 钻孔与扩孔、铰孔、锪孔操作

1. 钻孔操作

1) 切削用量的选择

钻孔切削用量是钻头的切削速度、进给量和切削深度的总称。切削用量愈大，单位时间内切除金属愈多，生产效率愈高。由于切削用量受到钻床功率、钻头强度、钻头耐用度和工件精度等许多因素的限制不能任意提高，因此，合理选择切削用量就显得十分重要。它将直接关系到钻孔生产率、钻孔质量和钻头的寿命。通过分析可知：切削速度和进给量对钻孔生产率的影响是相同的；切削速度对钻头耐用度的影响比进给量大；进给量对钻孔粗糙度的影响比切削速度大。综上所述可知，钻孔时选择切削用量的基本原则是：在允许的范围内，尽量先选较大的进给量，当进给量受到孔表面粗糙度和钻头刚度的限制时，再考虑较大的切削速度。在钻孔实践中人们已积累了大量的有关选择切削用量的经验，并经过科学总结制成了切削用量表，在钻孔时可参考使用。

2) 操作方法

操作方法正确与否，将直接影响钻孔的质量和操作安全。按划线位置钻孔：工件上的孔径圆和检查圆均需打上样冲眼作为加工界线，中心眼应打大一些。钻孔时先用钻头在孔的中心锪一小窝(约占孔径的1/4)，检查小窝与所划圆是否同心：如稍偏离，可用样冲将中心冲大校正或移动工件校正；若偏离较多，可用窄錾在偏斜相反方向凿几条槽再钻，便可逐渐将偏斜部分校正过来，如图 5-70 所示。

(1) 钻通孔。在孔将被钻透时，进给量要减小，可将自动进给变为手动进给，以避免钻头在钻穿的瞬间抖动，出现"啃刀"现象，影响加工质量，损坏钻头，甚至发生事故。

(2) 钻盲孔(不通孔)。钻盲孔时，要注意掌握钻孔的深度。

控制钻孔深度的方法有：调整好钻床上深度标尺挡块、安置控制长度量具或用粉笔作标记。

(3) 钻深孔。当孔深超过孔径 3 倍时，即为深孔。钻深孔时要经常退出钻头排屑和冷却，否则容易造成切屑堵塞或使钻头切削部分过热导致钻头磨损甚至折断，影响孔的加工质量。

(4) 钻大孔。直径(D)超过 30mm 的孔应分两次钻，即第一次用$(0.5\sim0.7)D$ 的钻头先钻，然后再用所需直径的钻头将孔扩大到所要求的直径。分两次钻削，既有利于钻头的使用(负荷分担)，也有利于提高钻孔的质量。

(5) 钻削时的冷却润滑。钻削钢件时，为了降低粗糙度，一般使用机油作切削液，但为了提高生产效率，则更多地使用乳化液；钻削铝件时，多用乳化液、煤油；钻削铸铁件时则用煤油。

2. 扩孔、铰孔和锪孔操作

1) 扩孔

扩孔用以扩大已加工出的孔(铸出、锻出或钻出的孔)，如图 5-71 所示。它可以校正孔的轴线偏差，并使其获得较正确的几何形状和较小的表面粗糙度，其加工精度一般为IT10~

IT9 级，表面粗糙度 Ra=6.3～3.2μm。扩孔可作为要求不高的孔的最终加工，也可作为精加工(如铰孔)前的预加工，扩孔加工余量为 0.5～4mm。

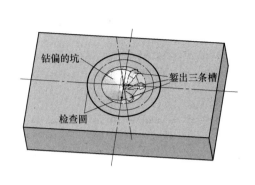

图 5-70　钻偏时的纠正方法

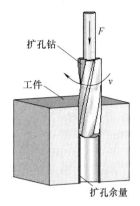

图 5-71　扩孔

2)　铰孔

铰孔是用铰刀从工件壁上切除微量金属层，以提高其尺寸精度和表面质量的加工方法。铰孔的加工精度可高达 IT7～IT6 级，铰孔的表面粗糙度可达 Ra=0.8～0.4μm。

铰孔因余量很小，而且切削刃的前角 γ=0°，所以铰削实际上是修刮过程。特别是手工铰孔时，由于切削速度很低，不会受到切削热和振动的影响，故铰孔是对孔进行精加工的一种方法。铰孔时铰刀不能倒转，否则，切屑会卡在孔壁和切削刃之间，从而使孔壁划伤或切削刃崩裂。铰削时如采用切削液，孔壁的表面粗糙度将更小，如图 5-72 所示。

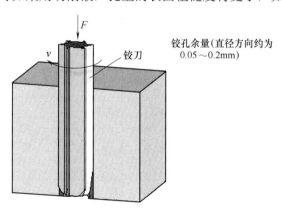

图 5-72　铰孔

钳工常遇到的锥销孔铰削，一般采用相应孔径的圆锥手用铰刀进行。

3)　锪孔

锪孔是用锪钻对工件上的已有孔进行孔口形面的加工。其目的是保证孔端面与孔中心线的垂直度，以便使其与孔连接的零件位置正确，连接可靠。常用的锪孔工具有柱形锪钻(锪柱孔)、锥形锪钻(锪锥孔)和端面锪钻(锪端面)3 种，如图 5-73 所示。

圆柱形埋头锪钻的端刃起切削作用，其周刃作为副切削刃起修光作用，如图 5-73(a)所示。为了保证原有孔与埋头孔同心，锪钻前端带有导柱与已有孔配合使用起定心作用。导柱和锪钻本体可制成整体，也可分开制造，然后装配成一体。

(a) 锪柱孔　　　　　　(b) 锪锥孔　　　　　　(c) 锪端面

图 5-73　锪孔

锥形锪钻用来锪圆锥形沉头孔，如图 5-73(b)所示。锪钻顶角有 60°、75°、90° 和 120° 4 种，其中以顶角为 90° 的锪钻应用最为广泛。

端面锪钻用来锪与孔垂直的孔口端面，如图 5-73(c)所示。

5.3.3　专项技能训练课题

1. 完成图纸所示孔加工操作

完成如图 5-74 所示的孔加工操作。

钻孔时，选择转速和进给量的方法是：用小钻头钻孔时，转速可快些，进给量要小些；用大钻头钻孔时，转速要慢些，进给量适当大些；钻硬材料时，转速要慢些，进给量要小些；钻软材料时，转速要快些，进给量要大些；用小钻头钻硬材料时可以适当地减慢速度。

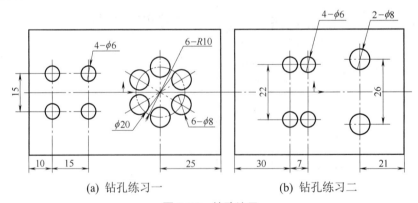

(a) 钻孔练习一　　　　　　　　　(b) 钻孔练习二

图 5-74　钻孔练习

钻孔时手进给的压力是根据钻头的工作情况，以目测和感觉的方式进行控制，在实习中应注意掌握。

钻孔操作时应注意的事项如下。

(1) 操作者衣袖要扎紧，严禁戴手套，女同学必须戴工作帽。

(2) 工件夹紧必须牢固。孔将钻穿时要尽量减小进给力。

(3) 先停车后变速。用钻夹头装夹钻头，要用钻夹头紧固扳手，不要用扁铁和手锤敲击，以免损坏夹头。

(4) 不准用手拉或嘴吹钻屑，以防铁屑伤手和伤眼。

(5) 钻通孔时，工件底面应放垫块，或将钻头对准工作台的 T 形槽。

(6) 使用电钻时应注意用电安全。

手工铰孔时，两手用力要均匀、平稳，不得有侧向压力，避免孔口成喇叭形或将孔径扩大。铰刀退出时，不能反转，防止刃口磨损及切屑嵌入刀具与孔壁之间，而将孔壁划伤。

2. 刃磨钻头

1) 刃磨要求

钻头在使用过程中要经常刃磨，以保持锋利。刃磨的一般要求是：两条主切削刃等长，顶角 2ψ 应符合所钻材料的要求并对称于轴线，后角 α 与横刃斜角 ψ 应符合要求。

2) 刃磨方法

如图 5-75 所示，右手握住钻头前部并靠在砂轮架上作为支点，将主切削刃摆平(稍高于砂轮中心水平面)，然后平行地接触砂轮母线，同时使钻头轴线与砂轮母线在水平面内成半顶角 ψ ($\psi =59°$)；左手握住钻尾，在磨削时上下摆动，其摆动的角度约等于后角 α。一条主切削刃磨好后，将钻头转过 $180°$，按上述方法再磨另一条主切削刃。钻头刃磨后的角度一般凭经验目测，也可用样板进行检查。

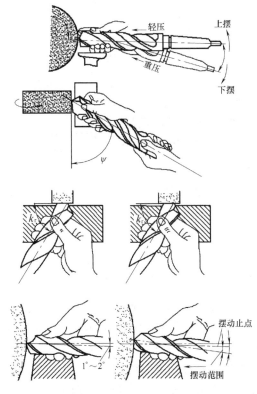

图 5-75　麻花钻刃磨方法

3) 钻头刃磨后的检查

当麻花钻磨好后，通常采用目测法进行检查。其方法是把钻头垂直竖在与眼等高的位置上，在明亮的背景下用肉眼观察两刃的长短、高低以及它的后角等。但由于视差关系，往往会感到左刃高、右刃低，此时就要把钻头转过 180°再进行观察。这样反复观察对比，最后觉得两刃基本对称，就可以使用。如果发现两刃有偏差，必须继续进行修磨。

4) 钻头刃磨时的注意事项

(1) 刃磨钻头时，钻尾向上摆动，不得高出水平线，以防磨出负后角；钻尾向下摆动亦不能太多，以防磨掉另一条主刀刃。

(2) 随时检查两主切削刃的刃长及与钻头轴心线的夹角是否对称。

(3) 刃磨时应随时冷却，以防钻头刃口发热退火，降低硬度。

5.4 攻丝和套丝

攻丝是用丝锥在工件的光孔内加工出内螺纹的方法。套丝是用板牙在工件光轴上加工出外螺纹的方法。

5.4.1 攻丝和套丝的工具

1. 丝锥和铰杠

丝锥是加工内螺纹的工具。手用丝锥是用合金工具钢 9SiCr 或滚动轴承钢 GCr9 经滚牙(或切牙)、淬火回火制成的，机用丝锥则都用高速钢制造的。丝锥的结构如图 5-76 所示。

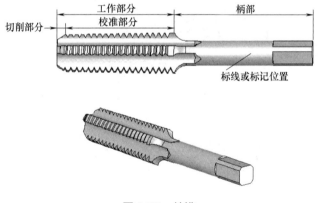

图 5-76　丝锥

丝锥由工作部分和柄部组成。工作部分则由切削部分和校准部分组成，工作部分有 3～4 条轴向容屑槽，可容纳切屑，并形成切削刃和前角。切削部分是圆锥形，切削刃分布在圆锥表面，起主要切削作用。校准部分具有完整的齿形，可校正已切出的螺纹，并起导向作用。柄部末端有方头，以便用铰杠装夹和旋转。

每种型号的丝锥一般由两支或三支组成一套，分别称为头锥、二锥和三锥。成套丝锥分次切削，依次分担切削量，以减轻每支丝锥单齿切削的负荷。M6～M24 的丝锥两支一套，小于 M6 和大于 M24 的三支一套。小丝锥强度差，易折断，将切削余量分配在三个等径的丝锥上。大丝锥切削的金属量多，应逐渐切除，切除量分配在三个不等径的丝锥上。如图 5-77 所示为成套丝锥的切削用量分布。

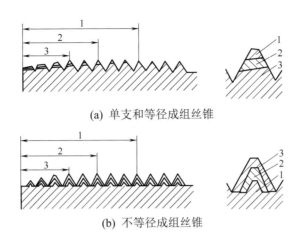

(a) 单支和等径成组丝锥

(b) 不等径成组丝锥

图 5-77　成套丝锥的切削用量分布

1—初锥或第一粗锥(头攻)；2—中锥或第二粗锥(二攻)；3—底锥或精锥(三攻)

　　铰杠是用来夹持丝锥和转动丝锥的手用工具。有普通铰杠和丁字铰杠(见图 5-78)。丁字铰杠主要用于攻工件凸台旁边的螺纹或机体内部的螺纹。各类铰杠又有固定式和活动式两种。

(a) 活动丁字铰杠　　　　　　　　　　　　　　(b) 固定丁字铰杠

图 5-78　丁字铰杠

2．板牙和板牙架

　　板牙是加工外螺纹的工具，是用合金工具钢 9SiCr、9Mn2V 或高速钢经淬火、回火制成的。板牙的构造如图 5-79 所示，由切削部分、校准部分和排屑孔组成。它本身就像一个圆螺母，只是在它上面钻有 3～5 个排屑孔(即容屑槽)，并形成切削刃。

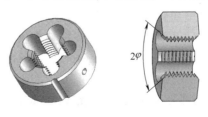

图 5-79　板牙

　　切削部分是板牙两端带有切削锥角 2ψ 的部分，经铲、磨，起着主要的切削作用。板牙的中间是校准部分，也是套丝的导向部分，起修正和导向的作用。板牙的外圆有一条 V 形槽和四个 90°的顶尖坑。其中两个顶尖坑供螺钉紧固板牙用，另外两个和介于其间的 V 形槽是调整板牙工作尺寸用的，当板牙因磨损而尺寸扩大后，可用砂轮边沿 V 形槽切开，用螺钉顶紧 V 形槽旁的尖坑，以缩小板牙的工作尺寸。

板牙架是用来夹持板牙和传递扭矩的工具，如图 5-80 所示。

顶丝

图 5-80　板牙架

5.4.2　攻丝和套丝的操作

1．攻丝前螺纹底孔的确定

攻丝时，丝锥主要是切削金属，但也伴随有严重的挤压作用，因此会产生金属凸起并挤压牙尖，使攻螺纹后的螺纹孔内径小于原底孔直径。因此攻螺纹的底孔直径应稍大于螺纹内径，否则攻螺纹时因挤压作用，使螺纹牙顶与丝锥牙底之间没有足够的容屑空间，将丝锥箍住，甚至折断。该现象在攻塑性材料时更为严重。但螺纹底孔过大，又会使螺纹牙型高度不够，降低强度。底孔直径的大小，要根据工件的塑性高低及钻孔扩张量来考虑。

(1) 加工钢和塑性较好的材料，在中等扩张量的条件下，钻头直径可按下式选取。

$$D = d - P$$

式中，D 为攻螺纹前，钻螺纹底孔用钻头直径，mm；d 为螺纹直径，mm；P 为螺距，mm。M8，$P = 1.25$；M10，$P = 1.5$。

(2) 加工铸铁和塑性较差的材料，在较小扩张量的条件下，钻头直径可按下式选取。

$$D = d - (1.05 \sim 1.1)P$$

2．攻丝操作

先将头锥垂直地放入已倒好角的工件孔内，先旋转 1～2 圈，用目测或 90° 角尺在相互垂直的两个方向上检查，如图 5-81 所示，然后用铰杠轻压旋入。当丝锥的切削部分已经切入工件后，可只转动而不加压。每转一圈应反转 1/4 圈，以便切屑断落，如图 5-82 所示。攻完头锥后继续攻二锥、三锥。攻二锥、三锥时先把丝锥放入孔内，旋入几扣后，再用铰杆转动，旋转铰杆时不需加压。

盲孔(不通孔)攻丝时，由于丝锥切削部分不能切出完整的螺纹，所以光孔深度(h)至少要等于螺纹长度(L)与丝锥切削部分长度之和，丝锥切削部分的长度大致等于内螺纹大径的 0.7 倍，即

$$h = L + 0.7D$$

同时要注意丝锥顶端快碰到底孔时，更应及时清除积屑。

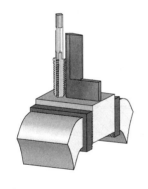

图 5-81　用 90°角尺检查丝锥的位置

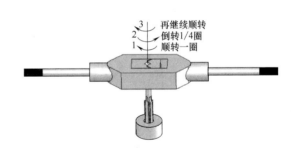

图 5-82　攻螺纹操作

攻普通碳钢工件时，常加注 N46 机械润滑油；攻不锈钢工件时，可用极压润滑油润滑，以减少刀具磨损，改善工件的加工质量。

攻铸铁工件时，采用手攻可不必加注润滑油，采用机攻应加注煤油，以清洗切屑。

3. 套丝前圆杆直径的确定

套丝前应检查圆杆的直径，太大难以套入，太小则套出的螺纹不完整。圆杆直径可用下面的经验公式计算。

$$d' \approx d - 0.13P$$

式中，d' 为圆杆直径，mm；d 为外螺纹大径，即螺栓公称直径，mm；P 为螺纹螺距，mm。圆杆端部应做成 $2\psi \leqslant 60°$ 的锥台，便于板牙定心切入。

4. 套丝操作

套丝时板牙端面与圆杆应严格地保持垂直。工件伸出钳口的长度，在不影响螺纹要求长度的前提下，应尽量短些。套丝过程与攻丝相似，如图 5-83 所示。

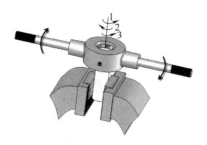

图 5-83　圆杆倒角和套螺纹

在切削过程中，如手感较紧，应及时退出，清理切屑后再进行，并加机油润滑。

5.4.3　专项技能训练课题

根据图 5-84 所示要求计算底孔直径，在钢件、铸件上钻底孔并攻螺纹。

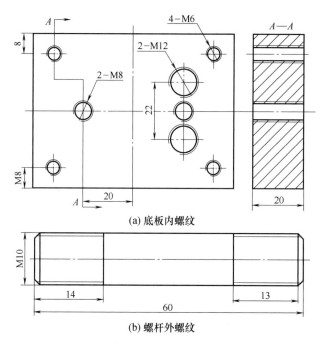

(a) 底板内螺纹

(b) 螺杆外螺纹

图 5-84 攻丝套丝

起攻、起套要从前后、左右两个方向观察与检查，及时进行垂直度的找正，这是保证攻螺纹、套螺纹质量的重要操作步骤。特别是套螺纹时，由于板牙切削部分的圆锥角较大，起套的导向性较差，容易产生板牙端面与圆杆轴心线不垂直的情况，造成烂牙(乱扣)，甚至不能继续切削。起攻、起套操作正确、两手用力均匀以及掌握好最大用力限度是攻螺纹、套螺纹的基本功之一，必须掌握。

攻螺纹及套螺纹的注意事项如下。

(1) 攻螺纹(套螺纹)已经感到很费力时，不可强行转动，应将丝锥(板牙)倒退出，清理切屑后再攻(套)。

(2) 攻制不通的螺孔时，应注意丝锥是否已经接触到孔底，此时如继续硬攻，就会折断丝锥。

(3) 使用成套丝锥，要按头锥、二锥、三锥依次取用。

5.5 刮削与研磨

用刮刀在工件已加工的表面上刮去一层很薄金属的操作叫刮削。刮削时刮刀对工件既有切削作用，又有压光作用。经刮削的表面可留下微浅刀痕，形成存油空隙，减少摩擦阻力，从而可以改善表面质量，降低表面粗糙度，提高工件的耐磨性，还能使工件表面美观。刮削是一种精加工方法，常用于加工零件上互相配合的重要滑动表面，如机床导轨、滑动轴承等，以使其均匀接触。在机械制造、工具、量具制造和修理工作中，刮削占有重要地位，得到了广泛的应用。刮削的缺点是生产效率低，劳动强度大。

5.5.1　刮削用工具

1. 刮刀

刮刀一般用碳素工具钢 T10A～T12A 或轴承钢锻成，也有的刮刀头部焊上硬质合金用以刮削硬金属。刮刀分为平面刮刀和曲面刮刀两类。

(1) 平面刮刀。平面刮刀用于刮削平面，有普通刮刀(见图 5-85(a))和活头刮刀(见图 5-85(b))两种。

(a) 普通刮刀　　　　　　　　　　(b) 活头刮刀

图 5-85　平面刮刀

活头刮刀除机械夹固外，还可用焊接的方法将刀头焊在刀杆上。

平面刮刀按所刮表面精度又可分为粗刮刀、细刮刀和精刮刀三种，其头部形状(刮削刃的角度)如图 5-86 所示。

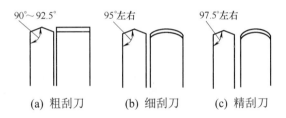

(a) 粗刮刀　　　　(b) 细刮刀　　　　(c) 精刮刀

图 5-86　平面刮刀的头部形状

(2) 曲面刮刀。曲面刮刀用来刮削内弧面(主要是滑动轴承的轴瓦)，其式样很多，如图 5-87 所示，其中以三角刮刀最为常见。

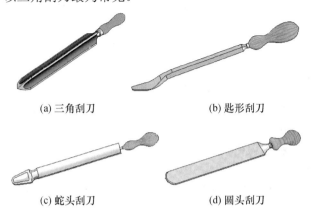

(a) 三角刮刀　　　　　　　　　(b) 匙形刮刀

(c) 蛇头刮刀　　　　　　　　　(d) 圆头刮刀

图 5-87　曲面刮刀

2．校准工具

校准工具有两个作用：一是用来与刮削表面磨合，以接触点子的多少和分布的疏密程度来显示刮削表面的平整程度，提供刮削的依据；二是用来检验刮削表面的精度。

刮削平面的校准工具有：校准平板——检验和磨合宽平面用的工具；桥式直尺、工字形直尺——检验和磨合长而窄平面用的工具；角度直尺——用来检验和磨合燕尾形或 V 形面的工具。几种工具的结构如图 5-88 所示。

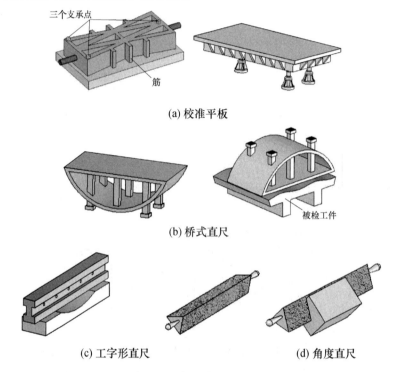

(a) 校准平板

(b) 桥式直尺

(c) 工字形直尺   (d) 角度直尺

图 5-88　平面刮削用校准工具

刮削内圆弧面时，经常采用与之相配合的轴作为校准工具，如无现成轴时，可自制一根标准心轴作为校准工具。

3．显示剂

显示剂是为了显示被刮削表面与标准表面间贴合程度而涂抹的一种辅助材料，显示剂应具有色泽鲜明、颗粒极细、扩散容易、对工件没有磨损及无腐蚀性等特点，且价廉易得。目前常用的显示剂及用途如下。

(1) 红丹粉。红丹粉用氧化铁或氧化铝加机油调成，前者呈紫红色，后者呈橘黄色，多用于铸铁和钢的刮削。

(2) 蓝油。蓝油用普鲁士蓝加蓖麻油调成，多用于铜和铝的刮削。

5.5.2 刮削操作

1. 刮削平面

平面刮削的方式有挺刮式和手刮式两种。

1) 挺刮式

将刮刀柄放在小腹右下侧，在距刀刃约 80～100mm 处双手握住刀身，用腿部和臂部的力量使刮刀向前挤刮。当刮刀开始向前挤时，双手加压力，在推挤中的瞬时，右手引导刮刀方向，左手控制刮削，到需要的长度时，将刮刀提起，如图 5-89(a)所示。

2) 手刮式

右手握刀柄，左手握在距刮刀头部约 50mm 处，刮刀与刮削平面约成 25°～30° 角。刮削时右臂向前推，左手向下压并引导刮刀方向，双手动作与挺刮式相似，如图 5-89(b)所示。

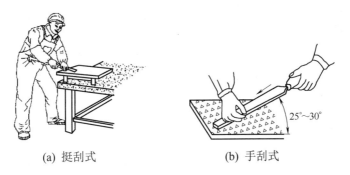

(a) 挺刮式   (b) 手刮式

图 5-89 平面刮削方式

2. 刮削曲面

对于要求较高的某些滑动轴承的轴瓦，通过刮削，可以得到良好的配合。刮削轴瓦时用三角刮刀，而研点的方法是在轴上涂上显示剂(常用蓝油)，然后与轴瓦配研。曲面刮削的原理和平面刮削一样，只是曲面刮削使用的刀具和掌握刀具的方法和平面刮削有所不同，如图 5-90 所示。

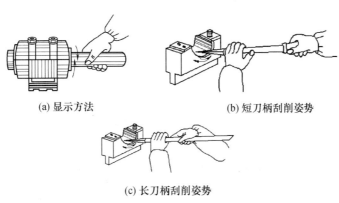

(a) 显示方法   (b) 短刀柄刮削姿势

(c) 长刀柄刮削姿势

图 5-90 内曲面的显示方法与刮削姿势

3. 刮削步骤

1) 粗刮

若工件表面比较粗糙、加工痕迹较深或表面严重生锈、不平或扭曲，刮削余量在 0.05mm 以上时，应先粗刮。粗刮的特点是采用长刮刀，行程较长(10~15mm)，刀痕较宽(10mm)，刮刀痕迹顺向，成片不重复。机械加工的刀痕刮除后，即可研点，并按显出的高点刮削。当工件表面研点每 25m×25mm 面积上为 4~6 点并留有细刮加工余量时，可开始细刮。

2) 细刮

细刮就是将粗刮后的高点刮去。其特点是采用短刮法(刀痕宽约 6mm，长 5~10mm)，研点分散快。细刮时要朝着一定的方向刮，刮完一遍后，刮第二遍时要呈 45° 或 60° 方向交叉刮出网纹。当平均研点每 25m×25mm 面积上为 10~14 点时，即可结束细刮。

3) 精刮

在细刮的基础上进行精刮，采用小刮刀或带圆弧的精刮刀，刀痕宽约 4mm，平均研点每 25m×25mm 上应为 20~25 点，常用于检验工具、精密导轨面和精密工具接触面的刮削。

4) 刮花

刮花的作用一是美观，二是有积存润滑油的功能。一般常见的花纹有：斜花纹、燕形花纹和鱼鳞花纹等。另外，还可通过观察原花纹的完整和消失的情况来判断平面工作后的磨损程度。

4. 刮削质量的检验

刮削质量要根据刮削研点的多少、高低误差、分布情况及粗糙度来确定。

(1) 刮削研点的检查，如图 5-91(a)所示。用边长为 25mm 的方框来检查，刮削精度以方框内的研点数目来表示。

(2) 刮削面平面度、直线度的检查，如图 5-91(b)所示。机床导轨等较长的工件及大平面工件的平面度和直线度，可用水平仪来进行检查。

(3) 研点高低的误差检查，如图 5-91(c)所示。用百分表在平板上检查时，小工件可以采用固定百分表、移动工件的方式；大工件则采用固定工件、移动百分表的方式来检查。

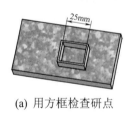

(a) 用方框检查研点

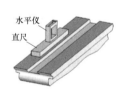

(b) 用水平仪检查刮削精度

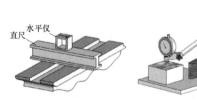

(c) 用百分表检验平面

图 5-91　刮削质量的检验

5.5.3　研具与研磨剂

研磨工艺的基本原理是游离的磨料通过辅料和研磨工具(以下简称研具)的物理和化学的综合作用,对工件表面进行光整加工。在研磨加工中,研具是保证研磨质量和研磨效率的重要因素。因此对研具的材料、硬度及研具的精度、表面粗糙度等都有较高的要求。

1. 研具材料

研具材料应具备组织结构细致均匀的特点,有很高的稳定性和耐磨性及抗擦伤能力;有很好的嵌存磨料的性能;工作面的硬度一般应比工件表面的硬度稍低。

1) 铸铁

铸铁研具不仅适用于加工多种材料的工件,而且适用于湿研和干研。其硬度应在HB110～190,并在同一工作面上硬度基本一致;应无砂眼等影响精确度的外观缺陷。

用于精研的普通灰铸铁材料,其化学成分为:碳 2.7%～3.0%,硅 1.3%～1.8%,锰 0.6%～0.9%,磷 0.65%～0.70%,硫小于 0.10%。

用于粗研的铸铁材料,其化学成分为:碳 3.5%～3.7%,硅 1.5%～2.2%,锰 0.4%～0.7%,磷 0.1%～0.15%,锑 0.45%～0.55%。

用于研磨的铸铁材料除了普通灰铸铁外,还有球墨铸铁和高磷低合金铸铁。近年来出现的一种新型铸铁研具,采用了高 Si/C 比值铸铁,即高强度低应力铸铁。并在高强度低应力铸铁研具的工作表面上运用电阻接触淬火技术或400W的 CO_2 激光器淬硬灰口铸铁技术,产生了一种高硬度、高强度、低应力的铸铁研具。其抗擦伤能力、耐磨性和降低被研磨表面粗糙度的性能都有很大的提高。

2) 其他材料

低碳钢、铜、巴氏合金、铅和玻璃经常用来制作精研淬硬钢时的研具。

2. 研具的类型

研具的类型很多,按其适用范围可分为通用研具和专用研具两类。通用研具适用于一般工件、计量器具、刃具等的研磨。常用的通用研具有研磨平板、研磨盘等。专用研具是指专门用来研磨某种工件、计量器具、刃具等的研具,如螺纹研具、圆锥孔研具、圆柱孔研具、千分尺研磨器和卡尺研磨器等。

3. 研磨剂

研磨剂中磨料和辅料的种类,主要是根据研磨加工的材料及硬度和研磨方法来确定的。

1) 磨料

磨料在研磨中主要起切削作用。研磨加工的效率、精度和表面粗糙度与磨料有密切的关系。常用的磨料有以下 4 个系列。

(1) 金刚石磨料。金刚石磨料是目前硬度最高的磨料,分人造金刚石和天然金刚石两种。金刚石磨料的切削能力强,实用效果好,可用于研磨淬硬钢,适用于研磨硬质合金、硬铬、宝石、陶瓷等超硬材料。随着人造金刚石的制造成本不断下降,金刚石磨料的应用愈来愈广泛。

(2) 碳化物磨料。碳化物磨料的硬度低于金刚石磨料。在超硬材料的研磨加工中，其研磨效率和质量低于金刚石磨料，可用于研磨硬质合金、陶瓷与硬铬等超硬材料，适用于研磨硬度较高的淬硬钢。

(3) 氧化铝磨料。氧化铝磨料的硬度低于碳化物磨料，适用于研磨淬硬钢、未淬硬钢和铸铁等材料。

(4) 软质化学磨料。软质化学磨料的质地较软，可以改善被加工表面的表面粗糙度，提高效率，用于精研或抛光。这类磨料有氧化铬、氧化铁、氧化镁和氧化铈等。

2) 辅料

磨料不能单独用于研磨，而必须和某些辅料配合制成各种研磨剂来使用。辅料中，常用的液态辅料有煤油、汽油、电容器油和甘油等，用来调和磨料，起冷却润滑的作用。另一类是固态辅料，常用的有硬脂。硬脂可起到使被研磨表面金属发生氧化反应以及增强研磨中悬浮工件的作用，如图 5-92 所示。硬脂可以使工件与研具在研磨时不直接接触，只利用露出研具表面和硬脂上面的磨料进行切削，从而降低表面粗糙度。

在研磨工作中，为了使用方便，常将硬脂酸、蜂蜡、无水碳酸钠配制成硬脂。硬脂的配比为：硬脂酸 48g，蜂蜡 8g，无水碳酸钠 0.1g，甘油 12 滴(用 100mL 滴瓶的滴管)。制作时，把硬脂酸和蜂蜡放入容器内加热至熔化，再加上无水碳酸钠和甘油，连续搅拌 1～2min，停止加热，然后继续搅拌至即将凝固，立刻倒入定形器中，冷却后即可使用。加热时，时间要掌握好。时间过长，硬脂容易板结，涂在研磨平板等上面时打滑，不易涂划；时间过短，硬脂结构松散，涂划时容易掉渣。

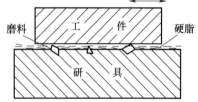

图 5-92　硬脂在研磨中的悬浮作用

3) 研磨剂的配制

研磨剂是选用磨料和辅料，并按一定的比例配制而成的，一般配制成研磨液和研磨膏。为了提高研磨效率和保证被研磨表面不出现明显的划痕，往往采取湿研的方式。湿研时，可将研磨液或研磨膏涂在研具上进行。

研磨液常用微粉、硬脂、煤油和航空汽油等配制而成。研磨液的配比为：白刚玉 15g，硬脂 8g，煤油 35mL，航空汽油 200mL。

研磨膏有普通研磨膏和人造金刚石研磨膏两种。普通研磨膏常用微粉、硬脂、氧化铬、煤油和电容器油等配制而成。普通研磨膏的配比为：白刚玉 40%，硬脂 25%，氧化铬 20%，煤油 5%，电容器油 10%。制作时，将硬脂放入容器内，熔化后加入微粉、氧化铬，连续搅拌，以使其均匀。在温度升至 130～150℃时，保持 15～20min，其目的是蒸发水分，同时清除液面上的细微杂质。然后使温度下降至 70℃时，注入煤油、电容器油。仔细搅拌后，重新加温，保持在 120～130℃，时间约 10min。再次冷却到 45～50℃时，注入定形器，完全冷却后，即可使用。

5.5.4　平面的研磨方法

1. 研磨运动轨迹

1）研磨运动

研磨时，研具与工件之间所做的相对运动称为研磨运动。其目的是实现磨料的切削运动。它的运动状况如何，直接影响研磨质量和研磨效率及研具的耐用度。因此，研磨运动既要使工件均匀地接触研具的全部表面，又要使工件受到均匀研磨，即被研磨的工件表面上的每一点所走的路程相等，且能不断地、有规律地改变运动方向，避免过早出现重复。

2）研磨运动轨迹

工件(或研具)上的某一点在研具(或工件)表面上所运动的路线，称为研磨运动轨迹。研磨运动轨迹要紧密、排列整齐、互相交错，一般应避免重叠或同方向平行，要均匀地遍布整个研磨表面。

手工研磨平面的运动轨迹形式，常用的有螺旋线式(见图 5-93)和"8"字形式(见图 5-94)以及直线往复式。直线往复式研磨运动轨迹比较简单，但不能使工件表面上的加工纹路相互交错，因此难以使工件表面获得较好的表面粗糙度，但可获得较高的几何精度，适用于阶台和狭长平面工件的研磨。螺旋线式研磨运动轨迹，能使研具和工件表面保持均匀的接触，既有利于提高研磨质量，又可使研具保持均匀的磨损，适用于平板及小平面工件的研磨。

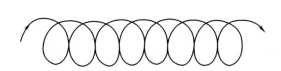

图 5-93　螺旋线式研磨运动轨迹　　　　图 5-94　"8"字形式研磨运动轨迹

2. 研磨速度

研磨速度应根据不同的研磨工艺要求，合理地进行选取。例如研磨狭长的大尺寸平面工件时，应选取低速研磨；而研磨小尺寸或低精度工件时，则需选取中速或高速研磨。一般研磨速度可取 10～150m/min，精研为 30m/min 以下。一般手工粗研每分钟约往复 40～60 次，精研每分钟约往复 20～40 次。

3. 研磨压力

研磨压力在一定范围内与研磨效率成正比，但研磨压力过大，摩擦加剧，将产生较高的温度，从而使工件和研具因受热而变形，直接影响研磨质量和研磨效率及研具的耐用度。一般研磨压力可取 0.01～0.5MPa；手工粗研为 0.1～0.2MPa；手工精研为 0.01～0.05MPa。对于机械研磨，在机床开始启动时，可调小些；在研磨进行中，可调到某一定值；在研磨终了时，可再减小一些，以提高研磨质量。

在一定范围内，工件表面粗糙度随研磨压力的增加而降低。研磨压力在 0.04～0.2MPa

范围内时，改善表面粗糙度的效果显著。

4．研磨时间

对于粗研，研磨时间可根据磨料的切削性能来确定，以获得较高的研磨效率；对于精研，研磨时间为 1～3min。一般来讲，研磨时间越短，则研磨质量越高。当研磨时间超过3min 时，对研磨质量的提高没有显著效果。

5．研磨余量的确定

研磨属于表面光整加工方法之一。工件研磨前的预加工直接影响研磨质量和研磨效率。预加工精度低时，研磨消耗工时多，研具磨损快，达不到工艺效果。故大部分工件(尤其是淬硬钢件)在研磨前都经过精磨，其研磨余量视具体情况而确定。

生产批量大、研磨效率高时，研磨余量可选 0.04～0.07mm；小批、单件生产，而且研磨效率低时，研磨余量为 0.003～0.03mm。例如，经过精磨的工件轴径，手工研磨的余量为 0.003～0.008mm，机械研磨的余量为 0.008～0.015mm。再如，经过精磨的工件孔径，手工研磨的余量为 0.005～0.01mm。另外，经过精磨的工件平面，手工研磨的余量每面为0.003～0.005mm，机械研磨的余量每面为 0.005～0.01 mm。

6．手工研磨工件的平面

手工研磨精度要求较高的平面时，对研具形式(见图 5-95)和研磨剂的选择以及操作技术有更高的要求。一般先用 W20～W18 研磨剂涂敷于开槽式研具上进行粗研，以研去预加工痕迹，达到粗研所要求的加工精度；然后用 W3.5～W5 的干研用研具进行细研，以进一步提高几何形状精度和改善表面粗糙度，为最终的精研做好准备；最后用 W1～W1.5 的干研用研具进行精研，使表面粗糙度达到 Ra=0.05～0.012μm 及 IT5 以内的尺寸精度和相应的几何形状精度。

(a) 圆盘研具　　　　(b) 方形研具　　　　(c) 开槽方形研具　　　　(d) 长方形研具

图 5-95　平面研磨用的研具形式

研磨中要用手工来控制研磨运动的方向、压力及速度等。此外，由于手的前部易施力稍大，所以手指作用在工件上的位置和各手指所施压力的大小，对保证尺寸精度和几何形状精度非常重要。研磨中，要不断调转 90°或 180°，防止因用力不均匀而产生质量缺陷。在研磨中还应注意工件的热变形及注意研磨研具的整个表面。

5.5.5　专项技能训练课题

按照图 5-96 所示在平板上进行刮削和精度检验(刮点为 10～12 点/25m×25mm)。

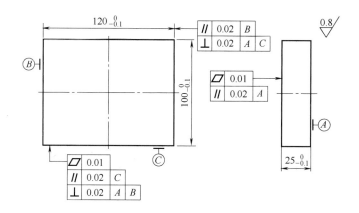

图 5-96　刮削练习

操作要点如下。

(1)　工件安放的高度要适当，一般应低于腰部。

(2)　刮削的姿势要正确，力量发挥要好，刀迹控制要正确，刮点应准确合理，不产生明显的振痕和起刀、落刀痕迹。

(3)　用力要均匀，刮刀的角度、位置要准确。刮削的方向要经常调换，应成网纹形进行，避免产生振痕。

(4)　涂抹显示剂要薄而均匀，如果厚薄不匀会影响工件表面显示研点的正确性。

(5)　推磨研具时，推磨力量要均匀。工件悬空部分不应超过研具本身长度的 1/4，以防失去重心而掉落伤人。

5.6　校正与弯曲

制造机器所用的原材料(如板料、型材等)，常常有不直、不平、翘曲等缺陷；有的机械零件在经过加工、热处理或使用之后会产生变形。消除这些原材料和零件的弯曲、翘曲和变形等缺陷的操作称为校正。

按校正时产生校正力的方法，可分为手工校正、机械校正、火焰校正与高频热点校正等。其中手工校正是由钳工用手锤在平台、铁砧或台虎钳上进行的，它通过扭转、弯曲、延展和伸张等方法，使工件恢复原状。

5.6.1　手工校正工具

1. 平板和铁砧

平板是用来校正较大面积板料或做工件的基准面。铁砧是用作敲打条料或角钢时的砧座。

2. 软硬手锤

校正一般材料通常使用钳工用的手锤和方头手锤。校正已加工过的表面、薄板件或有色金属制件，应使用铜锤、木锤和橡皮锤等软的手锤。

3．抽条和拍板

抽条是用案状薄板料弯成的简易手工工具，用于敲打较大面积的薄板料。拍板是用坚实的木材制成的专用工具，用于敲打板料。

4．螺旋压力机

螺旋压力机适用于校正较长的轴类零件和棒料。

5．检验工具

检验工具有平板、角尺、直尺和百分表等。

5.6.2　校正的基本方法

1．校正的方法

按校正时产生校正力的方法，校正可分为手工校正、机械校正、火焰校正和高频热点校正等。根据变形的类型，校正常采用扭转法、弯曲法、延展法和伸张法等。

(1) 扭转法。扭转法是用来校正条料扭曲变形的方法。小型条料常夹持在台虎钳上，用扳手将其扭转恢复到原状。

(2) 弯曲法。弯曲法是用来校正各种棒料和条料弯曲变形的方法。直径小的棒料和厚度薄的条料，直线度要求不高时，可夹在台虎钳上用扳手校正；直径大的棒料和厚的条料，则常在压力机上校正。

(3) 延展法。延展法是用来校正各种翘曲的型钢和板料的方法。通过用锤子敲击材料适当部位，使其局部延长和展开，达到校正的目的。

(4) 伸张法。伸张法是用来校正各种细长线材的方法。校正时将线材一头固定，然后从固定处开始，将弯曲线绕圆木棒一圈，紧捏圆木棒向后拉，线材就可以伸长而校直。

2．板材的手工校正方法

金属板材有薄板(厚度小于 4mm)和厚板(厚度大于 4mm)之分。薄板中又有一般薄板与铜箔、铝箔等薄而软的材料的区别，所以校正方法也有所不同。

1) 薄板料的校正

薄板的变形主要有中间凸起、边缘呈波浪形以及翘曲等，如图 5-97 所示。

薄板凸起是由于材料变形后中间变薄，金属纤维伸长而引起的。校正时，不能直接锤击凸起的部位，否则不但不能校平，反而会增加翘曲度；而应该锤击板料的边缘，使边缘的材料适当地延展、变薄，这样凸起的部分就会逐渐消除。锤击时，由里向外逐渐由轻到重，由稀到密，直至边缘的材料与中间凸起部分的材料一致时，材料就校平了，如图 5-97(a)所示。

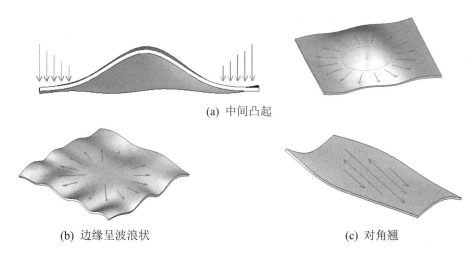

(a) 中间凸起

(b) 边缘呈波浪状　　　　　　　　　　　(c) 对角翘

图 5-97　薄板的校平

如果薄板表面有相邻几处凸起，则应先锤击凸起的交界处，使所有分散的凸起部分聚集为一个总的凸起，然后再用延展法使总的凸起部分逐渐变平直。

如果薄板四周呈波纹状，则是由于材料四周变薄，金属材料伸长而引起的。这时锤击点应从中间向四周逐渐由重到轻、由密到稀，力量由大到小，反复锤打，使薄板达到平整，如图 5-97(b)所示。

如果薄板发生对角翘曲变形，则是因为对角线处材料变薄，金属纤维伸长所致。因此校正时锤击点应沿另外没有翘曲的对角线锤击，使其延展而校平，如图 5-97(c)所示。

如果薄板发生微小扭曲，可用抽条按从左到右的顺序抽打平面，如图 5-98 所示。因为抽条与板料的接触面积较大，受力均匀，容易达到平整。

如果是铜箔、铝箔等薄而软的箔片变形，可用平整的木块，在平板上推压材料的表面，使其达到平整；也可用木锤或橡皮锤校正。

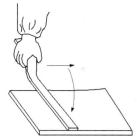

图 5-98　抽打平面

用氧气割下板料时，边缘在气割过程中冷却较快，收缩严重，造成切割下的板料不平。这种情况下也应锤击边缘气割处，使其得到适量的延展。锤击点在边缘处应重而密，第二、三圈应轻而稀，逐渐达到平整。

2)　厚板校正

由于厚板刚性较好，可用锤直接击打凸起的部位，使其压缩变形而达到校正的目的。

5.6.3　弯曲前毛坯尺寸计算

将原来平直的板材或型材弯曲成所要求的曲线形状或角度的操作叫作弯曲。如图 5-99(a)所示为弯曲前的钢板，如图 5-99(b)所示为弯曲后的情况。弯曲后的钢板，它的外层材料伸长(见图 5-99 中 e—e 和 d—d)；内层材料缩短(见图 5-99 中 a—a 和 b—b)；而中间一层材料(见图 5-99 中 c—c)弯曲后的长度不变，这一层称为中性层。材料弯曲部分的断面虽然发生了拉伸和压缩，但其断面面积保持不变。

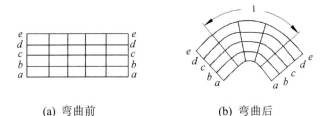

(a) 弯曲前　　　　　　　　　(b) 弯曲后

图 5-99　钢板弯曲前后的情况

经过弯曲的工件越靠近材料的表面，金属变形越严重，也就越容易出现拉裂或压裂现象。弯曲半径越小，外层材料变形越大。为了防止弯曲件拉裂，必须限制工件的弯曲半径，使它大于导致材料开裂的临界弯曲半径——最小弯曲半径。实验证明，当弯曲半径大于 2 倍材料的厚度时，一般就不会被弯裂。如果工件的弯曲半径比较小，应该分两次或多次弯曲，中间进行退火。

材料弯曲变形是塑性变形，但是不可避免地有弹性变形存在。工件弯曲后，由于弹性变形的恢复，使得弯曲角度和弯曲半径发生了变化，这种现象称为"回弹"。利用胎具、模具成批弯制工件时，要多弯过一些，以抵消工件的回弹。

计算弯曲变形前毛坯长度时，分为直边部分与弯曲部分，以中性层的长度之和求得，如图 5-100 所示。

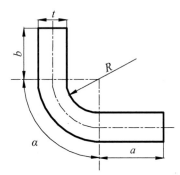

图 5-100　中性层长度之和

$$L = a + b + 2\pi\alpha/360(R + \lambda t)$$

式中，L 为制件展开长度，单位为 mm；a、b 为制件直边长度，单位为 mm；R 为制件弯曲半径，单位为 mm；α 为工具要求的角度，单位为°；λ 为层位移系数，如表 5-2 所示。

表 5-2　层位移系数

		0.5 以下	0.5～1.5	1.5～3.0	3.0～5.0	5.0 以上
V 形弯曲	R/t	0.5 以下	0.5～1.5	1.5～3.0	3.0～5.0	5.0 以上
	λ	0.2	0.3	0.33	0.4	0.5
U 形弯曲	R/t	0.5 以下	0.5～1.5	1.5～3.0	3.0～5.0	5.0 以上
	λ	0.25～0.3	0.33	0.4	0.4	0.5

5.6.4 弯形的方法

将坯料弯成所需形状的加工方法称为弯形。弯形分热弯和冷弯两种，热弯是将材料预热后进行弯曲成型，冷弯则是将材料在室温下进行弯曲成型。按加工手段的不同，弯形分机械弯形和手工弯形两种，钳工主要进行手工弯形。

1. 弯制钢板

(1) 弯制直角形零件。对材料厚度小于 5mm 的直角形零件，可在台虎钳上进行弯曲成型。

将划好线的零件与软钳口平线夹紧，锤击后成型即得。弯制各种多直角零件时，可用适当尺寸的垫块作为辅助工具，分步进行弯曲成型。对如图 5-101(a)所示的零件，可按图 5-101(b)、图 5-101(c)、图 5-101(d)三个步骤进行弯曲成型。

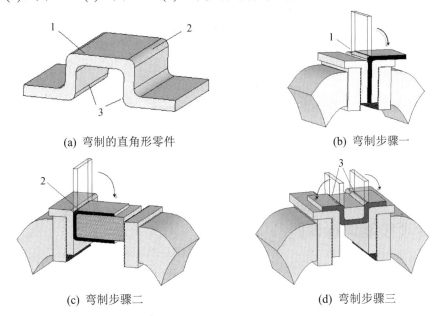

(a) 弯制的直角形零件 (b) 弯制步骤一

(c) 弯制步骤二 (d) 弯制步骤三

图 5-101 多直角形零件弯形过程

1—夹持板料的部分；2—弯制零件的凸起部分；3—弯制零件的边缘部分

(2) 弯制圆弧形零件。弯制如图 5-102(a)所示的半圆形抱箍时，先在坯料弯曲处划好线，按划线将工件夹在台虎钳两角铁衬垫之间，用方头锤子的窄头，经过图 5-102(b)、图 5-102(c)、图 5-102(d)所示三步锤击初步成型，然后用如图 5-102(e)所示半圆形模修整圆弧，使其符合要求。

2. 弯制管件

直径大于 12mm 的管子一般采用热弯，直径小于 12mm 的管子则采用冷弯。弯曲前必须向管内灌满干黄沙，并用轴向带小孔的木塞堵住管口，以防止弯曲部位发生凹瘪缺陷。焊管弯曲时，应注意将焊缝放在中性层位置，防止弯形开裂。手工弯管通常在专用工具上

进行，如图 5-103 所示。

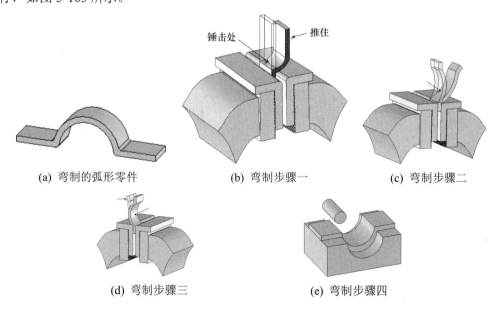

(a) 弯制的弧形零件   (b) 弯制步骤一   (c) 弯制步骤二

(d) 弯制步骤三   (e) 弯制步骤四

图 5-102　圆弧形零件的弯形过程

图 5-103　弯管工具

5.6.5　专项技能训练课题

完成如图 5-104 所示的薄板弯曲件。

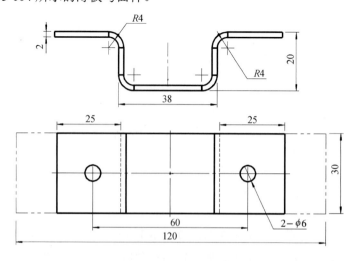

图 5-104　薄板弯曲件

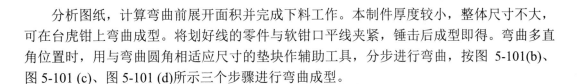

分析图纸，计算弯曲前展开面积并完成下料工作。本制件厚度较小，整体尺寸不大，可在台虎钳上弯曲成型。将划好线的零件与软钳口平线夹紧，锤击后成型即得。弯曲多直角位置时，用与弯曲圆角相适应尺寸的垫块作辅助工具，分步进行弯曲，按图 5-101(b)、图 5-101 (c)、图 5-101 (d)所示三个步骤进行弯曲成型。

5.7　实践中常见问题的解析

5.7.1　锯条损坏、锯削质量问题及产生原因分析和预防

(1) 锯条损坏原因及预防办法。锯条损坏的形式主要有锯条折断、锯齿崩裂、锯齿过早磨钝等，其产生的原因及预防方法如表 5-3 所示。

表 5-3　锯条损坏原因及预防方法

锯条损坏形式	原　　因	预防方法
锯条折断	锯条装得过紧、过松； 工件装夹不准确，产生抖动或松动； 锯缝歪斜，强行纠正； 压力太大，起锯较猛； 旧锯缝使用新锯条	注意装得松紧适当； 工件夹牢，锯缝应靠近钳口； 扶正锯弓，按线锯削； 压力适当，起锯较慢； 调换厚度合适的新锯条，调转工件再锯
锯齿崩裂	锯条粗细选择不当； 起锯角度和方向不对； 突然碰到砂眼、杂质	正确选用锯条； 选用正确的起锯方向及角度； 碰到砂眼时应减小压力
锯齿过早磨钝	锯削速度太快； 锯削时未加冷却液	锯削速度适当减慢； 可选用冷却液

(2) 锯削质量问题及产生的原因和预防方法。锯削时产生废品的种类有：工件尺寸锯小，锯缝歪斜超差，起锯时工件表面拉毛。前两种废品产生的原因主要是锯条安装偏松，工件未夹紧而产生抖动和松动，推锯压力过大，换用新锯条后在旧锯缝中继续锯削；起锯时工件表面拉毛的现象是起锯不当和速度太快造成的。预防的方法是，加强责任心，逐步掌握技术要领，提高技术水平。

5.7.2　錾削质量问题及产生原因分析

錾削中常见的质量问题有以下 3 种。
(1) 錾过了尺寸界线。
(2) 錾崩了棱角或棱边。
(3) 夹坏了工件的表面。
以上 3 种质量问题产生的主要原因是：操作时不认真和操作技术还未充分掌握。

5.7.3 钻孔质量问题及原因

由于钻头刃磨得不好、切削用量选择不当、切削液使用不当、工件装夹不善等原因，会使钻出的孔径偏大，孔壁粗糙，孔的轴线有偏移或歪斜，甚至使钻头折断，如表 5-4 所示列出了钻孔时可能出现的质量问题及产生的原因。

表 5-4　钻孔时可能出现的质量问题及产生的原因

问题类型	产生原因
孔径偏大	钻头两主切削刃长度不等，顶角不对称
	钻头摆动
孔壁粗糙	钻头不锋利
	后角太大
	进给量太大
	切削液选择不当，或切削液供给不足
孔偏移	工件划线不正确
	工件安装不当或夹紧不牢固
	钻头横刃太长，对不准样冲眼
	开始钻孔时，孔钻偏而没有找正
孔歪斜	钻头与工件表面不垂直，钻床主轴与台面不垂直
	横刃太长，轴向力太大，钻头变形
	钻头弯曲
	进给量过大，致使小直径钻头弯曲
钻头工作部分折断	钻头磨钝后仍继续钻孔
	钻头螺旋槽被切屑堵塞，没有及时排屑
	孔快钻通时，没有减少进给量
	在钻黄铜一类的软金属时，钻头后角太大，前角又没修磨，钻头自动旋进
切削刃迅速磨损或碎裂	切削速度太高，切削液选用不当和切削液供给不足
	没有按工件材料刃磨钻头角度(如后角过大)
	工件材料内部硬度不均匀，有砂眼
	进给量太大
工件装夹表面轧毛或损坏	在用作夹持的工件已加工表面上没有衬垫铜皮或铝皮
	夹紧力太大

5.7.4 刮削质量问题及产生原因分析

刮削中常见的质量问题有深凹痕、振痕、丝纹和表面形状不精确等，其产生的原因如表 5-5 所示。

表 5-5　刮削中常见质量问题及产生的原因

常见质量问题	产生原因
深凹痕(刮削表面有很深的凹坑)	刮削时，刮刀倾斜； 用力太大； 刃口弧形刃磨得过小
振痕(刮削表面有一种连续性的波浪纹)	刮削方向单一； 表面阻力不均匀； 推刮行程太长引起刀杆颤动
丝纹(刮削表面有粗糙纹路)	刃口不锋利； 刃口部分较粗糙
尺寸和形状精度达不到要求	显示点子时推磨压力不均匀，校准工具悬空伸出工件太多； 校准工具偏小，与所刮平面相差太大，致使所显点子不真实，造成错刮； 检验工具本身不正确； 工件放置不稳当

5.8　拓 展 训 练

5.8.1　燕尾配合件制作

完成如图 5-105 所示的拼接燕尾锉配工件，材料 45 钢，备料后 8h 完成。

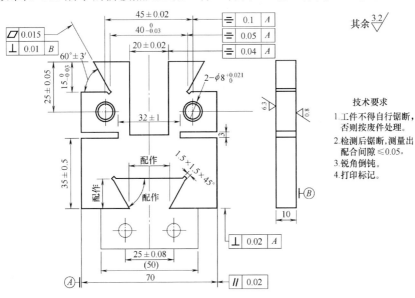

技术要求
1. 工件不得自行锯断，否则按废件处理。
2. 检测后锯断，测量出配合间隙 ≤0.05。
3. 锐角倒钝。
4. 打印标记。

图 5-105　拼接燕尾锉配工件

工件备料时两个 70mm×70mm 大面可预先用平面磨床磨至备料要求，手工锉削两相邻 70mm×10mm 平面作为划线基准，完成 70mm×70mm×10mm 材料的准备。

备料完成后，为避免后续加工去除材料时工件变形，可预先完成尺寸(20±0.02)mm 两侧锯缝，3mm 锯缝也可在此时完成，但锯缝不宜过深。放置工件使其充分变形后检测并重新修整至达到要求，完成备料工作。

按图纸划线，完成燕尾凸件的制作，注意在锯割、锉削时虎钳夹持高度应尽量小，因为工件已经开出较深锯缝，强度低，避免因切削力带来的变形。凸件在制作时应考虑到误差的积累与传递，在安排各表面加工顺序时要考虑到测量的方便和准确。凸件加工完成后，以凸件的实际尺寸配作凹件。

5.8.2　錾削项目训练

刃磨窄錾、油槽錾，完成如图 5-106 所示的油槽錾削操作。材料 HT200，錾削操作方法参见 5.2.3 节的内容。

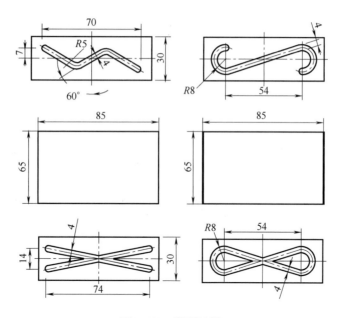

图 5-106　錾削油槽

5.8.3　锪孔、铰孔项目训练

准备 ϕ7H7 铰刀、ϕ11mm 柱形锪钻和锥形锪钻完成如图 5-107 所示的孔板加工，材料 45 钢；机铰时选 ϕ6.8mm 麻花钻钻底孔，手铰时选 ϕ6.9mm 麻花钻钻底孔。最终孔的尺寸精度要达到图纸标注要求，操作方法参见 5.3.2 节的内容。

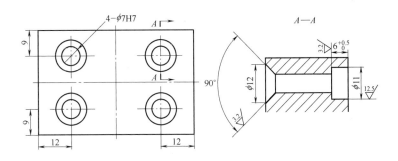

图 5-107 孔板加工

5.9 钳工操作安全规范

5.9.1 钻床安全操作规程

(1) 工作前，对所用钻床和工、夹、量具进行全面检查，确认无误后方可操作。

(2) 工件装夹必须牢固可靠。钻小孔时，应用工具夹持，不准用手拿。工作中严禁戴手套。

(3) 使用自动走刀时，要选好进给速度，调整好限位块。手动进刀时，一般按照逐渐增压和逐渐减压的原则进行，以免增压过猛造成事故。

(4) 钻头上绕有长铁屑时，要停车清除，禁止用风吹、手拉，要用刷子或铁钩清除。

(5) 精铰深孔时，拔取测量用具时不可用力过猛，以免手撞在刀具上。

(6) 不准在旋转的刀具下翻转、卡压或测量工件；手不准触摸旋转的刀具。

(7) 摇臂钻的横臂回转范围内不准有障碍物。工作前，横臂必须夹紧。

(8) 横臂和工作台上不准有浮放物件。

(9) 工作结束后，将横臂降到最低位置，主轴箱靠近立柱，并且都要夹紧。

5.9.2 钳工常用工具安全操作规程

1. 钳工台

(1) 钳工台一般必须紧靠墙壁，人站在一面工作，对面不准站人。如大型钳工台对面有人工作时，钳工台上必须设置密度适当的安全网。钳工台必须安装牢固，不得作铁砧用。

(2) 钳工台上使用的照明电压不得超过 36V。

(3) 钳工台上的杂物要及时清理，工具和工件要放在指定的地方。

2. 锤子

(1) 锤柄必须用硬质木料做成，大小长短要适宜，锤柄应有适当的斜度，锤头上必须加铁楔，以免工作时甩掉锤头。

(2) 两人击锤，站立的位置要错开方向。扶钳、打锤要稳，落锤要准，动作要协调，以免击伤对方。

(3) 使用前，应检查锤柄与锤头是否松动，是否有裂纹，锤头上是否有卷边或毛刺。如有缺陷，必须修好后才能使用。

(4) 手上、锤柄上、锤头上有油污时，必须擦净后才能进行操作。

(5) 锤头热处理要适当，不能直接打硬钢及淬火的零件，以免崩裂伤人。抡大锤时，对面和后面不准站人，要注意周围的安全。

3. 錾子

(1) 不要用高速钢做扁铲和冲子，以免崩裂伤人。

(2) 柄上、顶端切勿沾油，以免打滑。不准对着人铲工件，以防铁屑崩出伤人。

(3) 顶部如有卷边时，要及时修磨，消除隐患；有裂纹时，不准使用。

(4) 工作时，视线应集中在工件上，不要向四周观望或与他人闲谈。

(5) 不得铲、冲淬火材料。

(6) 錾子不得短于150mm，刃部淬火要适当，不能过硬，使用时要保持适当的角度。不准用废钻头代替錾子。

4. 锉刀、刮刀

(1) 木柄必须装有金属箍，禁止使用没有上手柄或手柄松动的锉刀和刮刀。

(2) 锉刀、刮刀杆不准淬火。使用前要仔细检查有无裂纹，以防折断发生事故。

(3) 推锉要平，压力与速度要适当，回拖要轻，以防发生事故。

(4) 锉刀、刮刀不能当手锤、撬棒或冲子使用，以防折断。

(5) 工件或刀具上有油污时，要及时擦净，以防打滑。

(6) 使用三角刮刀时，应握住木柄进行工作。工作完毕应把刮刀装入套内，并妥善保管。

(7) 使用半圆刮刀时，刮削方向禁止站人，以防止刀滑出伤人。

(8) 清除铁屑，应用专用工具，不准用嘴吹或用手擦。

5. 手锯

(1) 工件必须夹紧，不准松动，以防锯条折断伤人。

(2) 锯要靠近钳口，方向要正确，压力与速度要适宜。

(3) 安装锯条时，松紧程度要适当，方向要正确，不准歪斜。

(4) 工件将要锯断时，要轻轻用力，以防压断锯条或者工件落下伤人。

6. 手持电钻及一般电动工具

(1) 使用的手持电钻，必须装设额定漏电电流不大于15mA、动作时间不大于0.1s的自保式触电保安器。

(2) 使用手持电钻时，要找电工接线，严禁私自乱接。

(3) 手持电钻外壳必须有接地线或者接中性线保护。

(4) 手持电钻导线要保护好，严禁乱拖，以防轧坏、割破，更不准把电线拖到油水中，以防油水腐蚀电线。

(5) 使用时一定要戴胶皮手套，穿胶鞋。在潮湿的地方工作时，必须站在橡皮垫或干燥的木板上工作，以防触电。

(6) 使用过程中如发现电钻漏电、振动、高热或有异声时，应立即停止工作，找电工检查修理。

(7) 电钻未完全停止转动时，不能卸、换钻头。

(8) 停电、休息或离开工作地时，应立即切断电源。

(9) 用力压电钻时，必须使电钻垂直于工件表面，固定端要特别牢固。

(10) 胶皮手套等绝缘用品，不许随便乱放。工作完毕时，应将电钻及绝缘用品一并放到指定的地方。

7．风动砂轮

(1) 工作前必须穿戴好防护用品。

(2) 启动前，首先检查砂轮及其防护装置是否完好正常，风管连接处是否牢固。最好先启动一下，马上关上，待确定转子没有问题后再使用。

(3) 使用砂轮打磨工件时，应待空转正常后，由轻而重拿稳拿妥，均匀使力，但压力不能过大或猛力磕碰，以免砂轮破裂伤人。

(4) 打磨工件时，砂轮转动两侧方向不准站人，以免迸溅伤人。

(5) 工作完毕后，关掉阀门，把砂轮机摆放到干燥安全的地方，以免砂轮受潮，再用时破裂伤人。

(6) 禁止随便开动砂轮或用其他物件敲打砂轮。换砂轮时，要检查砂轮有无裂纹，要垫平夹牢。不准用不合格的砂轮。砂轮完全停转后，才能用刷子清理。

(7) 风动砂轮机要由专人负责保管，定期检修。

5.9.3　设备维修安全技术规程

(1) 机械设备运转时不能用手接触运动部件或进行调整，必须在停车后才能进行检查。

(2) 任何设备在操作、维修或调整前，都应先看懂说明书，不熟悉的设备不得随便开动。

(3) 维修拆卸设备及拆卸清洗电机、电器时必须先切除电源，严禁带电作业。

(4) 拆修高压容器时，必须先打开所有放泄阀，放掉余下的高压气、液体。

(5) 修理天车或进行高空作业时，必须先扎好安全带。

(6) 新安装或修理好的设备试车时，危险部位要加安全罩，必要时要加防护网或防护栏杆。

本　章　小　结

本章介绍了钳工所要了解并掌握的各种常用工具、技能操作要点等内容，具体结合加工工艺，详细地讲解了包括锯割、锉削、錾削、孔加工操作、内螺纹与外螺纹的加工方法以及刮削、研磨、校正等内容，阐述了钳工基础理论知识与实践。读者可通过每一小节的专项技能训练课题讲解、典型工艺分析的学习，再结合拓展训练课题的练习，快速掌握技能操作要领，达到实训目的。

思考与练习

一、思考题

1. 麻花钻各组成部分的名称及作用？钻头有哪几个主要角度？标准顶角是多少度？

2. 钻孔时，选择转速、进给量的原则是什么？

3. 钻孔、扩孔与铰孔各有什么区别？

4. 什么是划线基准？如何选择划线基准？

5. 锯齿的前角、楔角、后角约为多少度？锯条反装后，这些角度有何变化？对锯削有何影响？

6. 锉刀的种类有哪些？钳工锉刀如何分类？

7. 怎样正确采用顺向锉法、交叉锉法和推锉法？

8. 如何根据材料硬、软程度选择錾子的楔角？

9. 錾削中的安全注意事项有哪些？

10. 攻螺纹、套螺纹操作中要注意什么问题？

11. 刮削有什么特点和用途？刮削后表面精度怎样检查？

二、练习题

1. 有哪几种起锯方式？起锯时应注意哪些问题？

2. 锉平工件的操作要领是什么？

3. 攻螺纹前的底孔直径如何计算？

4. 套螺纹前的圆杆直径怎样确定？

第6章 车削加工

学习要点

本章按技能实训项目安排，先后介绍了车削加工设备与工具的使用方法以及各类车削用刀具的刃磨保养，详细地讲解了外圆与端面车削、圆柱孔加工、槽加工、圆锥面车削、螺纹车削、偏心工件车削以及特型面车削的加工方法和操作技能要点。

技能目标

通过本章的学习，读者应该掌握外圆与端面车削、圆柱孔加工、槽加工、圆锥面车削、螺纹车削、偏心工件车削以及特型面车削操作技能，结合本章所提供的大量技能课题的训练，以达到掌握其操作要领的目的。

6.1 内、外圆与端面的车削

6.1.1 设备与工具

内、外圆表面是机械零件上必不可少的表面特征，尤其是作为轴和盘套类机械零件的主要配合表面和辅助表面时，更是重要的。这些表面根据它们的加工要求来加工，如果要求很一般，可以经过铸造、锻造等加工即可；如果有一定的要求，可以采用的加工方法有车削和磨削；如果加工精度要求更高和表面粗糙度 Ra 值要求更小时，则可以采用光整加工等方法。

端面就是在各个方向都成直线的平面，是箱体、机座、机床床身和工作台等机器零件的基本表面之一。根据平面所起的作用不同，可将平面分为非配合平面、配合平面、导向平面和精密量具平面等几类。平面的加工方法按加工精度不同，主要有车削、铣削、刨削、磨削和研磨等。

1. 机床的选择

内、外圆车削时，选择机床应考虑被加工工件的最大外圆直径和最大长度是否在车床的加工范围之内。一般情况下，直径小于 800mm 的工件用卧式车床加工，直径大于 800mm 的工件用立式车床加工。

2. 工件的装夹

车削时，必须把工件装夹在车床夹具上，经过校正、夹紧，使工件在整个加工过程中始终保持正确的位置。工件装夹的快慢和好坏，直接影响生产效率和工件质量的高低。由于工件形状、大小和工件加工数量的不同，必须采用不同的装夹方法，一般在车床上车外圆可采用三爪自定心卡盘、四爪单动卡盘、顶尖、心轴、中心架、跟刀架、花盘和弯板等方法来装夹工件。

1) 三爪自定心卡盘

三爪自定心卡盘在车床上装夹工件的形式如图 6-1 所示。

2) 四爪单动卡盘

四爪单动卡盘在车床上装夹工件的形式如图 6-2 所示。

图 6-1　在三爪卡盘上装夹工件

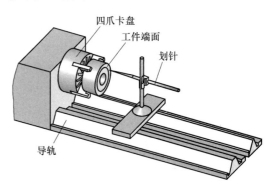

图 6-2　划针、四爪卡盘的应用

四爪单动卡盘与三爪自定心卡盘的区别是：四个卡爪是单动的，加紧力大，不能自动定心，必须找正。粗加工时，四爪单动卡盘用划针找正，为了保护机床导轨，在找正时应使用软体板(木板、塑料板或铜板)；精加工时用百分表找正，使用磁力表座固定百分表，磁力表座可固定在机床导轨或中滑板上。

3) 顶尖

轴类零件的外圆表面常有同轴度要求，端面与轴线有垂直度要求，如果用三爪自定心卡盘，一次装夹不能同时精加工有位置精度要求的各表面，可采用顶尖装夹。在顶尖上装夹轴类零件时，如图 6-3 所示，两端是用中心孔的锥面作定位基准面，定位精度较高，经过多次掉头装夹，工件的旋转轴线不变，仍是两端 60° 锥孔中心的连线。因此，可保证在多次掉头装夹中所加工的各个外圆表面获得较高的位置精度。

4) 心轴

当盘套类零件的外圆表面与孔的轴线有同轴度要求、端面与孔的轴线有垂直度要求时，如果用三爪自定心卡盘在一次装夹中不能同时精加工有位置精度要求的各表面，可采用心轴装夹。

5) 中心架、跟刀架

在车削长径比(工件的长度与直径之比)大于或等于 20 的工件时，由于工件的刚性和切削力的影响，往往会出现"腰鼓形"，即中间大、两头小。因此可以使用中心架或者跟刀架来改善刚性，避免"腰鼓形"现象的出现，从而保证加工质量，如图 6-4 和图 6-5 所示。

6) 花盘和角铁

在车床上加工不规则形状的复杂零件时，常采用花盘和角铁来进行装夹，如图 6-6 所示。其他新型的夹具大都是由花盘和角铁演变而来的，在使用时既要考虑简便、牢固地把工件夹紧，又要考虑旋转动平衡和安全问题。

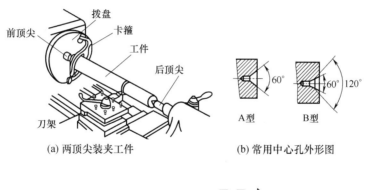

(a) 两顶尖装夹工件　　　　(b) 常用中心孔外形图

死顶尖　　　　反死顶尖　　　　活顶尖

(c) 常用顶尖外形图

图 6-3　顶尖和顶尖的应用

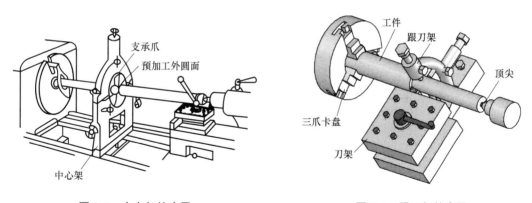

图 6-4　中心架的应用　　　　　　　　图 6-5　跟刀架的应用

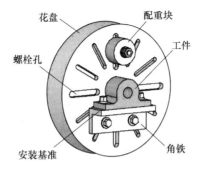

图 6-6　花盘和角铁的应用

　　平面车削主要用于盘套或轴类零件的端面加工，有时也用于一些其他类型零件的平面切削加工。单件小批量生产的中小型零件可在卧式车床上进行，重型零件可在立式车床上进行，如图 6-7 所示。平面车削的表面粗糙度 Ra 值为 12.5～1.6μm，精车的平面度误差在直径为 100mm 的端面上，最小的直径可达 0.005～0.008mm。

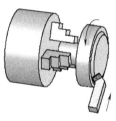
(a) 45°车刀车平面

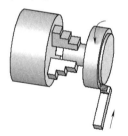
(b) 90°车刀车平面

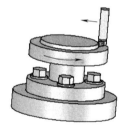
(c) 立式车床上车平面

图 6-7　车平面的形式

3．刀具的选择

(1)　45°硬质合金车刀，如图 6-8 所示。

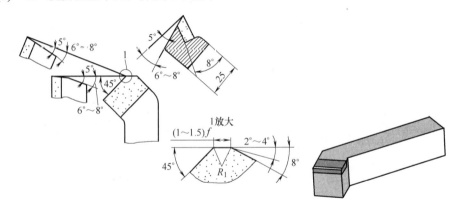

图 6-8　45°硬质合金车刀

①　车削铸铁件刀片采用 YG8，车削钢件刀片采用 YT15 或 YT30。

②　主偏角 45°，副偏角 45°，前角 8°，后角 6°～8°，并有 R_1 的过渡刃。

③　一般切削用量可选：a_p=0.2～0.35mm；f=0.2～0.5mm/r；v_c=50m/min。

(2)　75°硬质合金粗车刀，如图 6-9 所示。

①　车削铸铁件刀片采用 YG8 或 YG6，车削钢件刀片采用 YT5 或 YT15。

②　主偏角 75°，刃倾角-5°～-10°，主切削刃上磨有倒棱 b_{r1}=(0.8～1)f，倒棱前角为 -5°～-10°。

③　一般切削用量可选：a_p=3～5mm；f=0.4～0.8mm/r；v_c=80～120m/min。

(3)　90°硬质合金精车刀，如图 6-10 所示。

①　车削铸铁件刀片采用 YG8，车削钢件刀片采用 YT15 或 YT30。

②　主偏角 90°或大于 90°，前角为 10°～25°并在前刀面上磨有圆弧形断屑槽。

③　一般切削用量可选：a_p=0.4～0.75mm；f=0.08～0.15mm/r；v_c=130m/min。

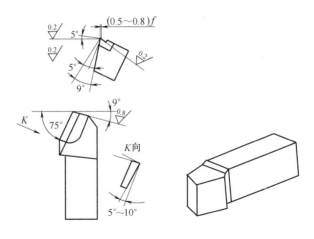

图 6-9 75°硬质合金车刀

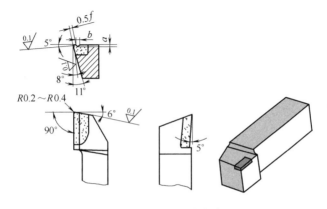

图 6-10 90°硬质合金车刀

(4) 麻花钻与群钻。

在第 5 章中介绍了孔的常用加工设备及刀具,对于回转体工件上的孔,多在车床上加工;对于较大孔径的钻削,为了改善麻花钻的切削性能,目前已广泛应用群钻,如图 6-11 所示。群钻对麻花钻做了 3 方面的改进。

① 在麻花钻主切削刃上磨出凹形圆弧刃,从而加大钻心附近的前角,使切削较为轻快;圆弧刃在孔底切出凸起的圆环,可稳定钻头方向,改善定心性能。

② 将横刃磨短到原有长度的 1/5～1/7,并加大横刃前角,减小横刃的不利影响。

③ 对直径大于 15mm 的钻削钢件用的钻头,在一个刀刃上磨出分屑槽,使切屑分成窄条,便于排屑。

群钻显著地提高了切削性能和刀具耐用度,钻削后的孔形、孔径和孔壁质量均有所提高。扩孔与铰孔操作同样也可以在车床上进行,所用刀具请参阅本书钳工章节中的详细介绍。

(5) 镗孔刀具。

镗削刀具的种类特点及选择请参阅本书第 8 章镗削加工的内容。此处仅介绍如何在车床上镗孔。车床镗孔多用于加工盘套和小型支架的支承孔,直径小于 400mm 的孔在卧式车床上加工,直径大于 400mm 的孔一般用立式车床加工,如图 6-12 所示。

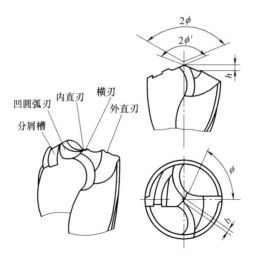

图 6-11　基本型群钻

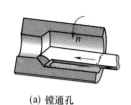

(a) 镗通孔

(b) 镗盲孔

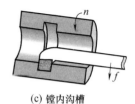

(c) 镗内沟槽

图 6-12　在车床上镗孔

4．中心孔

在车削过程中，需要多次装夹才能完成车削工作的轴类工件，如台阶轴、齿轮轴、丝杠等，一般先在工件两端钻中心孔，采用两顶尖装夹，确保工件定心准确和便于装卸。

1)　中心孔的类型及作用

中心孔按形状和作用可分为 4 种，即 A 型、B 型、C 型和 R 型。A 型和 B 型为常用的中心孔，其中 A 型中心孔由圆柱部分和圆锥部分组成，圆锥孔的锥角为 60°，一般适用于不需要多次安装或不保留中心孔的零件。B 型中心孔是在 A 型中心孔的端部多一个 120°的圆锥孔，其目的是保护 60°锥孔，避免其被敲毛、碰伤，一般适用于多次安装的零件。C 型中心孔为特殊中心孔，它的外端形似 B 型中心孔，里端有一个比圆柱孔还要小的内螺纹用于工件之间的紧固连接。R 型中心孔为带圆弧形中心孔，它是将 A 型中心孔的圆锥母线改为圆弧线，以减少中心孔与顶尖的接触面积，减少摩擦力，提高定位精度。参数详见表 6-1～表 6-4。

表 6-1　A 型中心孔(GB/T 145—1985)　　　　　　　　　　单位：mm

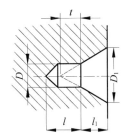

D	D_1	参 考		D	D_1	参 考	
		l_1	t			l_1	t
1.00	2.12	0.97	0.9	3.15	6.70	3.07	2.8
1.60	3.25	1.52	1.4	4.00	8.50	3.90	3.5
2.00	4.25	1.95	1.8	6.30	13.20	5.98	5.5
2.50	5.30	2.42	2.2	10.00	21.20	9.70	8.7

注：① 尺寸 l 取决于中心钻的长度，此值不应小于 t 值。

　　② 当按 GB/T 4459.5—1984《机械制图》中心孔表示法表示时，必须注明中心孔的标准代号。

表 6-2　B 型中心孔(GB/T 145—1985)　　　　　　　　　　单位：mm

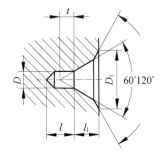

D	D_1	参 考		D	D_1	参 考	
		l_1	t			l_1	t
1.00	3.15	1.27	0.9	3.15	10.00	4.03	2.8
1.60	5.00	1.99	1.4	4.00	12.50	5.05	3.5
2.00	6.30	2.54	1.8	6.30	18.00	7.36	5.5
2.50	8.00	3.20	2.2	10.00	28.00	11.66	8.7

注：尺寸 l 取决于中心钻的长度，此值不应小于 t 值。

表 6-3　C 型中心孔(GB/T 145—1985)　　　　　单位：mm

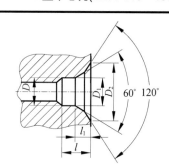

D	D_1	D_2	l	参考 l_1	D	D_1	D_2	l	参考 l_1
M3	3.2	5.8	2.6	1.8	M10	10.5	16.3	7.5	3.8
M4	4.3	7.4	3.2	2.1	M12	13.0	19.8	9.5	4.4
M5	5.3	8.8	4.0	2.4	M16	17.0	25.3	12.0	5.2
M6	6.4	10.5	5.0	2.8	M20	21.0	31.3	15.0	6.4
M8	8.4	13.2	6.0	3.3	M24	25.0	38.0	18.0	8.0

表 6-4　R 型中心孔(GB/T145—1985)　　　　　单位：mm

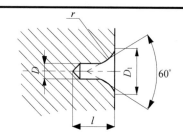

D	D_1	l_{min}	r 最大	r 最小	D	D_1	l_{min}	r 最大	r 最小
1.00	2.12	2.3	3.15	2.50	3.15	6.70	7.0	10.00	8.00
1.60	3.25	3.5	5.00	4.00	4.00	8.50	8.9	12.50	10.00
2.00	4.25	4.4	6.30	5.00	6.30	13.20	14.0	20.00	16.00
2.50	5.30	5.5	8.00	6.30	10.00	21.20	22.5	31.50	25.00

　　这 4 种中心孔的圆柱部分的作用都是：储存油脂，保护顶尖，使顶尖与锥孔 60°配合贴切。圆柱部分的直径，也就是选取中心钻的公称尺寸。

　　2)　中心钻

　　中心孔一般用中心钻钻出，中心钻一般用高速钢制成。为了适应标准中心孔加工的需要，相应的中心钻有 3 种。

(1) A 型中心钻：不带护锥中心钻，适用于加工 A 型中心孔，如图 6-13 所示。

(2) B 型中心钻：带护锥中心钻，适用于加工 B 型中心孔，如图 6-14 所示。

(3) R 型中心钻：弧形带护锥中心钻，适用于加工 R 型中心孔，如图 6-15 所示。

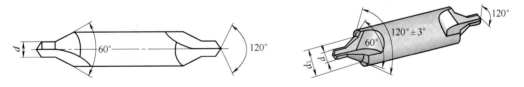

图 6-13　A 型中心钻　　　　　　　　图 6-14　B 型中心钻

图 6-15　R 型中心钻

6.1.2　外圆与端面车削方法

1. 外圆车削方法

车刀的几何角度、刃磨质量以及采用的切削用量不同，车削的精度和表面粗糙度 Ra 值也就不同。外圆车削可分为粗车、半精车和精车，如图 6-16 所示。

(a) 粗车　　　　　　　　(b) 半精车　　　　　　　　(c) 精车

图 6-16　外圆加工方法

粗车的主要目的是切除工件上的大部分余量，对工件的加工精度和表面质量要求不高，为了提高劳动生产率，一般采用大的背吃刀量 a_p、较大的进给量 f 以及中等或较低的切削速度 v_c。车刀应选取较小的前角、后角和负的刃倾角，以增强切削部分的强度。粗车尺寸公差等级为 IT13～IT11，表面粗糙度 Ra 值为 25～12.5μm。

半精车在粗车之后进行，可进一步提高工件的精度和减小表面粗糙度值，常作为高精度外圆表面在磨削或精车前的预加工，它可作为中等精度外圆表面的终加工。半精车尺寸公差等级为 IT13～IT11，表面粗糙度 Ra 值为 6.3～3.2μm。

精车一般在半精车之后进行，可作为精度较高外圆表面的终加工，也可作为光整加工前的预加工。精车采用很小的背吃刀量和进给量，低速或高速车削。低速精车一般采用高速钢车刀，高速精车一般采用硬质合金车刀。车刀应选取较大的前角、后角和正的刃倾角，刀尖要磨出圆弧过渡刃，前刀面和主后刀面需用油石磨光，使表面粗糙度 Ra 值达到 0.1μm

左右。精车尺寸公差等级为 IT8~IT6，表面粗糙度值 Ra 为 1.6~0.8μm。

2．平面的车削加工方法

1）90°偏刀车平面

正偏刀即右偏刀，进刀运动可分为两种形式，由外圆向中心进给时，副切削刃起着主要的切削任务，切削不很顺利；由中心向外圆表面处进给时，主切削刃起着主要的切削任务，切削较为顺利，加工后的平面与工件轴线的垂直度好。90°正偏刀车平面的示意图如图 6-17 所示。

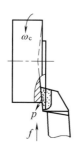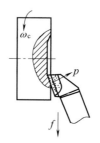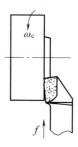

图 6-17　90°正偏刀车平面

反偏刀即左偏刀，由外圆向中心进给，主切削刃起着主要的切削任务，切削顺利，加工后的表面粗糙度较小，如图 6-18 所示。

2）75°反偏刀车平面

由外圆向中心进给，主切削刃起着主要的切削任务，这时车刀强度和散热条件好，适用于车削较大平面的工件，如图 6-19 所示。

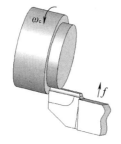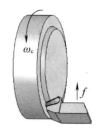

图 6-18　90°反偏刀车平面　　　　　　图 6-19　75°反偏刀车平面

3）45°偏刀车平面

由外圆向中心进给，主切削刃起着主要的切削任务，加工后的表面粗糙度较小，刀头强度好，适于加工较大平面，如图 6-20 所示。

3．钻中心孔的方法

(1) 中心钻在钻夹头上装夹。按逆时针方向旋转钻夹头的外套，使钻夹头的三爪张开，把中心钻插入，使得中心钻的切削部分伸出钻夹头一个恰当的长度，然后用钻夹头扳手以顺时针的方向转动钻夹头的外套，把中心钻夹紧。

(2) 钻夹头在车床尾座锥孔中的安装。先擦净钻夹头锥柄部和尾座锥孔，然后用轴向力把钻夹头装紧。

(3) 中心钻靠近工件。把尾座顺着机床导轨移近工件。

(4) 轴转速、进给速度和钻削。在钻中心孔之前必须将尾座严格地校正，使其对准主轴的中心，如图 6-21 所示。钻中心孔时，由于中心钻直径小，主轴转速应取较高的速度。进给时一般用手动，这时进给量应小而均匀。当中心钻钻入工件时，应加切削液，使其钻削顺利、光洁。钻完后中心钻应做短暂的停留，然后退出，以使中心孔光、圆、准确。

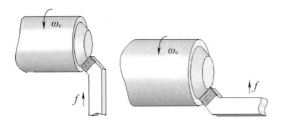

图 6-20 45°偏刀车平面

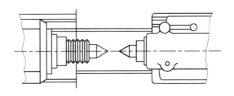

图 6-21 尾座轴线与主轴轴线严格校正

6.1.3 内圆表面加工方法

内圆表面是机械零件中的常见表面之一，特别在盘套类、支架类和箱体类等零件中是必不可少的。孔的加工方法很多，根据零件的加工质量要求不同，常用的加工方法有钻孔、扩孔、锪孔、铰孔和镗孔等。

1. 钻头的装夹方法

麻花钻的柄部有直柄和锥柄两种，直柄麻花钻可用钻夹头装夹，再利用钻夹头的锥柄插入车床尾座套筒内，锥柄麻花钻可直接插入车床尾座套筒内或用锥形套过渡，如图 6-22(a) 所示。

在装夹钻头或锥形套前，必须把钻头锥柄、尾座套筒和锥形套擦干净，否则会由于锥面接触不好，使钻头在尾座锥孔内因打滑而旋转。如果要加工的孔的深度超过麻花钻的长度，一般可以把麻花钻的柄部车小，再焊上一个较长的柄。上面所说的两种方法都是把钻头安装在尾座套筒内，用手摇动。如果要自动走刀，那么就必须把钻头装在车床刀架上。直柄钻头可用 V 形铁安装在刀架上，如图 6-22(b)所示。锥柄钻头可用如图 6-22(c)所示的专用工具安装。锥柄钻头插在专用工具锥孔中，专用工具利用方块夹在刀架中。如果是直柄钻头，也可以应用钻夹头安装在专用工具的锥孔中。

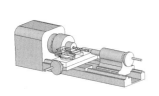
(a) 钻头在尾座内安装

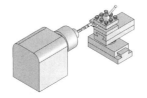
(b) 直柄钻头在刀架上安装

(c) 锥柄钻头在刀架上安装使用的专用工具

图 6-22 钻孔方法和钻头在刀架上的装夹方法

用以上两种方法安装钻头时，特别要注意钻头轴心线与工件轴心线应一致，否则钻头很容易折断。

2. 钻孔加工方法

钻孔与车削外圆相比，工作条件要复杂得多。因为钻孔时，钻头工作部分大都处在已加工表面的包围中，因此易引起一些特殊的问题。例如，钻头的刚度、热硬性、强度等，以及在加工过程中的容屑、排屑、导向和冷却润滑等问题。为避免在钻削力的作用下，刚性很差且导向性不好的钻头产生弯曲，致使钻出的孔产生"引偏"，降低孔的加工精度，甚至造成废品，使加工过程不能顺利进行，在实际加工中，可采用如下加工方法。

(1) 预钻锥形定心坑，如图 6-23 所示。首先，用小顶角($2\varphi = 90°\sim100°$)大直径短麻花钻，预先钻一个锥形坑，然后再用所需的钻头钻孔。由于预钻时钻头刚性好，锥形坑不易偏，以后再用所需的钻头钻孔时，这个坑就可以起定心的作用。

(2) 用较长钻头钻孔时，为了防止钻头跳动，可以在刀架上夹一铜棒或挡铁，支住钻头头部(不能用力太大)，使它对准工件的回转中心，然后缓慢进给。当钻头在工件上已正确定心，并钻出一段孔以后，把铜棒退出，如图 6-24 所示。

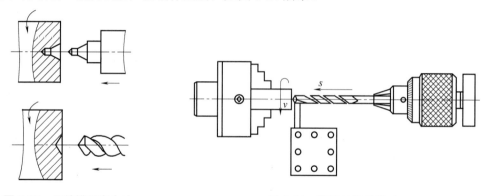

图 6-23　预钻锥形定心坑　　　　图 6-24　用较长钻头钻孔

(3) 当钻了一段以后，应把钻头退出，停车测量孔径，以防因孔径扩大致使工件报废。

(4) 钻较深的孔时，切屑不易排出，必须经常退出钻头，清除切屑。特别是用接长钻钻孔时，如孔深超过螺旋槽的长度，切屑排不出，稍不注意，切屑挤满螺旋槽，而使钻头"咬死"在工件内，甚至把钻头折断。如果内孔很长，并且是通孔，可以采用掉头钻孔，即钻到大于工件长度二分之一以后，把工件掉头装夹校正后，再钻孔，直至钻通，这样可以减少孔的偏斜。

(5) 当钻头将要把孔钻穿时，因为钻头横刃不再参加工作，阻力大大减小，进刀时就会觉得手轮摇起来很轻松。这时，走刀量必须减小，否则会使钻头的切削刃"咬"在工件孔内，损坏钻头，或者使钻头的锥柄在尾座锥孔内打转，把锥柄和锥孔咬毛。

(6) 当钻削不通孔时，为了控制深度，可应用尾座套筒上的刻度。如果尾座套筒上没有刻度，可在钻头上用粉笔做出记号。

(7) 钻孔时为了能自动走刀，可用拖板拉动尾座的方法，如图 6-25 所示。改装时，在尾座前端装有钩子 2，中拖板右侧装有钩子 1。使用时，先把大拖板摇向尾座，中拖板向前摇出，然后再摇进，使钩子 1 钩住钩子 2。这样当大拖板纵向自动走刀时，就可带动尾座移动，达到钻孔自动走刀。但尾座压板的松紧程度必须适当，太紧了拉不动，太松了会引起振动。钻头的直径也不宜超过 30mm，否则容易损坏机床。

在车床上也可以进行扩孔和铰孔操作，扩孔时可选用麻花钻或扩孔钻。使用麻花钻扩孔时，由于钻头横刃不参加工作，轴向力减小，走刀省力，又由于钻头外缘处的前角大，容易把钻头拉进去，使钻头在尾座套筒内打滑，因此，在扩孔时，可把钻头外缘处的前角修磨小一些，对走刀量加以适当控制，切不可因为钻进轻松而加大走刀量。

3. 镗孔的方法

镗通孔的方法基本上跟车外圆一样，必须先用试切法控制尺寸。镗孔放余量时，应注意内孔尺寸要缩小，长度上可先把总长度放长，工件左右内孔台阶长度按图纸车至要求尺寸，余量可留在中间孔的两个端面上。

镗削阶台孔或不通孔时，控制阶台深和孔深的方法有：应用车床的纵向刻度盘，或在刀杆上做一记号或用挡铁，如图 6-26 所示。

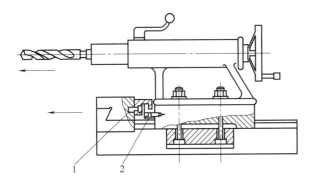

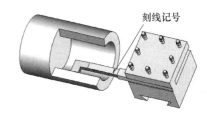

图 6-25　大溜板带动尾座自动进刀钻孔　　　图 6-26　用镗刀镗孔时控制孔深

镗削不通孔或阶台孔，一般先用钻头钻孔，由于麻花钻顶角一般是 $116°\sim118°$，所以内孔底平面是不垂直的，这时可用分层切削法把平面车平。除了用上面的分层切削法加工阶台孔以外，如果孔径较小，也可先用平头钻把底平面锪平，如图 6-27 所示，然后用不通孔镗刀精加工，这种方法生产效率较高。平头钻刃磨时，两刃口磨成平直，横刃要短，后角不宜过大，外缘处的前角要修磨得小一些，否则容易引起扎刀现象，轻者使孔底产生波浪形，重者可使钻头折断。

如果镗孔后还要磨削，应留的磨削余量如表 6-5 所示。

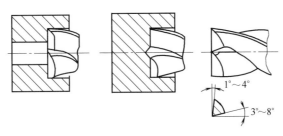

图 6-27　平头钻加工底平面

表 6-5　内孔留磨余量

孔的直径 D/mm	性质	孔的长度/mm						公差 /mm
		<30	30~50	50~100	100~200	200~300	300~400	
		孔径余量/mm						
5<D≤12	不淬火	0.10	0.10	0.10				+0.0 8
	淬火	0.10	0.10	0.10				
12<D≤18	不淬火	0.20	0.20	0.20	0.20			+0.1 0
	淬火	0.30	0.30	0.30	0.30			
18<D≤30	不淬火	0.30	0.30	0.30	0.30			+0.1 2
	淬火	0.40	0.40	0.50	0.50			
30<D≤50	不淬火	0.30	0.40	0.40	0.40			+0.1 4
	淬火	0.50	0.50	0.50	0.50			
50<D≤80	不淬火	0.40	0.40	0.40	0.50	0.50		+0.1 7
	淬火	0.50	0.50	0.50	0.60	0.60		
80<D≤120	不淬火	0.40	0.40	0.40	0.50	0.50	0.60	+0.2 0
	淬火	0.60	0.70	0.70	0.70	0.80	0.80	
120<D≤180	不淬火	0.50	0.50	0.50	0.60	0.60	0.60	+0.2 3
	淬火	0.70	0.70	0.80	0.80	0.80	0.90	
180<D≤260	不淬火	0.60	0.60	0.60	0.60	0.60	0.60	+0.2 6
	淬火	0.80	0.80	0.80	0.85	0.90	0.90	
260<D≤360	不淬火	0.60	0.60	0.60	0.65	0.70	0.70	+0.3 0
	淬火	0.90	0.90	0.90	0.90	0.90	0.90	

注：① 选用时还应根据热处理变形程度不同，适当增减表中数值。

② 留磨表面粗糙度值不低于 $Ra\ 3.2\mu m$。

用硬质合金镗刀镗孔时，一般不需要加冷却润滑液。镗铝合金孔时，不要加冷却液，因为水和铝容易起化合作用，会使加工表面产生小针孔。精加工铝合金时，使用煤油较好。镗孔时，由于工作条件不利，加上刀杆刚性差，容易引起振动，因此，它的切削用量应比车外圆时低一些。

6.1.4　专项技能训练课题

完成如图 6-28 所示外圆、端面和内孔的加工操作，工时：1.5h。

加工工艺步骤如下。

(1) 用三爪联动卡盘夹住工件外圆长 20mm 左右，并找正夹紧。

(2) 粗车端面及外圆至 ϕ51mm，长度为 65mm。

(3) 精车端面及外圆 $\phi(50\pm0.50)$mm，长度为 65mm。

(4) 切断、保证、切下长度 61mm。

(5) 调头夹住外圆 ϕ50mm 一端，长 20mm 左右，并找正夹紧。

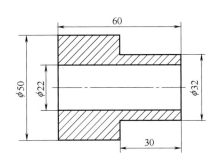

图 6-28　车削轴类零件

(6) 粗车端面，保证总长度 60±0.50mm；外圆至 ϕ33mm，长度为 30mm。

(7) 在端面上加工中心孔。

(8) 精车端面保证总长度 60±0.30mm；外圆 ϕ(32±0.50)mm，长度为 30mm。

(9) 修正中心孔。

(10) 用 ϕ18mm 的钻头钻孔。

(11) 用 ϕ20mm 的扩孔钻扩孔。

(12) 用镗刀将孔镗至 ϕ21.85mm。

(13) 用 45°外圆车刀倒角。

(14) 用 ϕ22mm 的铰刀铰孔。

6.2　槽的加工和工件的切断

在车削加工中，当零件的毛坯是整根棒料而且很长时，需要把它事先切成段，然后进行车削，或是在车削完后把工件从原材料上切下来，这样的加工方法叫作切断。

槽的加工可分为外沟槽加工、内沟槽加工、端面槽加工和螺旋槽加工 4 种。外圆和平面上的沟槽加工称为外沟槽加工；内孔内的沟槽加工称为内沟槽加工；端面上的沟槽加工称为端面槽加工。沟槽的形状有多种，常见的有矩形槽、圆弧形槽、梯形槽、T 形槽、燕尾槽和螺旋槽等。它们的作用一般是为了磨削时退刀方便，或使砂轮磨削端面时保证肩部垂直(清角)。在车削螺纹时，为了退刀方便和能旋平螺母，一般也在肩部切有沟槽。这些沟槽在机器上的最后作用是使装配时零件有一个正确的轴向位置。一般普通零件都用外圆沟槽；要求比较高并需要磨削外圆和端面的零件可采用 45°外沟槽和外圆端面沟槽；对动力机械和受力较大的零件采用圆弧沟槽。还有一些形状比较复杂的端面沟槽，如车床中拖板转盘上的 R 形槽、磨床砂轮法兰上的燕尾槽和内圆磨具端盖平面槽等。如图 6-29 所示，这些端面沟槽也是在车床上加工的。

直形车槽刀和切断刀的几何形状基本相似，刃磨方法也基本相同，只是刀头部分的宽度和长度有些区别，有时它们也通用。切断和车槽是车工的基本操作技能之一，能否掌握好，关键在于刀具的刃磨。切槽刀、切断刀的刃磨要比刃磨外圆刀难度大一些。

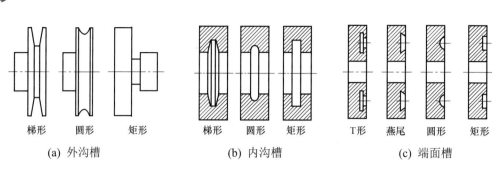

（a）外沟槽　　　　　（b）内沟槽　　　　　（c）端面槽

梯形　圆形　矩形　　　梯形　圆形　矩形　　　T形　燕尾　圆形　矩形

图 6-29　槽的常见形状

6.2.1　刀具与切削参数

1. 车槽刀和切断刀的几何角度

通常使用的切断刀都是以横向走刀为主，前面的刀刃是主刀刃，两侧刀刃是副刀刃。为了减少工件材料的浪费和切断时能切到工件的中心，切断刀的主刀刃较狭，刀头较长。

1）高速钢切断刀

高速钢切断刀的形状如图 6-30 所示。

为了使切削顺利，切断刀的前面应该磨出一个浅的卷屑槽，一般深度为 0.75～1.5mm，但长度应超过切入深度。卷屑槽过深，会削弱刀头强度，使刀头容易折断。

切断时，为了防止切下的工件端面有一小凸头，以及带孔工件不留边缘，可以把主刀刃略磨斜些，如图 6-31 所示。

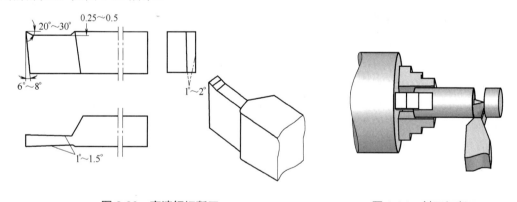

图 6-30　高速钢切断刀　　　　　　图 6-31　斜刃切断刀

2）硬质合金切断刀

由于高速切削的普遍采用，硬质合金切断刀的应用也越来越广泛。一般切断时，由于切屑和槽宽相等，容易堵塞在槽内，为了使切削顺利，可把主刀刃两边倒角或把主刀刃磨成人字形。高速切断时，产生的热量很大，为了防止刀片脱焊，必须加注充分的冷却液。

当刀头磨损后，发热脱焊现象更严重，因此必须注意及时修磨刀刃。为了增加刀头的支承强度，可把切断刀的刀头下部做成凸圆弧形。

3) 机械夹固式切断刀

机械夹固式车刀，具有节约刀杆材料、换刀方便的优点。这种形式的切断刀可以解决刀头脱焊现象，现已逐步推广采用。如图 6-32 所示为杠杆式机械夹固式切断刀。它是根据杠杆原理来夹紧刀片的。压紧螺钉 4，使杠杆压板 2 绕销轴 5 转动，以压紧硬质合金刀片 1。当刀刃磨损修磨后，可用螺钉 3 来调节刀片的伸出长度。刀槽下面有圆弧形(鱼肚形)加强筋，用来增加刀杆的强度。

4) 反切断刀

切断直径较大的工件时，因刀头很长、刚性差，容易引起振动，可采用反切断法，即用反切刀，使工件反转，如图 6-33 所示。这样切断时的切削力与工件重力的方向一致，不容易引起振动。并且反切刀切断时的切屑从下面排出，不容易堵塞在工件槽中。

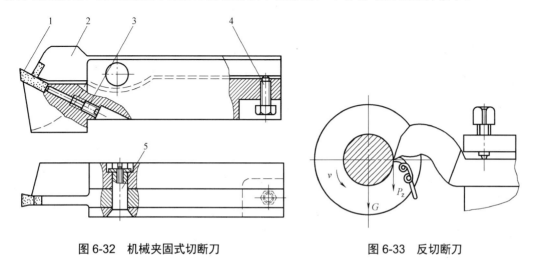

图 6-32　机械夹固式切断刀　　　　　图 6-33　反切断刀

1—硬质合金刀片；2—杠杆压板；
3—调节螺钉；4—压紧螺钉；5—销轴

在使用反切断法时，卡盘与主轴连接的部分必须装有保险装置，否则卡盘会因倒车而从主轴上脱开造成事故。车一般外沟槽的切槽刀的角度和形状基本上与切断刀相同。在车窄外沟槽时，切槽刀的刀头宽度应与槽宽相等，刀头的长度应尽可能短一些。

5) 弹性切断刀

为了节省高速钢，切断刀可以做成片状，再装夹在弹性刀杆内，如图 6-34 所示。这样既节约刀具材料，刀杆又富有弹性。当走刀量太大时，由于弹性刀杆受力变形时，刀杆弯曲中心在上面，刀头会自动退让出一些。因此，切割时不容易扎刀，这样就不会使切断刀折断。

6) 内沟槽车刀

内沟槽车刀与切断刀的几何形状基本相似。内沟槽车刀在小孔中加工时，一般做成整体式，如图 6-35(a)所示；加工直径较大的孔时，可采用装夹式车刀，如图 6-35(b)所示。

内沟槽车刀的安装应使主切削刃与内孔中心等高或略高，两侧副偏角须对称。若采用装夹式内沟槽车刀时，刀头伸出的长度 a 应大于槽深 h，如图 6-36 所示。

同时应保证：

$$d + \alpha < D$$

式中，D 为内孔直径；d 为刀杆直径；α 为刀头伸出的长度。

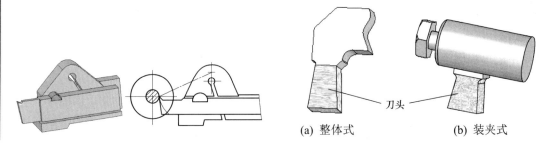

图 6-34　弹性切断刀

(a) 整体式　　　　(b) 装夹式

刀头

图 6-35　内沟槽车刀

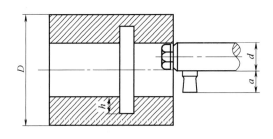

图 6-36　内沟槽车刀尺寸

前角 $\gamma_0 = 5° \sim 20°$；主后角 $\alpha_0 = 6° \sim 8°$；两个副后角 $\alpha_1 = 1° \sim 3°$；主偏角 $\kappa_r = 90°$；两个副偏角 $\kappa_r' = 5° \sim 20°$。

2. 切断刀和车槽刀的长度和宽度的选择

1）　切断刀刀头部分的长度 L 的选择

切断实心材料时，$L = 1/2D + (2 \sim 3)$ mm。

切断空心材料时，L 等于被切工件的壁厚加上$(2 \sim 3)$ mm。

切槽刀的长度 L 为槽深加上$(2 \sim 3)$ mm。

2）　切断刀刀头部分的宽度 a 的选择

$$a \approx (0.5 \sim 0.6)\sqrt{D}$$

式中，a 为主刀刃宽度(mm)；D 为被切工件的直径(mm)。

3. 切断刀的刃磨方法

刃磨左侧副后刀面时，两手握刀，车刀前面向上，同时磨出左侧副后角和副偏角。刃磨右侧副后刀面时，两手捏刀，车刀前面向上，同时磨出右侧副后角和副偏角。刃磨主后刀面时，同时磨出主后角。刃磨前角和前面时，车刀前面对着砂轮磨削表面。

刃磨切断刀时，应先磨两副后刀面，以获得两侧副偏角和两侧副后角。刃磨时，必须保证两副后刀面平直、对称，并得到需要的刀头宽度。其次，磨主后面，保证主刀刃平直，得到主偏角和主后角。最后，磨车刀前面的卷屑槽，具体尺寸由工件直径、工件材料和走刀量决定。卷屑槽过深会削弱刀头强度。为了保护刀尖，可以在两边刀尖处各磨一个小圆弧。

4. 切断刀的安装

(1) 切断刀不宜伸出过长,同时切断刀的中心线必须装得与工件的中心线垂直,以保证两副偏角对称。

(2) 切断无孔工件时,切断刀必须装得与工件的中心线等高,否则不能切到中心,而且容易折断车刀。

(3) 切断刀底平面如果不平,会引起副后角的变化(两副后角不对称)。因此,刃磨之前,应把切断刀底面磨平。刃磨后,用角尺或钢尺检查两侧副后角的大小,如图 6-37 所示。

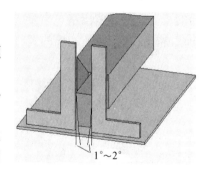

图 6-37　检查切断刀的副后角

5. 切断和车外沟槽时的切削用量

1) 吃刀深度

横向切削时,吃刀深度即在垂直于加工端面(已加工表面)的方向上所量得的切削层的数值。所以,切断时的吃刀深度等于切断刀的刀头宽度。

2) 走刀量

由于切断刀的刀头强度比其他车刀低,所以,应适当地减小走刀量。走刀量太大时,容易使切断刀折断;走刀量太小时,切断刀后面与工件产生强烈摩擦会引起振动。

一般用高速钢车刀车钢料时,$f = 0.05\sim0.1$mm/r;车铸铁时,$f = 0.1\sim0.2$mm/r;用硬质合金车刀车钢料时,$f = 0.1\sim0.2$mm/r;车铸铁时,$f = 0.15\sim0.25$mm/r。

3) 切削速度

用高速钢车刀车钢料时,$v = 30\sim40$m/min;车铸铁时,$v = 15\sim25$m/min。用硬质合金车刀车钢料时,$v = 80\sim120$m/min;车铸铁时,$v = 60\sim100$m/min。

切断时,由于切断刀伸入工件被切割的槽内,周围被工件和切屑包围,散热情况极为不利。为了降低切削区域的温度,应在切断时加充分的冷却润滑液进行冷却。

6.2.2　槽的车削和切断方法

在车床上可加工外沟槽、内沟槽和端面槽,如图 6-38 所示。不管是外沟槽、内沟槽,还是端面槽,加工槽的形状决定了刀具切削部位的形状。切槽刀具有一个主切削刃和两个副切削刃,主偏角为 90°,两个副偏角均为 1.5°。

切削窄槽时,切槽刀的刀宽可以等于槽的宽度,一次把工件加工成型。切削宽槽时,需分几次横向进给,否则,易产生振动,影响工件的加工质量,甚至会折断车刀。

切槽时,主轴转速应选得低一些,工件直径越大,转速越低;切槽的位置应尽量靠近卡盘或其他夹具体,避免工件在加工过程中弯曲变形而"夹刀"。

1. 外沟槽的车削方法

车削宽度不大的沟槽,可以用刀头宽度等于槽宽的车刀一次直进车出,如图 6-39 所示。

较宽的沟槽,可以用几次吃刀来完成,如图 6-40 所示。车第一刀时,先用钢尺量好距离。车一条槽后,把车刀退出工件向左移动继续车削,把槽的大部分余量车去,但必须在槽的两侧和底部留出精车余量。最后，根据槽的宽度和槽的位置精车沟槽的内径，可用卡钳或游标卡尺测量，沟槽的宽度可用钢尺、样板或塞规来测量。

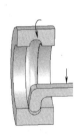

图 6-38　沟槽的车削

图 6-39　窄外沟槽的车削

2．内沟槽的车削方法

内沟槽的作用如下。

(1)　退刀。在加工内螺纹、镗内孔和磨内孔时作退刀用，这样的内孔能保证底平面垂直。有些长的轴套，为了加工方便和定位良好，往往在长度中间开有内沟槽。为了拉油槽方便，两端都开有退刀槽。

(2)　密封。梯形内沟槽里面嵌入油毛毡，以防止滚动轴承的润滑脂溢出。有的内沟槽里面嵌入 O 形密封圈，以防止液压系统中的高压油溢出。

(3)　作为油、气通道。在各种液压和气压滑阀中，内沟槽是用来通油和通气用的。

(4)　特殊用途。在汽轮机和压缩机中安装叶片用的内沟槽。

内沟槽的车削方法一般与车外沟槽的方法相同，宽度较小的或要求不高的窄沟槽，用刀宽等于槽宽的内沟槽刀采用直进法一次车出。精度要求较高的内沟槽，一般可采用二次直进法车出，即第一次车去较多的多余金属，留下较少的切削余量，第二次换精车刀加工内沟槽到要求的尺寸。

车削内沟槽时，刀杆直径受孔径和槽深的限制，比镗孔时的直径还要小，特别是车孔径小、沟槽深的内沟槽时更为突出。车削内沟槽时，排屑特别困难，切屑先要从沟槽内出来，然后再从内孔中排出，切屑的排出要经过 90° 的转弯。所以，车削内沟槽比镗孔还要困难。车削内沟槽时的尺寸控制的方法为：窄槽可直接用准确的刀头宽度来保证；宽槽可用大拖板刻度盘来控制尺寸，沟槽深度可用中拖板刻度掌握，位置用大、小拖板刻度或挡铁来控制，精度要求高的用千分表和量块来保证，如图 6-41 所示。

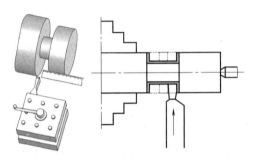

图 6-40　宽外沟槽的车削

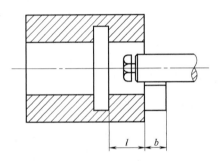

图 6-41　内沟槽车刀定位尺寸计算

车削梯形密封槽时，一般是先用内孔切刀车出直槽，然后用样板刀车削成型，如图 6-42 所示。

如要车削 T 形内沟槽，其车削步骤如图 6-43 所示。先用内沟槽车刀车直槽，然后用左向弯头刀割左面的沟槽，再用右向弯头刀割右面的沟槽。

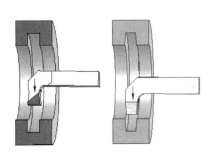

图 6-42　梯形内沟槽的车削方法

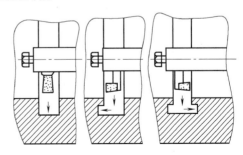

图 6-43　T 形内沟槽的车削方法

3．端面槽的车削方法

1) 端面直槽的加工方法

在加工一般外沟槽时，因为切槽刀是从外圆切入，像一般的切断刀一样，车刀的两侧副后角相等，车刀两面对称。但是，在端面上切直槽时，切槽刀的一个刀尖相当于车削内孔，如图 6-44 所示。因此，车刀靠近 a 侧的副后面必须按端面槽圆弧的大小刃磨成如图 6-44 所示的圆弧形，R 应小于端面槽的大圆半径，这样就可防止副后面与槽的圆弧相摩擦。

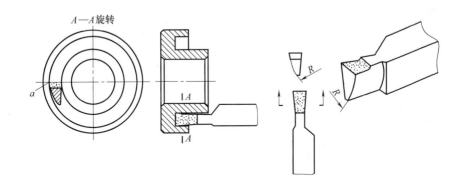

图 6-44　端面直槽的车削

2) 45°外沟槽的加工方法

如图 6-45 所示，45°外沟槽车刀与一般端面沟槽车刀相同，刀尖口处的副后面应该磨成相应的圆弧。车削时，可把小拖板转过 45°，用小拖板进刀车削成型。

3) 圆弧沟槽的加工方法

如图 6-46 所示，圆弧沟槽车刀可根据沟槽圆弧的大小相应地磨成圆弧刀头。但必须注意：在切削端面的一段圆弧刀刃下，也必须磨有相应的圆弧后刀面。

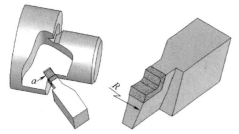

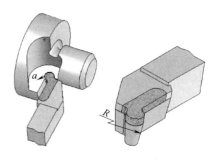

图 6-45　45°外沟槽的车削　　　　　　　图 6-46　圆弧沟槽的车削

4)　T 形槽的车削方法

T 形槽的车削比较复杂，它必须使用 3 种车刀分 3 个步骤才能完成。

(1)　用平面切槽刀切平面槽。

(2)　用弯头右切刀车外侧沟槽。

(3)　用弯头左切刀车内侧沟槽。

弯头切刀的刀头宽度应等于槽宽，L 应小于 b，否则，弯头切刀无法进入槽中。其次，应该注意弯头切刀进入平面槽时，为了避免车刀侧面与工件相碰，应该相应地磨成圆弧形，如图 6-47 所示。

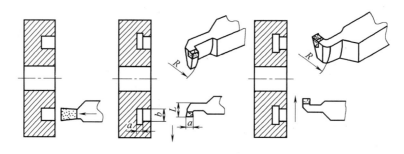

图 6-47　T 形槽的车削

5)　燕尾槽的车削方法

燕尾槽的加工方法与 T 形槽的加工方法类似，也必须用 3 种车刀分 3 个步骤来进行加工，如图 6-48 所示。

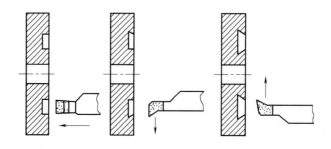

图 6-48　燕尾槽的车削

(1) 用平面切槽刀切槽。

(2) 用左角度成型刀车削。

(3) 用右角度成型刀车削。

4．切断方法

切断与切槽的加工方法基本一致，只不过切断是将工件从原有的材料上把其中一部分加工成一个单独的个体，而切槽只是在工件上加工一个沟槽。切断时应注意以下几点，特别是在实心工件的切断时。

(1) 切断毛坯表面的工件前，最好用外圆车刀把工件先车圆，或尽量减小走刀量，以免造成"扎刀"现象而损坏车刀。

(2) 手动进刀切断时，摇动手柄应连续、均匀，以避免由于切断刀与工件表面摩擦，使工件表面产生冷硬现象而加速刀具磨损。如果必须中途停车时，应先把车刀退出再停车。

(3) 用卡盘装夹工件切断时，切断位置离卡盘的距离应尽可能接近；否则，容易引起振动，或使工件抬起压断切断刀。

(4) 切断用一夹一顶的装夹方法时，工件不应完全切断，应卸下工件后再敲断；切断较小的工件时，要用盛具接住，以免切断后的工件混在切屑中或飞出找不到。

(5) 切断时不能用两顶针装夹工件，否则切断后工件会飞出造成事故。

6.2.3 专项技能训练课题

槽加工和切断实训的实例及练习如图 6-49 所示。

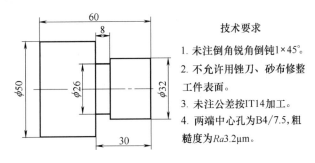

技术要求

1. 未注倒角锐角倒钝1×45°。
2. 不允许用锉刀、砂布修整工件表面。
3. 未注公差按IT14加工。
4. 两端中心孔为B4/7.5，粗糙度为Ra3.2μm。

图 6-49　槽加工

该工件除了槽以外的其他尺寸均已按以下步骤加工好了。

(1) 用三爪联动卡盘夹住工件外圆长 20mm 左右，并找正夹紧。

(2) 粗车平面及外圆ϕ51mm，长度为 60mm。

(3) 在端面上加工中心孔。

(4) 精车平面及外圆ϕ(50±0.50)mm，长度为 60mm。

(5) 修正中心孔。

(6) 调头夹住外圆ϕ50mm 一端，长 20mm 左右，并找正夹紧。

(7) 粗车平面及外圆ϕ46mm，长度为 30mm。

(8) 在端面上加工中心孔。

(9) 精车平面及外圆 $\phi(45\pm0.50)$mm，长度为 30mm、60mm。

(10) 修正中心孔。

槽的加工步骤如下。

(1) 用三爪联动卡盘夹住工件 $\phi50$ 的外圆长 20mm 左右，并找正夹紧。

(2) 用宽度为 4mm 的切刀在工件上把 8mm 的槽切出，长度尺寸用钢直尺和游标卡尺测量。

6.3　螺纹与圆锥面车削

螺纹的种类很多，按用途分可分为连接螺纹和传动螺纹；按螺纹的牙型可分为三角形、方形、梯形、锯齿形和圆形，它们的牙型角也不一样；按螺旋线的方向可分为左旋和右旋；按螺旋线的头数可分为单头和多头螺纹；按工件两相对侧母线的关系可分为圆柱螺纹和圆锥螺纹。根据螺纹的种类和加工质量要求，一般的螺纹加工方法有攻螺纹、套螺纹、车螺纹、铣螺纹、磨螺纹、搓丝和滚丝等。

在机床与工具中，圆锥面结合应用得很广泛，如图 6-50 所示。车床主轴孔与顶针的结合、车床尾座锥孔与麻花钻锥柄的结合、磨床主轴与砂轮法兰的结合、铣床主轴孔与刀杆锥体的结合等，都是圆锥面结合。圆锥面结合之所以应用得这样广泛，主要有以下几个原因。

(1) 当圆锥面的锥角较小时，可传递很大的扭矩。

(2) 装拆方便，虽经多次装拆，仍能保证精确的定心作用。

(3) 圆锥面结合的同轴度较高。

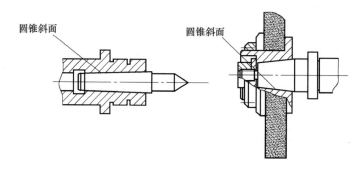

图 6-50　圆锥体的应用实例

6.3.1　设备与刀具

攻螺纹是用丝锥加工尺寸较小的内螺纹，套螺纹是用板牙加工尺寸较小的外螺纹。螺纹直径一般不超过 18mm。攻螺纹和套螺纹的加工质量一般，主要用于精度要求不高的普通螺纹加工。

单件小批生产中，可以用手用丝锥(板牙)手工攻(套)螺纹；批量或大批量生产中，一般在车床、钻床或攻丝机上用机用丝锥(板牙)攻(套)螺纹。

车螺纹是用螺纹车刀在车床上加工出工件上螺纹的加工方法，用螺纹车刀车螺纹，刀具简单，适用性强，可以使用通用设备；但生产率低，加工质量取决于工人的技术水平以及机床、刀具本身的精度，所以主要用于单件小批量生产。当生产批量较大时，为了提高生产率，常采用螺纹梳刀(见图 6-51)车螺纹。螺纹梳刀实质上是多把螺纹车刀的组合，一般一次走刀就能切出全部螺纹，因此生产率很高。但螺纹梳刀只能加工低精度螺纹，且螺纹梳刀制造困难。当加工不同的螺纹时，必须更换螺纹梳刀，且只适用于加工螺纹附近无轴肩的工件。

1. 螺纹车刀的刃磨与安装

螺纹车刀一般是由高速钢或硬质合金两种材料制成。应根据车削螺纹的牙型角来刃磨螺纹车刀。其刀尖角 ε_γ 应等于螺纹牙型角，使车刀切削部分形状与螺纹截面形状一致。常见的螺纹车刀如图 6-52 所示。

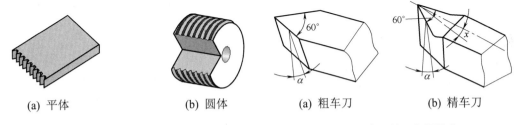

(a) 平体　　　　　　　　(b) 圆体　　　　　　　(a) 粗车刀　　　　　　(b) 精车刀

图 6-51　螺纹梳刀　　　　　　　　　图 6-52　常见的三角螺纹车刀

螺纹车刀安装时，车刀刀尖必须与工件中心等高，否则螺纹的截面形状将发生变化(产生双曲线牙型)。车刀刀尖角 ε_γ 的角平分线必须与工件的轴心线相垂直，为了达到这一要求，往往利用对刀样板进行对刀，如图 6-53 所示。

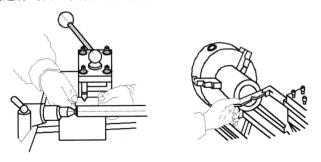

图 6-53　螺纹车刀在车床上的安装

2. 车螺纹时车床的调整

为了在车床上车出符合技术要求的螺纹，车削时必须严格地保证工件(主轴)转过一转，车刀纵向进给一个所车螺纹的螺距(多头螺纹为导程)。这一要求是由车床主轴到丝杠之间的传动链的传动比来保证的。在普通车床上这一要求可以根据进给箱上的标牌指示，调整进给手柄直接选取；但对一些特殊螺距的螺纹或没有进给箱的车床，可以用交换齿轮的调整来达到所要求的传动比。如图 6-54 所示为车螺纹时工件与车刀的运动关系图。丝杠的转动是由主轴上的齿轮，通过三星齿轮 a、b 和交换齿轮 z_1、z_2、z_3、z_4 传递的。应保证做到工件转一转，车刀纵向进给量等于欲车螺纹的螺距(导程)。

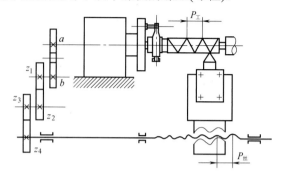

图 6-54　车螺纹时主轴与丝杠的传动关系

车螺纹时的纵向移动是由丝杠和对开螺母作用传动的。当主轴带动工件转一转时，车刀纵向移动的距离应为 $P_\text{工}$，其传动关系如下：

$$1 \times \frac{a}{b} \times \frac{z_1}{z_2} \times \frac{z_3}{z_4} \times P_\text{丝} = P_\text{工}$$

因机床制造时，齿轮 a、b 为定值，所以 $a/b = A$ 为定值(通常 $A=1$ 或 $A=1/2$)。故上式经变换后可得

$$\frac{z_1}{z_2} \times \frac{z_3}{z_4} = \frac{P_\text{工}}{A P_\text{丝}}$$

式中，z_1、z_2、z_3、z_4 为交换齿轮的齿数；$P_\text{工}$ 为工件螺距(mm)；$P_\text{丝}$ 为丝杠螺距(mm)。

由上式可知，只要知道需要车削的螺纹的螺距 $P_\text{工}$ 和所用车床丝杠的螺距 $P_\text{丝}$ 及 A 的数值，就可分别确定交换齿轮 z_1、z_2、z_3、z_4 的齿数。但所选取的齿轮齿数要符合该车床所备有的交换齿轮的齿数，较常使用 CA6140 车床备有交换齿轮的齿数为 20，25，30，…，90，95，100，127 共计 18 个。

为了能够顺利地装上挂轮架，在选择变换齿轮时还必须符合下列条件：

$$z_1 + z_2 \geqslant z_3 + 15$$
$$z_3 + z_4 \geqslant z_2 + 15$$

【例 6-1】欲在 CA6140 上车螺距为 3mm 的螺纹，车床丝杠螺距为 12mm，$A=1$，试选取交换齿轮。

解：根据公式

$$\frac{z_1}{z_2} \times \frac{z_3}{z_4} = \frac{P_\text{工}}{A P_\text{丝}}$$

可得

$$\frac{z_1}{z_2} \times \frac{z_3}{z_4} \times \frac{P_\text{工}}{A P_\text{丝}} = \frac{3}{1 \times 12} = \frac{1}{4} = \frac{20}{40} \times \frac{30}{60} = \frac{15}{30} \times \frac{25}{50} = \frac{20}{40} \times \frac{50}{100}$$

交换齿轮选择可为多种情况，下面列举了 3 种情况。

第一组：　$z_1 = 20$、$z_2 = 40$、$z_3 = 30$、$z_4 = 60$。

第二组：　$z_1 = 15$、$z_2 = 30$、$z_3 = 25$、$z_4 = 50$。

第三组：　z_1=20、z_2=40、z_3=50、z_4=100。

下面进行校核。

第一组：

因 $z_1 + z_2$ =20+40=60，　z_3 +15=30+15=45，故 $z_1 + z_2 > z_3$ +15。

因 $z_3 + z_4$ =30+60=90，　z_2 +15=40+15=55，故 $z_3 + z_4 > z_2$ +15。

满足条件，可选。

第二组：

因 $z_1 + z_2$ =15+30=45，　z_3 +15=25+15=40，故 $z_1 + z_2 > z_3$ +15。

因 $z_3 + z_4$ =25+50=75，　z_2 +15=30+15=45，故 $z_3 + z_4 > z_2$ +15。

满足条件，可选。

第三组：

因 $z_1 + z_2$ =20+40=60，　z_3 +15=50+15=65，故 $z_1 + z_2 < z_3$ +15。

因 $z_3 + z_4$ =50+100=150，　z_2 +15=40+15=55，故 $z_3 + z_4 > z_2$ +15。

不满足条件，不可选。

6.3.2　螺纹的车削与测量

1. 车三角螺纹

(1)　当加工的螺纹螺距 $P \leqslant 3mm$ 时：

用一把硬质合金车刀，径向进刀车出螺纹，如图 6-55 所示。

(2)　当加工的螺纹螺距 $P > 3mm$ 时：

首先用粗车刀斜向进刀粗车，后用精车刀径向进刀精车。若为精密螺纹，精车时应用轴向进刀分别精车牙型两侧，如图 6-56 所示。

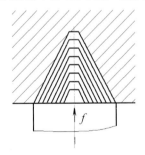

图 6-55　螺距 $P \leqslant 3mm$ 时车削三角螺纹的方法　　图 6-56　螺距 $P > 3mm$ 时车削三角螺纹的方法

2. 车梯形螺纹

(1)　当加工的螺纹螺距 $P \leqslant 3mm$ 时：

用一把车刀，径向进刀粗车，后精车成型，如图 6-57 所示。

(2)　当加工的螺纹螺距 $P \leqslant 8mm$ 时：

首先用比牙型角小 2° 的粗车刀径向进刀车至底径，而后用精车刀径向进刀精车，如

图 6-58 所示。

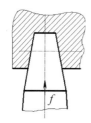

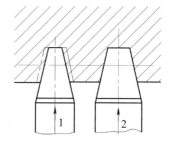

图 6-57　螺距 $P \leqslant 3mm$ 时车削梯形螺纹的方法　　图 6-58　螺距 $P \leqslant 8mm$ 时车削梯形螺纹的方法

(3) 当加工的螺纹螺距 $P \leqslant 10mm$ 时：

首先用切槽车刀径向进刀车至底径，再用刀尖角小于牙型角 2° 的粗车刀径向进刀粗车，最后用开有卷屑槽的精车刀径向进刀精车，如图 6-59 所示。

(4) 当加工的螺纹螺距 $P \geqslant 16mm$ 时：

先用切刀径向进刀粗车至底径，再用左、右偏刀轴向进刀粗车两侧，最后用精车刀径向进刀精车，如图 6-60 所示。

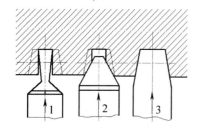

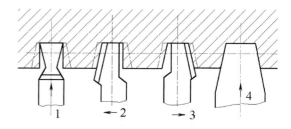

图 6-59　螺距 $P \leqslant 10mm$ 时车削梯形螺纹的方法　　图 6-60　螺距 $P \geqslant 16mm$ 时车削梯形螺纹的方法

3. 车蜗杆

蜗杆的齿形与梯形螺纹相类似，常用的蜗杆螺纹的牙型角有 40° 和 29° 两种：40° 为公制蜗杆螺纹；29° 为英制蜗杆螺纹。我国采用 40° 公制蜗杆螺纹。

蜗杆车刀的刃磨、安装及车削方法与车削梯形螺纹时的要求基本相同。但由于蜗杆的牙型较深，螺旋升角大，车削时比一般梯形螺纹更困难一些。由于蜗杆在传动中与蜗轮啮合，蜗杆的各部分尺寸是按照蜗轮的齿来计算的，如图 6-61 所示。

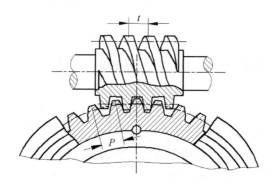

图 6-61　蜗杆与蜗轮的啮合

蜗杆的车削方法与梯形螺纹基本相同，不同的是公制蜗杆螺纹车刀的刀尖角为 40°。一般蜗杆齿形分轴向直廓(阿基米德螺线)和法向直廓(延长渐开线)两种。安装车刀时应注意，车削阿基米德螺线蜗杆装刀时，车刀两刀刃组成的平面应与工件中心线重合，如图 6-62(a)所示。

如果工件齿形为法向直廓蜗杆，装刀时，车刀两刀刃组成的平面应垂直于齿面，如图 6-62(b)所示。

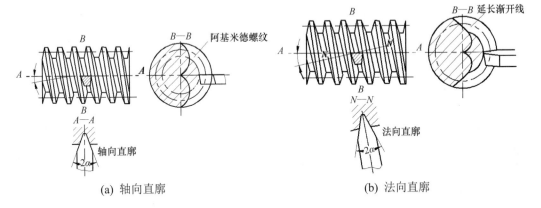

(a) 轴向直廓　　　　　　　　　　　(b) 法向直廓

图 6-62　蜗杆齿形的种类

由于蜗杆的螺旋升角较大，车削时使前角、后角发生很大的变化，切削很不顺利。为了克服上述现象，可以用如图 6-63 所示的可调节螺旋升角刀排进行车削。刀头体 2 可相对于刀杆 1 转一个所需的螺旋升角，然后用螺钉 3 锁紧。角度的大小可从头部上的刻度线上看出。这种刀排上开有弹性槽，因此具有弹性作用，在车削时不容易产生扎刀现象。

车削法向直廓蜗杆，刀头必须倾斜，采用可调节螺旋升角刀排更为理想。粗车阿基米德螺旋线蜗杆时，为使切削顺利，刀头应倾斜安装；精车时，为了保持精度，刀头仍要水平安装。

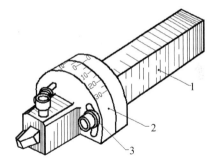

图 6-63　可调节螺旋升角的刀排

1—刀杆；2—刀头体；3—螺钉

4. 车多线螺纹

圆柱体上只有一条螺旋槽的螺纹，叫作单线螺纹，这种螺纹应用最多。有两条或两条以上螺旋槽的螺纹，叫作多线螺纹。多线螺纹每旋转一周时，能移动单线螺纹几倍的螺距，所以多线螺纹常用于快速移动机构中。区别螺纹线数多少，可根据螺纹末端螺旋槽的数目来确定。

单线螺纹和多线螺纹的形状，如图 6-64 所示。螺纹上相邻两螺旋槽之间的距离，叫作螺距。螺旋槽旋转一周所移动的距离，叫作导程。

导程与螺距的关系表示为

$$L=nP$$

式中，n 为螺纹的线数；L 为多线螺纹的导程；P 为多线螺纹的螺距。

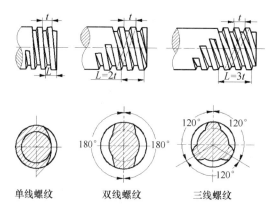

单线螺纹　　　双线螺纹　　　三线螺纹

图 6-64　单线、双线和三线螺纹

1)　多线螺纹的分线方法

车削多线螺纹时，主要是解决螺纹的分线方法问题。如果分线出现误差，会使所车的多线螺纹螺距不等，就会严重地影响内外螺纹的配合精度，降低使用寿命。

根据多头螺纹的成型原理，分线方法有轴向分线法和圆周分线法两种。

(1)　轴向分线法。

轴向分线法是当车好一条螺旋线后，把车刀轴向移动一个螺距，就可车削第二条螺旋线。这种方法只需精确测量出车刀的移动距离就可达到分线目的。

①　小拖板刻度分线法：小拖板刻度分线法是利用小拖板刻度控制车刀移动一个所需的螺距，以达到分线的目的。

②　用块规分线法：此种方法是先在车床的大拖板和小拖板上各装上固定挡铁 1 和 2，车削第一条线时，挡铁 1 和 2 的触头之间放入距离为 $2P$ 的块规。当第一条线车好后，移动小拖板，调换一块厚度为 P 的块规垫在触头 1 和触头 2 之间，这时车刀就向左移动了一个螺距 P，车削第二条线。当第二条线车好后，抽去厚 P 的块规，使两触头相碰，再车削第三条线。经过这样的粗车、精车几个循环后，就可把三条线的螺纹车好。

用块规分线法比小拖板刻度分线法精确。但是使用这两种方法之前，必须先把小拖板导轨校正得与工件轴心线平行，否则会造成分线误差。

(2)　圆周分线法。

如果是双头螺纹，两个头的起始点在端面上相隔 $180°$；三个头的起始点在端面上相隔 $120°$。因此，多头螺纹各个头在端面上相隔的角度为：$n=360°/$螺纹头数。圆周分线法就是利用在同一端面上多头螺纹的每条螺纹旋线的起始点均布的原理来进行分头的。即当车好第一条螺旋线以后，使工件与车刀的传动链脱开，并把工件转过一定的角度，合上传动链就可车削另一条螺旋线。这样依次分头，就可把多头螺纹车好。

这种方法的分度精度主要取决于分度盘的精度。分度盘上的分度孔可用精密分度盘在坐标镗床上加工，因此可以获得较高的分度精度。用这种方法进行分头，操作方便，分度较理想。

2)　车多头螺纹的车削步骤

车多头螺纹时必须注意，绝不能把一条螺旋线全部车好后，再车另外的螺旋线。车削时应按下列步骤进行。

(1)　粗车第一条螺旋线，记住中拖板和小拖板的刻度。

(2) 进行分头，粗车第二条、第三条、……螺旋线。如果用圆周分线法，切削深度(中拖板和小拖板的刻度)应与车第一条螺旋线时相同；如用轴向分线法，中拖板刻度与车第一条螺旋线时相同，小拖板精确移动一个螺距。

(3) 按上述方法精车各条螺旋线。

采用左右切削法加工多头螺纹时，为了保证多头螺纹的螺距精度，必须特别注意车每一条螺旋线的车刀轴向移动量应该相等。

5. 螺纹加工的基本方法

在车螺纹时，不可能一次进刀就能切到全牙深，一般要分几次吃刀才能完成。根据进刀方向的不同，一般有三种进刀方法，如图 6-65 所示。

1) 直进法

用中滑板进刀，两刀刃和刀尖同时切削。该法操作方便，所车出的牙型清晰，牙型误差小；但车刀受力大，散热差，排屑困难，刀尖易磨损。一般适于加工螺距小于 2mm 的螺纹，以及高精度螺纹的精车。

2) 斜进法

将小刀架转一角度，使车刀沿平行于所车螺纹右侧的方向进刀，这样使得两刀刃中基本上只有一个刀刃切削。该法车刀受力小，散热和排屑条件较好，切削用量可大一些，生产效率较高；但不易车出清晰的牙型，牙型误差较大。一般适用于较大螺距螺纹的粗车。

3) 左右切削法

车削螺纹时，除了用中滑板刻度控制螺纹车刀的垂直吃刀外，同时使用小滑板的刻度控制车刀左右微量进给(借刀)，这样反复切削几次，直至螺纹牙型全部加工完成。这种方法就叫作左右切削法。左右切削法加工螺纹时车刀也是单面吃刀，所以不易出现"扎刀"现象；但小滑板左右进给量不宜过大，以免出现牙底过宽或凹凸不平的现象。

6. 螺纹的测量方法

1) 三针测量法

三针测量是测量外螺纹中径的一种比较精密的方法，适用于测量精度较高的三角形、梯形、蜗杆等螺纹的中径。测量时把三根直径相等的钢针放置在螺纹相对应的螺旋槽中，用千分尺量出两边钢针顶点之间的距离 M，如图 6-66 所示。

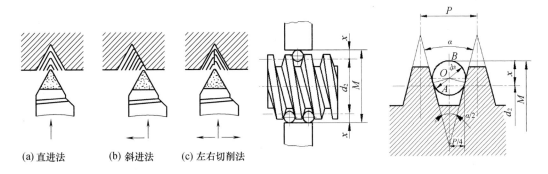

(a) 直进法　　(b) 斜进法　　(c) 左右切削法

图 6-65　车螺纹时的进刀方式　　　　　图 6-66　三针法测量螺纹

千分尺读数 M 可用下式计算：

$$M = d_2 + d_D\left(1 + \frac{1}{\sin\frac{\alpha}{2}}\right) - \frac{p}{2}\cot\frac{\alpha}{2}$$

式中，M 为千分尺测得尺寸，mm；d_2 为螺纹中径，mm；d_D 为钢针直径，mm；α 为工件牙型角度。

三针测量用的最小钢针直径，不能沉没在齿谷中以致无法测量，如图 6-67 所示。

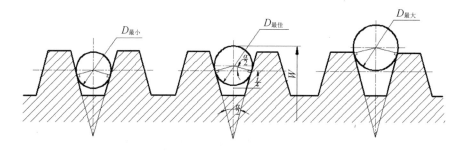

图 6-67 测量螺纹时钢针的选择

最大钢针直径不要搁在顶上与测量齿面脱离，使测量值不正确。最佳钢针直径应该使钢针与螺纹中径处相切。因此，钢针直径可按下式计算：

$$d_D = \frac{P}{2\cos\frac{\alpha}{2}}$$

为了计算方便，可将不同的螺纹牙型角代入上述公式，求得 M 值及钢针直径 D 的计算公式，如表 6-6 所示。

表 6-6 三针测量 M 值及钢针直径计算公式

螺纹牙型角	M 值计算公式	钢针直径 D 的计算公式
60°	$M=d_2+3D-0.866t$	$D=0.577t$
55°	$M=d_2+3.166D-0.9605t$	$D=0.564t$
40°	$M=d_2+3.924D-1.374t$	$D=0.533t$
30°	$M=d_2+4.864D-1.866t$	$D=0.518t$
29°	$M=d_2+4.994D-1.933t$	$D=0.516t$

为了测量方便，对于较小螺纹的三针测量可用以下方法：把三针分别装嵌在两端有塑料(或皮革)可浮动的夹板中，再用千分尺进行测量。对于螺距较大的工件，使用三针测量时，千分尺的测量杆不能同时跨住两个钢针，这时可在千分尺和测量杆之间，垫进一块块规。在计算 M 值时，必须要减去块规厚度的尺寸。

2) 单针测量法

螺纹中径的测量除三针测量法外，还有单针测量法。它的特点是只需使用一根钢针，测量时比较方便，如图 6-68 所示。其计算公式如下：

$$A = \frac{M + d_0}{2}$$

式中，A 为千分尺测得的尺寸，单位为 mm；d_0 为螺纹外径的实际尺寸，单位为 mm；M 为用三针测量时千分尺所测得的尺寸，单位为 mm。

3) 齿厚测量法

测量蜗杆时，除了用三针法测量蜗杆螺纹外，还可采用齿轮游标卡尺测量，如图 6-69 所示。齿轮游标卡尺由互相垂直的齿高卡尺和齿厚卡尺组成。测量时，把齿高卡尺读数调整到等于齿顶高(蜗杆齿顶高等于模数 m)，法向卡入齿廓，齿轮卡尺测得的读数就是蜗杆中径 d_2 的法向齿厚。但图纸上一般注明的是轴向齿厚，测量时必须进行换算。法向齿厚 S_n 的换算公式如下：

$$S_n = \frac{1}{2} t \cos \psi$$

式中，t 为蜗杆周节；ψ 为蜗杆螺旋升角。

测量时，齿厚游标卡尺应与螺纹轴线成一定角度(蜗杆为 10°)。

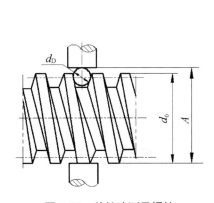

图 6-68　单针法测量螺纹

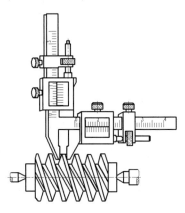

图 6-69　用齿厚游标卡尺测量螺纹

4) 综合测量

螺纹的综合测量可用螺纹环规和塞规进行。

6.3.3　圆锥车削加工方法

1. 圆锥加工的基础理论知识

1) 圆锥的尺寸标注方法和计算

由于设计基准、测量方法等的要求不同，在工厂的生产图纸中，圆锥的标注方法也不一致。现将生产图纸中常见的几种标注方法介绍一下。

因为圆锥具体有 4 个参数，即 α(或 K)、D、d、l，图纸上只需注明三个量，如表 6-7 所示，其余一个量可用计算法求出。某些零件，如圆锥齿轮、蜗轮、角度槽等，斜角较大，一般在图纸上都用角度标注，但标注的方法也各不相同，这时对小拖板转动的角度必须进行换算。换算的方法是把所标注的角度换算成圆锥母线与轴心线相交的夹角。

表 6-7　常见圆锥的尺寸标注方法和计算公式

图　例	说　明	计算公式
	图上注明圆锥的 D、d、l，需要计算 K 和 α	$K=(D-d)/l$ $\tan\alpha=(D-d)/2\,l$
	图上注明圆锥的 D、K、l，需要计算 d 和 α	$d=D-Kl$ $\tan\alpha=K/2$
	图上注明圆锥的 D、α、l，需要计算 K 和 d	$d=D-2l\tan\alpha$ $K=2\tan\alpha$
	图上注明圆锥的 K、d、l，需要计算 D 和 α	$D=d+Kl$ $\tan\alpha=K/2$

2)　圆锥的种类

为了降低生产成本和使用方便，常用的工具、刀具圆锥都已标准化。也就是说圆锥的各部分尺寸，按照规定的几个号码来制造，使用时只要号码相同，就能紧密配合和互换。标准圆锥已在国际上通用，即不论哪一个国家生产的机床或工具，只要符合标准的圆锥就能互换。

常用的圆锥有下列 3 种。

(1)　莫氏圆锥。

莫氏圆锥是机器制造业中应用得最广泛的一种，如车床主轴孔、顶尖、钻头柄、铰刀柄等都用莫氏圆锥。莫氏圆锥分成 7 个号码，即 0、1、2、3、4、5、6，最小的是 0 号，最大的是 6 号。莫氏圆锥是从英制换算过来的，当号数不同时，圆锥斜角也不同。

(2)　公制圆锥。

公制圆锥有 8 个号码，即 4、6、80、100、120、140、160 和 200 号。它的号码是指大端的直径，锥度固定不变，即 K=1：20。例如 100 号公制圆锥，它的大端直径是 100mm，锥度 K=1：20。它的优点是锥度不变，记忆方便。

(3)　专用标准锥度。

除了常用的莫氏锥度以外，还经常遇到各种专用的标准锥度，现把常用的专用标准锥度的应用场合和其锥度大小在表 6-8 中说明。

表6-8 专用标准锥度

锥度 K	圆锥角 2α	圆锥斜角 α	应用举例
1：4	14°15′	7°7′30″	车床主轴法兰及轴头
1：5	11°25′16″	5°42′38″	易于拆卸的连接，砂轮主轴与法兰的结合
1：7	8°10′16″	4°5′8″	管件的开关塞、阀
1：10	5°43′30″	2°51′45″	部分滚动轴承内环锥孔
1：12	4°46′19″	2°23′9″	部分滚动轴承内环锥孔
1：15	3°49′6″	1°54′33″	主轴与齿轮的配合部分
1：16	3°34′47″	1°47′24″	圆柱管螺纹
1：20	2°51′51″	1°25′56″	公制工具圆锥，锥形主轴颈
1：30	1°54′35″	0°57′17″	装柄的铰刀和扩孔钻与柄的配合
1：50	1°8′45″	0°34′23″	圆锥定位销及锥铰刀
7：24	16°35′39″	8°17′50″	铣床主轴孔及刀杆的锥体
7：64	6°15′38″	3°7′49″	刨齿机工作台的心轴孔

2. 外圆锥体的车削方法

由于圆锥零件有各种不同的形状，而车床上的设备也各有不同，因此要根据不同的情况采用不同的方法进行车削。在车床上加工圆锥体主要有下列4种方法。

(1) 转动小拖板法。

(2) 偏移尾座法。

(3) 靠模法。

(4) 宽刃刀车削法。

无论采用哪一种方法，都是为了使刀具的运动轨迹与零件轴心线成圆锥斜角α，从而加工出所需要的圆锥零件。

1) 转动小拖板法

车削较短的圆锥体时，可以用转动小拖板的方法。车削时只要把小拖板按零件的要求转动一定的角度，使车刀的运动轨迹与所要车削的圆锥母线平行。这种方法操作简单，调整范围大，能保证一定精度，如图6-70所示。

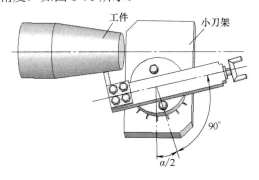

图6-70 转动小滑板车圆锥

由于圆锥的角度标注方法不同，一般不能直接按图纸上所标注的角度去转动小拖板，必须经过换算。换算原则是按照图纸上所标注的角度，换算出圆锥母线与车床主轴中心线的夹角α，α就是车床小拖板应该转过的角度，具体情况如表6-9所示。

表6-9　图纸上标注的角度和小滑板应转过的角度

图　例	小刀架应转过的角度α	车削示意图
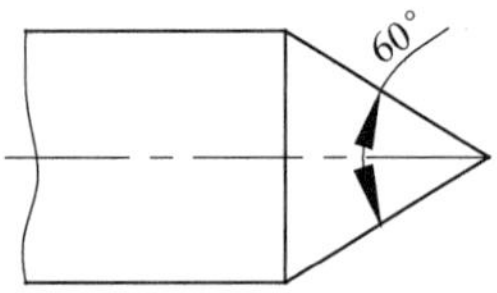	逆时针转30°	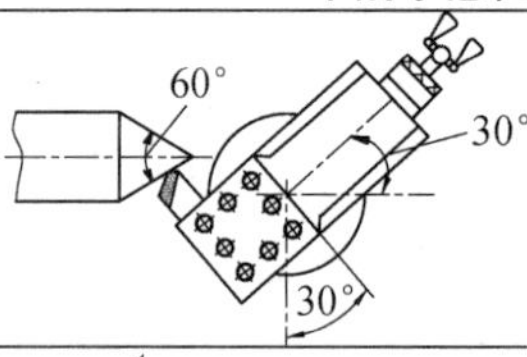
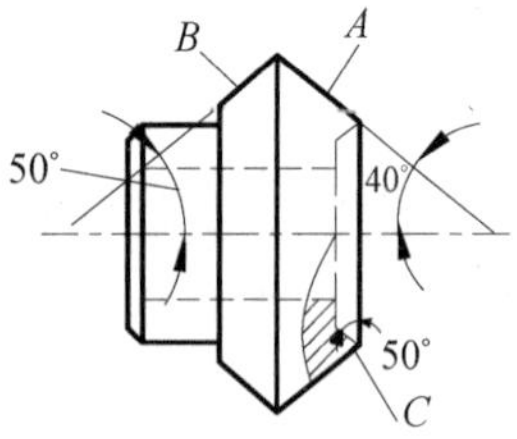	A面逆时针转30°	
	B面顺时针转30°	
	C面顺时针转30°	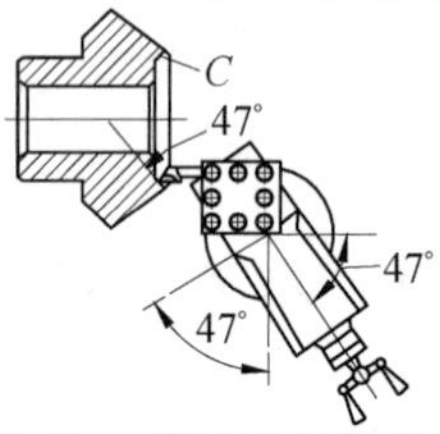

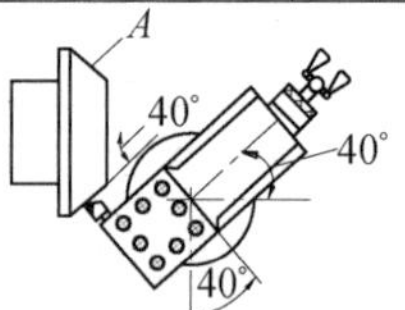

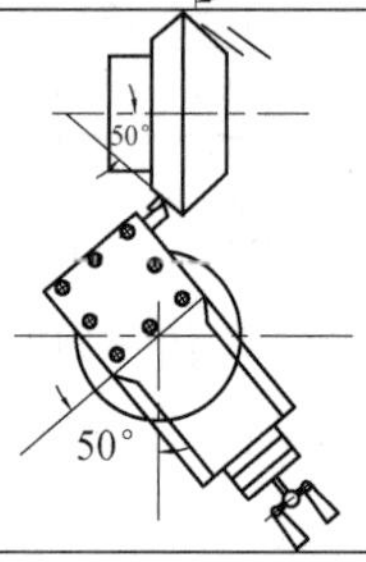

车削常用锥度和标准锥度时小滑板转动的角度如表6-10所示。

表6-10　车削常用锥度和标准锥度时小滑板转动角度

名　称		锥　度	小滑板转动角度
莫氏	0	1：1.9212	1° 29′ 27″
	1	1：2.0047	1° 25′ 43″
	2	1：2.0020	1° 25′ 50″
	3	1：1.9922	1° 26′ 16″
	4	1：1.9254	1° 29′ 15″
	5	1：1.9002	1° 30′ 26″
	6	1：0.9180	1° 29′ 36″

续表

名　称	锥　度	小滑板转动角度
0° 17′ 11″	1：200	0° 08′ 36″
0° 34′ 23″	1：100	0° 17′ 11″
1° 8′ 45″	1：50	0° 34′ 23″
1° 54′ 35″	1：30	0° 57′ 17″
2° 51′ 51″	1：20	1° 25′ 56″
3° 49′ 6 ″	1：15	1° 54′ 33″
4° 46′ 19″	1：12	2° 23′ 09″
5° 43′ 29″	1：10	2° 51′ 45″
7° 9′ 10″	1：8	3° 34′ 35″
8° 10′ 16″	1：7	4° 05′ 08″
11° 25′ 16″	1：5	5° 42′ 38″
16° 35′ 32″	7：24	8° 17′ 46″
18° 55′ 29″	1：3	9° 27′ 44″
30°	1：1.866	15°
45°	1：1.207	22° 30′
60°	1：0.866	30°
75°	1：0.652	37° 30′
90°	1：0.5	45°
120°	1：0.289	60°

（名称栏左侧合并单元格为"标准锥度"）

如果图纸上没有注明圆锥斜角 α，那么可根据公式计算，算出的角度如果不是整数，例如，$\alpha=3° 35′$，那么只能在 3°～4°之间进行估计，在 3° 30′多一点，试切后逐步校正。校正锥度的方法如下。

(1) 根据小拖板上的角度来确定锥度，精度是不高的，当车削标准锥度和较小的角度时，一般可用锥度套规或塞规，用着色检验的方法，逐步校正小拖板所转动的角度。车削角度较大的工件时，可用样板或角度游标尺来检验。

(2) 如需要车削的工件已有样件或标准塞规，这时可用百分表校正锥度的方法，如图 6-71 所示，先把样件或标准塞规安装在两顶针之间，然后在刀架上安装一块百分表，把小拖板转动一个所需的角度，把百分表的测量头垂直接触在样件上(必须对准中心)。移动小拖板，观察百分表摆动的情况。如果指针摆动为零，则锥度已校正。用这种方法校正锥度，既迅速又方便。

小拖板校正以后，不要轻易再去转动。如果车出工件的锥度还是不对，应从其他方面去找原因。例如：小拖板塞铁松紧是否调整好，小拖板导轨端面是否碰伤，手柄转动得是否均匀等都会影响锥度的精度。车锥体时，必须特别注意，车刀安装的刀尖要严格对正工件的回转中心，否则车出的圆锥母线不是直线，而是双曲线。如图 6-72 所示，用已安装好的车刀对在要加工锥度的工件端面上，移动中拖板划一条线，然后把工件旋转 180°左右，用刀尖对准已划线的起始位置再划一条线，两线重合则车刀严格对正工件回转中心；如果第二次划线在第一次划线的上方，则刀具高于工件的回转中心；反之则低于工件的回转中心。

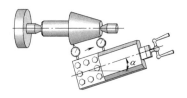

图 6-71　用百分表校正圆锥

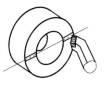

图 6-72　端面划线找正中心

车较短的圆锥体时，可以用转动小滑板的方法。小滑板的转动角度也就是小滑板导轨与车床主轴轴线相交的一个夹角，它的大小应等于所加工零件的圆锥半角的值。

转动小拖板车圆锥体的特点如下。

(1) 能车圆锥角度较大的工件。

(2) 能车出整锥体和圆锥体孔，并且操作简单。

(3) 只能手动进给，若用此法成批生产，则劳动强度大，工件表面粗糙度较难控制。

(4) 因受小滑板行程的限制，只能加工锥面不长的工件。

2) 偏移尾座法

在两顶针之间车削圆柱体时，大拖板走刀是平行于主轴中心线移动的，但尾座横向移动一般距离 S 后，如图 6-73 所示，工件旋转中心与纵向走刀相交成一个角度 α，因此，工件就车成了圆锥体。尾座偏移的方向，按下列原则进行：当工件锥体的小端在尾座处时，尾座就要向操作者移动；当工件锥体的大端在尾座处时，尾座就要向远离操作者的方向移动。

采用偏移尾座的方法车削圆锥体时，必须注意尾座的偏移量不仅和圆锥体的长度 l 有关，而且还和两顶针之间的距离有关，这段距离一般可以近似看作工件的总长 L。

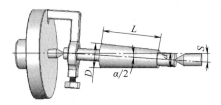

图 6-73　偏移尾座车圆锥

尾座偏移量可根据下列公式计算：

$$S=L\times(D-d)/2l \text{ 或 } S=K\times L/2$$

式中，S 为尾座偏移量，单位为 mm；D 为大端直径，单位为 mm；d 为小端直径，单位为 mm；l 为工件圆锥部分长，单位为 mm；L 为工件的总长，单位为 mm。

【例 6-2】有一圆锥体工件，$D=80mm$，$d=75mm$，$l=100mm$，$L=120mm$，求尾座偏移量 S。

解：$S=L\times(D-d)/2l=120\times(80-75)/(2\times100)=3(mm)$。

尾座偏移量 S 计算出来以后，就可以根据偏移量 S 来移动尾座的上层。偏移尾座的方法有以下几种。

(1) 利用尾座的刻度偏移尾座，如图 6-74 所示。先把尾座上下层零线对齐，然后转动螺钉，把尾座上层移动一个 S 距离。这种方法比较方便，一般尾座上有刻度的车床都能应用。

(2) 利用中拖板刻度偏移尾座，如图 6-75 所示。在刀架上装一根铜棒，把中拖板摇进使铜棒和尾座套筒接触，再根据刻度把铜棒退出一个 S 距离(注意除去丝杆和螺母的间隙)，然后把尾座偏移到与铜杆接触即可。

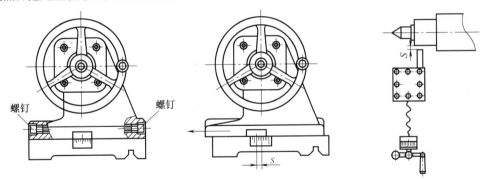

图 6-74　应用刻度偏移尾座的方法　　　　图 6-75　应用中拖板刻度偏移尾座

(3) 应用千分表偏移尾座，如图 6-76 所示。先把千分表装在刀架上，使千分表的触头与尾座套筒接触，然后偏移尾座，当千分表指针转动至 S 值后，就把尾座固定。用这种方法精确度比较高。

(4) 应用锥度量棒(或样件)偏移尾座，把锥度量棒顶在两顶针中间，如图 6-77 所示，在刀架上装一千分表，使千分表触头与量棒接触，并对准中心，再偏移尾座，然后移动大拖板。观察千分表在量棒两端的读数是否相同，如果读数不相同，再偏移尾座，直到千分表在两端的读数相同为止。但量棒的总长必须等于车削零件的总长，否则校出的锥度也不会正确。

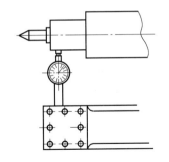

图 6-76　应用千分表偏移尾座的方法

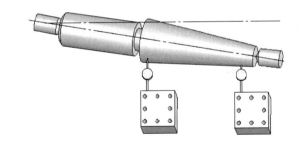

图 6-77　用锥度量棒偏移尾座

3) 靠模法

对于长度较长、精度要求很高的锥体，一般都用靠模法车削。靠模装置能使车刀在作纵向走刀的同时，还作横向走刀，从而使车刀的移动轨迹与被加工零件的圆锥母线平行，如图 6-78 所示。

这种方法调整方便、准确，可以采用自动进刀车削圆锥体和圆锥孔，质量较高。但靠模装置的角度调节范围较小，一般在 12° 以下。

靠模板偏动力的计算公式为

$$B=H\times(D-d)/2L \text{ 或 } B=(H\times C)/2$$

式中，H 为靠模板转动中心到刻线处的距离，称为支距；B 为靠模板的偏动量。

4) 宽刃刀车削法

在车削较短的圆锥面时，也可以用宽刃刀直接车出，如图 6-79 所示。宽刃刀的刀刃必须平直，刀刃与主轴轴线的夹角应等于工件圆锥斜角 α。使用宽刃刀车圆锥面时，车床必须具有很好的刚性，否则容易引起振动。

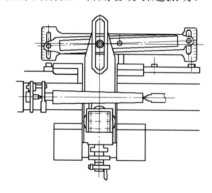

图 6-78　靠模法车圆锥

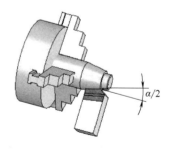

图 6-79　宽刃刀法车圆锥

3. 圆锥孔的车削方法

1) 转动小滑板车削

先用直径小于锥孔小端直径 1～2mm 的钻头钻孔，再转动小刀架的角度，使车刀的运动轨迹与零件轴线的夹角等于圆锥斜角 α，然后车削圆锥孔。

(1) 车削配套圆锥面，如图 6-80 所示。车削配套圆锥面时，先把外锥体车削正确，这时不要变动小滑板，只需把车刀反装，使刀刃向下(主轴仍正转)，然后车削圆锥孔。由于小刀架的角度不变，因此可以获得很正确的圆锥配合表面。

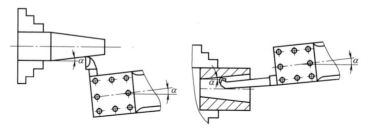

图 6-80　车削配套圆锥面

(2) 车削对称圆锥孔，如图 6-81 所示。首先把外端圆锥孔加工正确，不变动小滑板的角度，把车刀反装，摇向对面再车削里面一个圆锥孔。这种方法加工方便，不但能使两对称圆锥孔的锥度相等，而且工件不需卸下，所以两锥孔可获得很高的同轴度。

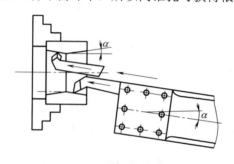

图 6-81　车削对称圆锥孔

2) 靠模板法

当工件锥孔的圆锥斜角小于 12°时，可采用靠模板的方法加工。加工方法与车外锥面相同，只是靠模板扳转的位置相反。

3) 用锥形铰刀铰削圆锥孔

在加工直径较小的圆锥孔时，因为刀杆强度较差，难以达到较高的精度和表面粗糙度，这时可以用锥形铰刀来加工。

4．检查锥度的方法

1) 用游标角度尺检查锥度

对于角度零件或精度不高的圆锥表面，可用圆形游标角度尺检查。把角度尺调整到要测的角度，角度尺的角尺面与工件平面(通过中心)靠平，直尺与工件斜面接触，通过透光的大小来找正小滑板的角度，反复多次直至达到要求为止。

2) 用锥形套规检查锥度

(1) 可通过感觉来判断套规与工件大小端直径的配合间隙，调整小滑板的角度。

(2) 在工件表面上顺着母线，相隔约 120° 薄而均匀地涂上三条显示剂。

(3) 把套规轻轻套在工件上转动半周之内。

(4) 取下套规观察工件锥面上显示剂擦去的情况，鉴别小滑板应转动的方向以找正角度。

锥形套规是检查锥体工件的综合量具，既可以检查工件锥度的准确性，又可以检查锥体工件的大小端直径及长度尺寸。如果要求套规与锥体接触面在 50%以上，一般需经过试切和反复调整，所以锥体的检查应该在试切时进行。

6.3.4 专项技能训练课题

1．加工外圆锥

外圆锥如图 6-82 所示。

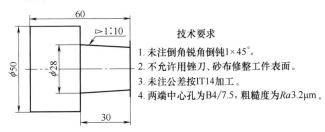

图 6-82 加工外圆锥(单位：mm)

2．外圆锥的加工步骤

(1) 用三爪联动卡盘夹住工件外圆长 20mm 左右，并找正夹紧。

(2) 粗车平面及外圆ϕ51mm，长度为 36mm。

(3) 在端面上加工中心孔。

(4) 精车平面及外圆$\phi(50\pm0.50)$mm，长度为 36mm。

(5) 修正中心孔。

(6) 调头夹住外圆$\phi50$mm 一端，长 20mm 左右，并找正夹紧。

(7) 粗车平面及外圆$\phi30$mm，长度为 30mm。

(8) 在端面上加工中心孔。

(9) 精车平面及外圆$\phi(28\pm0.50)$mm，长度为 30mm、60mm。

(10) 修正中心孔。

(11) 逆时针扳转小滑板 $2°\,51'\,45''$。

(12) 对好刀后用手动摇动小滑板进给。控制尺寸$\phi28$mm、30mm 和 60mm。

(13) 用角度尺检查。

(14) 去毛刺。

3．加工内圆锥

内圆锥如图 6-83 所示。

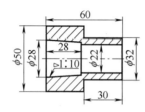

技术要求

1. 未注倒角锐角倒钝$1\times45°$。
2. 不允许用锉刀、砂布修整工件表面。
3. 未注公差按IT14加工。

图 6-83　加工内圆锥

4．内圆锥的加工步骤

(1) 用三爪联动卡盘夹住工件外圆长 20mm 左右，并找正夹紧。

(2) 粗车平面及外圆$\phi33$mm，长度为 30mm。

(3) 在端面上加工中心孔，并以中心孔定位钻$\phi22$mm 内孔。

(4) 精车平面及外圆$\phi(32\pm0.50)$mm，长度为 30mm。

(5) 掉头夹住外圆$\phi32$mm 一端，长为 25mm 左右，并找正夹紧。夹紧力要恰当。

(6) 粗车平面及外圆$\phi51$mm。

(7) 精车平面及外圆$\phi(50\pm0.50)$mm，控制长度为 60mm。

(8) 顺时针扳转小滑板 $2°\,51'\,45''$。

(9) 对好刀后用手动摇动小滑板进给。控制尺寸为$\phi28$mm、28mm。

(10) 做完后与外圆锥装配，检查内外圆锥的配合情况。

5．内、外圆锥的装配图

内、外圆锥的装配图如图 6-84 所示。

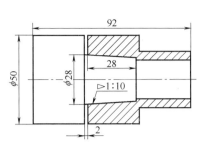

技术要求

1. 锐角倒钝，不准使用锉刀。
2. 1:10锥度研配，接触面积不少于65%。
3. 未注公差按IT14加工。

图 6-84　内外圆锥装配

6.4　偏心与特型面的加工

在机械传动中，回转运动变为往复直线运动或直线运动变为回转运动，一般都是用偏心轴或曲轴(曲轴是形状比较复杂的偏心轴)来完成。偏心工件和曲轴一般都在车床上加工。

偏心轴即工件的外圆和外圆之间的轴线平行而不相重合，偏心套即工件的外圆和内孔的轴线平行而不相重合，这两条轴线之间的距离称为"偏心距"。

车偏心的车刀与车削外圆和车削内孔的车刀相同，刃磨方法也一致。

偏心工件如图 6-85 所示。曲轴与外圆、内孔轴有共同点，但是偏心工件的曲轴又有其特殊性，"偏心距"标志着偏心的大小。

认识了偏心工件和曲轴的特殊点以后，我们就不难理解，在加工这类工件时主要不是解决车削内孔和外圆的问题，而是着手解决车偏心的问题。

车削偏心时，应按工件的不同数量、形状和精度要求相应地采用不同的装夹方法，但最终应保证所要加工的偏心部分轴线与车床主轴旋转轴线重合。

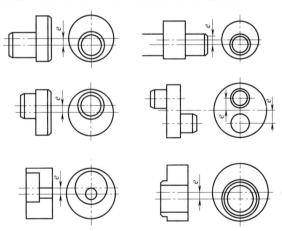

图 6-85　常见偏心件形式

6.4.1　偏心车削加工方法

车偏心和车其他工件一样，它的加工方法不是一成不变的，而是按照工件的不同数量、形状和精度要求相应地采用各种加工方法，从而多、快、好、省地完成生产任务。

1．车削偏心工件常用装夹方法

(1) 用四爪卡盘车削偏心工件，如图 6-86 所示。这种方法适用于加工偏心距较小、精度要求不高、形状较短、数量较少的偏心工件。其加工步骤如下。

① 划线，如图 6-87 所示。将已车好的光轴，放在平台的 V 形块上。用游标高度划线尺测量光轴最高点，再把游标高度划线尺游标下移为工件实际测量尺寸的半径尺寸，在工件的端面和四周划出轴线；把工件转过 90°，用 90° 角尺对齐已划好的轴线，再用原来调整好的高度划线尺在工件周围划出一圈十字轴线；把游标高度划线尺的游标上移一个需要的偏心距，并在两端面上划出偏心轴线；偏心距中心划出以后，用划规画出一个偏心圆。

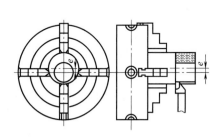

图 6-86　在四爪卡盘上加工偏心工件

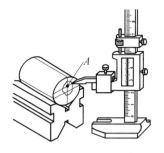

图 6-87　画十字线和偏心圆线

② 装夹、校正，如图 6-88 所示。在床面上放一块小型平板，用划针盘进行校正。采用十字线校正法，先校正偏心圆，使其中心与旋转中心一致，然后自左至右校正外圆上的水平线。用同样的方法转 90° 角校正另一条水平线，反复校正到符合要求为止。如果工件的偏心距换算成外圆跳动量在百分表的量程范围内，也可直接用百分表校正。其外圆跳动量等于偏心距的两倍。

③ 车削。校正后要夹紧工件，由于工件的回转是不圆整的，车刀必须从最高处开始车削，否则会把车刀损坏。

(2) 用三爪卡盘车削偏心工件，如图 6-89 所示。这种方法适用于加工数量较多、长度较短、偏心距较小、精度要求不高的偏心工件。装夹工件时，应在三爪卡盘中的一个爪上加上垫片，其垫片厚度计算公式如下：

$$x=1.5e\pm K$$

$$K=1.5\Delta e$$

式中，x 为垫片厚度，单位为 mm；e 为偏心工件的偏心距，单位为 mm；K 为偏心距修正值，正负号按实测结果确定；Δe 为试切后实测偏心误差。

(3) 用双卡盘车削偏心工件，如图 6-90 所示。这种方法适用于加工长度较短、偏心距较小、数量较多的偏心工件。

加工前应先调整偏心距。首先用一根加工好的心轴装夹在三爪卡盘上，并校正。然后调整四爪卡盘，将心轴中心偏移一个工件的偏心距。卸下心轴，就可以装夹工件进行加工。这种方法的优点是一批工件中只需校正一次偏心距；缺点是两个卡盘重叠一起，刚性较差。

(4) 用花盘车削偏心工件，如图 6-91 所示。这种方法适用于加工工件长度较短、偏心距较大、精度要求不高的偏心孔工件。

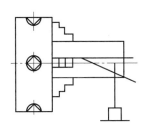

图 6-88　校正工件的水平和垂直方向位置

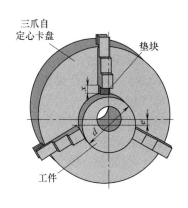

图 6-89　在三爪卡盘上加工偏心工件

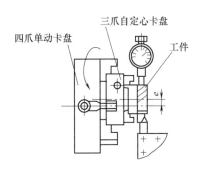

图 6-90　在双卡盘上加工偏心工件

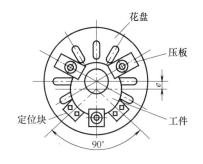

图 6-91　在花盘上加工偏心工件

在加工偏心孔之前，先将工件外圆及两端面加工至符合要求后，在一端面上画好偏心孔的位置，然后用压板均布地把工件装夹在花盘上，用划针盘进行校正后压紧，即可车削。

（5）用偏心卡盘车削偏心工件，如图 6-92 所示。这种方法适用于加工短轴、盘、套类的较精密的偏心工件。偏心卡盘分两层，花盘 2 用螺钉固定在车床主轴的连接盘上，偏心体 3 与花盘燕尾槽相互配合，其上装有三爪自定心卡盘 5。利用丝杠 1 来调整卡盘的中心距。偏心距 e 的大小可在两个测量头 6、7 之间测量，当偏心距为零时，测量头 6、7 正好相碰。转动丝杠 1 时，测量头 7 逐渐离开测量头 6，离开的尺寸即是偏心距。当偏心距调整好后，用四个螺钉 4 紧固，把工件装夹在三爪自定心卡盘上，就可以进行车削。

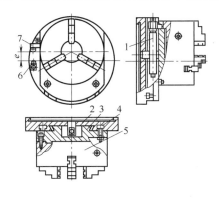

图 6-92　利用偏心卡盘加工偏心工件

这种方法的优点是装夹方便，能保证加工质量，并能获得较高的精度，通用性强。

(6) 用两顶尖车削偏心工件，如图 6-93(a)所示。这种方法适用于加工较长的偏心工件。在加工前应按前面所述的方法在工件两端先划出中心点的中心孔和偏心点的中心孔，并加工出中心孔，然后用前后顶尖顶住，就可以车削了。

若偏心距较小时，可采用切去中心孔的方法加工，如图 6-93(b)所示。偏心距较小的偏心轴，在钻偏心中心孔时可能与主轴中心孔相互干涉，这时可将工件长度加长两个中心孔的深度。加工时，可先把毛坯车成光轴，然后车去两端中心孔至工件要求的长度，再划线，钻偏心中心孔，车削偏心轴。

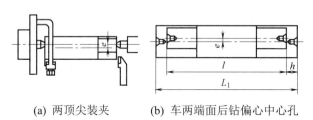

(a) 两顶尖装夹　　　(b) 车两端面后钻偏心中心孔

图 6-93　在两顶尖上加工偏心工件

(7) 用专用夹具车削偏心工件，如图 6-94 所示。这种方法适用于加工精度要求高而且批量较大的偏心工件。加工前应根据工件上的偏心距加工出相应的偏心轴或偏心套，然后将工件装夹在偏心套或偏心轴上进行车削。

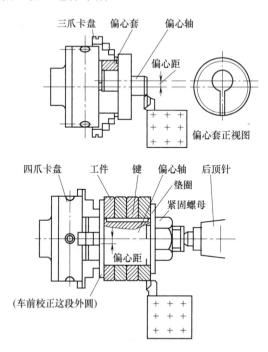

图 6-94　使用专用夹具加工偏心工件

2. 测量偏心距的方法

(1) 用心轴和百分表测量偏心工件，如图 6-95 所示。这种测量方法适用于精度要求较高而偏心距较小的偏心工件。用心轴和百分表测量偏心工件是以孔作为基准的，用一夹在三爪卡盘上的心轴支承工件，百分表的触头指在偏心工件的外圆上，将偏心工件的一个端面靠在卡爪上，缓慢转动，百分表上的读数应该是两倍的偏心距；否则，工件的偏心距不合格。

(2) 用等高V形块和百分表测量偏心工件，如图6-96所示。用百分表测量偏心轴时可将工件放在平板上的两个等高的V形块上支承偏心轴颈，百分表触头指在偏心外圆上，缓慢转动偏心轴。百分表上的读数应该等于两倍的偏心距。

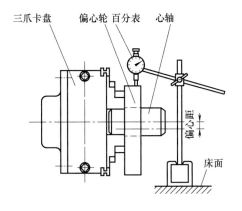 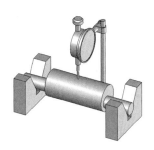

图6-95 用心轴和百分表测量偏心工件　　　　图6-96 用等高V形块和百分表测量偏心工件

(3) 用两顶尖孔和百分表测量偏心工件，如图6-97所示。这种方法适用于两端有中心孔、偏心距较小的偏心轴的测量。其测量方法是将工件装夹在两顶尖之间，百分表的触头指在偏心工件的外圆上，用手转动偏心轴，百分表上的读数应该是两倍的偏心距。偏心套的偏心距也可用上述的方法来测量，但是必须将偏心套装在心轴上才能测量。

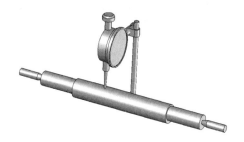

图6-97 用两顶尖孔和百分表测量偏心工件

(4) 用V形块和百分表间接测量偏心工件，如图6-98所示。偏心距较大的工件，因受百分表测量范围的限制，可用间接测量偏心距的方法，把工件放在平板的V形块上，转动偏心轴，用百分表量出偏心轴的最高点，工件固定不动，再水平移动百分表测出偏心轴外圆到基准轴外圆之间的距离 a，然后用下式计算出偏心距 e：

$$e = \frac{D}{2} - \frac{d}{2} - a$$

式中，e 为偏心距，单位为 mm；D 为基准轴直径，单位为 mm；d 为偏心轴直径，单位为mm；a 为基准轴外圆到偏心轴外圆之间的最小距离，单位为 mm。

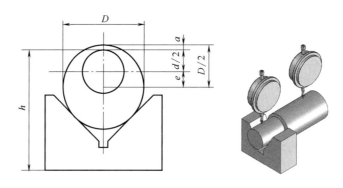

图 6-98　用 V 形块和百分表间接测量偏心工件

　　用这种方法，必须把基准轴直径和偏心轴直径用千分尺正确地测量出；否则，计算时会产生误差。

6.4.2　特型面的车削方法

　　在某些工具和机床零件的捏手部位，为了增加摩擦力和使零件表面美观，常在零件表面上滚出各种不同的花纹；在机器上还有一些零件的表面不是直线，而是一种曲线，如摇手柄、凸圆球和凹圆球等，如图 6-99 所示。这些带有曲线和特别形状的表面，称为特型面。这些表面加工较为困难，一般根据产品的特点、精度要求及批量大小等不同的情况，分别采用双手控制、样板刀、靠模、专用工具加工及铣削等各种加工方法。

网纹　　　　手柄　　　　凸圆球　　　　凸圆弧　　　　凹圆弧　　　　凹圆球

图 6-99　常见的特型面外形图

车削加工时常见的特型面形状有花纹、摇手柄和凸、凹圆球等。

1. 滚花纹

1)　花纹的种类

滚花的花纹一般有直花纹、斜花纹和网花纹 3 种，如图 6-100 所示。

直花纹　　　　　　斜花纹　　　　　　网花纹

图 6-100　花纹的种类

2)　滚花刀

滚花刀如图 6-101 所示，常用的有单轮、双轮和六轮 3 种。滚直花纹、斜花纹时选用单轮滚刀，滚网花纹时选择双轮或六轮滚刀。双轮滚花刀是由节距(滚花刀上相邻凹槽之间的距离)相同的一个左旋和一个右旋滚花刀组成。六轮滚花刀是以节距不同的三组滚轮组成，这样用一把刀就可以加工多种节距的网花纹。

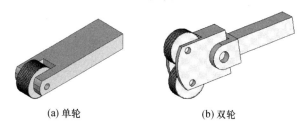

(a) 单轮   (b) 双轮

图 6-101 常用的滚花刀

3) 滚花方法

由于滚花时工件表面产生塑性变形，并未从工件上切下多余的切屑，所以滚花以后工件的尺寸会变大，故在滚花前应将工件加工得偏小一些。滚花刀的装夹应与工件表面平行，开始滚压时，应将滚花刀宽度的二分之一或三分之一与工件接触，且滚花刀与工件表面产生一个较小夹角，这样有利于滚花刀很容易地切入工件表面。当滚花刀压入工件的深度满足要求时，纵向自动进给到需要的长度即可，如图 6-102 所示。

2. 手柄车削

1) 双手控制法

双手控制法，如图 6-103 所示。加工摇手柄是用双手同时摇动小拖板和中拖板手柄或者中拖板和大拖板手柄，并通过双手协调的动作，使刀尖走过的轨迹与所要求的曲线相仿。这种加工特型面的方法较困难，对加工者要求有较高的技术水平，工件的质量取决于加工者的水平。

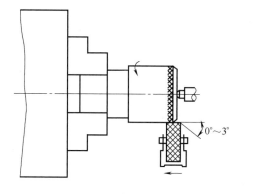

图 6-102 在车床上滚压

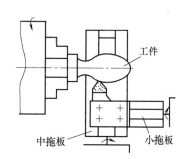

图 6-103 双手控制法车摇手柄

2) 靠模法

靠模法的加工原理是只需要选做一个与工件形状相似的摇手柄，然后把它安装在改装的车床上的中拖板上。这种加工方法可获得较好的加工质量，且生产率高，故用于大批量的生产中。靠模法常见的有靠板靠模和尾座靠模两种，如图 6-104 所示。

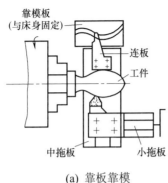

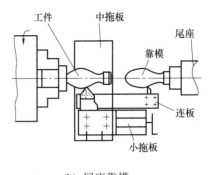

(a) 靠板靠模　　　　　　　　　　(b) 尾座靠模

图 6-104　靠模法车削摇手柄

3. 车凸、凹圆球

1) 使用样板刀

所谓样板刀，是指刀具的切削部分的形状刃磨得和工件加工部分的形状相似。样板刀可以加工的成型面样式有多种，其加工精度由样板刀来保证。由于切削时接触面积较大，切削抗力大，易产生振动，影响工件加工的质量，因此这种加工方法只能加工面积较小、工件与刀具接触长度较短的成型面，如图 6-105 所示。

2) 双手控制法

双手控制法与加工摇手柄的方法一致。

3) 用蜗杆副传动装置手动车削球面

(1) 车削外球面装置，如图 6-106 所示。用手动转动蜗杆轴上的手柄车出球面，适用于车削 $\phi 30\sim80$mm 的外球面，形状精度可达 0.02mm，表面粗糙度小于 $Ra1.6\mu$m。

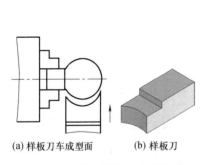

(a) 样板刀车成型面　　(b) 样板刀

图 6-105　使用样板刀车凸圆球

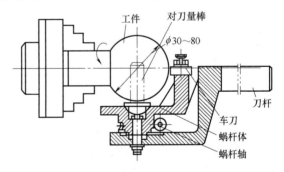

图 6-106　车外球面

(2) 车削内球面装置，如图 6-107 所示。用手动转动蜗杆轴上的手柄，车出球面，适用于车削 $\phi 30\sim80$mm 的内球面，形状精度可达 0.02mm，表面粗糙度小于 $Ra1.6\mu$m。

4) 旋风切削法车削球面

(1) 车削整圆球，如图 6-108 所示。用旋风切削法车削整球面，两刀尖距离 l 应在 $L>l>R$ 的范围内调节。若 $l>L$，会切坏支承套；若 $l<R$，余量切不掉。故选 $L=l$ 为宜。

图 6-108 中：

$$L = \sqrt{D^2 - d^2}$$

$$D = 2R$$

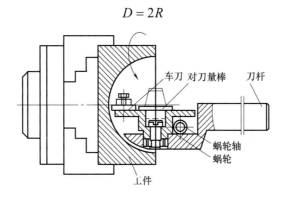

图 6-107　车内球面

第二次车削时工件水平转过 90°。

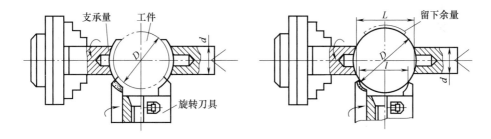

图 6-108　旋风切削法车削整圆球

(2) 旋风切削法车削带柄圆球，如图 6-109 所示。车削带柄的圆球，应根据球体及柄部的直径尺寸，先计算出旋风切削刀具应扳转的角度及刀盘两刀尖间的对刀直径。

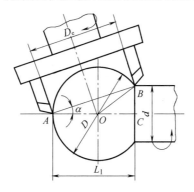

图 6-109　旋风切削法车削带柄外球面

求旋风切削刀具应扳角度 α 的公式为

$$\tan\alpha = \frac{BC}{AC} = \frac{\dfrac{d}{2}}{L_1} = \frac{d}{2L_1}$$

$$L_1 = \frac{D + \sqrt{D^2 - d^2}}{2}$$

求对刀直径 D_e 的公式为

$$D_e = \sqrt{\left(\frac{d}{2}\right)^2 + L_1}$$

6.4.3　专项技能训练课题

加工如图 6-110 所示偏心轴和偏心套零件并按图纸要求装配。

偏心轴和偏心孔使用毛坯 ϕ40mm×88mm。

加工步骤如下。

(1) 用三爪联动卡盘夹住工件外圆长 30mm 左右，并找正夹紧。

(2) 粗车平面及外圆 ϕ39mm，长度为 43mm。

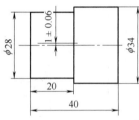

技术要求
1. 未注倒角锐角倒钝1×45°。
2. 不允许用锉刀、砂布修整工件表面。
3. 未注公差按IT14加工。
4. 两端中心孔为B4/7.5，粗糙度为 Ra 3.2μm。

(a) 偏心轴零件图

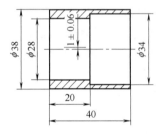

技术要求
1. 未注倒角锐角倒钝1×45°。
2. 不允许用锉刀、砂布修整工件表面。
3. 未注公差按IT14加工。
4. 两端中心孔为B4/7.5，粗糙度为 Ra 3.2μm。

(b) 偏心套零件图

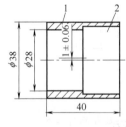

技术要求
1. 未注倒角锐角倒钝1×45°。
2. 不允许用锉刀、砂布修整工件表面。
3. 未注公差按IT14加工。
4. 装配后，用刀口尺检查两端面。

(c) 装配图

图 6-110　偏心轴、套装配图

(3) 掉头，用三爪联动卡盘夹住工件外圆长 30mm 左右，并找正夹紧。

(4) 粗车平面及外圆 ϕ35mm，长度为 40mm。

(5) 精车平面及外圆 ϕ34mm，长度为 40mm。

(6) 重新装夹工件，找正 1mm 的偏心距。

(7) 在端面上加工中心孔。

(8) 粗车平面及外圆 ϕ 29mm，长度为 20mm。

(9) 精车平面及外圆 ϕ 28mm，长度为 20mm。

(10) 用三爪联动卡盘夹住工件外圆 ϕ 34mm，长度为 20mm 左右，并找正夹紧。

(11) 粗车平面及外圆 ϕ 39mm，长度为 44mm。

(12) 精车平面及外圆 ϕ 38mm，长度为 44mm。

(13) 在端面上加工中心孔。

(14) 钻孔 ϕ 25mm×40mm。

(15) 镗孔 ϕ 34mm，长度为 20mm。

(16) 重新装夹工件找正 1mm 的偏心距。

(17) 镗孔 ϕ 28mm，长度为 20mm、40mm。

(18) 切断 40mm。

(19) 车端面，保证 20mm、40mm。

(20) 偏心轴与偏心孔配合。

6.5　实践中常见问题的解析

6.5.1　外圆车削加工的注意事项

(1) 粗车铸、锻件时的切削深度不宜过小，应大于其硬皮层的厚度。

(2) 在车削加工时，为了避免刀具变形，车刀安装时不宜伸出刀架过长，一般不超过刀杆厚度的两倍。

(3) 车刀安装时，为了避免主、副偏角对加工质量的影响，应保证刀杆中心线与刀具的进给方向垂直。

6.5.2　平面车削的注意事项

(1) 正确选择刀具和进给方向。车削平面时，使用 90° 偏刀由外圆向中心进给，起主要切削作用的是车外圆时的副切削刃，由于其前角较小，切削不能顺利进行，此时受切削力方向的影响，刀尖容易扎入工件，影响表面质量。此外，工件中心的凸台在瞬间被车刀切掉，易损坏车刀刀尖。使用 45° 偏刀车平面是用主切削刃进行加工，且工件中心凸台是逐步被车刀切掉的，不易损坏车刀刀尖。对带孔工件用 90° 偏刀车平面，由中心向外进给，避免了由外圆向中心进给的缺陷。

(2) 粗车铸、锻件的平面时的切削深度不宜过小，应大于其硬皮层的厚度。

(3) 车削实体工件的平面时，车刀刀尖在车床上的高度应与机床的回转轴线等高，避免挤刀、扎刀。

6.5.3 孔加工的常见问题

1. 钻中心孔的注意事项

(1) 中心钻细而脆，易折断。

(2) 中心孔钻偏或钻得不圆。

(3) 中心孔钻得太深，顶针锥面无法与锥孔接触。

(4) 中心钻圆柱部分修磨后变短，造成顶针与中心孔底部相碰，从而影响了加工质量。

2. 钻孔加工时的注意事项

(1) 选择适当的切削速度。

钻孔时的切削速度直接影响着生产效率的高低，因此不应过低；但也不宜过快，过快会"烧坏"钻头。钻孔时切削速度的选择与加工工件孔径、加工质量和材料有关。钻孔时切削速度的选择范围如表6-11所示。

表6-11 钻孔时的转速选用范围　　　　　　　　单位：r/min

钻孔直径	工件材料			
(钻头直径)/mm	钢	铸 铁	青 铜	铝
5	600～1200	550～1000	>1200	>1200
8	400～800	450～900	850～1000	>1200
10	300～600	300～750	650～1000	>1000
15	250～500	200～400	500～800	>900
19	200～400	150～350	400～600	>800
24	130～300	100～250	300～450	>500
30	100～250	90～200	250～350	>450
38	90～180	85～170	200～300	>400
48	70～150	65～140	170～250	>300

(2) 钻深孔时的排屑问题。

钻深孔时应及时把切屑排出，避免因切屑不能排出而导致内孔表面粗糙，甚至会使钻头与工件产生"咬死"现象。

(3) 保证钻头的正确定心。

钻头定心的准确与否对钻孔加工是一个十分重要的条件，正确定心应避免导致孔的歪斜。

(4) 保证切削液的供给。

钻削是一种半封闭式的切削，钻削时所产生的热量，虽然也由切屑、工件、刀具和周围介质传出，但它们之间的比例却和车削大不相同。例如，用标准麻花钻不加切削液钻钢料时，工件吸收的热量约占52.5%，钻头约占14.5%，切屑约占28%，而介质仅占5%左右。一般情况下，钻削加工钢件时需用乳化液作为切削液，而加工铸铁和铜类工件不需要切削液。当材料硬度较高时，需用煤油作为切削液。

6.5.4　圆锥车削加工容易产生的问题和注意事项

(1) 车刀必须对准工件旋转中心，避免产生双曲线(母线不直)误差。

(2) 车圆锥体前对圆柱直径的要求，一般应按圆锥体大端直径放余量 1mm 左右。

(3) 车刀刀刃要始终保持锋利，工件表面应一刀车出。

(4) 应两手握小滑板手柄，均匀地移动小滑板。

(5) 粗车时，进刀量不宜过大，应先找正锥度，以防工件车小而报废。一般留精车余量为 0.5mm。

(6) 用量角器检查锥度时，测量边应通过工件中心。用套规检查，工件表面粗糙度要小，涂色要薄而均匀，转动一般在半周之内，多则易造成误判。

(7) 在转动小滑板时，应稍大于圆锥半角，然后逐步找正。当小滑板角度调整到相差不多时，只需把紧固螺母稍微松一些，用左手拇指紧贴在小滑板转盘与中滑板底盘上，用铜棒轻轻敲小滑板所需找正的方向，凭手指的感觉决定微调量，这样可较快地找正锥度。注意要消除滑板的间隙。

(8) 小滑板不宜过松，以防工件表面车削痕迹粗细不一。

(9) 当车刀在中途刃磨以后装夹时，必须重新调整，使刀尖严格对准工件中心。

(10) 防止扳手在扳小滑板紧固螺帽时打滑而撞伤手。

6.5.5　车螺纹时的注意事项

车螺纹时，车刀的移动是靠开合螺母与丝杠的啮合来带动的，一条螺纹槽经过多次进给才完成。在多次重复的切削过程中，必须保证车刀始终落在已切出的螺纹槽内。否则，刀尖即偏左或偏右，把螺纹车坏。这种现象叫作"乱扣"。车螺纹时是否会发生"乱扣"主要取决于车床丝杠螺距 $P_{丝}$ 与工件螺距 $P_{工}$ 的比值 K 是否成整数，即

$$K = P_{丝} / P_{工}$$

若 K 为整数，就不会发生"乱扣"；若 K 不为整数，说明车床丝杠转过一转时，工件不是转过整数转，所以车刀不再切入工件原有的螺旋槽中，就出现了"乱扣"现象。"乱扣"现象是可以避免的，可在切削一次以后，不打开开合螺母，只退出车刀，开倒车使工件反转，使车刀回到起始位置。然后调节车刀的背吃刀量，再继续开顺车，主轴正转，进行下一次切削。

6.5.6　偏心车削加工的注意事项

(1) 在四爪卡盘上车偏心工件，应先在已加工好的端面上划出以偏心为圆心的圆圈线，作为辅助基线进行校正，同时，校对已加工部位的轴线是否与机床轴线平行，然后进行车削。车削时要注意，工件的回转不是圆整的，车刀必须从最高处开始车削，否则会把车刀碰坏，使工件发生偏移。

(2) 一般小偏心距的较短工件或者内孔与外圆偏心的工件，可以在三爪卡盘上进行车削加工，即首先把外圆车好，随后在三爪中任意一个卡爪与工件接触面之间垫上一个小垫

块，使得工件的轴线与机床的轴线平行移动一个偏心距。采用这种装夹方法车偏心工件时，应该注意以下4点。

① 选用硬度较高的材料作为垫块，以防止它在装夹时发生变形。垫块上与卡爪接触的一面应该做成圆弧面，其圆弧大小等于(或小于)卡爪圆弧；如果做成平的，则中间将会产生间隙，造成偏心误差。

② 装夹时工件轴线不能歪斜，否则会影响加工质量。为此我们可将工件端面靠平在三爪卡盘(或专制靠板)的平面上。

③ 对于精度要求较高的偏心工件，必须按上述方法找正，在首件加工时进行试车检验，按实践结果求得修正值 k，调整垫块厚度，然后才可正式车削。不过总地来说，这种装夹方式一般仅适用于加工精度要求不很高的、偏心距在 10mm 以下的短偏心工件。

④ 四爪卡盘和三爪卡盘应有较高的精度(特别是三爪卡盘)。此外，在校正第一个工件时，必须在校正外圆的同时，校正工件端面相对于机床轴线的垂直度。

6.5.7 滚花加工注意事项

(1) 滚花时，应选择较慢的转速，以防滚轮发热过高。

(2) 滚花时，应浇注充分的切削液，以防滚轮发热损坏。

(3) 滚花时，径向力较大，故而工件应装夹牢固。在车削有精加工表面和滚花的零件时，应先滚花，后找正加工精加工表面。

6.6 拓 展 训 练

6.6.1 球状手柄加工

球状手柄加工实例如图 6-111 所示。

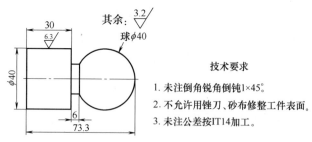

图 6-111 球状手柄加工实例

球状手柄加工步骤如下。

(1) 用三爪联动卡盘夹住工件外圆长 30mm 左右，并找正夹紧。

(2) 粗车平面及外圆ϕ41mm，长度为 35mm。

(3) 在端面上加工中心孔。

(4) 精车平面及外圆ϕ40mm，长度为 40mm。

(5) 修正中心孔。

(6) 调头夹住外圆ϕ50mm 一端，长度为 25mm 左右，并找正夹紧。

(7) 粗车平面及外圆ϕ41mm，长度为 43.3mm。

(8) 精车平面及外圆ϕ40，长度为 30mm、73.3mm。

(9) 切 6mm 宽的退刀槽。

(10) 用双手分别控制大滑板和中滑板或中滑板和小滑板加工ϕ40 圆球。

6.6.2 螺纹车削项目

螺纹车削实训的加工实例如图 6-112 所示。

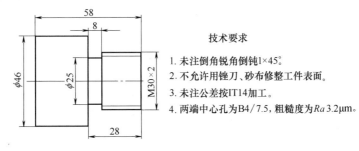

技术要求

1. 未注倒角锐角倒钝1×45°。
2. 不允许用锉刀、砂布修整工件表面。
3. 未注公差按IT14加工。
4. 两端中心孔为B4/7.5，粗糙度为 Ra 3.2μm。

图 6-112 螺纹加工

加工步骤如下。

(1) 用三爪联动卡盘夹住工件外圆长 20mm 左右，并找正夹紧。

(2) 粗车平面及外圆ϕ47mm，长度为 35mm。

(3) 在端面上加工中心孔。

(4) 精车平面及外圆ϕ46mm，长度为 36mm。

(5) 修正中心孔。

(6) 调头夹住外圆ϕ46mm 一端，长 20mm 左右，并找正夹紧。

(7) 粗车平面及外圆ϕ32mm，长度为 28mm。

(8) 在端面上加工中心孔。

(9) 精车平面及外圆ϕ30$_{-0.25}^{0}$ mm，长度为 28mm、58mm。

(10) 车 8mm 的退刀槽。

(11) 车螺纹 M30×2。

6.7　车工操作安全规范

实训过程中，要严格遵守工厂车间规定的安全操作规程，一般要注意以下两个方面。

6.7.1 人身安全注意事项

(1) 工作时要穿工作服，并扣好每一颗扣子，袖口要扎紧，以防工作服衣角或袖口被旋转物体卷进，或铁屑从领口飞入。操作者应戴上工作帽，长头发必须塞进工作帽里，方可进入车间。

(2) 在车床上工作时，不得戴手套。

(3) 工作时，头不能离工件太近，以防切屑飞入眼睛。如果切屑细而飞散，则必须戴上防护眼镜。

(4) 手和身体不能靠近正在旋转的机件，更不能在这些地方及附近开玩笑、打闹等。

(5) 在装工件或换卡盘时，若重量太重，不能一人单干，可用起重设备，或请人帮忙配合，并注意相互安全。

(6) 工件和车刀必须装夹牢固，以防飞出伤人。装夹完毕后，工具要拿下放好，绝不能将工具遗忘在卡盘或刀架上，否则极易导致工具飞出，发生伤人事故。

(7) 工件旋转时，不允许测量工件，不可用手触摸工件。

(8) 清除铁屑应用专用的钩子，不可直接用手去拉。

(9) 不可直接或间接地用手去刹住转动的卡盘。

(10) 不可任意拆装电气设备。

(11) 机床运转时，听到异常声音时应及时停机检查。

(12) 遇故障而需检修时，应拉闸停电，并挂牌示警。

(13) 严格遵守各单位根据自身的具体情况而制定的规章制度。

6.7.2　设备安全注意事项

(1) 车床开机前应先检查设备各部分机构是否完好，并按要求加好润滑油。

(2) 车床使用前，应低速运转 3～5min，观察运转情况，低速运转时可使车床内的润滑油充分润滑各处。

(3) 必须爱护机床，注意保护各导轨、光杠、丝杠等重要零件的表面，不可敲击重要零件的表面，也不可在重要零件表面上堆放杂物。

(4) 要变速时，必须先停机。工作时人不可随意离开机床。

(5) 自动进给时，要注意机床的极限位置，并做到眼不离工件、手不离操作手柄。

(6) 刀具用钝后，应及时刃磨，不能用钝刀继续切削，否则会增加车床负载，损坏车床。

(7) 按工具自身的用途，正确选择和使用工具，不可混用。

(8) 爱护量具，保持清洁，使它不受撞击和摔落。

(9) 每个班次工作结束后，应及时清理车床，收拾工量具。清理车床时，先用刷子刷去切屑，再用棉纱揩净油污，并按规定在需加油处加注润滑油。把用过的物件擦干净，按各工量具自身的要求进行保养，放回原位。

本　章　小　结

车削是金属切削加工方法中最常见的加工形式，也是一般机械加工企业中人数最多的工种。本章从理论到实践详细地阐述了外圆与端面车削、圆柱孔加工、槽加工、圆锥面车削、螺纹车削、偏心工件车削以及特型面车削的加工方法和操作技能要点。专项技能训练课题和拓展训练中提供的训练内容符合国家职业技能鉴定标准的要求，读者可有选择地训练，以达到职业技能标准的要求。

思考与练习

一、思考题

1. 什么是切削的三要素？切削三要素的选择有何规律？

2. 什么是粗精分开原则？为什么要粗精分开？

3. 常用的车刀材料有哪些？应用时有何特点？

4. 车刀的刀头由哪些部分组成？什么是刀具的基准面？如何做出刀具的基准面？

5. 如何选用车刀的主要几何角度？

6. 刃倾角有何作用？用简图画出正、负刃倾角。

7. 如何安装车刀？安装时车刀的刀尖高度有何要求？为什么？

8. 三爪卡盘与四爪卡盘有何不同？各有什么使用特点？

9. 普通顶尖与活顶尖在使用上各有什么优缺点？如何用顶尖安装工件？

10. 工件安装有哪些方法？各适用于哪些场合？

11. 车外圆时如何选用不同形状的车刀？为什么车削时要试切？如何试切？

12. 车削时，如何降低工件的表面粗糙度？

13. 如何车削端面？用弯头刀与偏刀车端面有何不同？

14. 切断刀有何特点？如何进行切断操作？

15. 镗孔刀有何特点？镗通孔与不通孔各如何操作？

16. 车锥度有哪些方法？小刀架转位法车锥度时，如何操作？为什么此时工件切削速度要选得比较高？

17. 车削螺纹时如何操作？进刀方法有哪些？什么是"乱扣"？该如何防止？

二、练习题

1. 横向刻度盘与小拖板刻度盘的刻度如何读数？两者有何不同？

2. 如何刃磨车刀？针对不同的刀具材料，刃磨时如何合理地选用砂轮？

3. 在车床上钻孔与在台钻上钻孔有何不同？

4. 工件滚花如何操作？工件滚花处的直径有何要求？如何防止滚花的乱纹？

5. 结合创新设计与制造活动，自己设计一件符合车床加工的产品。要求产品具有一定的创意、使用和欣赏价值，并对产品进行经济成本核算。

第7章 铣削加工

学习要点

本章主要讲述铣削加工的范围及特点；常用铣刀的名称、用途、安装及特点；万能卧式铣床的基本结构、原理及使用；平面、斜面、键槽、阶台的铣削方法，以及齿轮的加工原理及常用的加工方法等内容。

技能目标

通过本章的学习，读者应该掌握铣床主要部件的名称及作用，能够独立进行铣床操作；能够使用分度头进行平面、键槽及工件的等分操作；完成实习工件的加工。

铣削是在铣床上以铣刀旋转做主运动，工件或铣刀做进给运动的切削加工方法。铣削加工的主要特点是用多刀刃的铣刀来进行切削，故效率较高，加工范围广，可以加工各种形状较复杂的零件，如图 7-1 所示。另外，铣削的加工精度也较高，其经济加工精度一般为 IT9～IT8、表面粗糙度 Ra 为 12.5～1.6μm，必要时加工精度可高达 IT5、表面粗糙度可达 Ra0.2μm。

铣床是机械制造行业的重要设备，是一种应用广、类型多的金属切削机床。

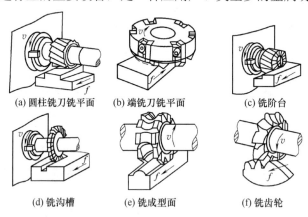

(a) 圆柱铣刀铣平面　　(b) 端铣刀铣平面　　(c) 铣阶台

(d) 铣沟槽　　(e) 铣成型面　　(f) 铣齿轮

图 7-1　铣削加工的基本内容

7.1　平面铣削

铣平面可在卧式铣床或立式铣床上进行。在卧式铣床上多用圆柱铣刀铣平面。圆柱铣刀有螺旋齿和直齿两种。前者刀齿是逐步切入，切削过程比后者平稳。在立式铣床上常用端铣刀和立铣刀铣削平面。端铣刀铣削时工作平稳；立铣刀用于加工较小的平面、凸台面和台阶面。铣刀的周边刃为主刀刃，端面刃是副刀刃。主刀刃起切削作用，副刀刃起修光作用。

7.1.1　设备与刀具

1. 铣床种类

铣床的种类很多，常用的有以下几种。

1) 升降台式铣床

升降台式铣床又称曲座式铣床，它的主要特征是有沿床身垂直导轨运动的升降台(曲座)。工作台可随着升降台做上下(垂直)运动。工作台本身在升降台上面又可做纵向运动和横向运动，故使用灵便，适宜于加工中小型零件。因此，升降台式铣床是用得最多和最普遍的铣床。这类铣床按主轴位置可分为卧式和立式两种。

(1) 卧式铣床的主要特征是主轴与工作台台面平行，呈水平位置，如图 7-2 所示。铣削时，铣刀和刀轴安装在主轴上，绕主轴轴心线做旋转运动；工件和夹具装夹在工作台台面上做进给运动。如图 7-2 所示的 X6132 型卧式万能铣床是国产万能铣床中较为典型的一种，该机纵向工作台可按工作需要在水平面上做 45°范围内左右转动。

(2) 立式铣床的主要特征是主轴与工作台台面垂直，主轴呈垂直状态。升降台式万能回转头立式铣床如图 7-3 所示。立式铣床安装主轴的部分称为立铣头，立铣头与床身结合处呈转盘状，并有刻度。立铣头可按工作需要，在垂直方向上左右扳转一定的角度。

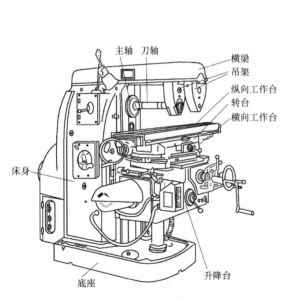

图 7-2　X6132 型卧式万能铣床

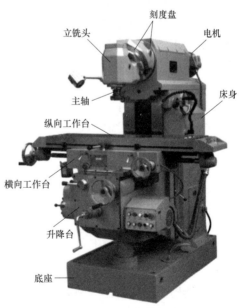

图 7-3　升降台式万能回转头立式铣床

2) 龙门铣床

X2010 型龙门铣床外形如图 7-4 所示。它主要由水平铣头、立柱、垂直铣头、连接梁、进给箱、横梁、床身和工作台等组成。该铣床有强大的动力和足够的刚度，因此可使用硬质合金面铣刀进行高速铣削和强力铣削，一次进给可同时加工 3 个方位的平面，确保加工面之间的位置精度，且具有较高的生产率，适用于大型工件精度较高的平面和沟槽加工。

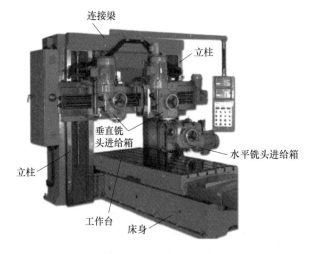

图 7-4　X2010 型龙门铣床外形

2. 铣床的基本部件

铣床的类型虽然很多，但各类铣床的基本部件大致相同，都必须具有一套带动铣刀做旋转运动和使工件做直线运动或回转运动的机构。现将图 7-2 所示的 X6132 型万能铣床的基本部件及其作用做简略介绍。

（1）主轴。主轴是前端带锥孔的空心轴，锥孔的锥度一般是 7∶24，铣刀刀轴就安装在锥孔中。主轴是铣床的主要部件，要求旋转时平稳、无跳动和刚性好，所以要用优质的结构钢来制造，并需经过热处理和精密加工。

（2）主轴变速机构。该机构安装在床身内，其作用是将主电动机的额定转速通过齿轮变速，变换成 18 种不同转速，传递给主轴，以适应铣削的需要。

（3）横梁及挂架。横梁安装在卧式铣床床身的顶部，可沿顶部导轨移动。横梁上装有挂架。横梁和挂架的主要作用是支持刀轴的外端．以增加刀轴的刚性。

（4）纵向工作台。纵向工作台用来安装夹具和工件，并带动工件做纵向移动，其长度为 1250mm，宽度为 320mm。工作台上有三条 T 形槽，用来安放 T 形螺钉以固定夹具或工件。

（5）横向工作台。横向工作台在纵向工作台下面，用来带动纵向工作台做横向移动。万能铣床的横向工作台与纵向工作台之间设有回转盘，可供纵向工作台在±45°范围内扳转所需要的角度。

（6）升降台。升降台安装在床身前侧的垂直导轨上，中部有丝杠与底座螺母相连接。升降台主要用来支持工作台，并带动工作台做上下移动。工作台及进给系统中的电动机、变速机构、操纵机构等都安装在升降台上，因此，升降台的刚性和精度的要求都很高，否则在铣削过程中会产生很大的震动，影响工件的加工质量。

（7）进给变速机构。该机构安装在升降台内，其作用是将进给电动机的额定转速通过齿轮变速，变换成 18 种转速传递给进给机构，实现工作台移动的各种不同速度，以适应铣削的需要。

(8) 底座。底座是整部机床的支承部件，具有足够的刚性和强度。升降丝杠的螺母也安装在底座上，其内腔盛装切削液。

(9) 床身。床身是机床的主体，用来安装和连接机床其他部件，其刚性、强度和精度对铣削效率和加工质量的影响很大，因此，床身一般用优质灰铸铁做成箱体结构，内壁有肋板，以增加刚性和强度。床身上的导轨和轴承孔是重要部位，必须经过精密加工和时效处理，以保证其精度和耐用度。

3. 铣床附件

铣床附件有平口钳、万能铣头、回转工作台和分度头等，分度头在钳工章节有详细介绍，这里不再叙述。

1) 平口钳

平口钳是机床附件，也是一种通用夹具，它适用于安装形状规则的小型工件。使用时先把平口钳找正并固定在工作台上，然后再安装工件。常用划线找正方法安装工件，如图7-5 所示。

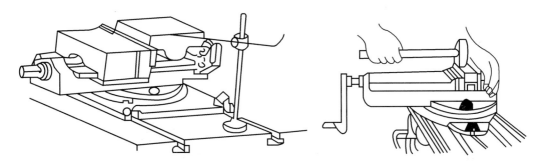

图 7-5　用平口钳安装工件

2) 万能铣头

万能铣头用于卧式铣床，不仅能完成立铣工作，还可以根据铣削的要求把铣头的主轴扳转任意角度。万能铣头的底座用螺栓固定在铣床垂直导轨上，铣床主轴的运动通过铣头内两对锥齿轮传到铣头主轴上。铣头的壳体可绕铣床主轴轴线偏转所需的任意角度。

3) 回转工作台

回转工作台又称转盘、平分盘、圆形工作台等，可进行圆弧面加工和较大零件的分度。回转工作台的外形如图 7-6 所示。回转工作台内部有一套蜗轮蜗杆，摇动手轮，通过蜗杆轴能直接带动与转台相连接的蜗轮传动。转台周围有刻度，可以用来观察和确定转台的位置。拧紧固定螺钉可以固定转台。转台中央有一孔，利用它可以很方便地确定工件的回转中心。铣圆弧槽时，工件安装在回转工作台上绕铣刀旋转，用手均匀缓慢地摇动回转工作台，从而使工件铣出圆弧槽。

4. 平面铣削刀具

铣刀实质上是一种由几把单刃刀具组成的多刃刀具。它的刀齿分布在圆柱铣刀的外圆柱表面或端铣刀的端面上。工作时，每个刀齿间断地进行切削，孔及端面或柄部(对带柄铣刀及刀盘)为定位安装面。常用的铣刀刀齿材料有高速钢和硬质合金两种。各种铣刀的主要几何参数如外径、孔径、齿数和某些铣刀的宽度、圆弧半径、角度，以及盘形模数铣刀的模数、号数等均标印在铣刀端面或颈部，以便识别和方便使用。铣刀的种类很多，结构各异，常用的平面铣削铣刀如图 7-7 所示。

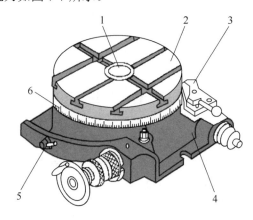

图 7-6　回转工作台

1—定位台阶圆与锥孔；2　工作台；3—离合器手柄拨块；4—底座；5—锁紧手柄；6—刻度圈

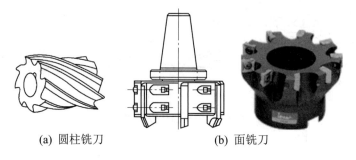

(a) 圆柱铣刀　　　　　　　　　　(b) 面铣刀

图 7-7　常用的平面铣削铣刀

7.1.2　平面铣削方法

1. 铣削方式

平面的铣削方法有周铣法和端铣法。即使是同一种铣削方法，也有不同的铣削方式。在选用铣削方式时，要充分注意到它们各自的特点和适用场合，以便保证加工质量和提高生产效率。

1)　周铣法

用铣刀圆周表面上的切削刃铣削零件。铣刀的回转轴线和被加工表面平行，所用刀具称为圆柱铣刀。它又可分为逆铣和顺铣，如图 7-8 所示。在切削部位刀齿的旋转方向和零件的进给方向相反时，为逆铣；相同时，为顺铣。

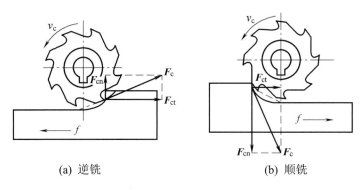

(a) 逆铣　　　　　　　　　　　　(b) 顺铣

图 7-8　逆铣和顺铣

逆铣时，每个刀齿的切削层厚度是从零增大到最大值。由于铣刀刃口处总有圆弧存在，而不是绝对尖锐的，所以在刀齿接触零件的初期，不能切入零件，而是在零件表面上挤压、滑行，使刀齿与零件之间的摩擦加大，加速刀具磨损，同时也使表面质量下降。顺铣时，每个刀齿的切削层厚度却是由最大减小到零，从而避免了上述缺点。

逆铣时，铣削力 F_c 的垂直分力 F_{cn} 向上抬零件；而顺铣时，铣削力 F_c 的垂直分力 F_{cn} 将零件压向工作台，减少了零件振动的可能性，尤其铣削薄而长的零件时，更为有利。

由上述分析可知，从提高刀具耐用度和零件表面质量、增加零件夹持的稳定性等观点出发，一般以采用顺铣法为宜。但是，顺铣时忽大忽小的水平分力 F_f 与零件的进给方向是相同的。工作台进给丝杠与固定螺母之间一般都存在间隙，如图 7-9 所示，间隙在进给方向的前方。由于 F_f 的作用，就会使零件连同工作台和丝杠一起，向前窜动，造成进给量突然增大，甚至引起打刀。而逆铣时，水平分力 F_f 与进给方向相反，铣削过程中工作台丝杠始终压向螺母，不致因为间隙的存在而引起零件窜动。目前，一般铣床尚没有消除工作台丝杠螺母之间间隙的机构，所以，在生产中仍采用逆铣法。

另外，当铣削带有黑皮的表面时，例如铸件或锻件表面的粗加工，若用顺铣法，因刀齿首先接触黑皮，将加剧刀齿的磨损，所以也应采用逆铣法。

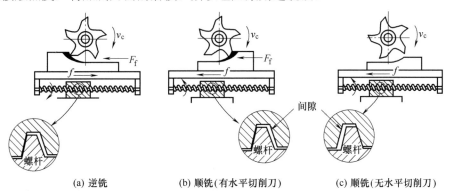

(a) 逆铣　　　　　(b) 顺铣(有水平切削刀)　　　　　(c) 顺铣(无水平切削刀)

图 7-9　顺铣和逆铣丝杠螺母间隙

2)　端铣法

端铣法是用铣刀端面上的切削刃铣削零件。铣刀的回转轴线与被加工表面垂直，所用刀具称为端铣刀或面铣刀。根据铣刀和零件相对位置的不同，可分为 3 种不同的切削方式。

(1)　对称铣削，如图 7-10(a)所示。零件安装在端铣刀的对称位置上，它具有较大的平均切削厚度，可保证刀齿在切削表面的冷硬层之下铣削。

(2) 不对称逆铣，如图 7-10(b)所示。铣刀从较小的切削厚度处切入，从较大的切削厚度处切出，这样可减小切入时的冲击，提高铣削的平稳性，适合于加工普通碳钢和低合金钢。

(3) 不对称顺铣，如图 7-10(c)所示。铣刀从较大的切削厚度处切入，从较小的切削厚度处切出。在加工塑性较大的不锈钢、耐热合金等材料时，可减少毛刺及刀具的黏结磨损，刀具耐用度可大大提高。

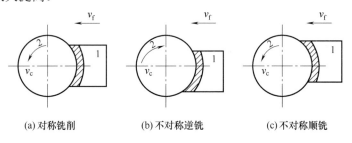

(a) 对称铣削　　　　(b) 不对称逆铣　　　　(c) 不对称顺铣

图 7-10　端铣方式

1—工件；2—铣刀

3) 周铣法与端铣法的比较

如图 7-11 所示，周铣时，同时切削的刀齿数与加工余量(相当于 a_e)有关，一般仅有 1～2 个；而端铣时，同时切削的刀齿数与被加工表面的宽度(也相当于 a_e)有关，而与加工余量(相当于背吃刀量 a_p)无关，即使在精铣时，也有较多的刀齿同时工作。因此，端铣的切削过程比周铣平稳，有利于提高加工质量。

端铣刀的刀齿切入和切出零件时，虽然切削层厚度较小，但不像周铣时那样切削层厚度变为零，从而改善了刀具后刀面与零件的摩擦状况，提高了刀具耐用度，并可减小表面粗糙度。此外，端铣时还可以利用修光刀齿修光已加工表面，因此端铣可达到较小的表面粗糙度。

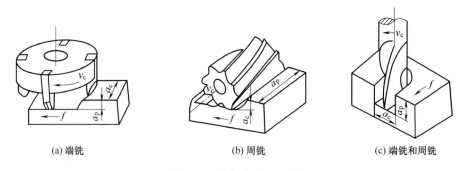

(a) 端铣　　　　　　(b) 周铣　　　　　　(c) 端铣和周铣

图 7-11　铣削方式及运动

端铣刀直接安装在立式铣床的主轴端部，悬伸长度较小，刀具系统的刚度较好；而圆柱铣刀安装在卧式铣床细长的刀轴上，刀具系统的刚度远不如端铣刀。同时，端铣刀可方便地镶嵌硬质合金刀片；而圆柱铣刀多采用高速钢制造。因此，端铣时可以采用高速铣削，提高了生产效率，也提高了已加工表面的质量。

由于端铣法具有以上优点，所以在平面的铣削中，目前大都采用端铣法。但是，周铣法的适应性较广，可以利用多种形式的铣刀，除加工平面外还可较方便地进行沟槽、齿形和成型面等的加工，生产中仍常采用。

2. 水平面的铣削

如图 7-12 所示为在立式铣床上用端铣刀盘(见图 7-12(b))及在卧式铣床上用周铣刀
(见图 7-12(a))铣削水平面的示意图。平面铣削的铣削步骤如图 7-13 所示，具体叙述如下。

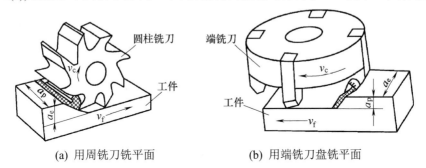

(a) 用周铣刀铣平面　　　　　　　　(b) 用端铣刀盘铣平面

图 7-12　水平面的铣削

(1) 移动工作台对刀，刀具接近工件时开车，铣刀旋转，缓慢移动工作台，使工件和
铣刀接触；停车，将垂直进给刻度盘的零线对准，如图 7-13(a)所示。

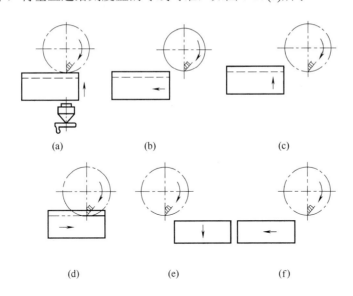

(a)　　　　　　　(b)　　　　　　　(c)

(d)　　　　　　　(e)　　　　　　　(f)

图 7-13　铣平面的步骤

(2) 纵向退出工作台，使工件离开铣刀，如图 7-13(b)所示。

(3) 调整铣削深度。利用刻度盘的标志，将工作台升高到规定的铣削深度位置，然后
将升降台和横向工作台紧固，如图 7-13(c)所示。

(4) 切入。先用手动使工作台纵向进给，当切入工件后，改为自动进给，如图 7-13(d)
所示。

(5) 下降工作台，退回。铣完一遍后停车，下降工作台，如图 7-13(e)所示，并将纵向
工作台退回，如图 7-13(f)所示。

（6）检查工件尺寸和表面粗糙度，依次继续铣削至符合要求为止。

7.1.3 专项技能训练课题

1. 正确选择基准面及加工步骤

如图 7-14 所示为一个矩形零件，材料为 45 钢，表面粗糙度为 $Ra3.2\mu m$，各面铣削余量为 5mm，面 1 为主要设计基准 A，遵循基准重合的原则，现选面 1 为定位基准面。

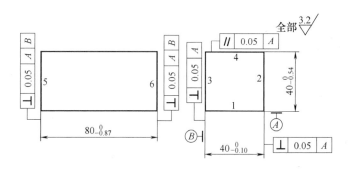

图 7-14 矩形零件工作图

加工顺序如图 7-15 所示。为了保证各项技术条件，加工时应注意以下几点。

（1）先加工基准面 1，然后用面 1 作定位基准面。

（2）加工面 2、面 3 时，既要保证其与 A 面的垂直度，也要保证面 2、面 3 之间的尺寸精度。

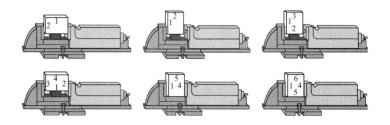

图 7-15 六面体零件的加工顺序

（3）加工面 5、面 6 两个端面时，为了保证其与 A、B 两基准均垂直，除了使面 1 与固定钳口贴合外，还要用角尺校正面 3 与工作台台面的垂直度。

2. 选择刀具和铣削用量

（1）选择铣刀。根据工件尺寸和材料，可选用直径为 80mm 的端铣刀，铣刀切削部分材料采用 YG8 硬质合金。

（2）选择铣削用量。材料按中等硬度考虑，根据表 7-1 和表 7-2 选得：铣削层深度 a_p=5mm；每齿进给量 a_f=0.15mm/z；铣削速度 v=80mm/min。经计算取 n=300r/min，v_f=190mm/min。

表 7-1　每齿进给量推荐值　　　　　　　　　　单位：mm

工件材料	工件材料硬度/HB	硬质合金		高 速 钢			
		端铣刀	三面刃铣刀	圆柱铣刀	立铣刀	端铣刀	三面刃铣刀
低碳钢	<150	0.20～0.40	0.15～0.30	0.12～0.20	0.04～0.20	0.15～0.30	0.12～0.20
	150～200	0.20～0.35	0.12～0.25	0.12～0.2	0.03～0.18	0.15～0.30	0.10～0.15
中、高碳钢	120～180	0.15～0.50	0.15～0.30	0.12～0.20	0.05～0.20	0.15～0.30	0.12～0.20
	180～220	0.15～0.40	0.12～0.25	0.12～0.20	0.04～0.20	0.15～0.25	0.07～0.15
	220～300	0.12～0.25	0.07～0.20	0.07～0.15	0.03～0.15	0.10～0.20	0.05～0.12
灰铸铁	150～180	0.2～0.50	0.12～0.30	0.20～0.30	0.07～0.18	0.20～0.35	0.15～0.25
	180～220	0.2～0.40	0.12～0.25	0.15～0.25	0.05～0.15	0.15～0.30	0.12～0.20
	220～300	0.15～0.30	0.10～0.20	0.1～0.2	0.03～0.10	0.10～0.15	0.07～0.12
可锻铸铁	110～160	0.2～0.50	0.1～0.30	0.20～0.35	0.08～0.20	0.20～0.40	0.15～0.25
	160～200	0.2～0.40	0.1～0.25	0.20～0.30	0.07～0.20	0.15～0.35	0.15～0.20
	200～240	0.15～0.3	0.1～0.20	0.12～0.25	0.05～0.15	0.15～0.30	0.12～0.20
	240～280	0.1～0.30	0.1～0.15	0.10～0.20	0.02～0.08	0.10～0.20	0.07～0.12
含 C<0.3%合金钢	125～170	0.15～0.50	0.12～0.30	0.12～0.20	0.05～0.20	0.15～0.30	0.12～0.20
	170～220	0.15～0.40	0.12～0.25	0.10～0.20	0.05～0.10	0.15～0.25	0.07～0.15
	220～280	0.10～0.30	0.08～0.20	0.07～0.12	0.03～0.08	0.12～0.20	0.07～0.12
	280～320	0.03～0.20	0.05～0.15	0.05～0.10	0.025～0.05	0.07～0.12	0.05～0.10
含 C>0.3%合金钢	170～220	0.125～0.40	0.12～0.30	0.12～0.2	0.12～0.20	0.15～0.25	0.07～0.15
	220～280	0.10～0.30	0.08～0.20	0.07～0.15	0.07～0.15	0.12～0.20	0.07～0.12
	280～320	0.08～0.20	0.05～0.15	0.05～0.12	0.05～0.12	0.07～0.12	0.05～0.10
	320～380	0.06～0.15	0.05～0.12	0.05～0.10	0.05～0.10	0.05～0.10	0.05～0.10
工具钢	退火状态	0.15～0.50	0.12～0.30	0.07～0.15	0.05～0.10	0.12～0.20	0.07～0.15
	36 HRC	0.12～0.25	0.08～0.15	0.05～0.10	0.03～0.08	0.07～0.12	0.05～0.10
	46 HRC	0.10～0.20	0.06～0.12				
	56 HRC	0.07～0.10	0.05～0.10				
铝镁合金	95～100	0.15～0.38	0.125～0.30	0.15～0.20	0.05～0.15	0.2～0.30	0.07～0.20

3. 检测

(1) 尺寸检测：用卡尺测量长、宽、高尺寸，达到 $80_{-0.87}^{0}$ mm、$40_{-0.10}^{0}$ mm、$40_{-0.54}^{0}$ mm 要求。

(2) 垂直度检测：两个相邻平面之间的垂直度为 ⊥ | 0.05 | A | B，一般用角尺测量。测量时，尺座紧贴基准 A 和 B，观其相邻面与角尺面的缝隙，缝隙若小于 0.05mm，为合格；反之为不合格。

(3) 平行度检测：用百分表在平板上测量，若误差小于 $\boxed{\;/\!/\;|\;0.05\;|\;A\;}$ 为合格，反之为不合格。

(4) 表面粗糙度检测：表面粗糙度一般都采用标准样块来比较。如果加工出的平面与 $Ra=3.2\mu m$ 的样块很接近，说明此平面的表面粗糙度已符合图样的要求。

表 7-2　铣削速度的推荐数值　　　　　　　　　　单位：mm

工件材料	硬度/HB	铣削速度 v	
		硬质合金	高 速 钢
低、中碳钢	<220	60～150	21～40
	225～290	54～115	15～36
	300～425	36～75	9～15
高碳钢	<220	60～130	18～36
	225～325	53～105	14～21
	325～375	36～48	8～12
	375～425	35～45	6～10
合金钢	<220	55～120	15～35
	225～325	37～80	10～24
	325～425	30～60	5～9
工具钢	200～250	45～83	12～23
灰铸铁	100～140	110～115	24～36
	150～225	60～110	15～21
	230～290	45～90	9～18
	300～320	21～30	5～10
可锻铸铁	110～160	100～200	42～50
	160～200	83～120	24～36
	200～240	72～110	15～24
	240～280	40～60	9～21
镁铝合金	95～100	360～600	180～300

7.2　铣　斜　面

7.2.1　附件与刀具

斜面铣削既可以在卧式或立式升降台铣床上进行，也可以在龙门铣床上进行。铣削时可用平口钳或压板的装夹定位工具将工件偏转适当的角度后安装夹紧，旋转加工表面至水平位置或竖直位置以方便加工，也可以使用万能分度头或万能转台将工件调整安装到适合加工的位置铣削，或利用万能铣头将铣刀调整到需要的角度铣削，详细请参阅 7.1 节中有关铣床附件的内容。

　　平面铣削刀具同样也可以用于斜面铣削加工，详细请参阅 7.1 节刀具的内容；斜面铣削也可使用角度铣刀铣削，铣刀的形态如图 7-16 所示。

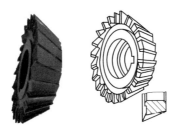

图 7-16　角度铣刀

7.2.2　斜面铣削方法

　　斜面是指零件上与基准面呈倾斜角的平面，它们之间相交成一个任意的角度。铣斜面可采用下列方法进行加工。

1. 偏转工件铣斜面

　　工件偏转适当的角度，使斜面转到水平的位置，然后就可按铣平面的各种方法来铣斜面。此时安装工件的方法有如图 7-17 所示的几种。

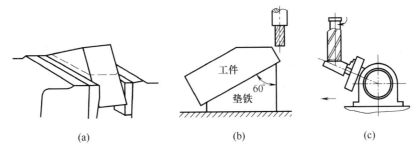

(a)　　　　　　　　　　(b)　　　　　　　　　　(c)

图 7-17　偏转工件角度铣斜面

　　(1)　根据划线安装，如图 7-17(a)所示。

　　(2)　使用倾斜垫铁安装，如图 7-17(b)所示。

　　(3)　利用分度头安装，如图 7-17(c)所示。

2. 偏转铣刀铣斜面

　　偏转铣刀铣斜面通常在立式铣床或装有万能铣头的卧式铣床上进行。将铣刀轴线倾斜成一定角度，工作台采用横向进给进行铣削，如图 7-18 所示。

　　调整铣刀轴线的角度时，应注意铣刀轴线偏转角度 θ 值的测量换算方法：用立铣刀的圆柱面上的刀刃铣削时，$\theta = 90° - \alpha$（式中，α 为工件加工面与水平面所夹的锐角）；用端铣刀铣削时，$\theta = \alpha$，如图 7-19 所示。

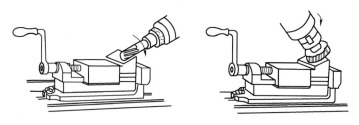

图 7-18　偏转铣刀角度铣斜面

3. 用角度铣刀铣斜面

铣一些小斜面的工件时，可采用角度铣刀进行加工，如图 7-20 所示。

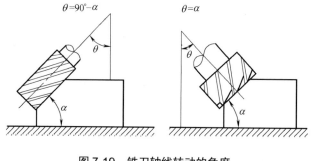

图 7-19　铣刀轴线转动的角度

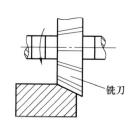

图 7-20　用角度铣刀铣斜面

7.2.3　专项技能训练课题

加工如图 7-21 所示工件的 30° 斜面。采用端铣刀，转动立铣头主轴角度铣削斜面。

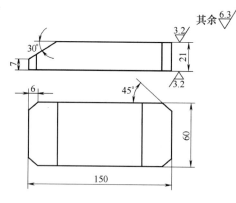

图 7-21　铣压板斜面

1. 选择铣刀

选用直径为 80mm 的端铣刀，$z=10$。

2. 选择铣削用量

$a_p=2\sim3mm$，$a_f=0.15mm/z$，$v=36m/min$。

计算得 n=150r/min，v_f=a_f ・ z ・ n=0.15×10× 150=225(mm/min)。

根据装夹条件及机床刚性等因素，可依实际情况进行调整，现取 v_f =95mm/min。

3. 安装校正工件

将平口钳固定钳口校成与纵向进给方向平行。装工件时，将工件底面校成与工作台台面平行并夹紧。

4. 调整立铣头转角

用端铣加工，且基准面与工作台台面平行，立铣头转角 $\alpha = \theta$ =30°。

5. 铣削

调整铣刀位置后，锁紧纵向进给机构，利用横向进给分几次走刀铣出斜面，保证尺寸 $60_0^{+0.3}$ mm、30°的要求。

6. 检测

用万能量角器测量斜面角度。

7.3　直角沟槽、键槽和阶台的铣削

7.3.1　切削用量与刀具

1. 刀具的选择

1)　铣阶台刀具的选择

(1)　在卧式铣床上加工尺寸不太大的阶台，一般都采用三面刃盘铣刀，加工时为了减少让刀量，应尽量选用直径较小、厚度较大的铣刀。

(2)　在立式铣床上加工阶台，一般都采用立铣刀来铣削，尤其对尺寸较大的阶台，大都采用直径较大的立铣刀或端铣刀来铣削，这样可以提高生产效率。

2)　铣直角沟槽、键槽刀具的选择

(1)　加工敞开式直角沟槽、键槽，当尺寸较小时，一般都选用三面刃盘铣刀，成批生产时采用盘形槽铣刀加工；成批生产较宽的直角通槽时，则常采用合成铣刀。

(2)　封闭式直角沟槽、键槽，一般都采用立铣刀或键槽铣刀在立式铣床上加工。

3)　工件切断刀具的选择

为了节省材料并获得质量较好的切口和比较准确的长度尺寸，一般在工件切断时采用锯片铣刀或开缝铣刀进行加工。

2. 切削用量的选择

(1)　相对铣平面来说，铣阶台的切削条件较差，而铣沟槽，尤其铣窄而深的沟槽时，其切削条件更差。因为加工沟槽时，排屑不畅，铣刀周围的散热面小，不利于切削，所以，在选择铣削用量时要考虑这些因素，采用较小的铣削用量。

(2) 铣削阶台、沟槽的加工余量一般都较大，工艺要求也较高，所以应分粗、精铣进行加工。

7.3.2 直角沟槽、键槽和阶台的铣削工艺与方法

在铣床上铣削阶台和沟槽，其工作量仅次于铣削平面，如图 7-22 所示。另外，小型零件的切断也经常在铣床上进行。

1. 直角沟槽、键槽和阶台的铣削工艺要求

(1) 尺寸精度。大多数的阶台和沟槽要与其他零件配合，所以对它们的尺寸公差，主要是配合尺寸公差，要求较高。

(2) 形状和位置精度。如各表面的平面度、阶台与沟槽的侧面与基准面的平行度、双阶台对中心线的对称度等，对斜槽和与侧面成一夹角的阶台，还有斜度的要求。

(3) 表面粗糙度。对与其他零件配合的两侧面的表面粗糙度的要求较高，其表面粗糙度值一般应不大于 $Ra6.3\mu m$。

键槽是要与键配合的，键槽宽度的尺寸精度要求较高；两侧面的表面粗糙度要小；键槽与轴线的对称度也有较高的要求。键槽深度的尺寸一般要求不高。

2. 铣阶台的方法

1) 单刀加工阶台

单刀加工阶台的方法适宜加工阶台面较小的零件，选用三面刃盘铣刀，并用平口钳装夹。采用这种方法时应注意以下几点。

(1) 校正机床工作台"零位"。在用盘形铣刀加工阶台时，若工作台零位不准，铣出的阶台两侧将呈凹弧形曲面，且上窄下宽，使尺寸和形状不准，如图 7-23 所示。

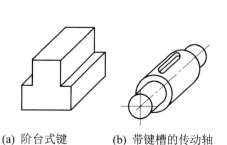

(a) 阶台式键   (b) 带键槽的传动轴

图 7-22 带阶台和沟槽的零件

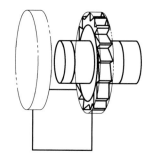

图 7-23 工作台零位不准对加工阶台的影响

(2) 校正平口钳。平口钳的固定钳口一定要校正到与进给方向平行或垂直，否则钳口的歪斜将导致加工出与工件侧面呈歪斜的阶台来。

2) 用组合铣刀加工阶台

在成批生产时，阶台都是采用组合铣刀来加工的，如图 7-24 所示。用这种方法时，要特别注意两把铣刀内侧尺寸的调整，该尺寸应比零件的实际尺寸略大一些，以避免因铣刀产生轴向摆动而使铣得的中间尺寸减小，并应进行多次试刀。加工中还需经常抽检该尺寸，避免造成过多的废品。

3. 铣直角沟槽的方法

1) 敞开式直角沟槽的铣削方法

这种沟槽的铣削方法与铣削阶台基本相同。由于直角沟槽的尺寸精度和位置要求一般都比较高，因此在铣削过程中，应注意以下几点。

(1) 要注意铣刀的轴向摆差，以免造成沟槽宽度尺寸超差。

(2) 在槽宽需分几刀铣至尺寸时，要注意铣刀单面切削时的让刀现象。

(3) 若工作台"零位"不准，铣出的直角沟槽会出现上宽下窄的现象，并使两侧面呈弧形凹面，如图 7-25 所示。

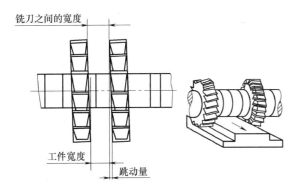

图 7-24 用组合铣刀铣阶台

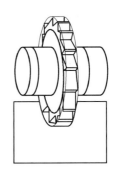

图 7-25 工作台零位不准时对加工沟槽的影响

(4) 在铣削过程中，不能中途停止进给，也不能退回工件。因为在铣削过程中，整个工艺系统的受力是有规律和方向性的，一旦停止进给，铣刀原来受到的铣削力发生变化，必然使铣刀在槽中的位置发生变化，使沟槽的尺寸发生变化。

(5) 铣削与基准面呈倾斜角度的直角沟槽时，应将沟槽校正到与进给方向平行的位置再加工。

2) 封闭式直角沟槽的铣削方法

封闭式直角沟槽一般都采用立铣刀或键槽铣刀来加工，其加工方法如下。

(1) 使要校正沟槽的方向与进给的方向一致。

(2) 用立铣刀加工时，要先钻落刀孔。

(3) 槽宽尺寸较小，铣刀的强度、刚性都较差时，应分层铣削。

(4) 用自动进给铣削时，不能铣到头，要预先停止，改用手动进给，以免铣过尺寸。

4. 铣削键槽和半圆键槽的方法

1) 工件装夹

(1) 用平口钳装夹，如图 7-26(a)所示。当工件直径有变化时，工件中心在钳口内也会产生变动(见图 7-26(b))，影响键槽的对称度和深度尺寸；但装夹简便、稳固，适用于单件生产。若轴的外圆已精加工过，也可用此装夹方法进行批量生产。

(2) 用 V 形架装夹，如图 7-27 所示。其特点是工件中心只在 V 形槽的角平分线上，随直径的变化而上下变动。因此，当铣刀的中心线或盘形铣刀的对称线对准 V 形架的角平分线时，能保证键槽的对称度。在铣削一批直径有偏差的工件时，虽对铣削深度有影响，但变化量一般不会超过槽深的尺寸公差，如图 7-27(a)所示。在卧式铣床上用键槽铣刀加工，如图 7-27(b)所示，当工件直径有变化时，键槽的对称度会受到影响。

直径在 20～60mm 之间的长轴，可直接装夹在工作台的 T 形槽口上，此时，T 形槽口的倒角起到 V 形槽的作用，如图 7-27(c)所示。

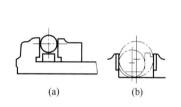

图 7-26　用平口钳装夹轴类零件

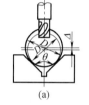
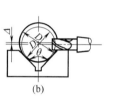

图 7-27　用 V 形架装夹工件

(3) 用轴用虎钳装夹，如图 7-28 所示。用轴用虎钳装夹轴类零件时，具有用平口钳装夹和 V 形架装夹的优点，装夹简便、迅速。

(4) 用分度头装夹，如图 7-29 所示。利用分度头的三爪自定心卡盘和后顶尖装夹工件时，工件轴线必定在三爪自定心卡盘和顶尖的轴心线上。

工件装夹好后，要求使工件的轴线与进给方向平行，且与工作台台面平行。所以要先校正工件的上母线，再校正工件的侧母线，如图 7-30(a)所示。在装夹长轴时，最好用一对尺寸相等且底面有键的 V 形架，以节省校正时间，如图 7-30(b)所示。

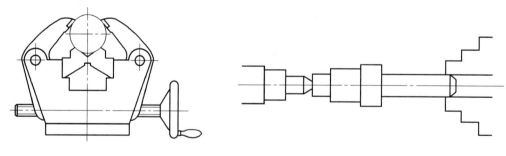

图 7-28　轴用虎钳装夹　　　　图 7-29　分度头装夹

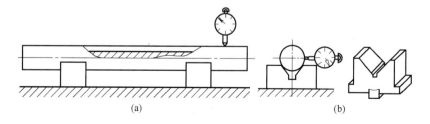

图 7-30　校正工件

2) 调整铣刀位置(对中心)

为了使加工出的键槽对称于轴线，必须使键槽铣刀的中心线或盘形铣刀的对称线通过工件的轴线(俗称对中心)，这是保证键槽对称度的关键。现介绍几种对中心的方法。

(1) 擦边对中心法，如图7-31所示。先在工件侧面贴一张薄纸，开动机床，当铣刃擦到薄纸后，向下退出工件，再横向移动。用盘形铣刀时的移动距离为

$$A = \frac{D+B}{2} + \delta$$

式中，A为工作台移动距离，单位为mm；D为工件直径，单位为mm；d为铣刀直径，单位为mm；δ为纸厚，单位为mm；B为铣刀宽度，单位为mm。

(2) 切痕对中心法。这种方法使用简便，是最常用的对中心法，但精度不高。

盘铣刀切痕对中心如图7-32(a)所示，先把工件粗调到铣刀的中心位置上，开动机床，在工件表面上切出一个接近于铣刀宽度的椭圆形刀痕，然后移动横向工作台，使铣刀落在椭圆的中心位置。

立铣刀或键槽铣刀切痕对中心如图7-32(b)所示，其原理和盘铣刀的切痕对中心方法相同，只是切痕是一个小平面，应尽量使小平面为正方形，其边长等于铣刀直径，便于对中。

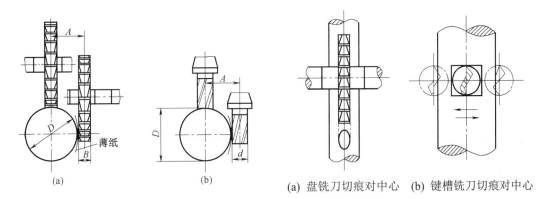

(a)   (b)   (a) 盘铣刀切痕对中心   (b) 键槽铣刀切痕对中心

图7-31　擦边对中心法　　　　　　图7-32　切痕对中心法

当工件用三爪自定心卡盘夹具装夹时可利用百分表对中心，先将一只杠杆式百分表的测头与工件外圆一侧最突出的母线接触，如图7-33(a)所示，再用手转动主轴，记下百分表的最小读数；然后降下工作台，退出工件，并将主轴转过180°。用同样的方法，在工件外圆的另一侧，也测得百分表的最小读数。然后调整工件台，使两侧读数差不超过允许范围为止。也可以用此方法调整测量得到V形架或平口钳的对称中心，如图7-33(b)、图7-33(c)所示。

3) 铣键槽的方法

(1) 分层铣削法，如图7-34所示。用这种方法加工，每次铣削深度只有0.5～1.0mm，以较大的进给量往返进行铣削，直至达到深度尺寸的要求。

这种加工方法的优点是：铣刀用钝后，只需刃磨端面，磨短不到1mm，铣刀直径不受影响；铣削时不会产生"让刀"现象。但在普通铣床上进行加工，则操作不方便，生产效率低。

(2) 扩刀铣削法，如图7-35所示。将选择好的键槽铣刀外径磨小0.3～0.5mm(磨出的圆柱度要好)。铣削时，在键槽的两端各留0.5mm的余量，分层往复吃刀铣至深度尺寸，然

后测量槽宽，确定宽度余量，由键槽的中心对称扩铣槽的两侧至尺寸，并同时铣够键槽的长度。铣削时注意保证键槽两端圆弧的圆度。

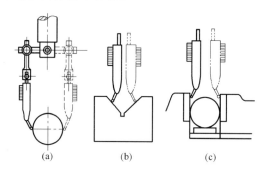

(a)　　　　　　　(b)　　　　　　　(c)

图 7-33　用百分表对中心

4)　铣半圆键槽的方法

半圆键槽及其铣刀如图 7-36 所示。

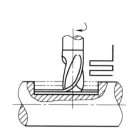　　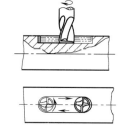　　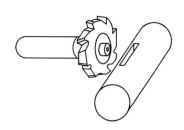

图 7-34　分层铣削键槽　　图 7-35　分层铣够深度再扩铣两侧　　图 7-36　半圆键槽及铣刀

半圆键槽可在卧式铣床上加工，也可在立式铣床上加工。在卧式铣床上加工时，由于铣刀在工件上方，观察方便，而且采用升降进给，速度比较缓慢，利于切削。另外，还可以在挂架上装夹顶尖，顶住铣刀前端的顶尖孔，以增加铣刀的刚性，故应用较普遍。铣削时，因为切削量逐渐增大，所以要特别注意：当切到深度还剩 0.5～1.0mm 时，应改为手动。

5. 阶台、直角沟槽的检测方法

(1)　检测宽度：当阶台和沟槽的宽度尺寸精度要求较低时，可用游标卡尺测量。在精度要求较高或成批生产时，可用百分尺或塞规和卡板检测。

(2)　测量深度和长度：深度和长度一般用游标卡尺测量；要求高时，用深度百分尺测量。

(3)　测量位置精度：阶台和沟槽与零件其他表面的相对位置精度，一般用游标卡尺或百分尺来测量。

7.3.3　专项技能训练课题

1. 铣阶台

如图 7-37 所示的是阶台式键零件图，在 X6132 型铣床上加工时，其加工步骤如下。

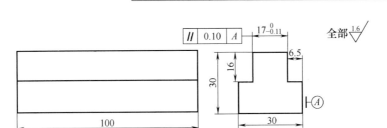

图 7-37　阶台式键零件图

(1)　选择铣刀。根据阶台尺寸 6.5mm×16mm，现选用一把 80mm×10mm×27mm 规格、齿数为 18 的错齿三面刃盘铣刀。

(2)　选择铣削用量。根据尺寸精度、表面粗糙度及工件余量，选择 a_p=16mm，a_f=0.04mm/z，v=28m/min。经计算取 n=118r/min，v_f=75mm/min。

(3)　工件装夹与校正。工件用平口钳装夹，并先校正固定钳口，然后将 A 基准面紧贴固定钳口、夹紧，以保证平行度 $\boxed{// \ | \ 0.10 \ | \ A}$ 要求。

(4)　对刀。采用擦边法。

① 调整铣削宽度，在 A 基准面上贴纸擦边后，横向移动 6.5mm。

② 调整铣削深度，在工件上平面贴纸擦到后，工作台上升 16mm。

(5)　铣削。第一个阶台侧面铣完后，工作台横向移动 10+17=27(mm)。因铣刀有摆动，一般可多摇一些，试切测量后再作调整，以保证 $17^{0}_{-0.11}$ mm 的尺寸，然后铣出第二阶台侧面。

(6)　检测。用卡尺测量尺寸，用百分表和平板测量平行度要求。

2. 铣直角沟槽

加工如图 7-38 所示零件的内沟槽。在立式铣床上用平口钳装夹进行加工。

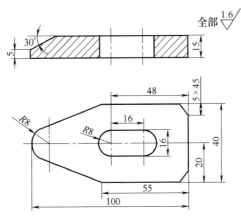

图 7-38　内沟槽零件

(1)　选择铣刀。因槽宽尺寸要求不高，铣刀直径可以等于槽宽尺寸，选 D=16mm 的立铣刀。

(2)　选择铣削用量。由于铣刀直径较小，铣削深度相对较深，故 a_f 不宜大，选 a_f=0.03mm/z，v=19m/min，计算得 v_f=30mm/min，n=375r/min。

（3） 对刀和铣削。先用φ6mm的钻头钻落刀孔，按划线对刀，然后铣削。保证尺寸48mm、16mm、32mm。

（4） 检测。用卡尺测量全部尺寸，并达到要求。

3. 铣键槽

加工如图7-39所示零件的封闭键槽。

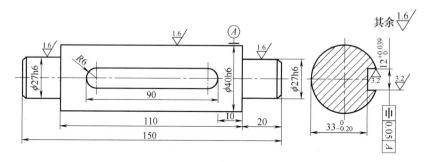

图 7-39　封闭键槽零件

加工步骤如下。

（1） 选择铣刀。根据键槽宽度和尺寸精度要求，选择φ10mm的键槽铣刀和φ12mm的立铣刀各一把。

（2） 选择铣削用量。选 a_f=0.025mm/z， v=20mm/min，经计算得 n=600r/min， v_f=30mm/min。

（3） 装夹、校正工件。用平口钳装夹，先将固定钳口校成与纵向进给方向平行，然后将工件与平口钳导轨贴实、夹紧。

（4） 对刀。根据对称度要求 $\boxed{= \,|\,0.05\,|\,A\,}$ 采用杠杆百分表，校钳口，对中心。

（5） 铣削。用扩刀法分粗、精铣加工键槽，保证尺寸 $12^{+0.039}_{0}$ mm、 $33^{0}_{-0.20}$ mm，槽两端各留0.5mm，换φ12mm立铣刀，控制定位尺寸10mm和长度尺寸90mm，上下走刀铣削 $R6$。

（6） 检测。用卡尺测量10mm、90mm、 $33^{0}_{-0.20}$ mm尺寸，用百分表测量对称度 $\boxed{= \,|\,0.05\,|\,A\,}$ 要求，用塞规或内径百分尺测量 $12^{+0.039}_{0}$ mm尺寸，目测 $R6$mm、 $Ra3.2\mu$m。

（7） 操作时应注意以下两点。

① 使用直柄铣刀加工时，铣刀应装夹牢固，以免在铣削过程中掉刀，破坏槽深尺寸。

② 使用直径较小的铣刀加工时，进给量不宜过大，以免产生严重的让刀现象而造成废品。

7.4　圆柱齿轮铣削

齿轮是传递运动和动力的重要零件。齿轮的齿形决定了其传递运动的准确性和受载的平稳性，它的加工方法有成型法和展成法两种。

7.4.1　齿轮成型的方法与加工机床

1. 成型法

成型法是用与被切齿轮的齿槽完全相符的成型铣刀切出齿形的方法。成型法铣齿刀的形状制成被切齿轮的齿槽形状，成型铣刀称为模数铣刀(或齿轮铣刀)。用于卧式铣床的是盘状模数铣刀，用于立式铣床的是指状模数铣刀，如图 7-40 所示。铣齿属于成型法。

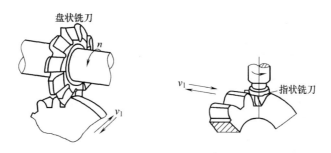

图 7-40　成型法铣直齿圆柱齿轮

铣削时，工件在铣床上用分度头卡盘和尾架顶尖装夹，用一定模数的铣刀(盘状或指状)进行铣削。当加工完一个齿槽后，接着对工件分度，再对下一个齿槽进行铣削。

成型法加工齿形的特点是设备简单，刀具成本低。但由于每切削一个齿均需消耗重复切入、切出、退出和分度等的辅助时间，故生产率较低；又因为齿轮铣刀的齿形及分度均有误差，所以齿轮的精度也较低，只能达到 IT11～IT9。成型法加工齿形一般用于单件、小批生产及要求不高的齿轮。

2. 展成法

展成法是利用齿轮刀具与被切齿轮的相互强制啮合运动关系而切出齿形的方法。插齿和滚齿就是利用展成法来加工齿形的。

1)　插齿

插齿刀用高速钢制造，形状与直齿圆柱齿轮相似，经淬火后磨出前角和后角，形成刀刃。插齿时，插齿刀做上下往复切削运动，并进行圆周和径向上的进给运动。通过分齿运动和工件的让刀运动，完成整个插齿过程。

插齿除了可以加工圆柱齿轮外，还可以加工双联齿轮及内齿轮。插齿可加工 IT8～IT7级精度的齿轮，表面粗糙度为 $Ra1.6\mu m$。一种模数的插齿刀可以加工模数相同的各种齿数的齿轮。

2)　滚齿

滚齿运动可近似地看成做直线移动的齿条与转动齿轮的啮合。滚刀做连续旋转，可看成是一根无限长的齿条在做连续的直线运动。滚齿须具备主运动、分齿运动和垂直进给运动 3 种运动。

滚齿可以加工直齿和斜齿圆柱齿轮及蜗轮。它的加工精度可达 IT8～IT7 级，表面粗糙

度为 $Ra3.2\sim1.6$mm。一把滚刀可以加工出模数相同而齿数不同的渐开线齿轮。

3. 齿轮加工机床

齿轮加工机床主要分为圆柱齿轮加工机床和锥齿轮加工机床两大类。

圆柱齿轮加工机床主要用于加工各种圆柱齿轮、齿条及蜗轮，常用的有滚齿机、插齿机、铣齿机和剃齿机等。滚齿机用滚刀按展成法粗、精加工直齿、斜齿、人字齿轮和蜗轮等，加工范围广，可达到高精度或高生产率；插齿机用插齿刀按展成法加工直齿、斜齿齿轮和其他齿形件，主要用于加工多联齿轮和内齿轮；铣齿机用成型铣刀按分度法加工齿轮，主要用于加工特殊齿形的仪表齿轮；剃齿机是用齿轮式剃齿刀精加工齿轮的一种高效机床。圆柱齿轮加工机床还包括磨齿机、珩齿机、挤齿机、齿轮热轧机和齿轮冷轧机等。

锥齿轮加工机床主要用于加工直齿、斜齿、弧齿和延长外摆线齿等锥齿轮的齿部。直齿锥齿轮刨齿机是以成对刨齿刀按展成法粗、精加工直齿锥齿轮的机床，有的机床还能加工斜齿锥齿轮，在中小批量生产中应用最广。双刀盘直齿锥齿轮铣齿机使用两把刀齿交错的铣刀盘，按展成法铣削同一齿槽中的左右两齿面，生产效率较高，适用于成批生产。

7.4.2　成型法铣直齿圆柱齿轮的齿形

在铣床上铣削直齿圆柱齿轮可采用成型法，成型法铣圆柱直齿齿轮的步骤如下。

1. 选择铣刀

渐开线形状与模数 m、齿数 z 和压力角 α 有关，常用齿轮的压力角 $\alpha=20°$ 是标准值。所以可根据被加工齿轮的模数和齿数去选用相适应的齿轮铣刀，如表 7-3 所示。

表 7-3　铣刀号数与被加工齿轮齿数间的关系

铣刀号数	1	2	3	4	5	6	7	8
能铣制的齿轮齿数	12～13	14～16	17～20	21～25	26～34	35～54	55～134	135 以上

2. 铣削前的准备工作

(1) 安装铣刀。铣刀安装后横向移动工作台，使铣刀的中心平面对准分度头顶尖中心，然后固定横向拖板。

(2) 安装工件。先将齿坯装在心轴上，再将心轴装在分度头顶尖和尾架顶尖之间。

(3) 调整分度头。根据被铣齿轮的齿数计算分度头的摇柄转动圈数，选择分度盘孔圈，调节摇柄上定位销的位置和扇股之间的孔距，如图 7-41 所示。

3. 铣削操作

(1) 计算齿槽的深度。

(2) 调整垂直进给丝杆刻度盘的零线位置，方法与前述平面铣削相同。

(3) 试切，即在齿坯圆周上铣出全部齿数的刀痕，以检查分度是否正确。

(4) 调整铣削用量，一般先粗铣，再精铣，约留 0.2mm 的精铣余量。齿槽深不大时也可一次粗铣完毕。

(5) 精铣 2～3 个齿后，应检查齿的尺寸和表面粗糙度，合格后，再继续精铣，直至完成整个工件的加工。

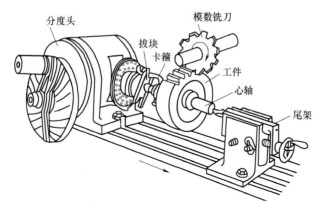

图 7-41 在卧式铣床上铣直齿圆柱齿轮

7.4.3 专项技能训练课题

斜齿圆柱齿轮就是齿线为螺旋线的圆柱齿轮，也称作斜齿轮，如图 7-42 所示。加工计算流程如下。

1. 斜齿圆柱齿轮的当量齿数计算及铣刀的选择

对于斜齿轮，其齿线上某一点处的法向平面与分度圆柱面的交线是一个椭圆。以此椭圆的最大曲率半径作为某一个假想直齿轮的分度圆半径，并以此斜齿轮的法向模数和法向压力角作为上述假想直齿轮的端面模数和端面压力角，于是，此假想直齿轮就称为斜齿轮的当量齿轮。当量齿轮的齿数称为当量齿数，并用下式计算：

$$z_n = \frac{z}{\cos^3 \beta} = Kz$$

式中，z 为斜齿轮的实际齿数；z_n 为斜齿轮的当量齿数；β 为斜齿轮的螺旋角，$(°)$；K 为当量齿数的 $K = 1/\cos^3 \beta$，取值可查阅有关手册。

按求出的当量齿数选择铣刀。

2. 导程和配换齿轮的计算

导程按下式计算：

$$P_z = \frac{\pi m_n z}{\sin \beta}$$

式中，m_n 为法面模数；z 为齿轮实际齿数；β 为螺旋角，$(°)$。

铣削斜齿圆柱齿轮以及螺旋槽时，为了把工件的旋转运动和工件的直线运动联系起来，要在分度头侧轴和机床纵向丝杠上挂轮，如图 7-43 所示，并要保证工件转一转，工作台纵向移动一个导程距离，即要纵向丝杠转 $P_工/P_丝$ 转。挂轮的速比可按下式计算：

$$i = \frac{z_1 z_3}{z_2 z_4} = \frac{40 P_{丝}}{P_{工}}$$

式中，z_1、z_3 为主动挂轮齿数；z_2、z_4 为被动挂轮齿数；$P_{丝}$ 为纵向丝杠螺距，单位为 mm；$P_{工}$ 为工件导程，单位为 mm。

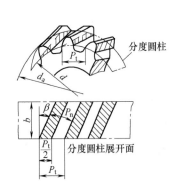

图 7-42　斜齿圆柱齿轮加工

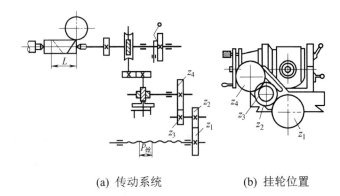

(a) 传动系统　　　(b) 挂轮位置

图 7-43　铣削斜齿圆柱齿轮时挂轮的配置

3. 斜齿轮的铣削方法

斜齿轮的铣削方法与直齿轮的铣削方法基本相同，不同点如下。

(1) 需要加装配换齿轮，检查加挂轮后，检查导程和分度头转向是否正确。

(2) 工作台要转动一个螺旋角。

(3) 每铣一齿后，要先降下工作台后再退刀。

(4) 铣削速度应低于加工直齿轮的速度。

4. 圆柱斜齿轮的测量方法

测量圆柱斜齿轮时，应在齿廓的法向平面进行测量。这里介绍分度圆弦齿厚的测量方法。斜齿轮的分度圆弦齿厚 $\overline{S}_n$ 和分度圆弦齿高 $\overline{h}_{an}$ 的计算公式如下：

$$\overline{S}_n = m_n z_n \sin \frac{90°}{z_n}$$

$$\overline{h}_{an} = m_n \left[1 + \frac{z_n}{2} \left(1 - \cos \frac{90°}{z_n} \right) \right]$$

式中，m_n 为斜齿轮法向模数；z_n 为斜齿轮当量齿数(此时计算的当量齿数，小数部分不能略去)。

测量分度圆弦齿厚时要注意，因为测量时是以齿顶圆为定位基准的，而齿顶圆的制造有一定的公差要求，所以应从分度圆弦齿高 $\overline{h}_{an}$ 中减去齿顶圆半径的实际偏差 $\frac{1}{2} \Delta E_{d_a}$，即：

$$\frac{1}{2} \Delta E_{d_a} = \frac{d_a - d_a'}{2}$$

式中，$\frac{1}{2} \Delta E_{d_a}$ 为齿顶圆半径的实际偏差值，单位为 mm；d_a 为齿顶圆直径的基本尺寸，单位为 mm；d_a' 为齿顶圆直径的实际尺寸，单位为 mm。

测量示意图如图 7-44 所示，在法向平面上测量。

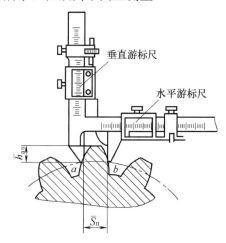

图 7-44   在法向平面上测量分度圆弦齿厚

7.5   实践中常见问题的解析

7.5.1   平面和斜面铣削的质量分析

1. 尺寸公差超差的产生原因

(1)   刻度盘格数摇错或间隙没有考虑。

(2)   对刀不准。

(3)   测量不准。

(4)   用三面刃铣刀(或端铣刀)端面刃铣削时，铣床主轴与进给方向不垂直。

(5)   在铣削过程中，工件有松动现象。

2. 形位公差超差的产生原因

(1)   平面度超差。

①   周铣时，铣刀圆柱度不好。

②   端铣时，铣床主轴与进给方向不垂直。

③   铣削薄而长的工件时，工件产生变形。

④   铣刀宽度(或直径)不够时，表面有接刀痕。

(2)   垂直度超差。

①   平口钳钳口与工作台面不垂直。

②   基准面与固定钳口未贴合。

③   基准面本身质量差，在装夹时造成误差。

④   铣出的平面与工作台面不平行，如立铣头零位不准时用横向进给等。

(3) 平行度超差。

① 平口钳导轨面与工作台面不平行，平行垫铁的平行度差，基准面与平行垫铁未贴合等。

② 和固定钳口贴合的面与基准面不垂直。

③ 铣出的平面有倾斜。

④ 在铣削过程中，活动钳口因受铣削力而向上抬起，使基准面位置不准确。

(4) 倾斜度不准确。

① 工件划线不准确或在铣削时工件产生位移。

② 万能平口钳、转台或立铣头扳转角度不准确。

③ 采用圆周铣时，铣刀有锥度。

④ 用角度铣刀铣削时，铣刀角度不准确。

3. 表面粗糙度不符合要求

(1) 铣削层深度太大和进给量太大，尤其是进给量太大，使表面有明显的波纹。

(2) 有深啃现象。

(3) 铣刀不锋利。

(4) 铣刀装夹得不好，跳动量过大。

(5) 切削液使用不当。

(6) 有拖刀现象。

(7) 铣削时有明显的振动。

7.5.2　铣削阶台、直角沟槽的质量分析

阶台和直角沟槽铣削常见的质量问题有尺寸公差超差、形位公差超差等。造成尺寸公差超差的主要原因如下。

(1) 工作台"零位"不准，使阶台上部的尺寸变小，使沟槽上部的尺寸变大。

(2) 刀有摆差。

(3) 量不准。

(4) 刀宽度(或直径)的尺寸不准。

(5) 工作台移动尺寸摇得不准。

造成型位公差超差的主要原因有以下几种。

(1) 工作台"零位"不准，使阶台上窄下宽，使沟槽上宽下窄。

(2) 夹具和工件未校正，使阶台和沟槽产生歪斜。

(3) 铣键槽时中心未对准，使键槽的对称度不准。

(4) 铣削时有"让刀"现象，使沟槽的位置(或对称度)不准。

造成表面粗糙度不符合要求的原因如下。

(1) 铣刀磨损变钝。

(2) 铣刀摆差太大。

(3) 铣削用量选择不当。

(4) 切削液使用不当。

(5) 铣削时振动太大。

7.5.3　铣削直齿圆柱齿轮的质量分析

直齿圆柱齿轮铣削的质量分析如下。

1. 齿数和图样要求不符，产生的原因分析

(1) 未仔细看清图样。

(2) 分度计算错误，或者分度叉使用不当及选错了分度盘孔圈。

2. 齿厚不等、齿距误差过大，产生的原因分析

(1) 操作分度头不正确，如未正确使用分度叉；手柄未朝一个方向均匀转动，分度手柄不慎多转后改正时，未消除分度头蜗杆副间隙。

(2) 工件未校正好，致使工件径向跳动过大。

3. 齿高、齿厚不正确，产生的原因分析

(1) 铣削深度调整错误。

(2) 铣刀模数或刀号选择错误。

4. 轮齿偏斜(困牙)，产生的原因分析

铣刀未对准中心。

5. 齿面表面较粗糙，不合格，产生的原因分析

(1) 铣刀钝或铣削用量过大。

(2) 工件装夹不牢发生振动。

(3) 铣刀安装不好，摆差过大。

(4) 铣削时分度头主轴未夹紧，铣削时工件振动较大。

(5) 机床主轴松动或工作台塞铁太松，致使铣削时机床振动较大。

7.5.4　铣削斜齿圆柱齿轮的质量分析

(1) 铣削斜齿圆柱齿轮时，同样易出现铣直齿圆柱齿轮时易产生的质量问题，应注意避免产生。

(2) 导程不准确的原因是导程和挂轮比计算有误或挂轮配置错误。

(3) 铣削中干涉量过大是由于工作台扳转角度不准确引起的。

7.5.5　提高铣削加工平面质量的途径

1. 如何提高平面度

圆周铣时，提高铣刀的刃磨质量，铣刀的圆柱度误差尽量小；提高工作台进给的直线

性，导轨面要平直；铣床主轴轴承间隙要调整好；工件要装夹得稳固并不使其变形。

端铣时，铣床主轴轴心线与进给方向的垂直度要好；对铣床导轨、轴承间隙和工件装夹的要求与圆周铣相同。

2. 如何提高加工表面粗糙度

(1) 精确调整铣床，工作台导轨楔铁的松紧要调整好，主轴轴承的间隙要调整适当。

(2) 夹具和工件安装要可靠，刀轴刚性要好，并要安装得与铣床主轴同一轴线；夹具刚性要好，并把工件装夹得稳固、无振动。

(3) 圆周铣削时可采取如下措施。

① 适当增大铣刀直径。

② 提高刃口和前刀面、后刀面的刃磨质量，刃口要光滑锋利且无缺损。棱边宽度留0.1mm 左右。

③ 刀轴挂架到主轴之间的距离应尽量小。

④ 刀轴挂架孔与刀杆轴套之间的间隙要合适，并要有足够的润滑油。

⑤ 采用大螺旋角铣刀等先进铣刀。

⑥ 精铣时可采用顺铣。

(4) 端铣时可采取如下措施。

① 采用高速切削。

② 适当减小副偏角和主偏角。

③ 改进刀齿的修光刃。

④ 提高刀尖、前刀面和后刀面的刃磨质量。

⑤ 采用不等齿距等先进铣刀加工。

另外，还可通过适当提高铣削速度并减少每齿进给量、合理选择切削液、减少和消除铣削时的振动等措施以提高加工表面的粗糙度；在铣削中途不能停止进给，以免产生深啃现象。

7.6 拓 展 训 练

7.6.1 铣角度面

如图 7-45 所示为四方头螺钉工作图，可在立式铣床上用分度头铣削。

(1) 选刀。根据尺寸 14mm，选 ϕ20mm 的立铣刀。

(2) 装夹工件。将工件安装在主轴呈水平的分度头三爪上，采用立铣刀端齿铣削。

(3) 对刀试铣。开机后使铣刀与工件接触，使工作台上升一面余量的一半，试铣一刀，然后将分度头手柄转过 20 转，铣出对边，进行测量、调整，以至对边尺寸达 $17^{0}_{-0.24}$ mm 要求。

(4) 铣削。分度 $n = \dfrac{40}{4} = 10$，依次铣完四面。

(5) 检测。用卡尺测量 $17^{0}_{-0.24}$ mm。

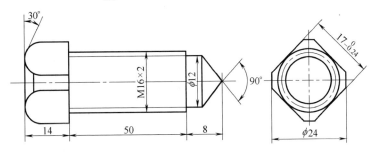

图 7-45　铣四方头螺钉

7.6.2　铣削外花键

加工如图 7-46 所示的花键轴。

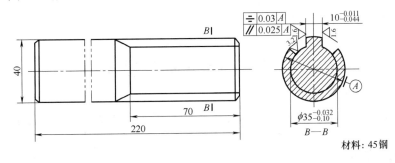

图 7-46　花键轴零件图

(1) 选择铣刀。根据图样，选用 63mm×10mm×22mm 的三面刃铣刀加工键侧面，另选一把 80mm×2mm×22mm 的锯片铣刀加工槽底圆弧。

(2) 安装校正工件。用分度头卡盘及尾座装夹工件，按图样的要求校正。

① 校正工件的径向跳动在 0.05mm 以内。

② 校正工件的上母线、侧母线与工件台台面的平行度误差在 0.03mm/200mm 以内。

(3) 选择铣削用量。选 n=150r/min，v_f=60mm/min，a_p=2.5mm。

(4) 对刀。按划线法对中心，即使铣刀对称中心面对准工件轴线。工作台横向偏移 s 距离：

$$s = \frac{刀宽 + 键宽}{2} = \frac{10 + 10}{2} = 10(mm)$$

(5) 试铣。如图 7-47 所示，铣出 1、2 面后，调整横向工作台距离 s' = 刀宽 + 键宽 = 20(mm)，铣出键的另一侧面 3。用百分表测量 1、3 面的误差，然后横向调整 $\dfrac{1}{2}$ 误差量。

注意，因划线法对中心有一定的误差，试铣这三个面时，应留有调整的余量。

(6) 铣削。按顺序铣完键的一侧面后，调整横向工作台 s' = 20mm，依次铣削另一侧面，保证键宽尺寸$10_{-0.044}^{-0.011}$mm 的要求。

槽底弧面铣削时换上锯片刀，对中心；工作台上升 2.5mm，用微分法逐一加工各槽底圆弧，保证尺寸$\phi35_{-0.100}^{-0.032}$mm 的要求。

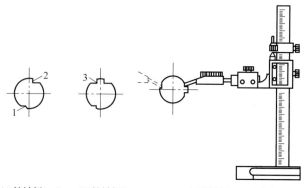

(a) 铣键侧1、2   (b) 铣键侧3   (c) 测量键侧1、3的高度

图 7-47   试铣对刀步骤及键侧中心位置检验

(7) 检测。用卡尺测量$\phi35_{-0.100}^{-0.032}$mm，用外径百分尺测量$10_{-0.044}^{-0.011}$mm，用百分表测量 $\boxed{\equiv}\,\boxed{0.03}\,\boxed{A}$ 和 $\boxed{/\!/}\,\boxed{0.025}\,\boxed{A}$ 及其等分性。

7.7   铣工操作安全规范

在铣床上工作，必须严格遵守操作规程，同时应懂得安全生产技术并进行文明生产。

7.7.1   安全技术

操作铣床时，往往由于操作者忽视安全规则而造成人身事故。因此，必须重视和遵守下列安全规则。

1. 衣帽穿戴

(1) 工作服要紧身，无拖出带子和衣角，袖口要扎紧或戴袖套。
(2) 女工要戴工作帽，长发要剪短，并将头发全部塞进帽子。
(3) 不准戴手套操作，以免发生事故。
(4) 高速切削时要戴好防护镜，防止高速飞出的切屑损伤眼睛。
(5) 铣削铸铁工件时最好戴口罩。
(6) 不宜戴首饰操作铣床。

2. 防止铣刀切伤

(1) 装拆铣刀要用揩布垫衬，不要用手直接握住铣刀。
(2) 铣刀未完全停止转动前不得用手去触摸、制动。
(3) 使用扳手时，用力方向应避开铣刀，以免扳手打滑时造成伤害。

(4) 切削过程中，不得用手触摸工件，以免被铣刀切伤手指。

(5) 装拆工件或测量时必须在铣刀停转后进行，否则极易发生事故。

3. 防止切屑损伤皮肤、眼睛

(1) 清除切屑要用毛刷，不可用手抓、用嘴吹。

(2) 操作时不要站立在切屑飞出的方向，以免切屑飞入眼中。

(3) 若有切屑飞入眼中，切勿用手揉擦，应及时请医生治疗。

4. 安全用电

(1) 了解和熟悉铣床电气装置的部位和作用，懂得用电常识。

(2) 不准随便搬弄不熟悉的电器装置。

(3) 当铣床电气损坏时应关闭总开关，请电工修理。

(4) 不能用金属棒去拨动电闸开关。

(5) 注意周围电线、电闸、铣床接地是否牢靠，否则应及时请电工修复。

(6) 发生触电事故应立即切断电源，或用木棒等绝缘体将触电者撬离电源。必要时应做人工呼吸，或送医院治疗。

7.7.2　铣床安全操作规程

(1) 开车前先将刀具与工件装夹稳固，如果中途需要固紧压板螺栓或刀具时，必须先停车再进行；铣刀必须用拉杆拉紧。

(2) 开车时必须注意工作物与铣刀不得接触，工作台来回松紧应均匀，否则禁止开车。

(3) 机床运转时不准测量工件，不准离开机床。

(4) 装卸零件和刀具时应先关闭电动机开关。

(5) 开自动走刀时必须先检查行程限位器是否可靠。

(6) 笨重工件装卸必须使用吊车，不得撞击机床；如多人抬装，必须注意彼此协作。

7.7.3　文明生产

文明生产是操作工人科学操作的基本内容，反映了操作工人的技术水平和管理水平。文明生产包括以下几个方面。

(1) 机床的保养。应做到严格遵守操作规程，熟悉机床性能和使用范围，并懂得一般调整和维修常识。平时应做好一般保养和润滑，使用一段时间后，应定期对机床进行一级保养。

(2) 场地环境。操作者应保持周围场地清洁、无油垢，踏板牢固清洁、高低适当，放置刀、量具和工件的架子要可靠，安放位置要便于操作。切削过程中，如需冲注切削液，应加挡板，以防止切削液外溢。批量生产时，应注意零件的摆放，有条件的应使用零件工位器具。

(3) 工、夹量具的保养。操作者应有安放整齐的工具箱，工具齐备，并定期进行检查。夹具和机床附件应有固定位置，安放整齐，取用方便，不用时要揩净上油，以防生锈；量具应有专人保管，定期检定，每天使用后应揩净放入盒内。

(4) 工艺文件保管。操作工人使用的图样、工艺过程卡片等工艺文件是生产的依据，使用时必须保持清洁、完好，用后应妥善保管。在生产过程中使用的产品数量流转卡和工时记录单等生产管理文件，也应认真记录，保证其正常流转。

本 章 小 结

铣削加工是机械零件较常用的加工方法，铣床也是机加工企业中比较多见的设备。通过本章的学习，读者应了解铣削加工的范围及特点；掌握常用铣刀的名称、用途、安装及特点；熟悉万能卧式铣床的基本结构、原理及使用；掌握平面、斜面、键槽和阶台的铣削方法，以及齿轮的加工原理及常用加工方法等内容。通过技能训练，读者应该能独立进行铣床操作；能使用分度头进行平面、键槽及工件的等分操作，完成实习工件的加工。

思考与练习

一、思考题

1. 铣削能完成哪些加工内容?
2. 简述铣削加工的主要特点。
3. 简述铣削运动中的主运动和进给运动。
4. 铣削用量包括哪些方面?
5. 铣刀有哪些种类? 如何选用?
6. 比较端铣和周铣的主要区别和适用范围。
7. 何谓顺铣与逆铣? 何谓对称铣与不对称铣? 说明它们的适用场合。
8. 铣斜面的方法有哪几种?

二、练习题

1. 简述带孔铣刀和带柄铣刀的安装方法。
2. 铣削时工件的装夹方法有哪些?
3. 说明铣削平面的加工方法及适用加工对象。试问用何种简便方法可检测平面度?
4. 铣开口式键槽与铣封闭式键槽分别在何种铣床上进行? 分别用何种铣刀?
5. 如图 7-48 所示直齿圆柱齿轮，材料为 45 钢、模数 2、齿数 61、齿形角 20°、精度等级 9GK(GB 10095－88)，试分析其加工工艺。

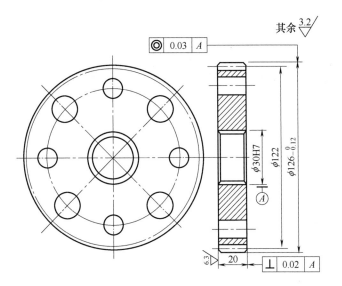

图 7-48 直齿圆柱齿轮

第8章 刨、拉、镗削加工

学习要点

本章介绍了刨、拉、镗削机床与刀具，同时简要概述了常用装夹定位工艺系统的原理和使用；比较全面地叙述了水平面刨削、垂直面刨削、斜面刨削、沟槽刨削、拉削、单孔的镗削、平行孔的镗削、垂直孔的镗削、圆柱孔端面的镗削和铣削等各类加工方法。

技能目标

通过本章的学习，读者应该掌握各种类型表面的刨、插、拉、镗削加工技能与技巧。熟悉常规性加工技术，领悟工艺窍门、操作要领。

8.1 刨 削 加 工

刨削加工就是指在刨床上利用刨刀的往复直线运动和工件的横向进给运动来改变毛坯的形状和尺寸，把其加工成符合图纸要求的零件的加工方法。刨床与插床、拉床一样，主运动形式都是直线运动，所以将它们称为直线运动机床。刨削常用来加工平面、垂直面、斜面、直槽、T 形槽、燕尾槽、成型表面等，如图 8-1 所示。刨削加工精度为 IT9～IT7，最高精度可达 IT6；表面粗糙度为 $Ra6.3～3.2\mu m$，最佳可达到 $Ra1.6\mu m$。

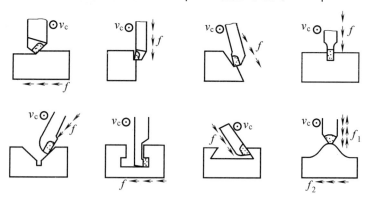

图 8-1　刨削的应用

8.1.1　刨削插削设备与刀具

常用的刨削类机床包括牛头刨床、龙门刨床和插床等。

1. 牛头刨床和龙门刨床简介

牛头刨床(见图 8-2)多用于刨削长度不超过 1m 的中小型工件。它完成刨削工作有 3 个基本运动，即主运动、进给运动和辅助运动。刨削时，滑枕带着刀架上的刨刀做直线往复运动，这是主运动。滑枕前进时刨刀对工件进行切削，而滑枕返回时刨刀不切削工件；被切削工件装夹在工作台上，通过进给机构使工作台在横梁上做间歇式直线移动，这是进给运动。牛头刨床的辅助运动是横梁连同工作台沿床身垂直导轨做上下升降和刀架带动刨刀做上下垂直移动。刀架可偏转一定的角度，以完成角度类工件的刨削。

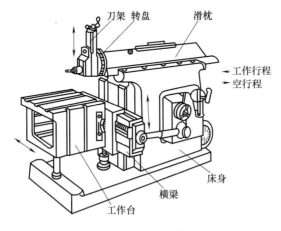

图 8-2　牛头刨床

龙门刨床(见图 8-3)的工作情况与牛头刨床不一样，它以工作台的直线往复移动为主运动，而刨刀的间歇式进刀移动是进给运动。由于龙门刨床工作台的刚性好，所以，被加工工件的重量不受限制，它可以承受大重量和大尺寸的工件，也可在工作台上依次装夹数个工件同时进行加工。

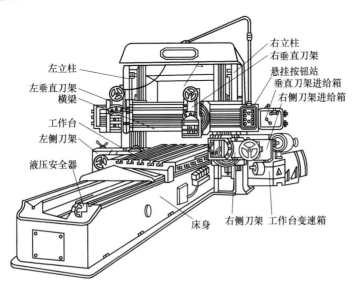

图 8-3　龙门刨床

2. 插床简介

插床不同于插齿机，这是两种完全不同的机床。插床(见图8-4)和牛头刨床同属一个类别，又称立式牛头刨床。插床的滑枕是沿垂直于水平面方向做上下直线往复运动，插床的工作台除了做纵向和横向的进给运动外，还可做回转运动，以完成圆弧形表面的加工。插床主要用于加工在刨床上难以加工的内外表面或槽类工件，如插键槽(见图8-5)、花键槽等，特别适于加工盲孔或有障碍台阶的内表面。

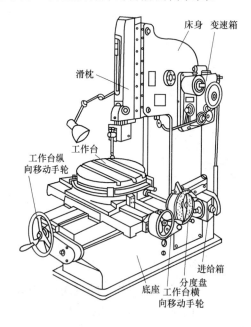

图 8-4　插床

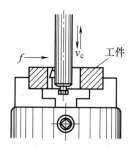

图 8-5　插键槽

3. 刨刀的结构形式

1)　刨刀的基本形状

刨刀有直柄刨刀和弯柄刨刀两种基本形状。但在实际工作中，很少有人使用直柄刨刀，通常使用弯柄刨刀(见图8-6)。这是为什么呢？刨刀在刨削加工时，由于受切削力的作用，刀杆(刀柄)产生弹性变形。如果刀杆是直的，在弹性变形后，刀尖易啃入已加工表面(见图 8-7(a))，使已加工表面产生凹坑或印痕，而影响加工表面的粗糙度；如果把刀杆做成弯柄形的向后部弯曲，当切削力较大或刀杆受力不均匀时，刀杆产生弯曲变形，向后上方弹起(见图 8-7(b))，使刀尖离开已加工表面，刀尖不会啃入工件，能保持已加工表面的粗糙度，同时，弯柄刨刀弹性较好，还能起消振作用。

2)　不同形式的刨刀结构

刨刀有整体式刨刀和组合式刨刀两种结构形式。

整体形状的刨刀是刨刀结构中的基本形式。高速钢整体式刨刀如图 8-8 所示，它由一整块高速钢材料锻造成弯柄的形式，经刃磨后直接安装在刨床刀架上进行使用。如图 8-9 所示为硬质合金整体式刨刀，它是将硬质合金刀片焊接在刀柄(刀杆)上，焊接时，当焊料熔化后，要用一个尖棒将刀片向下压紧一下，以使其接触严密，并且，焊料层要尽可能地薄一些和连绵均匀，如果焊层太厚，焊接就不会结实。同时应该注意，尖棒的顶端不宜太大和太冷，若太大，刀片易被压偏，若太冷，在压紧刀片时会使刀片遇到急冷，这样，刀片表层和内部的温差加大，内应力增加，刀片易产生崩裂。另外，在焊接中，刀槽形状要和刀片一致，相差尺寸不宜太小或太大，刀片的外伸量不要太多。否则，由于刀具在焊接过程中承受拉应力，受热膨胀后的收缩率不一样，会使刀片在焊接层处出现崩裂。

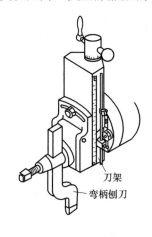

图 8-6　弯柄刨刀装夹在刀架上

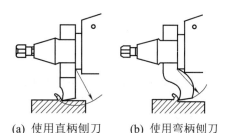

(a) 使用直柄刨刀　　(b) 使用弯柄刨刀

图 8-7　直柄和弯柄刨刀刨削情况

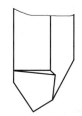

图 8-8　高速钢整体式刨刀

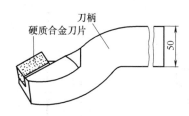

图 8-9　硬质合金整体式刨刀

　　组合式刨刀多种多样，在下面几个示例中，重点对刨刀的结构形式进行介绍。

　　(1) 六刃刨刀。六刃刨刀结构如图 8-10 所示。它有 6 个切削刀刃，松开螺母可以转换刀刃位置 6 次，这样一来，就可以大大减少换刀和刃磨的次数，从而缩短了辅助时间，并且节省了很多刀杆。

　　(2) 楔铁式加固刨刀。如图 8-11 所示，刀片为 W18Cr4V 高速钢或型号为 A123 的 YG 类硬质合金，它同楔块 3 一起斜装在刀杆 1 的长槽中，用木棒或铜锤轻轻打入后，应保持刀尖高于刀杆 1～2mm，然后，用螺钉 4 顶紧，用楔块 3 夹牢。该刨刀前角可选为 30°，因而切削轻快、平稳，刃倾角较大，抗冲击性好。刀杆应经过淬火处理，以提高强度和刚性，它可以多次使用，节约钢材。

　　(3) 机夹多用可换式刨刀。机夹多用可换式刨刀由刀杆、刀盘等组成。刀杆做成弯拐形(见图 8-12)，使它能承受较大的抗弯强度和冲击韧度，提高刨刀的切削能力。刀杆材料选用 40Cr 钢，经锻造、热处理，其硬度为 38～45HRC。刨刀装入刨床刀架后，夹持回转式刀盘的中心应低于刨床的切削中心 3～4mm，这样可减少振动、扎刀等现象，从而提高刨削的精度。刀盘做成可调换式的，针对不同的切削情况，刀盘做成以下形式。

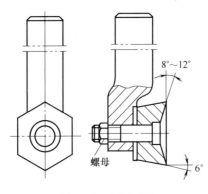

图 8-10　六刃刨刀

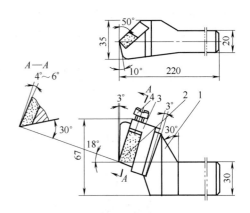

图 8-11　楔铁式夹固刨刀

1—刀杆；2—刀片；3—楔块；4—螺钉

①　回转式刨刀盘(见图 8-12 中的刀盘)。适于刨削硬度较高(200HBS 以上)、余量大的铸钢、锻钢、球墨铸铁件。使用时，一个刀片磨钝后，只要回转刀体，调换另一个刀片，便可继续切削。

②　大前角切削刀盘。如图 8-13(a)所示，主要用于刨削余量较小、表面光洁、直线度要求较高的一般铸铁、球墨铸铁和铸铝件等。

③　通用切削刀盘。通用切削刀盘如图 8-13(b)所示。使用时，在刀盘的方孔内装夹上各种焊接式刨刀或成型刨刀，可用于刨圆弧、倒角、燕尾槽和 T 形槽等加工。

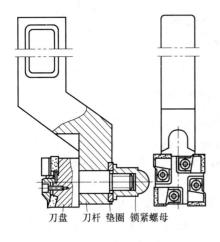

刀盘　刀杆　垫圈　锁紧螺母

图 8-12　机夹多用可换式刨刀

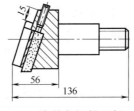

(a) 大前角切削刀盘

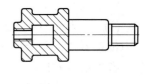

(b) 通用切削刀盘

图 8-13　机夹多用可换式刨刀刀盘

(4)　可调式双刃刨刀。用普通双刃刨刀批量加工沟槽时，使用一段时间后，会因两刃之间尺寸变小而报废。如果采用图 8-14 所示的可调双刃刨刀，只要用螺栓做微量调整，就能补偿刀具的磨损，克服了尺寸变小的缺点，并且制造容易，调整方便，能提高效率。

3)　刨刀的安装

刨刀安装在刀架的刀夹上，如图 8-15 所示。安装时，把刨刀放入刀夹槽内，将锁紧螺柱旋紧，即可将刨刀压紧在抬刀板上。刨刀在夹紧之前，可与刀夹一起倾转一定的角度。刨刀与刀夹上的锁紧螺柱之间，通常加垫 T 形垫铁，以提高夹持的稳定性。安装时应注意，刀头不可伸出过长，夹紧时夹紧力大小要合适。由于抬刀板上有空孔，过大的夹紧力会导致刨刀的压断。

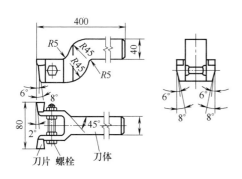

图 8-14　加工沟槽可调式双刃刨刀

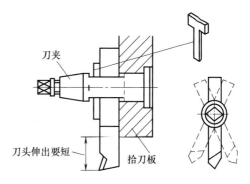

图 8-15　刨刀的安装

8.1.2　刨削操作

1. 水平面刨削

刨水平面是指利用工作台横向走刀来刨削平面的加工方法。

1)　刨水平面的操作步骤

(1)　安装好工件与刨刀，将转盘上的刻度对准零线；否则，转动刀架手柄进刀时，刨刀将沿斜向移动，使相对于水平面的实际进刀深度与手柄的刻度读数不相符，造成进刀深度的不准确。

(2)　升降工作台，使工件在高度上接近刨刀。

(3)　根据所需的往复速度，调整好变速手柄的位置。

(4)　根据工件的长度及安装位置，调整好刨床的行程长度和行程位置。

(5)　调整棘轮棘爪机构，调出合适的进给量和进给方向。

(6)　将拨爪拉起旋转 90°，使之不会拨动棘轮；转动横向进给丝杆上的手轮，使工件移到刨刀的下方。开机对刀，慢慢地转动刀架上的手柄，使刨刀与工件表面相接触，在工件表面划出一条细线。用手掀起抬刀板，转动横向手轮，向进给的反方向退出工作台，使工件的侧面退离刀尖 3～5mm，停机。

(7)　转动小刀架上的手柄，利用刻度进到所需的背吃刀量。开机，横向手动进给 0.5～1mm 试切，停机测量尺寸，根据测量结果进一步调整背吃刀量，再按进给方向落下拨爪，自动进给进行刨削。若工件余量较大，可分多次刨削。

(8)　整个加工面刨削完毕后，先拉起拨爪旋转 90°，停机，再用手掀起抬刀板，转动横向手轮，使工件退到一边；检验尺寸，尺寸合格后再卸下工件。

2)　矩形零件的刨削示例

在刨削加工中，常遇到矩形零件的刨削。刨削时，为了保证相邻表面之间的垂直度和相对表面之间的平行度，常采用如图 8-16 所示的刨削步骤。

(1)　选择一个较大、较平整的平面 3，底面定位，刨出平面 1；平面 1 作为后继加工的精基准面。

(2) 将平面 1 贴紧在固定钳口上，刨出平面 2，保证平面 1 与平面 2 之间的垂直度。

(3) 把工件换向，将平面 1 贴紧在固定钳口上，刨出平面 4，保证平面 1 与平面 4 之间的垂直度。

(4) 将平面 1 贴紧在钳口的底面，刨出平面 3，保证平面 1 与平面 3 之间的平行度。

💡 **注意：** 每刨出一个面后，都要将锐边倒钝，或用锉刀锉去锐边毛刺；否则，下次安装工件时，会因工件表面有毛刺而影响到工件定位与夹持的可靠性。

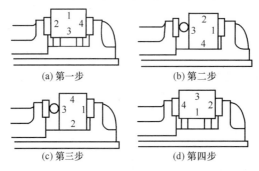

图 8-16 矩形工件刨削步骤

2. 垂直面刨削

刨削垂直面的关键是要保证相邻两个表面之间互相交成 90°的角度，这样也就保证了相对两表面之间的互相平行，具体的方法如下。

1) 工件装夹在机用平口台虎钳上刨垂直面

刨削尺寸较小的垂直面，一般在机用平口台虎钳上装夹，刨出的表面能否互相垂直，与加工方法及所使用夹具有一定的关系。

下面将在机用平口台虎钳上安装工件，刨垂直面时的操作步骤和方法如下，如图 8-17 所示。

(1) 先粗刨各表面，并按规定留出精刨余量。

(2) 精刨时，要先刨出基准面 1，如图 8-17(a)所示。

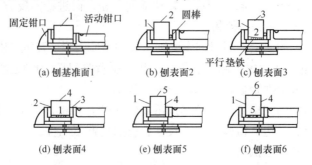

图 8-17 机用平口台虎钳装夹工件刨垂直面

(3) 以基准面 1 为定位面，使它贴紧于机用台虎钳的固定钳口面上。为了使夹紧力集中，保证基准面 1 和固定钳口面严密接触，应在活动钳口处夹上一根圆棒(见图 8-18(a))或一块撑板(见图 8-18(b))，接着刨出表面 2(见图 8-17(b))。由于固定钳口面垂直于刨床工作台面，所以，用这样的方法刨出的表面 2 和基准面 1 是垂直的。

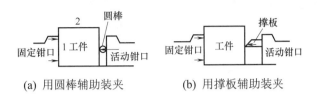

(a) 用圆棒辅助装夹   (b) 用撑板辅助装夹

图 8-18　用圆棒或撑板辅助装夹工件

(4) 刨削表面 3。仍以基准面 1 为定位面，同样在活动钳口处夹上一根圆棒或撑板，使基准面 1 与固定钳口面靠紧。为了使刨出的表面 3 和表面 2 平行，在表面 2 和钳口平面中间垫上平行垫铁，然后夹紧工件，当用铜锤向下敲击表面 3(见图 8-19)，平行垫铁不活动时，则表面 2 已和平行垫铁贴紧，再用力把工件夹紧，刨出表面 3(见图 8-17(c))。用这样的方法刨出的表面 3 和基准面 1 垂直，而和表面 2 是平行的。

(5) 工件放到平行垫铁上，在固定钳口和活动钳口间去掉圆棒，夹持表面 2 和 3(见图 8-17(d))。夹紧过程中同样用铜锤向下敲击工件，至垫铁不活动为止，使表面 1 和平行垫铁严密接触，刨出表面 4。

(6) 使基准面 1 贴紧固定钳口，用活动钳口夹紧工件，分别刨出端面 5 和 6(见图 8-17(e)和图 8-17(f))。

采用以上方法刨垂直面时，要注意所使用的机用平口台虎钳的精度误差、平行垫铁的平行度误差以及刨床的精度等方面误差对刨削的影响。

2) 工件装夹在工作台上刨垂直面

工件装夹在工作台上刨垂直面时，使用压板和螺栓将工件夹紧。刨刀的进给方向必须与工作台面呈 90°，如图 8-20 所示，这时，需校正刀架的切削位置，使刀架的移动方向与工作台面垂直。校正时可使用百分表测量或采用试切的方法进行。

图 8-19　铜锤向下敲击工件

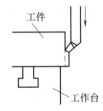   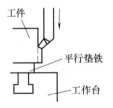

(a) 工件直接装夹在工作台上   (b) 使用平行垫铁装夹工件

图 8-20　刨刀的进给方向需和工作台面垂直

采用图 8-20(a)所示的方法装夹工件，被加工表面露在工作台之外，为了在切削中保持稳定和减少振动，工件外伸不可太多(但也不能太少，防止切伤工作台)。装夹工件时可按照如图 8-21 所示的方法，先将工件轻轻夹住，然后用直尺进行找正，90° 角尺的直角边靠紧刨床垂直导轨面(见图 8-21(a))，使表面 4 与另一个直角边靠紧。找正后把工件紧固好，开动刨床进行刨削，加工出表面 1；然后以表面 1 作为找正基准面，仍然用上面的方法找正和安装，接着刨出表面 2(见图 8-21(b))；仍然以表面 1 作为找正基准面将工件找正，刨出表面 4(见图 8-21(c))；最后以表面 2 为找正基准面将工件找正，刨出表面 3(见图 8-21(d))。

用以上方法刨出的各表面是互相垂直的。安装工件时，注意把各表面擦干净，防止下面有垫物，而出现相互位置偏差和影响工件安装中的平稳性。

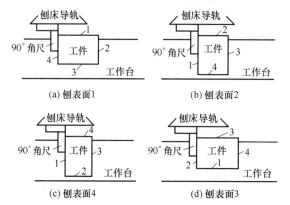

图 8-21　工件装夹在工作台上刨垂直面

3)　垂直面垂直度的检测

在刨削过程中，由于加工方法不当或操作有误等原因，都会出现垂直度误差，可使用 90°角尺用透光检测，法检测如图 8-22 所示。底座的一边与被检测面的基准面密合，观察角尺的另一边与被检测面的另一边是否贴合，如果接触严密不透光，说明垂直度准确；否则，就是有一定的误差。

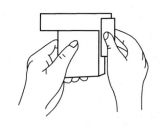

图 8-22　90°角尺检测垂直度

3. 刨削斜面

刨削斜面的方法很多，如图 8-23 所示，最常用的方法是倾斜刀架法，如图 8-24 所示。倾斜刀架法是把刀架倾斜一个角度，同时偏转刀座，用手转动刀架手柄，使刨刀沿斜向进给。刀架转盘刻度值所反映的是刀架与垂面方向的夹角，要注意与工件角度的转换，转换方法如图 8-24 所示。刨削的操作方法与刨垂直面相类似。

4. 沟槽刨削

刨直槽时采用切断刀，其形状与车削的切断刀相似，如图 8-25 所示。切断刀的前角较小，刨削铸铁时一般取 5°～10°，刨削软钢时一般取 10°～15°。加工窄槽时，可在前刀面磨出大圆弧，以便切屑的导出。后角一般取 4°～8°，较小的后角可托起刨刀，有利于防止刨削时的扎刀。主切削刃与刀杆的中心线相垂直，宽度 b 一般取 2～5mm。两副切削刃关于刀杆的中心线对称，副偏角一般取 1°～2°，副后角一般取 1°～2°。刀头长度 L 应比槽深长 5～10mm。安装时，刀杆中心线应垂直于水平面。

在工件平面和侧面上刨削的普通沟槽，精度要求较高时，可采用先粗刨(见图 8-26(a))、后精刨(见图 8-26(b))的方法来加工。粗刨主要是开槽，精刨则用于成型和修光。

刨削宽度较大的直角沟槽，可采用如图 8-27 所示的方法，先刨槽两边(即先刨图 8-27 中的 1 和 2)，然后刨中间(图 8-27 中的 3)，并留出最后的精刨余量。精刨时，先按照深度尺寸刨出一个垂直槽壁面(见图 8-28(a))，然后水平进给，刨出沟槽的底面(见图 8-28(b))，最后精刨出另一个垂直槽壁面(见图 8-28(c))。

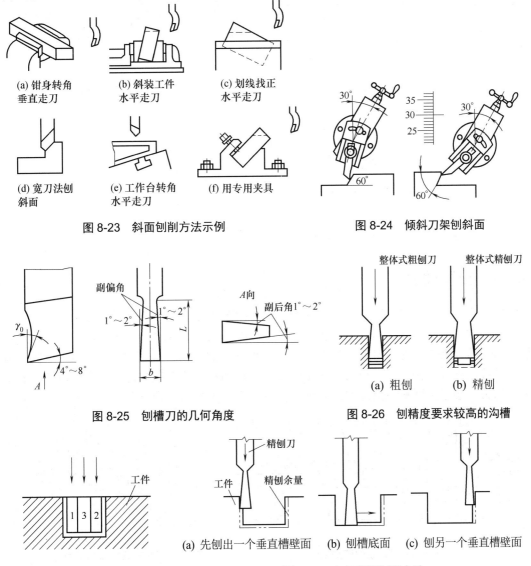

(a) 钳身转角
垂直走刀

(b) 斜装工件
水平走刀

(c) 划线找正
水平走刀

(d) 宽刀法刨
斜面

(e) 工作台转角
水平走刀

(f) 用专用夹具

图 8-23 斜面刨削方法示例

图 8-24 倾斜刀架刨斜面

副偏角

副后角1°~2°

整体式粗刨刀 整体式精刨刀

(a) 粗刨 (b) 精刨

图 8-25 刨槽刀的几何角度

图 8-26 刨精度要求较高的沟槽

工件

精刨刀

工件 精刨余量

(a) 先刨出一个垂直槽壁面 (b) 刨槽底面 (c) 刨另一个垂直槽壁面

图 8-27 粗刨较宽沟槽的顺序

图 8-28 直角宽槽刨削方法

常见的沟槽还有 T 形槽、燕尾槽和 V 形槽等。

如图 8-29 所示为 T 形槽刨削，先刨出直角槽，然后用弯切刀刨出一侧凹槽，再换上反方向的弯切刀刨出另一侧凹槽。

如图 8-30 所示为燕尾槽刨削，先刨出直角槽，然后用偏刀刨斜面的方法，刨出一侧斜面，再换上反方向的偏刀刨出另一侧斜面。

如图 8-31 所示为 V 形槽刨削，先用刨平面的方法刨去 V 形槽的大部分余量，然后用切槽刀切出退刀槽，再用刨斜面的方法刨出两侧斜面。

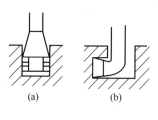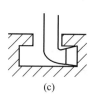

图 8-29　T 形槽刨削　　　　　　　　　　图 8-30　燕尾槽刨削

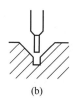

图 8-31　V 形槽刨削

8.1.3　拉削简介

在拉床上用拉刀加工工件的方式称为拉削。如图 8-32 所示为卧式拉床示意图。

拉削加工从切削性质上看近似刨削。拉削时拉刀的直线移动为主运动，进给运动则是靠拉刀的结构来完成的，如图 8-33 所示。拉刀的切削部分由一系列的刀齿组成，这些刀齿由前到后逐一增高排列。当拉刀相对工件做直线移动时，拉刀上的刀齿一个个地依次从工件上切去一层层金属。当全部刀齿通过工件后，即完成了工件的加工。

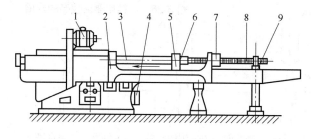

图 8-32　卧式拉床示意图　　　　　　　　图 8-33　拉削平面

1—电动机；2—床身；3—活塞拉杆；4—液压部件；　　　1—零件；2—拉刀

5—随动刀架；6—刀架；7—工件；8—拉刀；9—随动刀架

在拉床上可以加工各种形状的孔(见图 8-34)、平面、半圆弧面以及一些不规则表面等。需经拉削加工的孔必须预先加工过(钻、镗等)。被拉孔的长度一般不超过孔径的 3 倍。拉刀的结构如图 8-35 所示。拉孔前，孔的端面一般要经过加工，若未加工过，应垫以球面垫板(见图 8-36)，以调整工件的轴线与拉刀轴线一致，避免拉刀变形或折断。

由于拉削在一次行程中即可完成工件的粗、精加工，所以不仅加工质量较好，其尺寸公差等级一般为 IT9～IT7，表面粗糙度 Ra 值一般为 1.6～0.8μm，而且生产效率很高。但由于一把拉刀只能加工一种尺寸的表面，且拉刀的成本较为昂贵，故拉削主要用于大批大量生产中加工适宜拉削的零件。

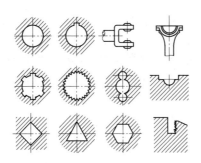

图 8-34　拉削的典型内孔截面形状

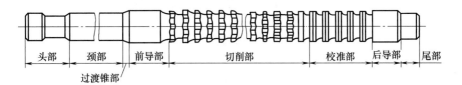

图 8-35　拉刀的结构

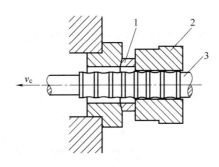

图 8-36　拉孔的方法

1—球面垫板；2—零件；3—拉刀

8.1.4　专项技能训练课题

1. 利用靠胎刨正六边形

工件为六边形，靠胎的夹角 θ =120°，如图 8-37 所示。利用靠胎刨正六边形的操作方法和步骤如下，如图 8-38 所示。

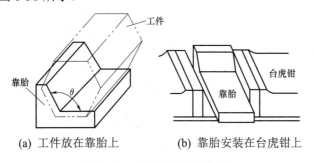

(a) 工件放在靠胎上　　　(b) 靠胎安装在台虎钳上

图 8-37　用靠胎刨正多边形

(1) 先用刨水平面的方法，刨出工件的表面 1，如图 8-38(a)所示。

(2) 将靠胎放在台虎钳内的底平面上或平行垫铁上，并使工件表面 1 贴紧靠胎的斜面。夹紧时，夹住工件的两端面，这样，刨削表面 3，如图 8-38(b)所示。

(3) 使表面 3 贴紧靠胎的斜面，并将它夹紧，刨削表面 5，如图 8-38(c)所示。

(4) 把靠胎去掉。依次使表面 1、3 和 5 贴紧台虎钳底平面或平行垫铁上，用刨平面的方法，分别刨出表面 4(见图 8-38(d))、表面 6(见图 8-38(e))和表面 2(见图 8-38(f))。

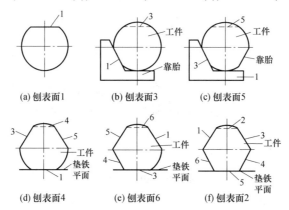

图 8-38 使用靠胎刨正六边形步骤

2. 使用靠模刨正六边形工件

如图 8-39 所示，做一个靠模板(见图 8-39(b))，用螺栓将它固定在刨床工作台台面上(见图 8-39(a))，然后把圆钢工件夹紧。刨削中按图 8-39(c)所示顺序进行：在刨 1、2、3 三面时，刨刀的背吃刀量是相同的。在刨 4、5、6 三面时，由于相对的面已经刨平，所以刨刀要进行调整。在每次调面时，必须把工件的已加工面紧紧地贴在靠模板的斜面上，这样才能保证六边形的正确。要想充分发挥刨床的效能，原材料的下料长度应该接近刨床的最大行程，刨削时最好采用一次走刀。如果条件许可，还可以分两台刨床加工，甲刨床专刨 1、2、3 三面，乙刨床专刨 4、5、6 三面，这样就省去了调整刀具的时间，只需一人操作即可，提高了效率。

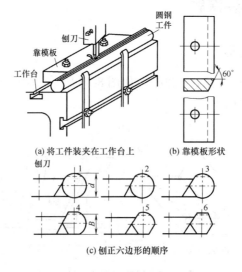

图 8-39 使用圆钢刨六边形工件

8.2 镗 削 加 工

镗削加工是镗刀旋转做主运动，工件或镗刀做进给运动的切削加工方法。镗削加工主要是在镗床上进行。镗孔是最基本的孔加工方法之一。

8.2.1 镗削设备与刀具

1. 镗削设备

卧式镗床是镗床类机床中应用最广泛的一种机床。如图 8-40 所示为卧式镗床外形，它主要是由床身、前立柱、主轴箱、工作台以及带支承架的后立柱等组成。前立柱固定在床身的一端，在它的垂直导轨上装有可以上下移动的主轴箱，主轴可以在其中左右移动，以完成纵向进给运动。主轴前端带有锥孔，以便插入镗杆。平旋盘上有径向导轨，其上装有径向刀具溜板，当平旋盘在旋转时，径向刀具溜板可沿其导轨移动，以做径向进给运动。装在后立柱上的支承架，用于支承悬臂较长的镗杆。支承架可沿后立柱的垂直导轨与主轴箱同步升降，以保持支承孔与主轴在同一轴线上。工作台部件装在床身的导轨上，它由下滑座、上滑座和工作台组成。下滑座可沿床身导轨做纵向移动，上滑座可沿下滑座顶部的导轨做横向移动，工作台可在上滑座的环形导轨上绕垂直轴线回转任意角度，以便在工件一次安装中能对互相平行或成一定角度的孔与平面进行加工。

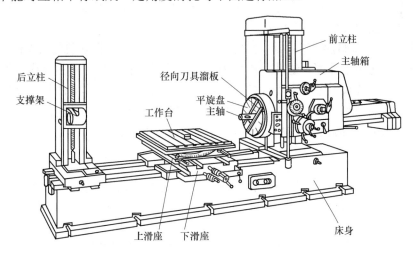

图 8-40 卧式镗床

镗削大而浅的孔时，镗杆短且粗，刚度好，可以悬臂安装；但对于离主轴端较远处孔的镗削，由于镗杆长，刚度较差，应使用后立柱上的支承架支承镗杆后端，以提高镗杆刚度。

卧式镗床的工作范围非常广泛，它主要用于在复杂形状的零件上镗削尺寸较大、精度要求较高的孔，特别是分布在不同位置上，轴线间距离和相互位置精度(平行度、垂直度和同轴度等)要求很高的孔系加工，如变速箱体等零件上的轴承孔。

如图 8-41 所示为镗削机架上的同轴孔，利用后立柱上的支承架支承镗杆镗削，由工作台移动完成纵向进给。如图 8-42 所示为刀杆装在平旋盘上镗削大孔，由工作台移动完成纵向进给。如图 8-43 所示为镗刀装在径向刀具溜板上的刀架上加工端面。

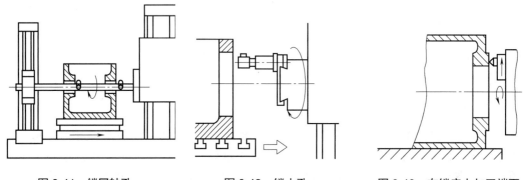

| 图 8-41 镗同轴孔 | 图 8-42 镗大孔 | 图 8-43 在镗床上加工端面 |

在镗平行孔时，第一个孔加工完成后，工件上第二个孔加工位置的调整，是由镗床主轴上下移动或工作台的横向移动来完成的。若第二个孔要求与第一个孔垂直时，将工作台旋转 90° 即可，两孔的垂直度是由镗床回转工作台的高定位精度来保证的。卧式镗床除能镗孔、加工端面之外，还可进行铣削平面、钻孔、扩孔、铰孔和镗削内外环形槽等。

2. 镗削刀具

根据镗刀的结构特点及使用方式，镗刀可分为单刃镗刀、多刃镗刀和浮动镗刀，其中单刃镗刀和浮动镗刀较为常用。

单刃镗刀(见图 8-44)的刀头结构与内圆车刀相似。镗刀头垂直安装的只能镗削通孔，镗刀头倾斜安装的适用于镗削不通孔。用单刃镗刀镗孔时，孔的尺寸是由操作者调节镗刀头在刀杆上的径向位置来保证的，不像钻孔、扩孔和铰孔是由刀具本身的尺寸来保证的。单刃镗刀参加切削的刀刃少，因此生产率比扩孔、铰孔低。单刃镗刀结构简单，通用性大，既可粗加工，也可半精加工或精加工，适用于单件、小批生产。

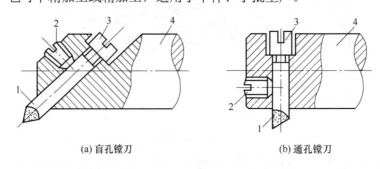

(a) 盲孔镗刀　　　　　　　　　　(b) 通孔镗刀

图 8-44　单刃镗刀

1—刀头；2—紧固螺钉；3—调节螺钉；4—镗杆

如图 8-45 所示为常用的浮动可调镗刀片。这种镗刀片的尺寸可以通过两个螺钉调整，并以间隙配合状态浮动地安装在刀杆的矩形槽中，使用时不需要严格地进行找正，而是通过作用在两个切削刃上的切削力自动平衡其切削位置，以保证镗刀片的两个切削刃切除相同的余量。浮动镗刀片的镗孔质量(孔的尺寸精度)与效率比单刃镗刀高，但它不能校正原有孔的轴线歪斜或位置偏差，主要用于成批生产中，精加工箱体类零件上直径较大的孔。

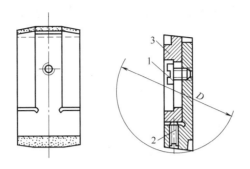

图 8-45　浮动镗刀

1—锁紧螺钉；2—调整螺钉；3—刀片

8.2.2　镗削操作

1. 单孔的镗削方法

单孔(台阶孔、通孔及不通孔)的构成有下列两种基本形式：几个孔径不同且连在一起的孔，如图 8-46(a)所示；几个相距一定间隔的孔，如图 8-46(b)所示。

单孔镗削时除了各孔自身的尺寸精度和形状精度外，还要求各孔的同轴度。在决定采用何种镗削方式时，主要视同轴度的允差大小而定。一般对连在一起的几个不同尺寸的孔可采用短镗杆，悬伸加工，如图 8-46(a)所示。对间隔较大的孔，可采用利用尾架支承的双支承镗削，如图 8-46(b)所示。如果机床台面的回转定位精度能满足图纸要求，则可利用如图 8-46(c)所示的镗好一孔后，将台面回转 180° 再镗另一孔的办法。

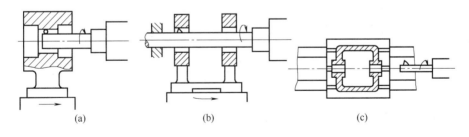

| (a) | (b) | (c) |

图 8-46　同轴孔系的镗削

2. 平行孔的镗削方法

对平行孔系来说，除各孔的自身精度外，还要求保证各孔轴线的平行度、各孔轴线的相互距离和孔轴线对基面的平行度及到基面的距离。平行孔系常用的加工方法如下。

(1) 划线法：这种方法首先要在工件上划出各孔的校正线，然后利用夹持在主轴上的划针校正所镗孔的校正线，使孔的中心线和主轴中心线一致，然后镗孔。

按划线校正加工出的孔系、各孔间的相互位置误差及孔对基面的位置误差均比较大，这是因为划线本身的误差及按线校正的误差不易控制。为了消除这种误差，实际生产中往往先进行试镗。如图 8-47 所示的箱体，两孔尺寸分别为 D_1、D_2，孔距为 L。加工时先将 D_1 孔按线校正镗至尺寸；镗 D_2 孔时，先按线校正，镗孔至 D_2' 尺寸，使 $D_2' < D_2$；量出 D_2' 孔和 D_1 孔的孔壁距离 A_1，然后算出孔距 L_1：

$$L_1 = \frac{D_1}{2} + A_1 + \frac{D_2'}{2}$$

当 L_1 不等于 L 时，就应按 L_1 的大小，调整 D_2 孔的位置，进行第二次试切。通过多次试切逐渐接近中心距，直至合格为止。用划线找正法加工，精度较低，操作烦琐，操作技能要求高，生产率低，只适于单件小批生产。

(2) 坐标法：利用量块、百分表等工具，控制机床工作台的横向移动量以及主轴箱的垂直方向移动量，以保证孔的相互位置精度和孔对基面的位置精度的方法。

孔的中心位置在一个平面内总是由两个坐标位置来决定的。

如图 8-48 所示，Ⅰ孔由 y_1、z_1 两坐标值决定；Ⅱ孔则由 y_2、z_2 两坐标值决定。

因此，如果镗Ⅰ孔时，Ⅰ孔中心到基面 B 的距离为 z_1，到侧基面 A 的距离为 y_1，也就是说，镗Ⅰ孔时调整主轴位置应当是将主轴中心从 A 面横向移动 y_1，从 B 面垂直移动 z_1。移动 y_1 和移动 z_1 可利用量块和镗床上的百分表定位装置来实现。镗Ⅰ孔时，此时的坐标原点可取Ⅰ孔的中心 O'，也就是说镗Ⅱ孔时，主轴只需横向移动 y_2-y_1、垂直移动 z_2-z_1 来获得Ⅱ孔的中心位置。

如图 8-49 所示为普通卧式镗床上的坐标度量装置，一般孔距精度可达±0.03mm 左右。用坐标法镗孔，对单件、小批或成批生产均适用。特别是随着镗床制造精度的提高，目前国内外镗床多数带有精密的读数装置，如光栅数字显示装置和感应同步器测量系统及其数码显示装置等。其读数精度一般在 1m 内为 0.01mm，这样就大大地提高了加工平行孔系的精度及生产率。

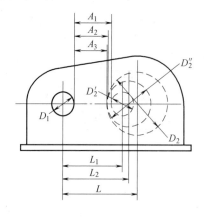

图 8-47　划线法

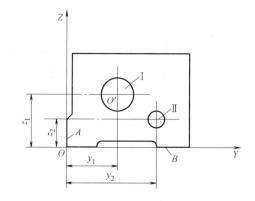

图 8-48　孔中心在平面内的坐标位置

(3) 镗模法：在成批生产或大批量生产过程中，普遍应用镗模来加工中小型工件的孔系，如图 8-50 所示。镗模能较好地保证孔系的精度，生产率较高。用镗模加工孔系时，镗模和镗杆都要有足够的刚度，镗杆与机床主轴为浮动连接，镗杆两端由镗模套支承，被加工孔的位置精度完全由镗模的精度来保证。

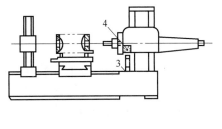

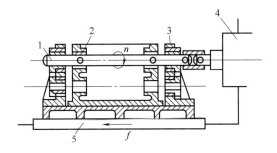

图 8-49 卧式镗床上的坐标度量装置

1—横向工作台千分表；

2、3—量块；4—主轴箱千分表

图 8-50 用镗模镗平行孔系

1—镗杆；2—工件；3—镗模；

4—主轴箱；5—工作台

3. 垂直孔的镗削方法

几个轴线相互垂直的孔构成垂直孔系。垂直孔系的主要技术要求，除各孔自身的精度外，还要保证相关孔的垂直度。垂直孔系的镗削基本上采用两种方法。

(1) 回转法：利用回转工作台的定位精度，在加工好一个孔后将工作台回转 90°，再加工另一个孔，如图 8-51(a)所示。

(2) 校正法：利用已经加工好的孔或已经加工好的面作为校正基面，来保证相关孔的垂直度要求。

在图 8-51(b)中，如结构上允许的话，在镗第一孔时，同时铣 A 面，使 A 面和第一孔轴线相垂直。镗第二孔时只需校正 A 面使之与机床导轨或主轴轴线相平行，就可保证镗出的第二孔与第一孔相互垂直。如结构上没有 A 面这样的转换基准，则镗好第一孔后可在第一孔滑配一根长心轴，利用固定在镗轴上的百分表校正，使心轴轴线和主轴线垂直，这样镗出的第二孔与第一孔也是相互垂直的。

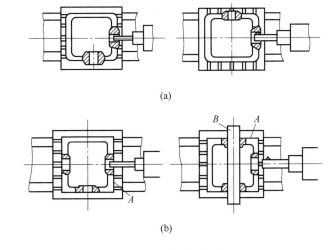

(a)

(b)

图 8-51 垂直孔系的镗削

4. 圆柱孔端面的镗削和铣削方法

1) 90°镗刀镗削

工件孔的端面有如图 8-52 所示的内凹和外凸等数种形状。尺寸不大时通常可采用以 90°镗刀刮削的方法进行加工。上述单刃刮平面镗刀刮削宽度不宜太宽，一般不超过 50mm，较适用刮削如图 8-53 所示的三种端面。单刃车刀常见的装夹方法如图 8-54 所示。

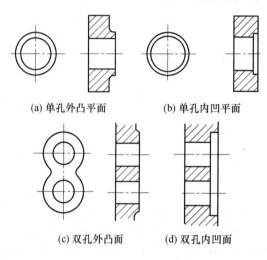

(a) 单孔外凸平面　　　　　　(b) 单孔内凹平面

(c) 双孔外凸面　　　　　　(d) 双孔内凹面

图 8-52　几种孔端面的形状

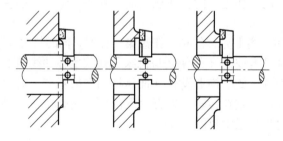

图 8-53　车刮端面的 3 种形式

2) 平旋盘径向滑座装刀法

平旋盘径向滑座装刀法是外端面镗削方法中效率较高的一种。刀具装在平旋盘径向滑座上的刀夹中，镗刀随滑座做走刀运动和切削运动，工件做横向运动。如图 8-55 所示是在滑座上装置两把镗刀切削端面的方法，经适当调整，使两把刀离平旋盘平面的轴向尺寸不一，轴向尺寸小的一把刀作粗切削，轴向尺寸大的一把刀作精切削。此法进给一次或两次便可完成平面镗削加工，效率高，较适用于大平面的加工。

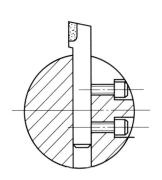

图 8-54 单刃车刀的装夹方式

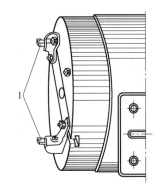

图 8-55 平旋盘径向刀架双刀切削

8.2.3 专项技能训练课题

以如图 8-56 所示的支架为例进行镗削分析、操作。

支架零件是机械制造中常见的零件，起着支承小型电机、齿轮泵、轴承等作用，因此这类零件一般都有以下几个相似点。

(1) 孔与安装基面(底面)的距离都有一定的尺寸精度要求。

(2) 孔的一个端面或两个端面都与孔轴线有垂直度的要求。

(3) 孔径的精度和孔的表面粗糙度一般都有要求。

1. 加工条件

(1) 支架面上直径 46mm 的孔处已铸出直径 32mm 的孔。

(2) 支架底面已加工。

(3) 设备为 T68 卧式镗床。

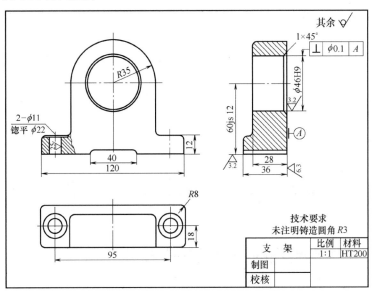

图 8-56 支架

2. 镗加工步骤

(1) 按相关工艺要求对工件进行找正安装，在支架底部垫上 40mm 的平行垫铁后将其装夹在工作台上。

(2) 主轴锥孔内插入直径 40mm 的定位心轴，用游标高度尺测出定位心轴与工作台台面之间的高度(60js12+40mm+20mm)。

(3) 将定位心轴的轴端面与工件表面靠近，用钢直尺先以定位心轴的右侧母线为基准，测量与工件右侧的距离(见图 8-57)，再以定位心轴的左侧母线为基准，测量与工件左侧的距离，移动上滑座，使两边测量距离大致相等。这时主轴已找正孔的横向坐标位置。

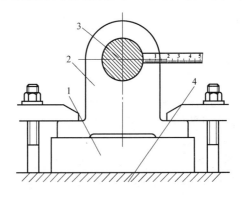

图 8-57 主轴横向找正定位

1—垫铁；2—工件；3—心轴；4—工作台

(4) 选用的镗杆不宜太长，粗镗 ϕ46mm 孔径至 ϕ44～44.5mm。根据镗孔先面后孔的原则应先加工面后镗孔，现因大端面铣削要用平旋盘，而刀架两次安装很费时，另外如一次性将面先加工好，在粗镗孔时，切削力较大，会破坏孔与面的垂直精度。

(5) 将主轴箱下降 10mm，按相关工艺中所要求的方法，使用平旋盘铣削平面，先粗铣，留加工余量 1mm，再精铣尺寸至图样要求。

(6) 卸下平旋盘上刀架，将主轴箱再按步骤(2)、(3)的要求找正定位。

(7) 半精镗 ϕ46mm 孔，留余量 0.3～0.5mm。

(8) 精镗 ϕ46H9 孔至图样要求。

(9) 用 45° 镗刀头加工孔口倒角 1×45°。

(10) 检查后卸下工件。

8.3 实践中常见问题的解析

8.3.1 刨平面中常出现的问题及解决方法

刨削时由于刨床、刨刀、夹具以及加工情况复杂多变，因此，出现的问题和不正常现象也多种多样。下面列举几种情况，供作提示和预防。

1. 刨削中产生震动或颤动

刨削时如果产生震动，会在加工表面出现条纹状痕迹，它恶化了表面质量，影响了表面粗糙度，给加工带来了一定的影响。形成这种情况的原因和防止方法如下。

(1) 由于运动部件间隙大，引起刨床运动不平衡。可通过消除和调整好刨床部分的配合间隙，提高刨床、夹具、刨刀工艺系统的刚性，增加刨床运转的稳定性等措施来解决。

(2) 工件的加工余量不均匀，造成断续性带冲击性的切削。可采用锐利的大前角刨刀，并尽量使工件表面加工余量均匀。

(3) 刨床地脚螺栓松动或地脚螺栓损坏或地基损坏，使刨床安装刚性差。应拧紧或维修地脚螺栓，如地基损坏，则应修复地基。刨床安装牢固了，才能使切削工作顺利进行。

(4) 切削用量选择太大。应调整和正确选择切削用量。

(5) 工件材料硬度不均匀。若工件材料硬度不均匀，应对工件进行退火处理，并改变刨刀的角度，如增大刨刀的前角、后角、主偏角或减小刀尖圆弧半径等。

(6) 工件安装刚性差或装夹不稳固。应采用合理、正确的装夹方法，保证工件装夹牢稳可靠。

(7) 刀杆伸出太长。刀杆不宜伸出太长或采用增加刀杆横截面积的方法；在刨床上工作时，应尽可能使用弯柄刨刀。

(8) 刨床本身精度低，部件磨损严重。应维修刨床，使之达到精度要求。

2. 精加工表面出现波纹

精刨表面如果出现有规律的直波纹，则是由于切削速度偏高、刨刀前角过小、刃口不锋利或由于外界振动等方面引起的。若是选择刀具方面的原因就应该选择弹性弯头刨刀杆。如果出现鱼鳞状纹，则是由于刨刀与刀架板处的接触不良、刨刀后角过小、工作台处运动部件(如蜗杆、齿条等处)的配合间隙太大或装夹工件中，工件定位基准面不平等方面的原因引起的。如果出现交叉纹，则是由于刨床精度方面的原因引起的，如导轨在水平面内直线度超差、工作台处两导轨平行度误差而使工作台移动倾斜超差等。

3. 刨削薄板工件时，工件在各个方向上弯曲不平

出现这种现象是由于装夹工件中的夹紧力太大，或工件装夹不牢固，使工件切削时产生弹性变形；切削力过大，所产生的切削热太高，致使工件出现变形或工件材料的内应力变形等。

4. 刨平面时出现"扎刀"现象

出现这种现象主要是由于刀架丝杠与螺母间的间隙过大，或安装刨刀刀架连接板处的间隙过大或滑枕等部分的配合间隙太大而引起的。操作中应定期进行检查并合理调整。

5. 刨出的平面上局部产生"深啃"现象

出现这种情况是由于大斜齿圆柱齿轮上曲柄销螺杆一端的螺母松动而引起的。刨床在运转中，当曲柄销上滑块带动摇杆和滑枕往复运动时，因受力方向的变化，丝杠发生窜动，

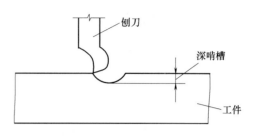

因此使滑枕在往复运动的切削过程中有瞬间停滞不前的现象。在停顿的一瞬间，刨刀就会下沉而刨得深一些，再继续前进时，刨刀又会因受力而向上抬起，就像在切削中途停车后再继续刨削一样，因而在平面上形成"深啃"现象，如图 8-58 所示。在操作过程中，要注意倾听刨床运转时的声音，如听到咯吱咯吱的声音，就说明背帽松动了，应该立即停车，揭开床身上的护盖，用扳手把它拧紧。

图 8-58　刨削中出现"深啃"现象

8.3.2　镗削加工时应避免出现的问题

(1) 刀架装夹在平旋盘上时要紧固，以防铣削时发生事故。

(2) 使用平旋盘铣削时，工作台进给和径向刀架进给不要同时进行。

(3) 粗铣平面后，应检查工件是否有移动，然后再精铣。

(4) 用内卡钳测量孔时，两脚连线应与孔径轴心线垂直，并在自然状态下摆动，否则其摆动量不正确，会出现测量误差。

(5) 用塞规测量孔径时，应保持孔壁清洁，否则会影响测量的精度。

(6) 用塞规检查孔时，塞规不能倾斜，以防造成孔小的错觉，把孔镗大；相反，在孔径小的时候，不能用塞规硬塞，更不能用力敲击。

(7) 在孔内取出塞规时，应注意安全，防止手碰撞在镗刀头的刀刃上。

(8) 精镗孔时，应保持刀刃锋利，否则容易产生让刀，把孔镗成锥形。

8.4　拓 展 训 练

8.4.1　刨削轴上键槽

轴类工具一般使用 V 形铁进行装夹。较长的轴类工件可直接装夹在刨床工作台上，如图 8-59 所示，当拧紧夹紧块上的两个螺钉，即可将轴件固定。夹紧轴件前，先将定位块的位置找正和确定好；这样，定位块就能保证轴件的正确装夹位置，轴件在夹紧过程中可不用进行找正。

单件或少量加工时，还可以在机用平口台虎钳上，使用 V 形活动钳口(见图 8-60)或利用平行活动钳口进行装夹。

轴件上刨键槽，有时在外圆没有精加工之前进行。由于工件外圆直径各有差异，所以，在安装过程中应考虑其中心位置变动情况。利用 V 形铁安装轴件(见图 8-61(a))，V 形槽两倾斜面确定了工件中心线位置，所以，工件直径的变动对其中心线只是上下改变，而对位置没什么影响；利用机用台虎钳安装轴件(见图 8-61(b))，中心线位置会随着工件直径的不同而改变，中心线变动的距离等于两工件半径之差，工件最高点与刨刀相对高度变动也等于两工件半径之差。所以，成批加工轴件上的键槽时，如轴件未经精加工，最好不要采用机用台虎钳夹持法。

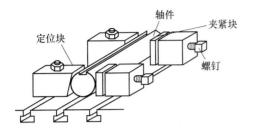

图 8-59　轴上键槽的刨削

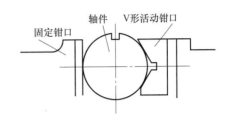

图 8-60　台虎钳上使用 V 形活动钳口装夹轴件

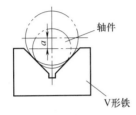

(a) V 形铁安装轴件

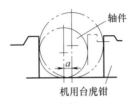

(b) 机用台虎钳安装轴件

图 8-61　轴件安装和中心位置

　　轴类工件上刨键槽，无论采用哪种装夹方法，都要保证和确定好切削位置，要使工件轴心线与滑枕的运动方向(工作台面)平行。为了达到这个目的，采用方法一般是在安装工件时进行找正。如图 8-62 所示是工件安装在 V 形铁上时的找正情况。找正时根据工件的上母线和侧母线进行，这两条母线 AB、CD 就是找正基准线。找正上母线 AB 与滑枕运动的方向平行时，将磁性百分表座吸附在刨床滑枕导轨面上，使表测头接触工件上母线(图 8-62 中 AB 线)，移动滑枕，测出两端的百分表读数值。若两端高度不一致，用纸片或薄铜片垫起调整两端 V 形铁的高度，使两端的读数差在允许的范围内。如果轴件上母线 AB 没有找正位置，刨出的键槽会一头高一头低，呈现如图 8-63(a)所示的形状。找正侧母线(图 8-62 中 CD 线)与滑枕运动方向平行时，使百分表与工件侧母线接触，移动滑枕，若表针的摆差在允许的范围内即已找正，否则需进行调整。如果轴件上侧母线没有找正位置，刨出的键槽呈扭曲形，如图 8-63(b)所示。比较粗糙的轴件，可在外圆处划出键槽位置的线印，同时在轴端部也划出找正线印，用 90° 角尺或划线盘找正位置后，将轴件夹紧即可进行切削。

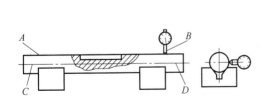

图 8-62　轴件上刨键槽进行找正

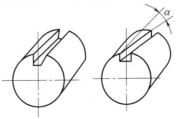

(a) 键槽高低不一致　(b) 键槽呈扭曲状

图 8-63　轴件位置不正确对键槽的影响

8.4.2 阀体镗削实例

阀体如图 8-64 所示。

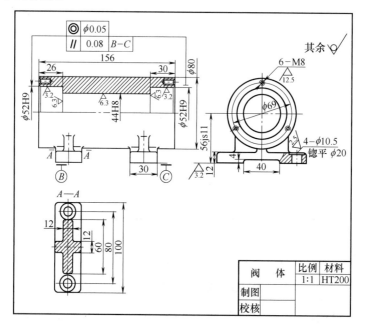

图 8-64 阀体

1. 阀体工件在装夹和加工中必须注意的技术要求

(1) 工件装夹一般以安装面为基准面定位，找正工件毛坯外圆侧母线与镗床主轴线平行即可，或按钳工划线找正。

(2) 这类零件两端的孔大都是轴承支承孔。孔本身有尺寸精度、形状精度及较小表面粗糙度的要求，同时还应注意位置精度的要求。

2. 加工条件

(1) 阀体上直径 44mm 的孔已铸出直径 30mm 的通孔。

(2) 安装面已加工至图样要求，长度 156mm 两端面粗铣至 158mm(留量大则刮削面很费时)。

(3) 设备为 T68 卧式镗床。

3. 镗加工步骤

(1) 检查工件上的两个安装面是否在一个平面上，放在工作台台面上要平稳，接触面要在 90% 以上。

(2) 用四块压板分别压住两个安装面的左右两边，并紧固在工作台面上。

(3) 主轴找正定位。先在主轴锥孔内插入 ϕ40mm 的定位心轴，用游标高度尺以镗床工作台作基面测量定位心轴的上母线高度。移动主轴箱，使高度在 76js11 公差带之间，固定主轴箱。

(4) 将定位心轴端面贴在工件端面上，用钢直尺测量，找正定出上滑座的位置后固定上滑座。

(5) 第一次粗镗ϕ44mm 通孔至ϕ37mm，察看工件后端面，所镗孔是否镗圆，以及所镗孔是否大致在毛坯圆中心。如不对，上下设法调正，左右可调正(相差在 1～2mm 之间不用调正)。

(6) 第二次粗镗ϕ44mm 通孔至ϕ42mm。

(7) 粗镗前面的ϕ52mm 台阶孔至ϕ50mm 深 30mm。

(8) 粗镗后面的ϕ52mm 台阶孔至ϕ50mm 深 26mm。

(9) 半精镗ϕ44mm 通孔，留铰削余量 0.1mm 左右。

(10) 用煤油作切削液，铰ϕ44H8 通孔。

(11) 刮削前端面 1mm 长度，使铣后的长度从 158mm 刮削至 157mm。

(12) 半精镗ϕ52mm 留 0.3mm 余量，孔深 30mm 至图样要求。

(13) 精镗ϕ52H9 孔至图样要求。

(14) 刮削后端面，长度 156mm 至图样要求。

(15) 半精镗后端台阶孔ϕ52mm 留 0.3mm 余量，孔深 26mm 至图样要求。

(16) 精镗后端台阶孔ϕ52H9 至图样要求。

(17) 两端孔口用 45°镗刀头倒角 1mm×45°。

(18) 检查后卸下工件。

8.5　刨削、镗削加工操作安全规范

8.5.1　刨削操作安全规范

(1) 刨削操作时必须穿好工作服，操作机床时不准戴手套。

(2) 开动机床前必须检查各手柄位置是否正确。在进行机床各种调整后，必须拧紧锁紧手柄，防止所调整的部件在工作中自动移位而造成人身事故。

(3) 工件、刀具和夹具必须夹持牢固可靠。

(4) 空车调整时，刨削的速度不要调整得过快，以免把刀架上的垫圈冲出来。如果要调整，最好关机进行。

(5) 加工零件时，操作者应站在机床的两侧，以防工件未夹紧而受刨削力的作用冲出而误伤人体。一般应使平口钳与滑枕运动方向垂直，这样较为安全。

(6) 在刨削过程中，切勿拿量具去量工件或用手及量具去扫除铁屑。

(7) 加工过程中思想要集中，不做与加工无关的事情，不得离开机床，发现异常现象时要立即停车。

(8) 操作结束后，应清理机床并在导轨面上加润滑油，认真擦拭工具、量具和其他辅具，清理工作场地，关闭电源。

8.5.2 镗削操作安全规范

镗床操作必须提高遵守纪律的自觉性，遵守操作规程，同时还应熟悉以下安全知识。

(1) 工作前必须检查设备和工作场地，排除故障和隐患。操作人员必须穿合身的工作服，袖口要扎好。

(2) 操作时严禁戴手套。

(3) 工作中必须集中精力，坚守岗位，镗削时不准擅离岗位或做与镗削工作无关的事。

(4) 机床运转时，不准量尺寸、对样板或用手摸加工面。镗孔、扩孔时不准将头贴近加工孔观察吃刀情况，更不准隔着转动的镗杆取物品。

(5) 使用平旋刀盘进行切削时，螺钉要上紧，以防刀盘螺钉和斜铁甩出伤人。

(6) 启动工作台自动回转时，必须将镗杆缩回，工作台上禁止站人。

(7) 清除工作台面上的镗屑时，不能用手直接去抓，要用刷子清除。

(8) 不准用手去刹住转动着的镗杆和平旋盘。

(9) 防止触电，具体如下。

① 镗床的电器装置损坏时，一定要通知电工来修理，不要随便处理。

② 不能用扳手、金属棒等扳动电钮或闸刀开关。

③ 镗床上另行添置的照明灯具，一定要用 36V 以下的低压电源。

④ 不能在没有遮盖的导线附近工作。

本 章 小 结

本章介绍了刨床、插床和镗床以及刨刀、插刀和镗刀等设备与刀具，同时简要地概述了常用装夹定位等工艺系统的工作原理和合理使用；比较全面地叙述了水平面刨削、垂直面刨削、斜面刨削、沟槽刨削、拉削、单孔的镗削、平行孔的镗削、垂直孔的镗削、圆柱孔端面的镗削和铣削等各类加工方法。在介绍这些内容时，一方面讲述常规性的技术，另一方面又突出了工艺窍门、操作关键，意在使读者能够全面掌握操作技能、技巧。

思考与练习

一、思考题

1. 镗床镗孔与车床车孔有何不同？各适用于什么场合？

2. 刨削时刀具和工件有哪些运动？与车削相比，刨削运动有何特点？

3. 牛头刨主要由哪几部分组成？各有何功用？

4. 滑枕的往复运动是如何实现的？为什么工作行程慢、回行程快？这样有何实际意义？

5. 刨垂直面时如何调整刀架？怎样调整切削深度和进给量？

6. 刨削与水平面成 60° 的斜面时，刀架如何调整？

7. 沟槽的刨削有何特点？

8. 刨削窄槽时应如何防止断刀？

二、练习题

1. 刨削平面、垂直面、切槽时，刀架转盘刻度为什么要对零？用偏转刀架法加工斜面时，如何偏转刀架和刀座的角度？

2. 试刃磨平面刨削刨刀。

第9章 磨削加工

学习要点

本章主要介绍平面磨削、外圆及内圆磨削设备与操作方法、技术要领等内容，并在 9.1 节中详细地阐述砂轮的特征要素和选择原则，在章末总结归纳磨削操作常见的缺陷与产生的原因，以方便实习项目中问题的分析总结。

技能目标

通过本章的学习，读者可以熟悉磨床主要部件的作用，独立操作磨床设备。

在磨床上用砂轮对工件进行切削加工称为磨削。磨削加工从工件上切除的金属层极薄，能经济地获得高的加工精度(IT6～IT5)和小的表面粗糙度(Ra=0.8～0.2μm)。高精度磨削可使表面粗糙度 Ra 小于 0.025μm，尺寸公差达微米级水平，因此磨削加工一般用作精加工。

随着高速磨削、强力磨削、宽砂轮磨削、多片砂轮磨削等高效磨削方式的不断投入使用，磨削加工正在逐步代替部分车削、铣削加工，进入高效率加工的领域。另外，随着毛坯制造水平的提高，毛坯的余量将很小，直接磨削就可达到精度要求，这使得磨削加工在成批、大量生产中得以广泛应用。

磨削加工的应用范围很广，可磨削内外圆柱面、圆锥面、平面以及螺纹、齿轮、花键等成型面。

9.1　平面磨削

9.1.1　平面磨床

平面磨削是在铣、刨基础上的精加工。经磨削后平面的尺寸精度可达公差等级 IT6～IT5，表面粗糙度值 Ra 达 0.8～0.2μm。

平面磨床主轴分为立式和卧式，工作台分矩形和圆形，如图 9-1 所示。砂轮由电机主轴直接驱动。砂轮架可沿滑座的燕尾导轨做横向间歇进给运动(手动或液压传动)。滑座和砂轮架一起，可沿立柱上的导轨垂直移动，以调整砂轮架高低及完成径向进给(手动)。工作台沿床身导轨做纵向往复直线运动(液压传动)，实现纵向进给。工作台上有电磁吸盘，用以磨削磁性材料工件时的装夹。磨削非磁性材料的工件或形状复杂的工件时，则在电磁吸盘上安装平口钳等夹具装夹工件。对于某些不允许带有磁性的零件，磨削完毕后，需进行退磁处理。

(a) 卧式矩形台　(b) 卧式圆形台　(c) 立式矩形台　(d) 立式圆形台

图 9-1　平面磨床及其磨削运动

M7120A 型平面磨床是较为常见的平面磨削设备，如图 9.2 所示。该磨床的结构与特性介绍如下。

1) 概述

M7120A 型平面磨床是卧轴矩台平面磨床，砂轮主轴的轴线与工作台面平行。该机床适用于机械制造业，小批量生产车间及其他机修或工具车间对零件的平面、侧面等的磨削。M7120A 型平面磨床的最大磨削宽度为 200mm，最大磨削长度为 630mm，最大磨削高度为 320mm，最大工件重量为 158kg。工作精度可达 5μm/300mm，表面粗糙度可达 Ra=0.63μm。

2) 主要运动

M7120A 型平面磨床由床身 10、工作台 8、磨头 2 和砂轮修整器 5 等部件组成，如图 9-2 所示。装在床身 10 水平纵向导轨上的长方形工作台由液压传动做直线往复运动，既可做液压无级驱动，也可手轮移动。磨头横向移动为液压控制连续进给或断续进给，也可手动进给。磨头由手动作垂直进给。工件可吸附于电磁工作台或直接固定于工作台上。砂轮主轴采用精密滚动轴承支承。液压系统由床身作油池供油。

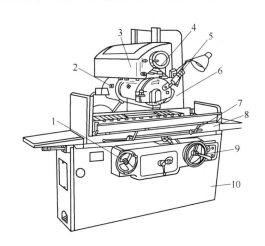

图 9-2　M7120A 型平面磨床

1、4、9—手轮；2—磨头；3—滑板；5—砂轮修整器；6—立柱；7—撞块；8—工作台；10—床身

3) 工件装夹

(1) 直接在电磁吸盘上定位装夹工件。磨削中小型导磁工件常采用电磁吸盘装夹，如图 9-3 所示。装夹前必须先擦干净电磁吸盘和工件，若有毛刺应以油石去除；工件应装在电磁吸盘磁力能吸牢的位置，以有利于磨削加工。

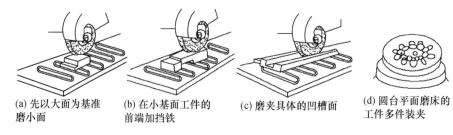

(a) 先以大面为基准　　(b) 在小基面工件的　　(c) 磨夹具体的凹槽面　　(d) 圆台平面磨床的
　　磨小面　　　　　　　　前端加挡铁　　　　　　　　　　　　　　　　工件多件装夹

图9-3　工件直接在电磁吸盘上定位装夹

(2) 用夹具装夹工件。当工件定位面不是平面或材料为非铁金属、非金属等不导磁工件时，要采用夹具装夹，如图9-4所示。

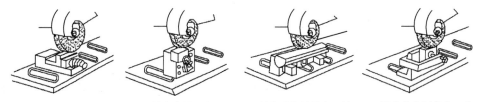

(a) 在平口钳上装夹工件　(b) 用精密方箱装夹工件　(c) 用电磁方箱装夹工件　(d) 用直角弯板装夹工件

图9-4　平面磨床上用夹具装夹工件

9.1.2　砂轮的特征要素

砂轮是由一定比例的硬度很高的粒状磨料和结合剂压制烧结而成的多孔物体。磨削时能否取得较高的加工质量和生产率，与砂轮的选择合理与否至关重要。砂轮的性能主要取决于砂轮的磨料、粒度、结合剂、硬度、组织及形状尺寸等因素，这些因素称为砂轮的特征要素。

1. 磨料

砂轮的磨料应具有很高的硬度、耐热性，适当的韧度和强度及边刃。常用的磨粒主要有以下3种。

(1) 刚玉类(Al_2O_3)：棕刚玉(GZ)、白刚玉(GB)。适用于磨削各种钢材，如不锈钢、高强度合金钢、退火的可锻铸铁和硬青铜。

(2) 碳化硅类(SiC)：黑碳化硅(HT)、绿碳化硅(TL)。适用于磨削铸铁、激冷铸铁、黄铜、软青铜、铝、硬表层合金和硬质合金。

(3) 高硬磨料类：人造金刚石(JR)、氮化硼(BLD)。高硬磨料类具有高强度、高硬度，适用于磨削高速钢、硬质合金和宝石等。

各种磨料的性能、代号和用途如表9-1所示。

2. 粒度

粒度表示磨粒的大小程度，其表示方法有两种。

(1) 以磨粒所能通过的筛网上每英寸长度上的孔数作为粒度。粒度号为4～240号，粒度号越大，则磨料的颗粒越细。

表 9-1 磨料的性能、代号和用途

磨料名称		代号	主要成分	颜 色	力学性能	热稳定性	适合磨削范围
刚玉类	棕刚玉	A	Al_2O_3 95% TiO_2 2%~3%	褐色	韧性好 硬度大	2100 ℃熔融	碳钢，合金钢，铸铁
	白刚玉	WA	Al_2O_3>99%	白色			淬火钢，高速钢
碳化硅类	黑碳化硅	C	SiC>95%	黑色		>1500℃氧化	铸铁，黄铜，非金属材料
	绿碳化硅	GC	SiC>99%	绿色			硬质合金钢
高硬磨料类	氮化硅	CBN	立方氮化硼	黑色	高硬度 高强度	<1300℃稳定	硬质合金钢，高速钢
	人造金刚石	D	碳结晶体	乳白色		>700℃石墨化	硬质合金，宝石

(2) 粒度号比 240 号还要细的磨粒称为微粉。微粉的粒度用实测的实际最大尺寸，并在前冠以字母 "W" 来表示。粒度号为 W63~W0.5，例如 W7，即表示此种微粉的最大尺寸为 7~5μm。粒度号越小，微粉颗粒越细。

粒度的大小主要影响加工表面的粗糙度和生产率。一般来说，粒度号越大，则加工表面的粗糙度越小、生产率越低。所以粗加工宜选粒度号小(颗粒较粗)的砂轮，精加工则宜选用粒度号大(颗粒较细)的砂轮；而微粉则用于精磨、超精磨等加工。

此外，粒度的选择还与零件的材料、磨削接触面积的大小等因素有关。通常情况下，磨软的材料应选颗粒较粗的砂轮。

3. 结合剂

结合剂的作用是将磨料黏合成具有各种形状及尺寸的砂轮，并使砂轮具有一定的强度、硬度、气孔和抗腐蚀、抗潮湿等性能。砂轮的强度、耐热性和耐磨性等重要指标，在很大程度上取决于结合剂的特性。

作为砂轮结合剂应具有的基本要求是：与磨粒不发生化学作用，能持久地保持其对磨粒的黏结强度，并保证所制砂轮在磨削时安全可靠。

目前砂轮常用的结合剂有陶瓷、树脂、橡胶等。陶瓷应用最广泛，它能耐热、耐水、耐酸，价廉，但脆性高，不能承受较大的冲击和振动；树脂和橡胶弹性好，能制成很薄的砂轮，但耐热性差，易受酸、碱切削液的侵蚀。

常用结合剂的性能及适用范围如表 9-2 所示。

表 9-2 常用结合剂的性能及适用范围

结合剂	代 号	性 能	使用范围
陶瓷	V	耐热耐蚀，气孔率大，易保持轮廓形状，弹性差	最常用，适用于各类磨削加工
树脂	B	强度比陶瓷高，弹性好，耐热性差	用于高速磨削、切削、开槽等
橡胶	R	强度比树脂高，更有弹性，气孔率小，耐热性差	用于切断和开槽

4. 硬度

砂轮的硬度是指结合剂对磨料黏结能力的大小。砂轮的硬度是由结合剂的黏结强度决定的，而不是靠磨料的硬度。在同样的条件和一定的外力作用下，若磨粒很容易从砂轮上脱落，砂轮的硬度就比较低(或称为软)；反之，砂轮的硬度就比较高(或称为硬)。

砂轮上的磨粒钝化后，使作用于磨粒上的磨削力增大，从而促使砂轮表层磨粒自动脱落，里层新磨粒锋利的切削刃则投入切削，砂轮又恢复原有的切削性能。砂轮的这种能力称为"自锐性"。

砂轮硬度的选择合理与否，对磨削加工质量和生产率影响很大。一般来说，零件材料越硬，则应选用越软的砂轮。这是因为零件硬度高，磨粒磨损快，选择较软的砂轮有利于磨钝砂轮的"自锐"。但硬度选得过低，则砂轮磨损过快，也难以保证正确的砂轮轮廓形状。若选用的砂轮硬度过高，则难以实现砂轮的"自锐"，不仅生产率低，而且易产生零件表面的高温烧伤。

在机械加工过程中，经常选用的砂轮硬度范围一般为 H~N(软 2~中 2)。

砂轮的硬度等级及其代号如表 9-3 所示。

表 9-3　砂轮的硬度等级及其代号

大级名称	超软			软			中软				中硬			硬		超硬
小级名称	超软			软1	软2	软3	中软1	中软2	中1	中2	中硬1	中硬2	中硬3	硬1	硬2	超硬
代号	D	E	F	G	H	J	K	L	M	N	P	Q	R	S	T	Y

5. 组织

砂轮的组织是指砂轮中磨料、结合剂和气孔三者体积的比例关系。磨料在砂轮总体积中所占的比例越大，则砂轮的组织越紧密；反之，则组织越疏松。砂轮的组织分为紧密、中等和疏松 3 大类，细分 0~14 共 15 个组织号。组织号为 0 者，组织最紧密；组织号为 14 者，组织最疏松。

砂轮组织疏松，有利于排屑、冷却，但容易磨损和失去正确的轮廓形状；组织紧密，则情况与之相反，并且可以获得较小的表面粗糙度。一般情况下采用中等组织的砂轮。精磨和成型磨用组织紧密的砂轮；磨削接触面积大和薄壁零件时，用组织疏松的砂轮。

6. 砂轮的形状及尺寸

为了适应不同的加工要求，将砂轮制成不同的形状。同样形状的砂轮，还可以制成多种不同的尺寸。常用的砂轮形状、代号及用途如表 9-4 所示。

表 9-4　常用的砂轮形状、代号及用途

砂轮名称	代　号	断面形状	主要用途
平行砂轮	1		外圆磨，内圆磨，平面磨，无心磨，工具磨
薄片砂轮	41		切断，切槽
筒形砂轮	2		端磨平面

砂轮名称	代 号	断面形状	主要用途
碗形砂轮	11	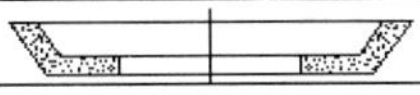	刃磨刀具，磨导轨
蝶形 1 号砂轮	12a	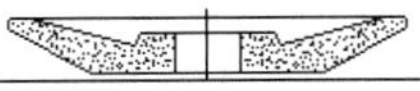	磨齿轮，磨铣刀，磨铰刀，磨拉刀
双斜边砂轮	4	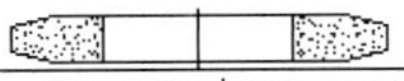	磨齿轮，磨螺纹
杯形砂轮	6	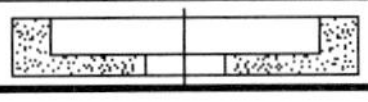	磨平面，磨内圆，刃磨刀具

7. 砂轮的特性要素及规格尺寸标志

在砂轮的端面上一般均印有砂轮的标志。标志的顺序依次是：形状代号，尺寸，磨料，粒度号，硬度，组织号，结合剂，线速度。例如，一砂轮标记为"砂轮 1-400×60×75-WA60-L5V-35m/s"，则表示外径为 400mm、厚度为 60mm、孔径为 75mm，磨料为白刚玉(WA)、粒度号为 60、硬度为 L(中软 2)、组织号为 5、结合剂为陶瓷(V)、最高工作线速度为 35m/s 的砂轮。

8. 磨削过程

从本质上来讲，磨削也是一种切削，砂轮表面上的每个磨粒，可以近似地看成一个微小刀齿，凸出的磨粒尖棱，可以认为是微小的切削刃。由于砂轮上的磨粒形状各异和具有分布的随机性，导致了它们在加工过程中均以负前角切削，且它们各自的几何形状和切削角度差异很大，工作情况相差甚远。砂轮表面的磨粒在切入零件时，其作用大致可分为滑擦、刻划和切削 3 个阶段，如图 9-5 所示。

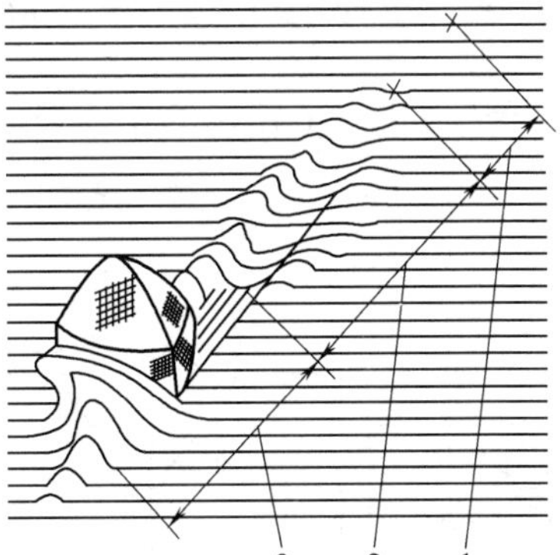

图 9-5　磨粒切削过程

1—滑擦；2—刻划；3—切削

9. 砂轮的检验、平衡、安装和修整

砂轮在安装前一般通过外观检查和敲击响声来判断是否存有裂纹，以防止高速旋转时破裂。安装砂轮时，一定要保证牢固可靠，以使砂轮工作平稳。一般直径大于 125mm 的砂轮都要进行平衡检查，使砂轮的重心与其旋转轴线重合。砂轮在工作一定的时间以后，磨粒会逐渐变钝，砂轮工作表面的空隙会被堵塞，这时必须进行修整，使已磨钝的磨粒脱落，以恢复砂轮的切削能力和外形精度。砂轮的修整通常用金刚石来进行。

9.1.3　平面磨削操作

平面磨削是用平行砂轮的端面或外圆周面或用杯形砂轮、碗形砂轮进行平面磨削加工的方法。平面磨削的尺寸精度可达 IT5～IT6 级，平面度小于 0.1/100，表面粗糙度一般可达 $Ra0.4～0.2\mu m$，精密磨削可达 $0.1～0.01\mu m$。

常用的平面磨削方法分为端磨法、周边磨法以及导轨磨削。端磨(砂轮主轴立式布置)分为端面纵向磨削(可加工长平面及垂直平面)、端面切入磨削(可加工环形平面、短圆柱形零件的双端面平行平面、大尺寸平行平面和复杂形工件的平行平面)。双端面磨削是一种高效的磨削方法。周边磨(砂轮轴水平布置)分为周边纵向磨削及切入磨削。周边纵向磨削可以加工大平面、环形平面、薄片平面、斜面、直角面、圆弧端面、多边形平面和大余量平面。周边切入磨削可加工窄槽、窄形平面。周边磨和端面磨按所使用的工作台分为圆工作台和矩形工作台两种，如图 9-1 所示。导轨磨可加工平导轨、V 形导轨。采用组合磨削法可提高导轨磨削的效率。

平面磨削的砂轮速度，周磨铸铁时：粗磨 20～24m/s，精磨 22～26m/s；周磨钢件时：粗磨 22～25m/s，精磨 25～30m/s。端磨铸铁：粗磨 15～18m/s，精磨 18～20m/s；端磨钢件：粗磨 18～20m/s，精磨 20～25m/s。缓进磨削在平面磨削中得到了推广，它是提高磨削效率的有效的工艺方法。

薄片平面磨削的关键是工件的装夹，要防止工件在装夹中、加工中及加工后的变形。选择合理的磨削条件，尽量减少发热及变形，才能保证薄片平面的加工质量。

9.1.4 专项技能训练课题

磨削如图 9-6 所示的 V 形支架，材料：20Cr，热处理：渗碳淬火；硬度：59HRC。

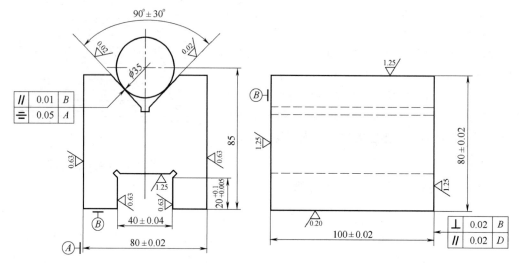

图 9-6 V 形支架

V 形支架磨削工艺如下。

(1) 以 B 为基准磨顶面，翻转磨 B 面至尺寸，控制平行度<0.01mm。

(2) 以 B 为基准校 C，磨 C 面，磨出即可。控制垂直度<0.02mm，用精密角铁定位。

(3) 以 B 为基准校 A，磨 A 面，磨出即可。用精密角铁定位。

(4) 以 A 面为基准磨对面，控制(80±0.02)mm。

(5) 以 C 为基准磨对面，控制(100±0.02)mm 及平行度<0.02mm。

(6) 以顶面为基准，校 A 与工作台纵向平行(<0.01mm)，切入磨，控制尺寸 $20^{+0.10}_{+0.005}$ mm，再分别磨两内侧面，控制尺寸(40±0.04)mm。

(7) 以 B 和 A 为基准，磨 90° 的两个斜面，控制对称度<0.05mm，用导磁 V 形块定位。

(8)　终检测量。

9.2　外　圆　磨　削

9.2.1　外圆磨削设备

外圆磨床分为普通外圆磨床和万能外圆磨床两种。两者的区别在于万能外圆磨床的头架、砂轮架能在水平面内回转一定的角度，并配有内圆磨头，可以磨削内圆柱面和内锥面，而普通外圆磨床只能磨削外圆柱面或锥度不大的外锥面。

M1432A 型万能外圆磨床是较常见的外圆磨削设备，如图 9-7 所示，其型号中各项代表的意义如下。

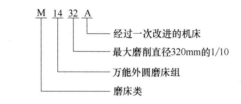

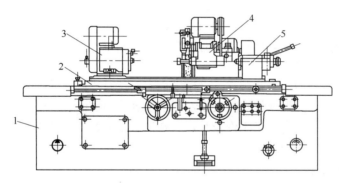

图 9-7　M1432A 型万能外圆磨床

1—床身；2—工作台；3—头架；4—砂轮架；5—尾座

1. 床身

床身是一个箱体铸件，用来支承磨床的各个部件。床身上有纵向和横向两组导轨，其上分别装有工作台和砂轮架。床身内部用作液压油的油池，装有液压传动装置和其他传动装置。

2. 工作台

工作台面上装有头架和尾座，它们随着工作台一起沿床身导轨做纵向往复运动。工作台由上、下两部分组成。上工作台可绕下工作台中间的心轴在水平面内调整一定的角度，用以磨削锥度较小的长圆锥面。下工作台底部安装齿轮和液压缸，通过液压传动使工作台做纵向机动进给。摇动手轮可手动纵向进给，用于加工时的调整。头架和尾座都装在工作台上。

3. 头架

头架上装有主轴及其变速机构，用来夹持工件并带动工件转动，在水平面内可沿逆时针方向旋转 90°，以磨削圆锥面。

4. 砂轮架

砂轮装在砂轮架的主轴上，由单独的电动机经 V 带直接带动旋转。砂轮架安装在滑鞍上，可在水平面内旋转一定的角度，用于磨削短圆锥面。内圆磨具装在可绕铰链回转的支架上，由单独的电动机经 V 带直接传动，不用时可翻向砂轮架的上方。

5. 尾座

尾座用来支承较长工件带有顶尖孔的另一端。

9.2.2　外圆磨削操作

1. 工件的装夹

磨外圆时，常用的装夹方法有 4 种。

(1) 用前、后顶尖装夹，用夹头带动旋转。

(2) 用心轴装夹。磨削套筒类零件时，常以内孔为定位基准，把零件套在心轴上，心轴再装在磨床的前后顶尖上。

(3) 用三爪卡盘或四爪卡盘装夹。磨削端面上不能打中心孔的短工件时，可用卡盘装夹。三爪卡盘用于装夹圆形或规则的表面，四爪卡盘特别适于装夹表面不规则的零件。

(4) 用卡盘和顶尖装夹。当工件较长，一端能打中心孔，一端不能打中心孔时，可一端用卡盘、一端用顶尖装夹。

2. 外圆柱面的磨削方法

磨削外圆柱面的工艺方法主要有以下 3 种。

(1) 纵磨法，如图 9-8(a)所示。磨削时砂轮高速旋转为主运动，零件旋转为圆周进给运动，零件随磨床工作台的往复直线运动为纵向进给运动。每一次往复行程终了时，砂轮做周期性的横向进给(磨削深度)。每一次的磨削深度很小，经多次横向进给，磨去全部磨削余量。

由于每一次的磨削量小，所以磨削力小，产生的热量小，散热条件较好。同时，还可以利用最后几次无横向进给的光磨行程进行精磨，因此加工精度和表面质量较高。此外，纵磨法具有较大的适应性，可以用一个砂轮加工不同长度的零件。但是，它的生产效率较低，广泛地用于单件、小批量生产及精磨，特别适用于细长轴的磨削。

(2) 横磨法，如图 9-8(b)所示。横磨法又称切入磨法，零件不做纵向往复运动，而由砂轮做慢速连续的横向进给运动，直至磨去全部磨削余量。

横磨法生产率高，但由于砂轮与零件接触面积大，磨削力较大，发热量多，磨削温度高，零件易发生变形和烧伤。同时砂轮的修正精度以及磨钝情况，均直接影响零件的尺寸精度和形状精度。所以横磨法适用于成批及大量生产中，加工精度较低、刚性较好的零件。尤其是零件上的成型表面，只要将砂轮修整成型，就可直接磨出，较为简便。

(3) 深磨法，如图 9-8(c)所示。磨削时用较小的纵向进给量(一般取 1～2mm/r)、较大的背吃刀量(一般为 0.35～0.1mm)，在一次行程中磨去全部余量，生产率较高。需要把砂轮前端修整成锥面进行粗磨，直径大的圆柱部分起精磨和修光作用，应修整得精细一些。深磨法只适用于大批大量生产中加工刚度较大的短轴。

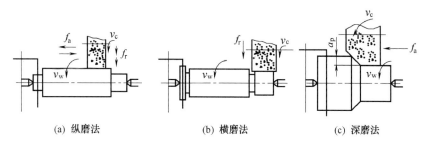

(a) 纵磨法　　　　　　(b) 横磨法　　　　　　(c) 深磨法

图 9-8　磨外圆

3. 外圆锥面的磨削方法

磨外圆锥面与磨外圆柱面的主要区别是工件和砂轮的相对位置不同。磨外圆锥面时，工件轴线必须相对于砂轮轴线偏斜一个圆锥半角。外圆锥面磨削可在外圆磨床上或万能外圆磨床上进行。磨外圆锥面的方法有以下 4 种。

(1) 转动上工作台磨外圆锥面法。它适合磨锥度小而长度大的工件，如图 9-9(a)所示。

(2) 转动头架(工件)磨外圆锥面法。它适合磨削锥度大而长度短的工件，如图 9-9(b)所示。

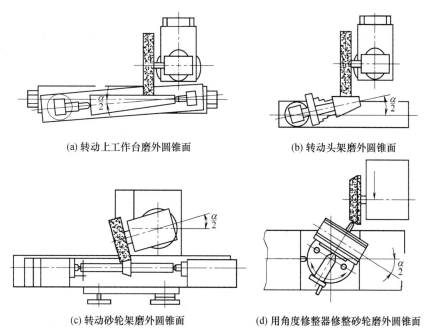

(a) 转动上工作台磨外圆锥面　　　　　　(b) 转动头架磨外圆锥面

(c) 转动砂轮架磨外圆锥面　　　　　　(d) 用角度修整器修整砂轮磨外圆锥面

图 9-9　外圆锥面的加工方法

（3）转动砂轮架磨外圆锥面法。它适合磨削长工件上锥度较大的圆锥面，如图 9-9(c) 所示。

（4）用角度修整器修整砂轮磨外圆锥面法。该法实为成型磨削，大都用于圆锥角较大且有一定批量的工件的生产，砂轮修整的方法如图 9-9(d)所示。

9.2.3 专项技能训练课题

磨削加工如图 9-10 所示的机床主轴，材料：38CrMoAlA；热处理：氮化 900HV。磨削工艺如表 9-5 所示，磨削用量如表 9-6 所示。

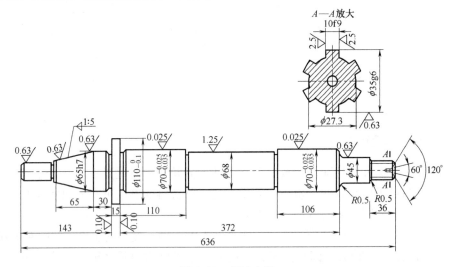

图 9-10 机床主轴

表 9-5 机床主轴磨削工艺

工序	工步	工艺内容	砂 轮	机 床	基 准
1		除应力，研中心孔：Ra=0.63μm，接触面>70%			
2		粗磨外圆，留余量 0.07～0.09mm	PA40K	M131W	中心孔
	1	磨ϕ65h7mm			
	2	磨ϕ70$^{-0.025}_{-0.035}$ mm 尺寸到ϕ70$^{+0.145}_{+0.08}$ mm			
	3	磨ϕ68mm			
	4	磨ϕ45mm			
	5	磨ϕ110$^{0}_{-0.1}$ mm，且磨出肩面			
	6	磨ϕ35g6mm			
3		粗磨 1：5 锥度，留余量 0.07～0.09mm		M1432A	中心孔
4		半精磨各外圆，留余量 0.05mm	PA60K	M1432A	中心孔
5		氮化，探伤，研中心孔：Ra=0.2μm，接触面>75%			
6		精磨外圆ϕ68mm、ϕ45mm、ϕ35g6mm、ϕ110$^{0}_{-0.1}$ mm 至尺寸，ϕ65h7mm、ϕ70$^{-0.025}_{-0.035}$ mm 留余量 0.025～0.04mm	PA100L	M1432A	中心孔

续表

工序	工步	工艺内容	砂 轮	机 床	基 准
7		磨光键至尺寸	WA80L	M8612A	中心孔
8		研中心孔：$Ra=0.10\mu m$，接触面>90%			
9		精密磨 1：5 锥度尺寸	WA100K	MMB1420	中心孔
10	1	精密磨 $\phi70^{-0.025}_{-0.035}$ mm 至 $\phi70^{-0.015}_{-0.030}$ mm	WA100K	MMB1420	中心孔
	2	磨出 $\phi100$mm 肩面			
11		超精密磨 $\phi70^{-0.025}_{-0.035}$ mm 至尺寸，表面粗糙度 $Ra=0.025\mu m$	WA240L	MG1432A	中心孔

表 9-6　磨削用量参考值

磨削用量	粗、精磨	超精磨
砂轮速度/(m/s)	17～35	15～20
工件速度/(m/min)	10～15	10～15
纵向进给速度/(m/min)	0.2～0.6	0.05～0.15
背吃刀量/mm	0.01～0.03	0.0025
光磨次数	1～2	4～6

9.3　内　圆　磨　削

9.3.1　内圆磨削设备

内圆表面的磨削可在内圆磨床、万能外圆磨床等设备上进行。内圆磨床主要用于磨削圆柱孔和圆锥孔，有些内圆磨床还附有专门的磨头用以磨削端面。M2120 型内圆磨床的外形如图 9-11 所示。

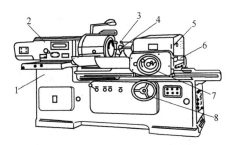

图 9-11　M2120 型内圆磨床

1—床身；2—头架；3—砂轮修整器；4—砂轮；5—磨具架；
6—工作台；7—操纵磨具架手轮；8—操纵手轮

头架固定在工作台上，其主轴前端的卡盘或夹具用以装夹工件，实现圆周进给运动。头架可在水平面内偏转一定角度以磨锥孔。工作台带动头架沿床身的导轨做直线往复运动，实现纵向进给。砂轮架主轴由电机经皮带直接带动旋转做主运动。工作台往复一次，砂轮架沿滑鞍可横向进给一次(液动或手动)。

9.3.2　内圆磨削操作

圆柱孔及圆锥孔的磨削可以在内圆磨床上进行，也可以在万能外圆磨床上用内圆磨头进行。

1. 工件的安装

磨圆柱孔和圆锥孔时，一般都用卡盘夹持工件外圆，其运动与磨削外圆柱面和外圆锥面时基本相同，但砂轮的旋转方向与前者正好相反。

2. 内圆柱表面的磨削方法

与外圆磨削类似，内圆磨削也可以分为纵磨法和横磨法。横磨法仅适用于磨削短孔及内成型面。鉴于磨内孔时受孔径的限制，砂轮轴比较细，刚性较差，所以多数情况下采用纵磨法。

在内圆磨床上，可磨通孔、磨不通孔(见图 9-12(a)、图 9-12(b))，还可在一次装夹中同时磨出孔内的端面(见图 9-12(c))，以保证孔与端面的垂直度和端面圆跳动公差的要求。在外圆磨床上，除可磨孔、端面之外，还可在一次装夹中磨出外圆，以保证孔与外圆的同轴度公差的要求。

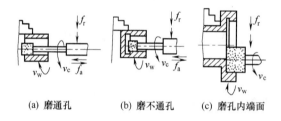

(a) 磨通孔　　　(b) 磨不通孔　　　(c) 磨孔内端面

图 9-12　磨孔示意图

3. 磨圆锥孔的方法

磨圆锥孔有以下两种基本的方法。

(1) 转动工作台磨圆锥孔。在万能外圆磨床上转动工作台磨圆锥孔，它适合磨削锥度不大的圆锥孔，如图 9-13(a)所示。

(2) 转动头架磨圆锥孔。在万能外圆磨床上用转动头架的方法可以磨锥孔，如图 9-13(b)所示。在内圆磨床上也可以用转动头架的方法磨锥孔。前者适合磨削锥度较大的圆锥孔，后者适合磨削各种锥度的圆锥孔。

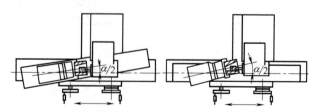

(a) 转动工作台磨圆锥孔　　　(b) 转动头架磨圆锥孔

图 9-13　锥孔的磨削方法

9.3.3　专项技能训练课题

磨削如图 9-14 所示的套筒零件内孔,材料:20Cr;热处理:渗碳淬火;硬度:56～62HRC。套筒内孔的磨削工艺如表 9-7 所示,磨削用量如表 9-8 所示。

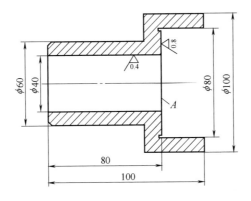

图 9-14　套筒零件内孔

表 9-7　套筒零件内孔的磨削工艺

工 序 号	工序名称	工艺要求
1	粗磨	磨 ϕ 40mm 孔
2	粗、精磨	磨端面 A 至尺寸,控制 Ra=0.8μm
3	精磨	磨 ϕ 40mm 孔至尺寸,控制 Ra=0.4μm

表 9-8　套筒零件内孔的磨削用量

参　数	用　量
砂轮速度 v_s/(m/min)	15～18
工件速度 v_w/(m/min)	≈17
纵向进给速度 f_a/(m/min)	0.4
背吃刀量 α_p/(mm/单行程)	0.003～0.005

9.4　实践中常见问题的解析

9.4.1　平面磨削常见缺陷产生的原因

1. 工件表面波纹产生的原因

(1) 机床主轴轴承间隙过大。

(2) 机床主轴电动机转子不平衡。

(3) 外界振动源引起机床振动。

(4) 主轴电动机转子与定子间隙不均匀。

(5) 头架塞铁间隙过大或接触不好。

(6) 液压系统振动。

(7) 工作台换向时冲击而引起工件的一端或两端出现波纹，应将工作台行程调大或调整节流阀，以减小换向冲击。

(8) 磨头系统刚度差，应对配合滑动面进行修刮和调整，保持其精度要求。

(9) 砂轮不平衡。

(10) 砂轮硬度太高。

(11) 圆周面上硬度不均匀。

(12) 砂轮已用钝，不锋利。

(13) 砂轮法兰盘的锥孔与主轴接触不良。

(14) 垂直进给量太大。

(15) 当砂轮与工件有相对振动时出现菱形花纹，应调整换向时间，并采取措施消除其他原因的振动。

2. 工件表面拉毛、划伤

(1) 砂轮罩上或砂轮法兰盘上积存的磨屑、杂物落在工件表面上，应注意文明生产，经常清理砂轮罩和法兰盘上的脏物，保持清洁。

(2) 磨削液供应不足。

(3) 磨削液不清洁。

(4) 砂轮表面与工件之间有细砂粒或脏物，应注意磨削液的清洁度。可在砂轮的左、右两边各安装一个喷嘴，进行双向冲洗，并加大压力和流量。

3. 工件表面有直线痕迹

(1) 机床热变形不稳定。

(2) 机床主轴系统刚性差。

(3) 砂轮已用钝，不锋利。

(4) 进给量太大。

(5) 金刚石修整器安装的位置不对，应安放在工作台面上，以保持砂轮母线与工件被磨表面平行。

4. 工件表面烧伤

(1) 砂轮粒度太细或硬度太高。

(2) 砂轮已用钝，不锋利。

(3) 砂轮修整太细。

(4) 工件进给速度太低。

(5) 背吃刀量太大。

(6) 磨削液喷射位置不佳。

(7) 磨削液压力及流量不够。

5. 工件塌角或侧面呈喇叭形

(1) 机床主轴轴承间隙过大。

(2) 砂轮选择不当。

(3) 砂轮不锋利。

(4) 换向时越程太大，应在工件两侧加辅助件与工件一起进行磨削，或适当减小越程。

(5) 背吃刀量过大，应减小进给量，增加光磨的次数。

6. 工件两表面的平行度或平面度超差

(1) 机床热变形太大。

(2) 机床导轨润滑油太多。

(3) 导轨润滑油压力差太大。

(4) 磨床横向运动精度超差。

(5) 砂轮选择不当。

(6) 砂轮不锋利，应及时修整砂轮，可在砂轮的圆周上开槽。

(7) 工件基准平面度超差或有毛刺。

(8) 工件内应力未消除。

(9) 工件太薄，变形较大。其解决办法主要有：磨第一面时基准面可用纸或橡皮垫实；可翻身多磨几次；采用真空吸盘，吸面上涂油；磁力过渡块及剩磁装夹，使工件在自由状态下磨削。

(10) 背吃刀量太大。

(11) 用压板压紧工件磨削时，夹紧位置不合理，夹紧力过大。

(12) 用砂轮端面磨削时，立柱倾斜角未调整好。

(13) 夹具基准不平或有毛刺、脏物，应修研夹具基准面，或在充磁状态下修磨磁性吸盘面，并注意保持夹具基准面的清洁。

(14) 磨削液供给不足。

9.4.2 外圆磨削常见缺陷产生的原因

1. 工件表面产生直波纹

(1) 机床头架主轴轴承精度不良或磨损。

(2) 电动机无隔振装置或失灵。

(3) 横向进给导轨或滚柱磨损，使其抗震性能变差。

(4) 机床传动 V 带长短不一。

(5) V 带卸荷装置失灵。

(6) 电动机轴承磨损。

(7) 电动机动平衡不良。

(8) 液压泵振动。

(9) 砂轮主轴轴承精度超差。

(10) 尾架套筒与壳体配合间隙过大。

(11) 砂轮法兰盘与主轴锥度配合不良。

(12) 顶尖与套筒锥孔接触不良。

(13) 砂轮平衡不良。

(14) 砂轮硬度不高或不均匀。

(15) 砂轮已用钝，不锋利。

(16) 砂轮磨损不均匀。

(17) 砂轮修整用量过细或金刚石已磨损导致刚修整的砂轮不锋利，应增大修整用量或更换修整器。

(18) 工件转速过高、中心孔不良、直径过大、重量过重或工件自身不平衡。

2. 工件表面产生螺旋形

(1) 工作台导轨的润滑油过多，产生漂移。

(2) 砂轮主轴轴线与头、尾架轴线不同轴。

(3) 修整砂轮时，金刚石运动中心线与砂轮轴线不平行。

(4) 工作台有爬行现象。

(5) 砂轮架偏转使砂轮与工件接触不好。

(6) 砂轮主轴轴向窜动。

(7) 砂轮主轴的间隙过大。

(8) 砂轮硬度过高、修整过细。

(9) 修整砂轮时机床热变形不稳定，修整不及时，磨损不均匀。

(10) 修整砂轮时磨削液不足。

(11) 横向进给量过大、纵向进给量过大。

(12) 磨削力过大，应及时修整砂轮和适当减小切削用量。

(13) 磨削液供给不足。

(14) 砂轮主轴翘头或低头过度，导致砂轮母线不直，应修刮砂轮架或调整轴瓦。

(15) 热变形不稳定。应注意季节，掌握开机后的热变形规律，待稳定后再工作。

3. 工件表面烧伤

(1) 砂轮修整过细。

(2) 砂轮用钝未及时修整。

(3) 砂轮硬度太高或粒度过细，磨料或结合剂选用不当，应根据工件材料及硬度等特点选用合适的砂轮，当工件硬度≥64HRC时，宜用CBN砂轮。

(4) 磨削用量过大。

(5) 工件转速太低。

(6) 靠端面时砂轮接触面太宽，应减小到0.5～2mm。

(7)　磨削液压力及流量不足。

(8)　磨削液喷射的位置不当。

(9)　磨削液变质。

(10) 磨削液选用不当，应根据磨削性质和工件材质特性选择恰当的磨削液。

4. 工件呈锥度

(1)　工件旋转轴线与工件轴向进给方向不平行。

(2)　机床热变形不稳定。

(3)　工作台导轨的润滑油过多，有漂移。

(4)　磨损不均匀或砂轮不锋利。

(5)　砂轮修整不良。

(6)　工件中心孔不良。

(7)　磨削用量及压力过大，应在砂轮锋利的情况下，减小磨削的用量，增加光磨的次数。

5. 工件呈鼓形或鞍形

(1)　机床导轨水平面内直线度误差超差。

(2)　砂轮不锋利。

(3)　成型精度差。成型磨削时，应调整仿形修整板或修复金刚石滚轮的精度。

(4)　工件细长，刚度差，应用中心架支撑，顶尖不宜顶得太紧。

(5)　中心架调整不当，支撑压力过大。

(6)　磨削用量过大，一方面使工件弹性变形产生鼓形；另一方面，若顶尖顶得太紧，会导致工件因受磨削热而伸胀变形产生鞍形。宜减小磨削用量，增加光磨次数，注意工件的热伸胀，调整顶尖压力。

6. 工件两端直径较小或较大

(1)　工作台换向停留时间过长或过短。

(2)　砂轮越出工件太多或太少，应调整换向挡块的位置，使砂轮越出工件端面 1/3～1/2 的砂轮宽度。

7. 工件端面垂直度超差

(1)　砂轮轴线与工件轴线不平行，偏差过大。

(2)　砂轮磨损。

(3)　砂轮端面与工件接触面过大，宜在砂轮端面上开槽或将砂轮端面修整成凹形，使其接触面宽度<2mm。

8. 工件圆度超差

(1)　机床尾架套筒与壳体配合间隙过大。

(2)　消除横向进给机构螺母间隙的压力过小。

(3)　砂轮主轴与轴承配合的间隙过大。

(4) 用卡盘装夹工件时，头架轴承松动。

(5) 用卡盘装夹工件时，主轴轴向跳动过大。

(6) 砂轮不锋利或磨损不均匀。

(7) 工件中心孔不良。

(8) 工件中心孔或顶尖因润滑不良而磨损。

(9) 工件顶得过紧或过松。

(10) 工件本身不平衡，应做好工件的平衡和配重工作，并适当降低工件的转速。

(11) 工件弹性变形未完全消除，应调整好磨削用量，适当增加光磨的次数。

(12) 顶尖与套筒锥孔接触不良。

(13) 夹紧工件的方法不当，应掌握正确的夹紧方法和增大夹紧点的面积，使其压强减小。

9.4.3　内圆磨削常见缺陷产生的原因

1. 工件表面产生直波纹

(1) 机床头架轴承松动。

(2) 机床头架轴承磨损。

(3) 磨头装配及调整精度差，应调整磨头轴承间隙，使其达到精度要求，或适当增加轴承的预加负荷。

(4) 砂轮与工件的接触长度过大而引起振动。

(5) 砂轮不锋利。

(6) 砂轮不平衡引起振动。

(7) 接长轴长而细，刚性差，应提高接长轴的刚性，磨小孔时可采用硬质合金刀杆。

2. 工件表面产生螺旋形

(1) 机床工作台爬行。

(2) 磨头轴向窜动太大。

(3) 砂轮与工件接触不良，应注意修整砂轮时金刚石的位置。

(4) 纵向进给速度太快。

3. 工件呈现锥度

(1) 工件旋转轴线与磨头轴向进给方向不平行。

(2) 砂轮硬度太低、不锋利。

(3) 夹具的 V 形座中心高不对。

(4) 光磨的次数不够。

(5) 中心架调整不当，应调整中心架，使工件轴线与头架中心的连线相重合。

4. 工件圆度超差

(1) 机床头架轴承松动或磨损。

(2) 磨头轴承松动或磨损。

(3) 工件本身不平衡。

(4) 以外圆为基准，用中心架及 V 形块时，外圆精度不够。

(5) 工件夹得过紧，产生了变形。

(6) 工件夹紧点的位置不当，使工件产生变形。

(7) 薄壁套的磨削装夹不当，应将工件装入套筒内，采用端面压紧。

5. 工件表面烧伤

(1) 砂轮直径过大。

(2) 砂轮已用钝，不锋利。

(3) 工件转速太低，切削用量过大。

(4) 切削液供给不足。

6. 工件呈喇叭形

(1) 磨削中间有沉槽的通孔时，砂轮宽度不够引起喇叭形。

(2) 磨削短台肩孔时，砂轮超出工件太多引起喇叭形，应选用窄一些的砂轮或将砂轮越出部分的直径修小一些。

(3) 磨削有键槽的内孔，砂轮太宽引起槽边塌角，应适当减小砂轮宽度或在工件槽内嵌入垫物(胶木或金属)。

(4) 砂轮越出工件太多引起喇叭形。

(5) 砂轮越出工件太少引起倒喇叭形。

9.5　拓 展 训 练

9.5.1　薄阀片磨削

如图 9-15 所示为薄阀片。磨削时，辨明弯曲方向后在空隙处垫纸、布或涂蜡，再吸在电磁盘上磨削；也可用剩磁法磨削。砂轮宜软，其磨削用量为：$v_s \approx 30\text{m/s}$，$v_w \approx 20 \sim 25\text{m/min}$。粗磨：$f_a \approx 0.015 \sim 0.02\text{mm}$/往复行程；精磨：$f_a \approx 0.005 \sim 0.01\text{ mm}$/往复行程。

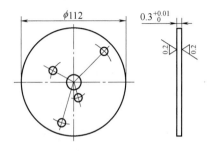

图 9-15　薄阀片

材料：T10A；热处理：淬火；硬度：48HRC。

9.5.2　连杆双端面磨削

如图 9-16 所示为柴油机连杆。用双端面磨床磨削连杆大头孔的两端面时，用圆盘夹具，PK750×60×50A 46KB 大气孔砂轮，总余量为 0.02mm。双砂轮调整的主要参数为：砂轮进口尺寸 38.067mm，砂轮出口尺寸 38mm；砂轮速度 30m/s；纵向进给速度 2m/min。

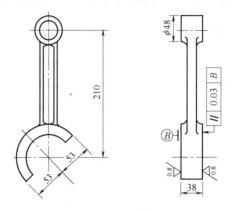

图 9-16　连杆

材料：40Cr；热处理：调质；硬度：20～28HRC。

9.5.3　精密细长轴磨削

精密细长轴(见图 9-17)的磨削关键是要防止和减小零件的弯曲变形，常用以下两种方法。

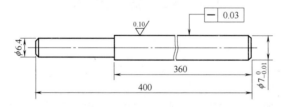

图 9-17　精密细长轴

1. 用中心架支承

中心架数目的选择如表 9-9 所示。工件的支承处应先用切入法磨一小段圆(注意留精磨量)。

表 9-9　中心架数目的选择

工件直径/mm	工件长度/mm					
	300	450	700	750	900	1050
	中心架数目					
$\phi 26\sim 30$	1	2	2	3	4	4
$\phi 36\sim 50$		1	2	2	3	3
$\phi 51\sim 60$		1	1	2	2	2

工件直径/mm	工件长度/mm					
	300	450	700	750	900	1050
	中心架数目					
ϕ61～75		1	1	2	2	2
ϕ76～100			1	1	1	2

2. 用凹形砂轮和弹性后顶尖

用凹形砂轮和弹性后顶尖(见图 9-18)的磨削步骤如表 9-10 所示。

 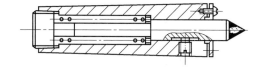

(a) 凹形砂轮　　　　　　　　(b) 弹性后顶尖

图 9-18　凹形砂轮和弹性后顶尖

表 9-10　磨削细长轴的步骤

工　序	内　容
研磨	研中心孔
粗磨外圆	磨ϕ7mm 外圆，留精磨余量 0.2mm
校直、时效	控制工件弯曲<0.03mm，消除应力
半精磨外圆	留精磨余量 0.05mm
校直、时效	控制工件弯曲<0.03mm，消除应力
精磨外圆	精磨ϕ7$^{0}_{-0.01}$mm 至尺寸，多次光磨

9.5.4　薄壁套零件的磨削

磨削如图 9-19 所示的薄壁套零件，磨削工艺如表 9-11 所示。

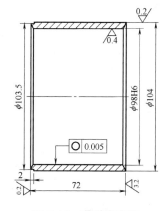

图 9-19　薄壁套零件

表 9-11　薄壁套零件磨削工艺

工　序	内　容
1	热处理，消除应力
2	平磨二端面，控制平行度<0.02mm
3	粗磨ϕ98H6mm 孔
4	粗磨ϕ104mm 外圆
5	平磨二端面，控制平行度<0.01mm
6	研磨ϕ103.5mm 端面，控制平面度<0.003mm
7	精磨ϕ98H6mm 至要求的尺寸，控制圆度<0.005mm
8	精磨ϕ104mm 外圆至要求的尺寸

防止和减少工件变形是薄壁套磨削加工的关键，主要可以采取以下措施。

(1) 粗磨前、后对零件进行去应力处理，以消除热处理、磨削力和磨削热引起的应力变形。

(2) 工艺上考虑粗磨、精磨分开，减少背吃刀量和磨削力。

(3) 改进夹紧方式，减少变形。如图 9-20 所示为薄壁套的装夹方法。由于工件靠螺母在端面方向夹紧，而且端面经过研修，平面度很高，故工件变形很小。

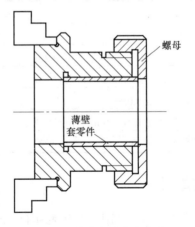

螺母

薄壁
套零件

图 9-20　薄壁套的装夹方法

9.6　磨工操作安全规范

磨削操作时，需遵守如下操作规范。

(1) 工作时要穿工作服，女学生要戴安全帽，不能戴手套，夏天不得穿凉鞋进入车间。

(2) 应根据工件材料、硬度及磨削要求，合理选择砂轮。新砂轮要用木锤轻敲检查是否有裂纹，有裂纹的砂轮严禁使用。

(3) 安装砂轮时，在砂轮与法兰盘之间要垫衬纸。砂轮安装后要做砂轮静平衡。

(4) 高速度工作砂轮应符合所用机床的使用要求。高速磨床特别要注意校核，以防发

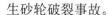

生砂轮破裂事故。

(5) 开机前应检查磨床的机械、砂轮罩壳等是否坚固；防护装置是否齐全。起动砂轮时，人不应正对砂轮的方向站立。

(6) 砂轮应经过 2min 空运转试验，确定砂轮运转正常时才能开始磨削。

(7) 无切削液磨削的磨床在修整砂轮时要戴口罩并开启吸尘器。

(8) 不得在加工过程中测量。测量工件时要将砂轮退离工件。

(9) 外圆磨床纵向挡铁的位置要调整得当，要防止砂轮与顶尖、卡盘、轴肩等部位发生撞击。

(10) 使用卡盘装夹工件时，要将工件夹紧，以防脱落。卡盘钥匙用后应立即取下。

(11) 在头架和工作台上不得放置工、量具及其他杂物。

(12) 在平面磨床上磨削高且窄的工件时，应在工件的两侧放置挡块。

(13) 使用切削液的磨床，使用结束后应让砂轮空转 1～2min 脱水。

(14) 注意安全用电，不得随意打开电气箱。操作时如发现电气故障应请电工维修。

(15) 实习中应注意文明操作，要爱护工具、量具、夹具，保持其清洁和精度完好；要爱护图样和工艺文件。

(16) 要注意实习环境文明，做到实习现场清洁、整齐、安全、舒畅；做到现场无杂物、无垃圾、无切屑、无油迹、无痰迹、无烟头。

本 章 小 结

读者可以通过本章的学习掌握平面磨削、外圆、内圆磨削的基础理论知识及操作方法、技术要领等内容。在 9.1 节中详细地阐述了砂轮的特征要素、选择原则，以及磨削加工与其他金属切削加工在材料切削原理、切削过程中的差异；在章末总结归纳了磨削操作常见的缺陷与其产生的原因，对于实践教学具有重要指导意义。通过本章实践课题的训练，读者应熟悉磨床主要部件的作用，能够独立操作磨床设备。

思考与练习

一、思考题

1. 磨削加工的特点是什么？

2. 磨削加工适用于加工哪类零件？有哪些基本的磨削方法？

3. 万能外圆磨床由哪几部分组成？各有何功用？

4. 外圆磨削的方法有哪几种？各有什么特点？

5. 外圆磨削时，砂轮和工件各做哪些运动？

6. 磨硬材料应选用什么样的砂轮？磨较软材料应选用什么样的砂轮？

7. 磨内圆与磨外圆有什么不同之处？为什么？

二、练习题

试编写如图 9-21 所示叶片零件的磨削工艺路线(零件材料: W18Cr4V; 生产类型: 大批量)。

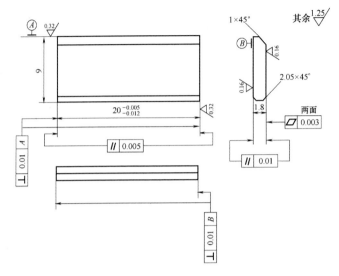

图 9-21 叶片零件的磨削工艺路线

第 10 章　数控机床加工

学习要点

本章主要讲解数控机床加工的相关知识，包括数控加工技术的定义，数控机床、刀具及加工特点，数控车床、铣床的简单编程方法，基本编程工艺路径的安排，数控加工质量分析及综合训练课题等内容。

技能目标

通过本章的学习，读者应该能够进行简单工件的编程、加工；熟悉数控机床操作面板的基本操作；独立操作数控机床完成工件的加工。

从 1952 年第一台数控机床问世至今，随着微电子技术的不断发展，数控系统也在不断地更新换代，先后经历了电子管(1952 年)、晶体管(1959 年)、小规模集成电路(1965 年)、大规模集成电路及小型计算机(1970 年)、微处理机或微型计算机(1974 年)等五代。计算机数控(CNC)技术问世时，数控系统发展到第四代。1974 年，以微处理器为基础的 CNC 系统问世，标志着数控系统进入了第五代。

数控机床技术可从精度、速度、柔韧性和自动化程度等方面来衡量，具有高精度化、高速度化、高柔性化、高自动化、智能化、复合化等诸多优点。数控机床主要由控制介质、数控装置、伺服系统和机床本体 4 个部分组成，如图 10-1 所示。

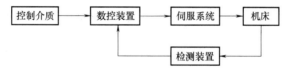

图 10-1　数控机床的结构

开环控制系统无执行部件位移测量装置，无反馈。数控机床按伺服系统控制方式可分为开环控制系统、闭环控制系统和半闭环控制系统。闭环控制系统装有直接测量装置，用于执行部件实际位移量的测量；半闭环控制系统一般装有执行部件实际位移量的间接测量装置。按加工类型可分为数控铣削机床、数控车削机床、加工中心、数控线切割和数控电火花加工等多种机床类型。

10.1　数控铣削加工

10.1.1　数控铣床概述

数控铣床在数控机床中所占的比例很大，在航空航天、汽车制造、一般机械加工和模具制造业中应用非常广泛。数控铣床至少有 3 个控制轴，即 X 轴、Y 轴、Z 轴，可同时控制其中任意两个坐标轴联动，也能控制 3 个甚至更多个坐标轴联动。它主要用于各类较复杂的平面、曲面和壳体类零件的加工。

1. 数控铣床的分类及加工对象

1) 立式数控铣床

立式数控铣床一般适宜加工盘、套、板类零件。一次装夹后，可对上表面进行钻、扩、镗、铣、锪等加工以及侧面的轮廓加工。

2) 卧式数控铣床

卧式数控铣床一般都带回转工作台。一次装夹后可完成除安装面和顶面以外的其余四个面的各种工序加工，因此它适宜箱类零件的加工。

3) 龙门式数控铣床

龙门式数控铣床属于大型数控机床，主要用于大型或形状复杂的零件的各种平面、曲面及孔的加工。

4) 加工中心

加工中心就是具有自动换刀功能的复合型数控机床。它往往集数控铣床、数控镗床、数控钻床的功能于一身，且增设有自动换刀装置和刀库，在一次安装工件后，能按数控指令自动选择和更换刀具，依次完成各种复杂的加工，如平面、孔系、内外倒角、环形槽及攻螺纹等。根据加工专业化的需要，又出现了车削加工中心、磨削加工中心、电加工中心等。加工中心是适应省力、省时和节能的时代要求而迅速发展起来的新型数控加工设备。

2. 数控铣床所用刀具

在数控铣床上一般采用具有较高定心精度和刚性较好的 7∶24 工具圆锥刀柄，大都使用标准的通用刀具(如钻头、可转位面铣刀等)。随着切削技术的迅速发展，近年来数控铣床不断普及高效刀具的应用，如机夹硬质合金单刃铰刀、硬质合金螺旋齿立铣刀、波形刃立铣刀和复合刀具等。

3. 数控铣削加工的特点

数控铣削加工的主要特点如下。

(1) 对零件加工的适应性强、灵活性好，能加工轮廓形状特别复杂或难以控制尺寸的零件，如模具类、壳体类零件等。

(2) 能加工普通机床无法(或很难)加工的零件，如用数学模型描述的复杂曲线类零件以及三维空间曲面类零件。

(3) 能加工一次装夹定位后需进行多道工序加工的零件。

(4) 加工精度高，加工质量稳定可靠。

10.1.2　数控铣床坐标系

在编写数控加工程序过程中，为了确定刀具与工件的相对位置，必须通过机床参考点和坐标系描述刀具的运动轨迹。在国际标准 ISO 中，数控机床坐标轴和运动方向的设定均已标准化，我国原机械工业部 1982 年颁布的 JB 3052—1982 标准与国际标准 ISO 等效。

1. 机床坐标轴

为简化编程和保证程序的通用性，对数控机床的坐标轴和方向命名制定了统一的标准，规定直线进给坐标轴用 X、Y、Z 表示，常称基本坐标轴。X、Y、Z 坐标轴的相互关系用右手定则确定，如图 10-2 所示，图 10-2 中，大拇指的指向为 X 轴的正方向，食指的指向为 Y 轴的正方向，中指的指向为 Z 轴的正方向。

围绕 X、Y、Z 轴旋转的圆周进给坐标轴分别用 A、B、C 表示，根据右手螺旋定则，如图 10-2 所示，以大拇指指向+X、+Y、+Z 方向，则食指中指等的指向是圆周进给运动的+A、+B、+C 方向。数控机床的进给运动有的由主轴带动刀具运动来实现，有的由工作台带着工件运动来实现。通常坐标轴正方向是假定工件不动，刀具相对于工件做进给运动的方向。

Z 轴表示传递切削动力的主轴，X 轴平行于工件的装夹平面，一般取水平位置，根据右手直角坐标系的规定，确定了 X 轴和 Z 轴的方向，自然能确定 Y 轴的方向。

机床坐标轴的方向取决于机床的类型和各组成部分的布局，对铣床而言：Z 轴与立式铣床的直立主轴同轴线，刀具远离工件的方向为正方向(+Z 轴)。面对主轴，向右为 X 轴的正方向，根据右手直角坐标系的规定确定 Y 轴的方向朝前，如图 10-3 所示。

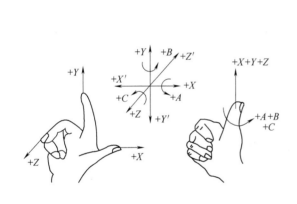

图 10-2 坐标轴

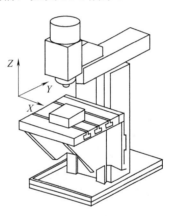

图 10-3 立铣床坐标图

2. 机床原点的设置

机床原点是指在机床上设置的一个固定点，即机床坐标系的原点。它在机床装配、调试时就已确定下来，是数控机床进行加工运动的基准参考点。

在数控铣床上，机床原点一般取在 X、Y、Z 坐标轴的正方向极限位置上，如图 10-4 所示。

3. 机床参考点

机床参考点是用于对机床运动进行检测和控制的固定位置点，机床参考点的位置是由机床制造厂家在每个进给轴上用限位开关精确调整好的，坐标值已输入数控系统中。因此，参考点对机床原点的坐标是一个已知数。通常在数控铣床上，机床原点和机床参考点是重合的。

在数控机床开机时，必须先确定机床原点，而确定机床原点的运动就是刀架返回参考点的操作，这样通过确认参考点，就确定了机床原点。只有机床参考点被确认后，刀具(或工作台)移动才有基准。

4. 编程坐标系

编程坐标系也称工件坐标系，是编程人员根据零件图样及加工工艺等建立的坐标系。编程坐标系一般供编程使用，确定编程坐标系时不必考虑工件毛坯在机床上的实际装夹位置，如图 10-5 所示，其中 O_2 即为编程坐标系的原点。

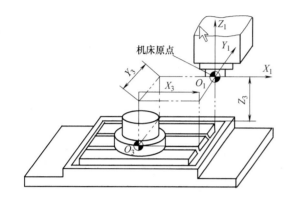

图 10-4　数控铣床的机床原点　　　　图 10-5　数控铣床编程坐标系

工件坐标系原点的选择要尽量满足编程简单、尺寸换算少、引起的加工误差小等条件，一般情况下，程序原点应选在零件尺寸标注的基准点；对称零件或以同心圆为主的零件，程序原点应选在对称中心线或圆心上；Z 轴的程序原点通常选在工件的上表面。

5. 对刀点的确定

对刀点是确定程序原点在机床坐标系中的位置的点，在机床上，工件坐标系的确定，是通过对刀的过程来实现的。对刀点的确定方法如图 10-6 所示，对刀点可以设在工件上，也可以设在与工件的定位基准有一定关系的夹具的某一位置上。其选择原则是对刀方便、对刀点在机床上容易找正、加工过程中检查方便以及引起的加工误差小等。对刀点与工件坐标系原点如果不重合(在确定编程坐标系时，最好考虑到使得对刀点与工件坐标系重合)，在设置机床零点偏置时(G54 对应的值)，应当考虑到两者的差值。

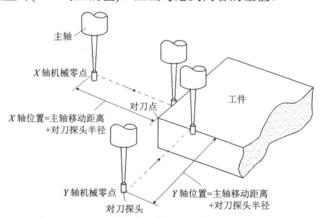

图 10-6　对刀点的确定

数控加工过程中需要换刀时应该设定换刀点。换刀点应设在零件和夹具的外面，以避免换刀时撞伤工件或刀具，引起撞车事故。

10.1.3 数控铣床编程基础

正确的加工程序不仅应保证加工出符合图纸要求的合格工件，同时应能使数控机床的功能得到合理的应用与充分的发挥，以使数控机床能安全、可靠、高效地工作。数控加工程序的编制过程是一个比较复杂的工艺决策过程。一般来说，数控编程过程主要包括分析零件图样、工艺处理、数学处理、编写程序单、输入数控程序及程序检验。典型的数控编程过程如图 10-7 所示。

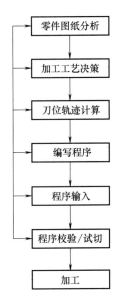

图 10-7 数控编程的内容和步骤

1. 程序结构与格式

一个完整的零件加工程序由若干程序段组成，一个程序段由序号、若干代码字和结束符号组成，每个代码字由字母和数字组成。

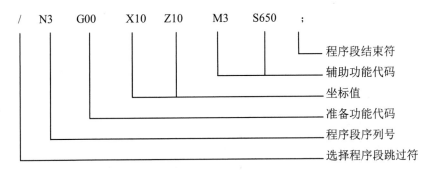

一个程序段包含三部分：程序标号字(N 字)+程序主体+结束符。

(1) 程序标号字(N 字)。程序标号字也称为程序段号，用以识别和区分程序段的标号。不是所有的程序段都要有标号，但有标号便于查找，对于跳转程序来说，必须有程序段号。程序段号与执行顺序无关。

(2) 程序段主体部分。一个完整的加工过程包括各种控制信息和数据，由一个以上功能字组成。功能字包括准备功能字(G)、坐标字(X、Y、Z)、辅助功能字(M)、进给功能字(F)、主轴功能字(S)和刀具功能字(T)等。

(3) 结束符。结束符用"；"表示，有些系统用"，"或"LF"表示，任何程序段都必须有结束符，否则不予执行(一般情况下，在数控系统中直接编程时，按 Enter 键可自动生成结束符；但在计算机中编程时，需手工输入结束符)。

2. 常用的编程指令

1) 准备功能指令

准备功能指令由字符 G 和其后的 1～3 位数字组成，常用的是 G00～G99，很多现代 CNC 系统的准备功能已扩大到 G150。准备功能的主要作用是指定机床的运动方式，为数控系统的插补运算做准备。

准备功能指令可分为"模态代码"和"一次"代码，"模态代码"的功能在执行后会继续维持，而"一次"代码仅仅在收到该命令时起作用。定义移动的代码通常是"模态代码"，如直线、圆弧和循环代码；反之，如原点返回代码就叫"一次"代码。每一个代码都归属其各自的代码组。在"模态代码"中，当前的代码会被加载的同组代码所代替。

FANUC 系统常用的准备功能表如表 10-1 所示。

表 10-1　FANUC 系统常用的准备功能表

G 代码	组 别	说 明	G 代码	组 别	说 明
G00	01	定位(快速移动)	G73	09	高速深孔钻削循环
G01		直线切削	G74		左螺旋切削循环
G02		顺时针切圆弧	G76		精镗孔循环
G03		逆时针切圆弧	*G80		取消固定循环
G04	00	暂停	G81		中心钻循环
G17	02	*XY* 面赋值	G82		反镗孔循环
G18		*XZ* 面赋值	G83		深孔钻削循环
G19		*YZ* 面赋值	G84		右螺旋切削循环
G28	00	机床返回原点	G85		镗孔循环
G30		机床返回第 2、3 原点	G86		镗孔循环
*G40	07	取消刀具直径偏移	G87		反向镗孔循环
G41		刀具直径左偏移	G88		镗孔循环
G42		刀具直径右偏移	G89		镗孔循环
*G43	08	刀具直径+方向偏移	*G90	03	使用绝对值命令
*G44		刀具直径-方向偏移	G91		使用增量值命令
*G49		取消刀具长度偏移	G92	00	设置工件坐标系
*G98	10	固定循环返回起始点	*G99	10	返回固定循环 R 点

2) 辅助功能及其他常用功能指令

辅助功能指令亦称"M"指令, 由字母 M 和其后的两位数字组成, 从 M00～M99 共 100 种。这类指令主要是机床加工操作时的工艺性指令。常用的 M 指令如下所示。

(1) M00——程序停止。

(2) M01——计划程序停止。

(3) M02——程序结束。

(4) M03、M04、M05——分别为主轴顺时针旋转、主轴逆时针旋转及主轴停止。

(5) M06——换刀。

(6) M08——冷却液开。

(7) M09——冷却液关。

(8) M30——程序结束并返回。

其他的常用功能指令如表 10-2 所示。

表 10-2 其他常用功能指令

编 码	功 能	解 释
O	代码编号	代码编号
N	行号	行号
G	主代码	操作码
X, Y, Z	坐标	移动位置
R	半径	圆弧半径
I, J, K	圆弧中心	距圆弧中心的距离
F	进给率	定义进给率
S	主轴转速	定义主轴转速
T	刀号	定义刀号
M	辅助代码	辅助功能开关
H, D	补偿	刀具长度、半径补偿
P, X	延时	定义延时
P	子程序调用	子程序编号
P, Q, R	参数	固定循环参数

3. 手工编程范例

在立式数控铣床上加工如图 10-8 所示的零件轮廓外形, 写出数控加工程序单。分析图 10-8 所示的零件, 工件大小为 80mm×80mm×25mm, 工件材料为 45 钢, 选用直径为 ϕ20 平底刀, 转速 800r/min, 进给量 100mm/min, 编写代码如下:

```
%
G40G49G80
N0001 G21
N0002 G91G28Z0.
N0003 M06T01
N0004 G90G54G00X0.Y0.Z100.
```

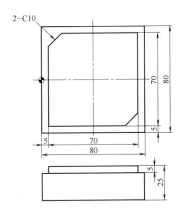

图 10-8 手工编程范例

```
N0005 M08
N0006 X-5.Y5.Z150.
N0007 M3S800
N0008 X-5.Y5.Z5.
N0009 G01Z-5.F100
N0010 Y35.
N0011 G02X-2.071Y42.071R10.
N0012 G01X7.929Y52.071
N0013 G02X15.Y55.
N0014 G01X45.
N0015 G02X55.Y45.
N0016 G01Y15.
N0017 G02X52.071Y7.929
N0018 G01X42.071Y-2.071
N0019 G02X35.Y-5.
N0020 G01X5.
N0021 G02X-5.Y5.
N0022 G01Z5.
N0023 G00X-5.Y5.Z100.
N0024 X-5.Y5.Z100.
N0025 X0.Y0.
N0026 M05
N0027 M30
%
```

图 10-9　手工编程范例仿真加工结果

仿真加工结果如图 10-9 所示。

10.1.4　专项技能训练课题

在立式数控铣床上加工如图 10-10 所示的槽形板零件轮廓外形，写出数控加工程序单。分析图 10-10 所示的零件，工件大小为 100mm×120mm×25mm，工件材料为 45 钢，选用直径为 $\phi 12$、$\phi 20$ 两把平底刀，分别用于粗、精加工，转速为 800r/min，进给量为 100mm/min，编写代码如下：

```
%
N001 G40G49G80
N002 G21
N003 G91G28Z0.
N004 M06T01
N005 G90G54G00X0.Y0.Z100.
N006 M08
N007 M3S800
N008 X0.Y0.Z9.
N009 G01Z-1.F100
N010 Y100.
N011 X120.
N012 Y0.
N013 X0.
N014 Z9.
N015 G00X0.Y0.Z50.
N016 Z4.
N017 G01Z-6.
N018 Y100.
N019 X120.
N020 Y0.
N021 X0.
N022 Z4.
N023 G00X0.Y0.Z50.
```

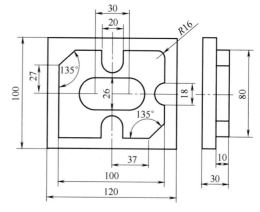

图 10-10　槽形板零件轮廓外形

```
N024 Z0.
N025 G01Z-10.
N026 Y100.
N027 X120.
N028 Y0.
N029 X0.
N030 Z0.
N031 G00X0.Y0.Z50.
N032 Z100.
N033 M06T02
N034 G00X0.Y0.
N035 M08
N036 X4.Y10.
N037 X4.Y10.Z9.
N038 G01Z-1.F100
N039 Y75.
N040 G02X5.757Y79.243R6.
N041 G01X20.757Y94.243
N042 G02X25.Y96.
N043 G01X50.
N044 G02X56.Y90.
N045 G01Y80.
N046 G03X60.Y76.R4.
N047 X64.Y80.
N048 G01Y90.
N049 G02X70.Y96.R6.
N050 G01X100.
N051 G02X116.Y80.R16.
N052 G01Y60.
N053 G02X110.Y54.R6.
N054 G03X106.Y50.R4.
N055 X110.Y46.
N056 G02X116.Y40.R6.
N057 G01Y25.
N058 G02X114.243Y20.757
N059 G01X99.243Y5.757
N060 G02X95.Y4.
N061 G01X70.
N062 G02X64.Y10.
N063 G01Y20.
N064 G03X60.Y24.R4.
N065 X56.Y20.
N066 G01Y10.
N067 G02X50.Y4.R6.
N068 G01X10.
N069 G02X4.Y10.
N070 G01Z9.
N071 G00X4.Y10.Z50.
N072 X4.Y10.Z50.
N073 X4.Y10.Z4.
N074 G01Z-6.
N075 Y75.
N076 G02X5.757Y79.243
N077 G01X20.757Y94.243
N078 G02X25.Y96.
N079 G01X50.
N080 G02X56.Y90.
N081 G01Y80.
N082 G03X60.Y76.R4.
N083 X64.Y80.
N084 G01Y90.
```

```
N085 G02X70.Y96.R6.
N086 G01X100.
N087 G02X116.Y80.R16.
N088 G01Y60.
N089 G02X110.Y54.R6.
N090 G03X106.Y50.R4.
N091 X110.Y46.
N092 G02X116.Y40.R6.
N093 G01Y25.
N094 G02X114.243Y20.757
N095 G01X99.243Y5.757
N096 G02X95.Y4.
N097 G01X70.
N098 G02X64.Y10.
N099 G01Y20.
N100 G03X60.Y24.R4.
N101 X56.Y20.
N102 G01Y10.
N103 G02X50.Y4.R6.
N104 G01X10.
N105 G02X4.Y10.
N106 G01Z4.
N107 G00X4.Y10.Z50.
N108 X4.Y10.Z50.
N109 X4.Y10.Z0.
N110 G01Z-10.
N111 Y75.
N112 G02X5.757Y79.243
N113 G01X20.757Y94.243
N114 G02X25.Y96.
N115 G01X50.
N116 G02X56.Y90.
N117 G01Y80.
N118 G03X60.Y76.R4.
N119 X64.Y80.
N120 G01Y90.
N121 G02X70.Y96.R6.
N122 G01X100.
N123 G02X116.Y80.R16.
N124 G01Y60.
N125 G02X110.Y54.R6.
N126 G03X106.Y50.R4.
N127 X110.Y46.
N128 G02X116.Y40.R6.
N129 G01Y25.
N130 G02X114.243Y20.757
N131 G01X99.243Y5.757
N132 G02X95.Y4.
N133 G01X70.
N134 G02X64.Y10.
N135 G01Y20.
N136 G03X60.Y24.R4.
N137 X56.Y20.
N138 G01Y10.
N139 G02X50.Y4.R6.
N140 G01X10.
N141 G02X4.Y10.
N142 G01Z0.
N143 G00X4.Y10.Z50.
N144 X4.Y10.Z100.
N145 X0.Y0.Z100.
```

```
N146 M06
N147 G00X0.Y0.Z100.
N148 M08
N149 X60.Y50.Z100.
N150 X60.Y50.Z9.
N151 G01Z-1.F100
N152 Y51.
N153 X75.
N154 G02Y49.R1.
N155 G01X45.
N156 G02Y51.
N157 G01X60.
N158 Y57.
N159 X75.
N160 G02Y43.R7.
N161 G01X45.
N162 G02Y57.
N163 G01X60.
N164 Z9.
N165 G00X60.Y57.Z50.
N166 X60.Y50.Z50.
N167 X60.Y50.Z4.
N168 G01Z-6.
N169 Y51.
N170 X75.
N171 G02Y49.R1.
N172 G01X45.
N173 G02Y51.
N174 G01X60.
N175 Y57.
N176 X75.
N177 G02Y43.R7.
N178 G01X45.
N179 G02Y57.
N180 G01X60.
N181 Z4.
N182 G00X60.Y57.Z50.
N183 X60.Y50.Z50.
N184 X60.Y50.Z0.
N185 G01Z-10.
N186 Y51.
N187 X75.
N188 G02Y49.R1.
N189 G01X45.
N190 G02Y51.
N191 G01X60.
N192 Y57.
N193 X75.
N194 G02Y43.R7.
N195 G01X45.
N196 G02Y57.
N197 G01X60.
N198 Z0.
N199 G00X60.Y57.Z50.
N200 X60.Y57.Z100.
N201 X0.Y0.
N202 M05
N203 M30
%
```

图 10-11 槽形板零件仿真加工结果

仿真加工结果如图 10-11 所示。

10.2　数控车削加工

数控车床是数控机床中应用最为广泛的一种机床。数控车床在结构及其加工工艺上都与普通车床相类似；但由于数控车床是由电子计算机数字信号控制的机床，其加工是通过事先编制好的加工程序来控制，所以在工艺特点上又与普通车床有所不同。

10.2.1　数控车床概述

数控车床的分类方法很多，但通常都是以和普通车床相似的方法进行分类。

1. 数控车床的分类

1)　按车床主轴位置分类

(1)　立式数控车床。

立式数控车床简称为数控立车，其车床主轴垂直于水平面，并有一个直径很大的圆形工作台，供装夹工件用。这类车床主要用于加工径向尺寸较大、轴向尺寸相对较小的大型复杂零件。

(2)　卧式数控车床。

卧式数控车床又分为数控水平导轨卧式车床和数控倾斜导轨卧式车床。其倾斜导轨结构可以使车床具有更大的刚性，并易于排除切屑。

2)　按加工零件的基本类型分类

(1)　卡盘式数控车床。

这类车床未设置尾座，适合车削盘类(含短轴类)零件，其夹紧方式多为电动控制或液动控制，卡盘结构多具有可调卡爪或不淬火卡爪(即软卡爪)。

(2)　顶尖式数控车床。

这类数控车床配置有普通尾座或数控尾座，适合车削较长的轴类零件及直径不太大的盘、套类零件。

3)　按刀架数量分类

(1)　单刀架数控车床。

普通数控车床一般都配置有各种形式的单刀架。常见的单刀架有四工位卧式自动转位刀架和多工位转塔式自动转位刀架。

(2)　双刀架数控车床。

这类数控车床刀架的配置形式有平行交错双刀架、垂直交错双刀架和同轨双刀架等。

4)　按数控系统的技术水平分类

(1)　经济型数控车床。

经济型数控车床(见图 10-12)一般是以普通车床的机械结构为基础，经过改进设计而成的，也有对普通车床直接进行改造而成的，一般采用由步进电动机驱动的开环伺服系统。其控制部分采用单板机或单片机实现，也有一些采用较为简单的成品数控系统的经济型数控车床。此类车床的特点是结构简单，价格低廉，但缺少一些诸如刀尖圆弧半径自动补偿和恒线速度切削等功能，一般只能进行两坐标联动。

(2)　全功能型数控车床。

全功能型数控车床(见图10-13)就是日常所说的数控车床。它的控制系统是全功能型的，带有高分辨率的 CRT 和通信、网络接口，有各种显示、图像仿真、刀具和位置补偿等功能。这类车床一般采用闭环或半闭环控制的数控系统，可以进行多坐标联动。这类数控车床具有高精度、高刚度和高效率等特点。

图 10-12　经济型数控车床

图 10-13　全功能型数控车床

(3)　车削中心。

车削中心是以全功能型数控车床为主体，配备刀库、自动换刀装置、分度装置和机械手等部件，实现多工序复合加工的机床。在车削中心上，工件在一次装夹后，可以完成回转类零件的车、铣、钻、铰、螺纹加工等多种工序的加工。车削中心的功能全面，加工质量和速度很高，但价格也很高。

(4)　FMC 车床。

FMC 是英文 Flexible Manufacturing Cell(柔性加工单元)的缩写。FMC 车床(见图 10-14)实际上就是一个由数控车床、机器人等构成的加工系统，它能实现工件搬运、装卸的自动化和加工调整准备的自动化操作。

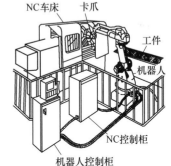

图 10-14　FMC 车床

2. 数控车床所用的刀具

1)　常用车刀的种类和用途

数控车削常用的车刀一般分为 3 类，即尖形车刀、圆弧形车刀和成型车刀。

(1)　尖形车刀。以直线形切削刃为特征的车刀一般称为尖形车刀。这类车刀的刀尖(同时也为其刀位点)由直线形的主、副切削刃构成，如 90° 内外圆车刀、左右端面车刀、切断(车槽)车刀及刀尖倒棱很小的各种外圆和内孔车刀。用这类车刀加工零件时，其零件的轮廓形状主要由一个独立的刀尖或一条直线形主切削刃位移后得到，它与另两类车刀加工时所得到的零件轮廓形状的原理是截然不同的。

(2)　圆弧形车刀。圆弧形车刀是较为特殊的数控加工用车刀。其特征是，构成主切削刃的刀刃形状为一圆度误差或线轮廓误差很小的圆弧；该圆弧刃的每一点都是圆弧形车刀的刀尖，因此，刀位点不在圆弧上，而在该圆弧的圆心上；车刀圆弧半径理论上与被加工零件的形状无关，并可按需要灵活确定或经测定后确认。当某些尖形车刀或成型车刀(如螺纹车刀)的刀尖具有一定的圆弧形状时，也可作为这类车刀使用。圆弧形车刀可以用于车削内、外表面，特别适宜于车削各种光滑连接(凹形)的成型面。

(3) 成型车刀。成型车刀俗称样板车刀，其加工零件的轮廓形状完全由车刀刀刃的形状和尺寸所决定。如图 10-15 所示为常用车刀的种类、形状和用途。数控车削加工过程中，常见的成型车刀有小半径圆弧车刀、非矩形车槽刀和螺纹车刀等。在数控加工过程中，应尽量少用或不用成型车刀，当确有必要选用时，则应在工艺准备文件或加工程序单上进行详细说明。

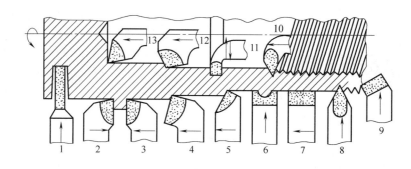

图 10-15　常用车刀的种类、形状和用途

1—切断刀；2—90°左偏刀；3—90°右偏刀；4—弯头车刀；5—直头车刀；

6—成型车刀；7—宽刃精车刀；8—外螺纹车刀；9—端面车刀；

10—内螺纹车刀；11—内槽车刀；12—通孔车刀；13—盲孔车刀

2)　机夹可转位车刀的选用

为了减少换刀时间和方便对刀，便于实现机械加工的标准化，数控车削加工时，应尽量采用机夹刀和机夹刀片。数控车床常用的机夹车刀形式如图 10-16 所示。

从刀具的材料应用方面来看，数控机床用刀具材料主要是各类硬质合金。从刀具的结构应用方面来看，数控机床主要采用镶块式机夹可转位刀片的刀具。因此，对硬质合金可转位刀片的运用是数控机床操作者所必须了解的内容之一。

(a) 各类机夹车刀　　　(b) 机夹车刀刀头形式　　　(c) 常用的各类机夹刀片

图 10-16　数控车床常用的机夹车刀形式

选用机夹式可转位刀片,首先要了解的关键是各类型的机夹式可转位刀片的代码 (Code)。按国际标准 ISO 1832—1985 的可转位刀片的代码方法,是由 10 位字符串组成的,其排列如下:

$$\underset{①}{×}\ \underset{②}{×}\ \underset{③}{×}\ \underset{④}{×}\ \underset{⑤}{×}\ \underset{⑥}{×}\ \underset{⑦}{×}\ \underset{⑧}{×}\ \underset{⑨}{×}—\underset{⑩}{×}$$

其中每一位字符串是代表刀片某种参数的意义,现分别叙述如下。

① 刀片的几何形状及其夹角。

② 刀片主切削刃后角(法后角)。

③ 刀片内接圆 d 与厚度 s 的精度级别。

④ 刀片形式、紧固方法或断屑槽。

⑤ 刀片边长、切削刃长。

⑥ 刀片厚度。

⑦ 刀尖圆角半径 r_ε 或主偏角 K_r 或修光刃后角 α_n。

⑧ 切削刃状态,刀尖切削刃或倒棱切削刃。

⑨ 进刀方向或倒刃宽度。

⑩ 厂商的补充符号或倒刃角度。

10.2.2 数控车床坐标系

数控车床坐标系统分为机床坐标系和工件坐标系(编程坐标系)两种。

1. 机床坐标系

以机床原点为坐标系原点建立起来的 X、Z 轴直角坐标系,称为机床坐标系。车床的机床原点为主轴旋转中心与卡盘后端面之交点。机床坐标系是制造和调整机床的基础,也是设置工件坐标系的基础,一般不允许随意变动。机床坐标系如图 10-17 所示。

2. 参考点

参考点是机床上的一个固定点。该点是刀具退离到的一个固定不变的极限点(图 10-17 中点 O' 即为参考点),其位置由机械挡块或行程开关来确定。以参考点为原点,坐标方向与机床坐标方向相同建立的坐标系叫作参考坐标系。在实际使用中通常是以参考坐标系计算坐标值。

3. 工件坐标系(编程坐标系)

数控编程时应该首先确定工件坐标系和工件原点。零件在设计中有设计基准,在加工过程中有工艺基准,同时应尽量将工艺基准与设计基准统一,该基准点通常称为工件原点。以工件原点为坐标原点建立起来的 X、Z 轴直角坐标系,称为工件坐标系。在车床上工件原点可以选择在工件的左端面或右端面上。工件坐标系如图 10-18 所示。

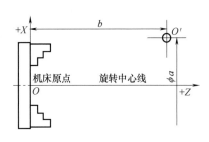

图 10-17　机床坐标系

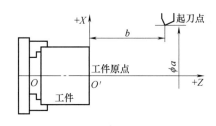

图 10-18　工件坐标系

10.2.3　数控车削加工中的装刀与对刀

装刀与对刀是数控机床加工中极其重要并十分棘手的一项基本工作。对刀的好与差，将直接影响到加工程序的编制及零件的尺寸精度。通过对刀或刀具预调，还可同时测定其各号刀的刀位偏差，有利于设定刀具补偿量。

1. 车刀的安装

在实际切削过程中，车刀安装的高低，车刀刀杆轴线是否垂直，对车刀角度有很大的影响。以车削外圆(或横车)为例，当车刀刀尖高于工件轴线时，因其车削平面与基面的位置发生变化，使前角增大，后角减小；反之，则前角减小，后角增大。车刀安装的歪斜，对主偏角、副偏角的影响较大，特别是在车螺纹时，会使牙形半角产生误差。因此，正确地安装车刀，是保证加工质量、减小刀具磨损、提高刀具使用寿命的重要步骤。如图 10-19 所示为车刀安装角度。当车刀安装成负前角时，会增大切削力；安装成正前角时，则会减小切削力。

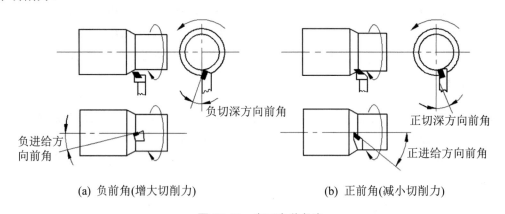

(a) 负前角(增大切削力)　　　　(b) 正前角(减小切削力)

图 10-19　车刀安装角度

2. 刀位点

刀位点是指在加工程序编制过程中，用以表示刀具特征的点，也是对刀和加工的基准点。对于车刀，各类车刀的刀位点如图 10-20 所示。

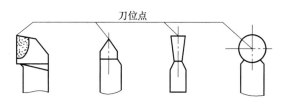

图 10-20　车刀的刀位点

3. 对刀

在加工程序执行之前，调整每把刀的刀位点，使其尽量重合于某一理想基准点，这一过程称为对刀。理想基准点可以设在基准刀的刀尖上，也可以设定在对刀仪的定位中心(如光学对刀镜内的十字刻线交点)上。

对刀一般分为手动对刀和自动对刀两大类。目前，绝大多数的数控机床(特别是车床)采用手动对刀，其基本方法有定位对刀法、光学对刀法、ATC 对刀法和试切对刀法。在前 3 种手动对刀方法中，均因可能受到手动和目测等多种误差的影响，对刀精度十分有限，往往通过试切对刀，以得到更加准确和可靠的结果。数控车床常用的试切对刀方法如图 10-21 所示。

4. 换刀点位置的确定

换刀点是指在编制加工中心、数控车床等多刀加工的各种数控机床所需加工程序时，相对于机床固定原点而设置的一个自动换刀或换工作台的位置。换刀的位置可设定在程序原点、机床固定原点或浮动原点上，其具体的位置应根据工序的内容而定。为了防止在换(转)刀时碰撞到被加工零件或夹具，除特殊情况外，其换刀点都设置在被加工零件的外面，并留有一定的安全区。

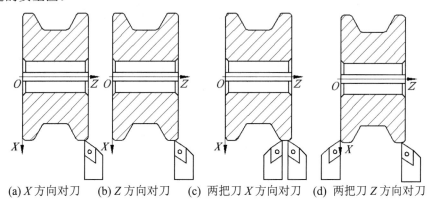

(a) X 方向对刀　(b) Z 方向对刀　(c) 两把刀 X 方向对刀　(d) 两把刀 Z 方向对刀

图 10-21　数控车床常用的试切对刀方法

10.2.4　数控车床编程基础

1. 常用的编程指令

数控机床加工中的动作在加工程序中用指令的方式事先予以规定，这类指令有准备功能 G、辅助功能 M、刀具功能 T、主轴转速功能 S 和进给功能 F。FANUC 系统常用的 G 功能指令如表 10-3 所示。

表 10-3　FANUC 系统常用的 G 功能指令表

G 代码	组	功　　能
G00	01	定位(快速移动)
G01		线性切削
G02		圆弧插补(顺时针)
G03		圆弧插补(逆时针)
G04	00	驻留(暂停)
G09		精确位置停止
G20	06	英寸输入
G21		公制输入
G22	04	限程开关开
G23		限程开关关
G27	00	返回参考点检查
G28		返回参考点
G29		从参考点返回
G30		返回到第二个参考点
G32	01	螺纹切削
G40	07	取消刀尖半径偏移
G41		刀尖半径偏移(左边)
G42		刀尖半径偏移(右边)
G50	00	工件坐标修改，设置主轴最大转速(RPM)
G52		局部坐标框架设置
G53		机床坐标框架设置
G70	00	终止切削循环
G71		外部或内部直径近似切削循环
G72		区域近似切削循环
G73		外形重复循环
G74		Z 坐标点钻孔
G75		X 坐标开槽
G76		螺纹切削循环
G90	01	切削循环(外部或内部直径)
G92		螺纹切削循环
G94		切削循环(区域)
G96	12	表面速度稳定控制
G97		取消表面速度稳定控制
G98	05	每分钟移动指派
G99		每转移动指派

2. 手工编程范例

在卧式数控车床上加工如图 10-22 所示的阶梯轴零件轮廓外形，写出数控加工程序单。分析图 10-22 所示的零件，工件长度 67mm，直径 40mm；工件材料为 45 钢；外圆粗车 T01 选用 95° 右手偏刀，转速 180m/min，进给量 0.25mm/min；外圆精车 T02 选用 93° 右手偏刀，转速 220m/min，进给量 0.15mm/min。其编写代码如下：

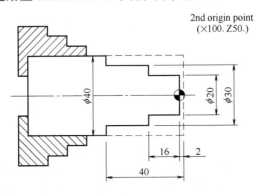

图 10-22　阶梯轴零件图

```
O0001
N001  G28  X0. Z0.
N002  G50  X300. Z418. S2800 T01
N003  G96  S180 M03
N004  G00  X42. Z0.1 T01 M08
N005  G01  X0. F0.25
N006  G00  X35. W1.
N007  G01  Z-29.9 F0.25
N008  G00  U1. Z2.
N009  X30.4
N010  G01  Z-29.9
N011  G00  U1. Z2.
N012  X25.
N013  G01  Z-14.9
N014  G00  U1. Z2.
N015  X20.4
N016  G01  Z-14.9
N017  G00  X100. Z50. T01 M09
N018  T02
N019  G00  X22. Z0. S220 T02 M08
N020  G01  X0. F0.15
N021  G00  X20. Z1.
N022  G01  Z-15. F0.15
N023  X30.
N024  Z-30.
N025  X42.
N026  G00  X100. Z50. T02 M09
N027  M05
N028  M02
```

仿真加工结果如图 10-23 所示。

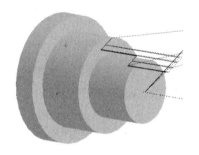

图 10-23　阶梯轴仿真加工结果

10.2.5　专项技能训练课题

在卧式数控车床上加工如图 10-24 所示的螺纹锥轴零件轮廓外形，写出数控加工程序单。分析图 10-24 所示的零件，工件长度 95mm，直径 60mm，螺纹螺距 1.5mm；工件材料为 45 钢；外圆粗车 T01 选用 95° 右手偏刀，转速 130m/min，进给量 0.07～0.2mm/min；外圆精车 T03 选用 93° 右手偏刀，转速 180m/min，进给量 0.07～0.1mm/min；切槽刀 05 进给量 0.07mm/min；螺纹车刀 T07 选 60°，进给量 1.5mm/min。其编写代码如下：

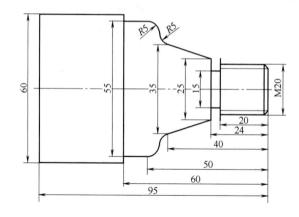

图 10-24　螺纹锥轴零件图

```
O0004
G28 X0.Z0.
G50 X300.Z390.S1300T0100
G96 S130M03
G00 X62.Z1.T0101M08
G01 X-1.F0.2
G00 X62.Z2.
G71 U3.W1.
G71 P70Q160U0.4W0.2F0.2
N70 G00X14.
    G01 X20.Z-2.F0.1
        Z-24.
        X25.
        X35.Z-40.
    G02 X45.W-5.R5.F0.07
    G03 X55.W-5.R5.
    G01 Z-60.F0.1
N160 G00X60.
```

```
G00  X150.Z200.S1600T0100
G96  S180
G00  X22.Z2.T0303
G70  P70Q160
G00  X150.Z200.T0300
G96  S450
G00  X27.Z-24.T0505
G01  X15.F0.07
G04  P1500
G00  X40.
     X150.Z200.T0500
G00  X22.Z2.T0707
G76  P010060Q50R30
G76  X18.22Z-22.P890Q350F1.5
G00  X150.Z200.T0700M09
M05
M30
```

仿真加工结果如图 10-25 所示。

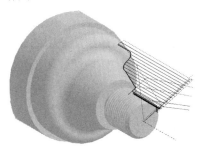

图 10-25　螺纹锥轴仿真加工结果

10.3　实践中常见问题的解析

10.3.1　数控加工质量分析

1. 数控车削常见问题分析

数控车床的加工质量主要取决于编程前的工艺设计，与普通车床加工有许多相似之处。在实训中常按用同一把刀具加工的内容来划分工序，但粗、精加工工序必须分开，以避免工件在粗加工时可能产生变形而影响最终的加工精度。由于实训采用的多是经济型数控车床，没有检测反馈系统，直接用铸、锻件作为毛坯，第一次加工余量大小不一，可能会加剧刀具的磨损，影响零件的加工精度，对机床的使用寿命也会产生不利影响，故建议使用光坯料作为数控加工实训毛坯。数控车床的加工程序其实是控制刀尖的运动轨迹，对刀不准确必定会影响加工精度，故在精加工前最好测量一下，根据实测结果调整相应的参数，如刀具位置、刀尖圆弧等。编程前应根据机床的特性及加工状况确定合理的加工顺序，选择合适的刀具与切削用量，以保证零件的加工精度和表面粗糙度。

2. 数控铣削常见问题分析

与数控车床和普通铣床加工相似，数控铣床加工也应做到粗、精分开，选用加工余量一致性好的毛坯，认真分析加工工艺，确定恰当的切入、切出轨迹，选择合适的刀具与铣削用量。数控铣削加工应使工序集中，以减小定位误差，若需换刀应尽量采用相同的基准对刀，以提高加工精度。铣削斜面或空间曲面时，工件表面会留下切削残痕，残痕高度与进给量有关，可通过理论计算或预加工确定合适的进给量。进给量越小，走刀次数越多，则残痕高度越小，零件的加工精度越高，表面粗糙度值就越小。

10.3.2　螺纹加工常见问题解析

(1) 进行横螺纹加工时，其进给速度 F 的单位采用旋转进给率，即 mm/r。

(2) 为避免在加减速的过程中进行螺纹切削，要设引入距离和超越距离，即升速进刀段和减速退刀段。若螺纹的收尾处没有退刀槽时，一般按 45°退刀收尾。

(3) 螺纹起点与终点径向尺寸的确定：螺纹加工中的编程大径应根据螺纹尺寸标注和公差要求进行计算，并由外圆车削来保证。如果螺纹牙型较深、螺距较大，则可采用分层切削。

10.3.3　数控机床常见故障排除

1) 紧急停止

当发生紧急情况时，按机床操作面板上的紧急停止按钮，机床锁住，机床移动立即停止。紧急停止时，通向电动机的电源被关断。解除紧急停止的方法随机床厂家的不同而不同，一般通过旋转解除。解除紧急停止前，应排除不正常因素。

2) 超程

刀具超越了机床限位开关规定的行程范围时，显示报警，刀具减速停止。此时，手动操作将刀具移向安全的方向，然后，按复位按钮解除报警。

3) 行程检测

用参数设定限制范围，设定范围的外侧为禁止范围，通常由机床厂家一次在机床最大行程处设定，不需改变。

4) 报警处理

不能正常运转时，一般可按以下情况确认。

(1) CRT 显示错误代码时，可参照机床说明书查找错误原因。P/S 报警时，分析程序错误或设定数据错误，修改程序或重新设定数据。

(2) CRT 未显示错误代码时，可能系统正在进行后台处理，而运转暂时停止；如长时间无反应，可参照有关故障情况调查及故障检测办法，查明故障原因，对症处理。

10.4　拓 展 训 练

10.4.1　UG NX 数控车削锥孔零件实例

本例要求使用钻中心孔、啄钻、镗孔、端面加工、外圆粗加工、外圆精加工、外圆切槽加工和外螺纹车削加工等，最终完成零件的加工。零件示意图如图 10-26 所示。

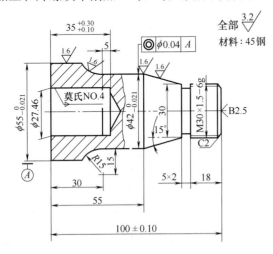

图 10-26　锥孔零件

1. 实例分析

本例是一个锥孔零件的单件加工，材料是 45 钢，在数控车床上完成整个零件的加工。在 UG NX 6.0 数车模块中需要使用各种加工的方法包括钻中心孔、啄钻、镗孔、端面加工、外圆粗加工、外圆精加工、外圆切槽加工和外螺纹车削加工等。具体的加工工艺方案如表 10-4 所示。

表 10-4　锥孔零件的加工工艺方案

工序号	加工内容	加工方式	留余量面/(径向)	机　床	刀　具	夹　具
10	下料毛坯 φ60mm×130mm	车削	0.5	车床	切断车刀	三爪卡盘
20	将棒料毛坯装夹在三爪卡盘上，伸出长度为 110mm		0	数控车床		三爪卡盘
20.01	加工端面	FACING	0	数控车床	OD_80_L(左偏外圆粗车刀)	三爪卡盘
20.02	钻中心孔	点钻	0	数控车床	中心钻 φ 2.5	三爪卡盘
30	用活顶尖顶住右端面，提高刚度，减少跳动和振动			数控车床		三爪卡盘和活顶尖

工序号	加工内容	加工方式	留余量面/(径向)	机 床	刀 具	夹 具
30.01	外表面的粗加工	ROUGH_TURN_OD	0.5/0.5	数控车床	OD_80_L(左偏外圆粗车刀)	三爪卡盘和活顶尖
30.02	外表面的精加工	FINISH_TURN_OD	0	数控车床	OD_55_L(左偏外圆精车刀)	三爪卡盘和活顶尖
30.03	切退屑槽	GROOVE_OD	0	数控车床	OD_GROOVE_L(外圆切槽刀)	三爪卡盘和活顶尖
30.04	车削螺纹	THREAD_OD	0	数控车床	OD_THREAD_L(外螺纹车刀)	三爪卡盘和活顶尖
30.05	切断加工	PARTOFF	0	数控车床	OD_GROOVE_L(外圆切槽刀)	三爪卡盘和活顶尖
40	将零件调头，加夹套装夹 ϕ42 外圆位置			数控车床		三爪卡盘
40.01	钻中心孔、钻孔、扩孔	点钻 啄钻	0	数控车床	中心钻 ϕ2.5 钻头 ϕ10、 ϕ24	三爪卡盘
40.02	莫氏锥度 NO.4 内表面的精加工	FINISH_BORE_ID	0	数控车床	ID_55_L(左偏内圆精车刀)	三爪卡盘

2. 操作步骤

1） 数控车削加工端面 FACING

按照车削加工的工艺要求，端面加工是数控车削加工的第一个加工操作，为后面的加工工序提供加工基准。该操作包括创建加工坐标系、工件几何体，创建刀具等，再到设置端面加工和各种参数，生成刀轨等内容。

2） 中心孔加工 CENTERLINE_SPOTDRILL

钻中心孔是钻孔加工的第一个加工操作，此加工操作可以保证后续的钻孔加工钻头开始钻削时不发生偏心。本中心孔的作用是用于活顶尖的定位，实现零件加工的"一顶一夹"装夹定位。本操作包括创建刀具、创建中心孔点钻 CENTERLINE_SPOTDRILL 操作，指定起点和深度、生成刀位轨迹等操作。

3） 外圆粗加工 ROUGH_TURN_OD

外圆车削加工能力是车削加工中最基本的加工方法之一。外圆粗加工通过运用合适的刀具以及加工方法，采用恰当的切削用量快速去除余量，具体步骤包括创建外圆粗车 ROUGH_TURN_OD 加工操作、指定切削策略、修改刀轨设置、设定余量、设置进刀/退刀、设置逼近选项参数、设置离开选项参数、设置进给和速度参数、生成刀位轨迹等内容。单击【生成】按钮 ，系统计算出外圆粗车加工的刀位轨迹，如图 10-27 所示。

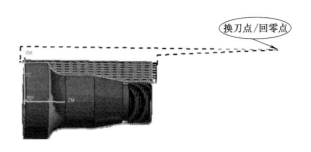

图 10-27　外圆粗车加工的刀位轨迹

4)　外圆精车 FINISH_TURN_OD

外圆精车是粗加工后用来保证零件加工精度的工序，可以获得好的加工表面质量。粗加工后，需要在数控系统中修正零件尺寸的补偿值，然后选用合理的切削用量，进行精加工。其具体操作包括创建刀具、创建外圆精车 FINISH_TURN_OD 加工操作、指定切削策略、修改刀轨设置、设定余量、设置进刀/退刀、设置逼近选项参数、设置离开选项参数、设置进给和速度参数、生成刀位轨迹等操作。单击【生成】按钮 ，系统计算出外圆精车加工的刀位轨迹，如图 10-28 所示。

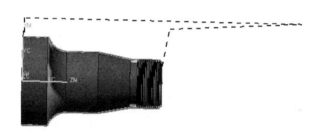

图 10-28　外圆精车加工的刀位轨迹

5)　切退屑槽 GROOVE_OD

槽的车削加工可以用于切削内径、外径以及断面，在实际应用中多用于退刀槽的加工。在车削槽的时候，一般要求刀具轴线和回转体零件轴线相互垂直，这主要是由车槽刀具决定的。其具体步骤包括创建刀具、创建外圆切槽 GROOVE_OD 加工操作、指定切削区域、指定切削策略、设定余量、设置进刀/退刀点、设置逼近选项参数、设置离开选项参数、设置进给和速度参数生成刀位轨迹等。单击【生成】按钮 ，系统计算出外圆切槽的刀位轨迹，如图 10-29 所示。

6)　外圆螺纹加工 THREAD_OD

螺纹操作有车削或丝锥螺纹切削，加工的螺纹可能是单线，或多线的内部、外部，或端面螺纹。车螺纹必须指定"螺距"，选择顶线和根线(或深度)以生成螺纹刀轨。其具体步骤包括创建刀具、创建外圆螺纹加工操作、指定顶线、指定深度和角度、修改刀轨设置、设置螺距和生成刀位轨迹等。单击【生成】按钮 ，系统计算出外圆车螺纹的刀位轨迹，如图 10-30 所示。

切断加工通常是车削加工的最后一道工序，在 UG 中的设置要注意切断刀的宽度不要太宽，以免增加切槽阻力。一般刀宽为 3mm。还要保证有足够的刀片长度来切断工件。

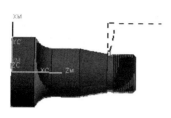

图 10-29　外圆切槽的刀位轨迹

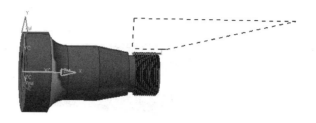

图 10-30　外圆车螺纹的刀位轨迹

7)　车削加工刀轨的后处理

在操作导航器中，选择创建的操作 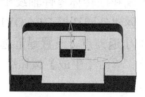，然后右击，在弹出的快捷菜单中选择【后处理】命令，打开【后处理】对话框，在【文件名】文本框中输入文件名及路径。单击【应用】按钮，系统开始对选择的操作进行后处理，产生一个文本文件 11-2.NC，内容如图 10-31 所示，将 NC 文件输入数控机床，实现零件的自动控制加工。

```
i 信息                                    □ ▢ ×
文件(F)  编辑(E)
%
N0010 G94 G90 G20
N0020 G50 X0.0 Z0.0
:0030 T00 H00 M06
N0040 G97 S0 M03
N0050 G94 G00 X1.378 Z4.0157
N0060 X1.3465 Z3.937
N0070 G92 S0
N0080 G96 M03
N0090 G95 G01 X1.2992 F.004
N0100 X-.0472
N0110 X0.0 F.0197
N0120 G94 G00 X1.2992
```

图 10-31　后处理信息

10.4.2　UG NX 平面铣削加工实例

依据零件型面特征，综合采用平面铣加工操作针对如图 10-32 所示的零件进行平面铣粗加工、槽底面精加工及槽侧面精加工。

图 10-32　零件的模型

1. 实例分析

本例是一个比较典型的平面加工零件，主要包括平面铣、轮廓精加工和表面精加工。本例的主要目的是通过零件加工的过程，让读者逐步熟悉平面铣和面铣的基本思路和步骤。

零件材料是 45 钢，加工思路是先通过平面铣进行粗加工，侧面留 0.35mm 的加工余量，底面留 0.15mm 的加工余量。再用面铣精加工底面，最后用平面铣精加工侧壁。加工工艺方案如表 10-5 所示。

表 10-5 平面铣的加工工艺方案

工序号	加工内容	加工方式	留余量/mm 部件/底面	机床	刀具	夹具
10	下料 100mm×50mm×25mm	铣削	0.5	铣床	铣刀 ϕ32	机夹虎钳
20	铣六面体 100mm×50mm× 25mm，保证尺寸误差在 0.3mm 以内，两面平行度小 于 0.05mm	铣削	0	铣床	铣刀 ϕ32、 ϕ16	机夹虎钳
30	将工件安装到机夹台虎钳 上，夹紧工件两侧面			数控 铣床		机夹虎钳
30.01	凹槽的开粗	平面铣	0.35/0.15		平铣刀 ϕ8	
30.02	槽底平面的精加工	面铣	0		平铣刀 ϕ8	
30.03	槽侧平面的精加工	平面铣	0		平铣刀 ϕ8	

2. 操作步骤

(1) 粗加工。启动 UG，调入零件模型后初始化加工环境、设定坐标系和安全高度、创建刀具、创建方法、创建几何体、创建平面铣操作、创建边界、设定底面、设定进刀参数、设定切削深度、设定进给率和刀具转速，生成刀位轨迹，如图 10-33 所示。

(2) 精加工底平面。其步骤包括创建面铣操作、指定面边界、设定螺旋进刀、生成刀位轨迹，如图 10-34 所示。

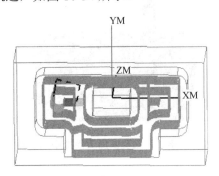

图 10-33 粗加工的刀位轨迹

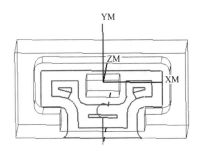

图 10-34 精加工底平面的刀位轨迹

(3) 精加工侧面。其步骤包括复制平面铣操作、修改方法、设定切削模式、设定切削底面余量、生成刀位轨迹，如图 10-35 所示。

(4) 刀轨实体加工模拟。在操作导航器中，在 WORKPIECE 节点上右击，如图 10-36 所示。在弹出的快捷菜单中选择【刀轨】|【确认】命令，则回放所有该节点下的刀轨，接着打开【刀轨可视化】对话框，如图 10-37 所示。切换到其中的【2D 动态】或【3D 动态】选项卡，单击下面的【播放】按钮 ▶ ，系统开始模拟加工的全过程。如图 10-38 所示为刀轨实体加工模拟中的工件。

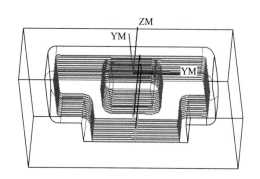

图 10-35　精加工侧面的刀位轨迹

图 10-36　刀轨确认

图 10-37　【刀轨可视化】对话框

图 10-38　刀轨实体加工模拟中的工件

10.5　操作安全规范

10.5.1　数控机床的安全操作

（1）回参考点。数控机床上电后，首先要返回参考点。

（2）检查各种阀的位置是否正常，刀具、刀柄是否有松动现象。如有异常应及时复位、排除。

（3）检查刀具号、刀具补偿号、刀具偏置号与上次正常运行断电后的参数是否相同。

(4) 机床主轴低速运行一段时间，有主轴热暖功能的机床运行时间需严格按照机床的要求进行。

(5) 安装刀具或拆卸刀具时，应用棉纱或垫布握住刀具，不要用手直接接触。

(6) 机床运行时注意力应集中，防止意外事故发生。

10.5.2 数控机床使用注意事项

(1) 每天应及时清理机床铁屑。

(2) 没有自动润滑功能的机床应定期润滑机床的导轨。

(3) 需要润滑脂润滑的部位，应定期加注润滑脂。

(4) 不能用高压空气直接吹光栅尺，防止灰尘进入光栅尺内，降低或丧失光栅尺的精度。

(5) 机床空运行时，应卸下工件毛坯，或刀具抬起的高度应保证刀具运行到最低部，不至于接触到工件毛坯。

(6) 每天停机前，为了保护刀具夹紧弹性蝶簧的寿命，应卸下主轴刀具。

本 章 小 结

本章主要介绍了数控机床加工的相关基础知识，包括数控机床、刀具及加工特点等，同时重点讲解了数控车床、铣床的手工简单编程方法，以帮助读者熟悉数控代码指令的格式和功能。UG NX 是企业应用较为普遍的数控加工软件，本章在拓展训练中简单地介绍了车、铣两个实例的基本编程工艺路径安排以及 UG NX 数控编程的步骤流程，以供读者参考学习。通过本章的学习，读者应该能够进行简单工件的编程、加工；熟悉数控机床操作面板的基本操作；并能够独立操作数控机床完成工件的加工。

思考与练习

一、思考题

1. 数控机床的机床坐标系与工件坐标系有何区别与联系？

2. 功能指令中模态代码与非模态代码有何差异？

3. 数控机床为何要进行回参考点或回原点操作？

4. 刀具磨损或重新刃磨后，是否要修改程序中的坐标值？

二、练习题

1. 如图 10-39 所示是液化气灶管接头，材料是黄铜。选用合适的刀具和加工方法对右端轮廓进行加工，并生成 NC 代码。

图 10-39　液化气灶管接头

2. 利用面铣加工路径对如图 10-40 所示的工件进行底面的精加工，并生成 NC 代码。

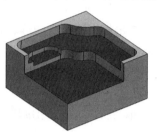

图 10-40　工件

第 11 章 电火花加工

学习要点

本章主要介绍了电火花线切割机床和电火花成型机的结构及基本操作，电火花加工的原理及加工条件，通过本章的学习，读者应掌握电火花线切割机床典型零件的编程方法并熟悉机床的操作。

技能目标

通过本章的学习，读者应该能够独立完成电火花线切割机床简单零件的编程，熟悉电火花线切割机床和电火花成型机的结构及操作流程。

11.1 数控电火花加工

11.1.1 电火花加工原理

电火花加工是指利用工具电极和零件电极间脉冲放电时局部瞬间产生的高温，将金属腐蚀去除来对零件进行加工的一种方法。如图 11-1 所示为电火花加工装置原理图。脉冲发生器 1 的两极分别接在工具电极 3 与零件 4 上，当两极在工作液 5 中靠近时，极间电压击穿间隙而产生火花放电，在放电通道中瞬时产生大量的热，达到很高的温度(10 000℃以上)，使零件和工具表面局部材料熔化甚至汽化而被蚀除下来，形成一个微小的凹坑。多次放电的结果，就使得零件表面形成许多非常小的凹坑。电极不断下降，工具电极的轮廓形状便复印到零件上，这样就完成了零件的加工。

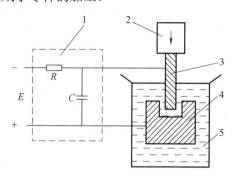

图 11-1 电火花加工装置原理图

1—脉冲发生器；2—自动进给调节装置；3—工具电极；4—零件；5—工作液

11.1.2　电火花加工设备

1. 电火花加工机床

电火花加工机床一般由脉冲电源、自动进给调节装置、机床本体及工作液循环过滤系统等部分组成。

脉冲电源的作用是把普通 50Hz 的交流电转换成频率较高的脉冲电源，加在工具电极与零件上，提供电火花加工所需的放电能量。如图 11-1 所示的脉冲发生器是一种最基本的脉冲发生器，它由电阻 R 和电容器 C 构成。直流电源 E 通过电阻 R 向电容器 C 充电，电容器两端电压升高，当达到一定的电压极限时，工具电极(阴极)与零件(阳极)之间的间隙被击穿，产生火花放电。火花放电时，电容器将所储存的能量瞬时放出，电极间的电压骤然下降，工作液便恢复绝缘，电源即重新向电容器充电，如此不断循环，形成每秒数千到数万次的脉冲放电。

应该强调的是，电火花加工必须利用脉冲放电，在每次放电之间的脉冲间隔内，电极之间的液体介质必须来得及恢复到绝缘状态，以使下一个脉冲能在两极间的另一个相对最靠近点处击穿放电，避免总在同一点放电而形成稳定的电弧。因稳定的电弧放电时间长，金属熔化层较深，只能起焊接或切断的作用，不可能使遗留下来的表面准确和光整，也就不可能进行尺寸加工了。

在电火花加工过程中，不仅零件被蚀除，工具电极也同样遭到蚀除。但阳极(指接电源正极)和阴极(指接电源负极)的蚀除速度是不一样的，这种现象叫"极效应"。为了减少工具电极的损耗，提高加工精度和生产效率，总希望极效应越显著越好，即零件蚀除越快越好、而工具蚀除越慢越好。因此，电火花加工的电源应选择直流脉冲电源。因为若采用交流脉冲电源，零件与工具的极性不断改变，使总的极效应等于零。极效应通常与脉冲宽度、电极材料及单个脉冲能量等因素有关，由此即决定了加工的极性选择。

自动进给调节装置能调节工具电极的进给速度，使工具电极与零件间维持所需的放电间隙，以保证脉冲放电正常进行。

机床本体是用来实现工具电极和零件装夹固定及运动的机械装置。

工作液循环过滤系统强迫清洁的工作液以一定的压力不断地通过工具电极与零件之间的间隙，以及时排除电蚀产物，并经过滤后再次进行使用。目前，大多采用煤油或机油作为工作液。

电火花加工机床已有系列产品。从加工的方式来看，可将它们分成两种类型：一种是用特殊形状的电极工具加工相应的零件，称为电火花成型加工机床；另一种是用线电极工具加工二维轮廓形状的零件，称为电火花线切割机床。

2. 工具电极与电规准

1)　工具电极材料应具备的性能

(1)　具有良好的电火花加工工艺性能，即导电性好、熔点高、沸点高、导热性好、机械强度高等。

(2) 制造工艺性好，易于加工达到要求的精度和表面质量。

(3) 来源丰富，价格便宜。

常用工具电极材料的性价比如表 11-1 所示。

表 11-1　常用工具电极材料的性价比

材　　料	损　耗	稳　定　性	生　产　率	机加工性能	价　　格
紫铜	小	好	高	差	较贵
黄铜	较小	较好	高	较好	中等
石墨	小	较好	高	差	中等
铸铁	较大	较差	中等	好	低
钢	稍大	较差	较低	好	较低

2)　工具电极的结构形式

根据电火花加工的区域大小与复杂程度、工具电极的加工工艺性等实际情况，工具电极常采用整体电极、镶拼式电极、组合电极(又称多电极)和标准电极等几种结构形式。

3)　电规准

电规准就是电火花加工过程中的一组电参数，如脉冲电压、电流、频率、脉宽和极性等。电规准一般可分为粗、中、精 3 种，每种又可分为几档。

粗规准用于粗加工，蚀除量大，要求生产率高、电极损耗小，一般采用大电流(数十至上百安)、大脉宽(20～300μs)，加工粗糙度在 $Ra6.3\mu m$ 以上。

中规准用于过渡加工，采用电流一般在 20A 以下，脉宽为 4～20μs，加工粗糙度在 $Ra3.2\mu m$ 以上。

精规准用于最终的精加工，多采用高频率、小电流(1～4A)、短脉宽(2～6μs)，加工粗糙度在 $Ra0.8\mu m$ 以下。

3. 电火花加工的特点与应用

电火花加工适用于导电性较好的金属材料的加工而不受材料的强度、硬度、韧性及熔点的影响，因此为耐热钢、淬火钢、硬质合金等难以加工材料提供了有效的加工手段。又由于加工过程中工具与零件不直接接触，故不存在切削力，工具电极可以用较软的材料如纯铜、石墨等制造，并可用于薄壁、小孔、窄缝的加工，而无须担心工具或零件的刚度太低而无法进行。也可用于各种复杂形状的型孔及立体曲面型腔的一次成型，而不必考虑加工面积太大会引起切削力过大等问题。

电火花加工过程中一组配合好的电参数，如电压、电流、频率、脉宽等称为电规准。电规准通常可分为两种(粗规准和精规准)，以适应不同的加工要求。电规准的选择与加工的尺寸精度及表面粗糙度有着密切的关系。一般精规准穿孔加工的尺寸误差可达 0.05～0.01mm，型腔加工的尺寸误差可达 0.1mm 左右，粗糙度 Ra 值为 3.2～0.8μm。

电火花加工的应用范围很广，它可以用来加工各种型孔、小孔，如冲孔凹模、拉丝模孔、喷丝孔等；可以加工立体曲面型腔，如锻模、压铸模、塑料模的模腔；也可用来进行切断、切割，以及表面强化、刻写、打印铭牌和标记等。

11.1.3 电火花成型加工的操作

1. 工具电极和工件的安装

1) 工具电极和工件的装夹

工具电极的装夹方法有多种，一般均采用通用夹具或专用夹具将工具电极装在机床的主轴上。工具电极常用的装夹方法有：用标准套筒装夹(见图 11-2(a))、用钻夹头装夹(见图 11-2(b))、用标准螺丝夹头装夹(见图 11-2(c))、用定位块装夹和用连接板装夹等几种。

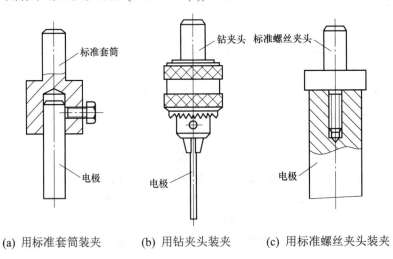

(a) 用标准套筒装夹　　　(b) 用钻夹头装夹　　　(c) 用标准螺丝夹头装夹

图 11-2 工具电极的装夹

工件一般直接安装在工作台上，与工具电极相互定位后，用压板和螺栓压紧。

2) 工具电极的校正

工具电极在装夹后必须进行校正，使其轴线与机床主轴的进给轴线保持一致。常用的校正方法有按电极固定板基准面校正、按电极端面校正和按电极侧面校正等几种，如图 11-3 所示。

3) 工具电极与工件的相互定位

电极校正后，还需进行定位，即确定电极与工件之间的相互位置，以找准加工位置，达到一定的精度要求。常用的定位方法有坐标定位法、划线定位法、十字线定位法、定位板定位法、块规角尺或定位法等几种，如图 11-4 所示。

2. 电火花成型加工的操作

电火花成型加工机床的型号有多种，但它们的基本操作方法大致相同。下面以 D7140 型数控电火花成型加工机床为例，介绍成型加工的操作步骤。

(1) 各项安全及技术准备工作做好后，即可接通电源，起动控制系统。将开门断电开关合上，顺时针旋开急停按钮，按一下起动按钮，系统即通电。在主画面显示状态下按任意键进入主菜单，此时机床处于加工待命状态。通过按钮可控制主轴升降及工作台纵横向移动。

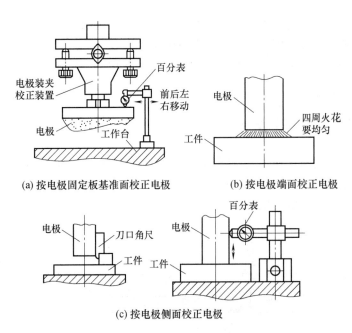

(a) 按电极固定板基准面校正电极　　　(b) 按电极端面校正电极

(c) 按电极侧面校正电极

图 11-3　工具电极的校正方法

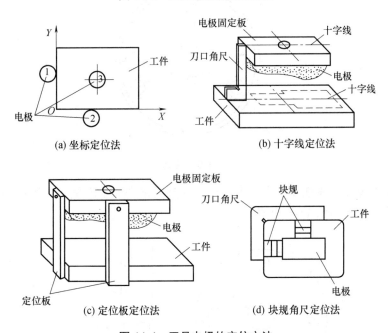

(a) 坐标定位法　　　　　　　　　　(b) 十字线定位法

(c) 定位板定位法　　　　　　　　(d) 块规角尺定位法

图 11-4　工具电极的定位方法

　　(2) 将准备好的电极装上主轴，工件置于工作台上，然后进行电极校正，电极与工件定位，并设定加工深度。

　　(3) 注入工作液，工作液面的高度和冲液压力可用相应的开关进行调整。

　　(4) 设定液面、液温和火警保护功能，使液面、液温和火花监视器处于工作状态。

　　(5) 根据实际加工情况，设定合理的加工参数，如粗、中、精加工的各档规准、加工量等。若需平动头加工，则可选择输入相应的平动参数。此外，D7140 型数控电火花成型机的系统中具有加工参数数据库，加工参数也可直接从中选取。

（6）以上各项工作准备就绪后，即可进行放电加工。

（7）根据加工过程的情况，调整伺服进给，保证放电加工的稳定进行。此项工作也可编入程序，由系统控制。

11.1.4 专项技能训练课题

简单方孔冷冲模的电火花加工。凹模尺寸为 25mm×25mm，深 10mm，通孔的尺寸公差等级为 IT7，表面粗糙度 Ra1.25～2.5μm，模具如图 11-5 所示，工件材料为 40Cr。设采用高、低压复合型晶体管脉冲电源加工。

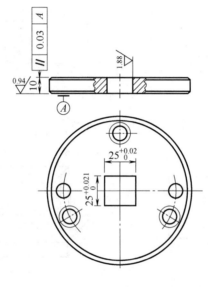

图 11-5 模具

电火花加工模具一般都在淬火以后进行，并且通常先加工出预孔，如图 11-6(a)所示，其余工件尺寸等要求与图 11-5 相同。

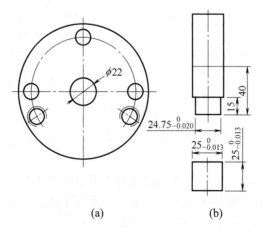

(a)　　　　(b)

图 11-6 电火花加工前的工具、工具电极

加工冲模的电极材料，一般选用铸铁或钢，这样可以采用成型磨削方法制造电极。为了简化电极的制造过程，也可采用合金钢电极，如 Cr12，电极的精度和表面粗糙度比凹模高一级。为了实现粗、半精、精标准转换，电极前端用强酸王水进行腐蚀处理，腐蚀高度为 15mm，双边腐蚀量为 0.25mm，如图 11-6(b)所示。电火花加工前，工件和工具电极都必须经过退磁处理。

电极装夹在机床主轴头的夹具中进行精确找正，使电极对机床工作台面的垂直度小于 0.01mm/100mm。工件安装在油杯上，工件上、下端面保持与工作台面平行。加工时采用下冲油，用粗、精加工两档标准，并采用高、低压复合脉冲电源，加工参考标准如表 11-2 所示。

表 11-2　加工参考标准

类　别	脉冲宽度/μs		电压/V		电流/A		脉冲间歇/μs	冲油压力/kPa	加工深度/mm
	高压	低压	高压	低压	高压	低压			
粗加工	12	25	250	60	1	9	30	9.8	15
精加工	7	2	200	60	0.8	1.2	25	19.6	20

11.2　数控线切割加工

11.2.1　数控线切割加工设备

电火花线切割是利用连续移动的金属丝作为工具电极，与零件间产生脉冲放电时形成的电腐蚀来切割零件。线切割用的电极丝是直径非常小的(ϕ 0.04～0.25mm)钼丝、钨丝或铜丝。加工精度可达±(0.01～0.005)mm，粗糙度 Ra 为 3.2～1.6μm。可加工精密、狭窄、复杂的型孔，常用于模具、样板或成型刀具等的加工。

1. 线切割加工机床

如图 11-7 所示为一电火花线切割加工装置示意图。储丝筒 7 做正反方向交替的转动，脉冲电源 3 供给加工能量，使电极丝 4 一边卷绕，一边与零件之间发生放电，安放零件的数控工作台可在 X、Y 轴两坐标方向各自移动，从而合成各种运动轨迹，将零件加工成所需的形状。

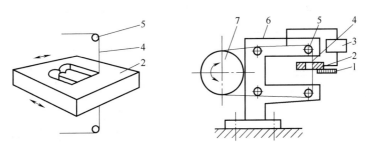

图 11-7　电火花切割加工装置示意图

1—绝缘底板；2—零件；3—脉冲电源；4—电极丝；5—导向轮；6—支架；7—储丝筒

与电火花成型加工相比,线切割不需专门的工具电极,并且作为工具电极的金属丝在加工中不断移动,基本上无损耗;加工同样的零件,线切割的总蚀除量比普通电火花成型加工的总蚀除量要少得多,因此生产效率要高得多,而机床的功率却可以小得多。

2. 电火花线切割的特点及应用

(1) 适宜加工具有薄壁、窄槽、异形孔等复杂结构图形的零件。

(2) 不仅适宜加工由直线和圆弧组成的二维曲面图形,还可加工一些由直线组成的三维直纹曲面,如阿基米德旋线、抛物线和双曲线等特殊曲线的图形的零件。

(3) 适宜加工大小和材料厚度常有很大差别的零件,以及技术要求高,特别是在几何精度、表面粗糙度方面有着不同要求的零件。

11.2.2　数控线切割加工的操作

随着数控线切割机床技术的发展,加工性能越来越好,编程方式也越来越简单。有些数控线切割机床除了能用 B 指令编程外,还能用 G 指令编程,甚至可以用图形编程,工作效率大为提高。

ISO 代码是国际标准化机构制定的用于数控编程和控制的一种标准代码。代码中分别有 G 指令(称为准备功能指令)和 M 指令(称为辅助功能指令)等。如表 11-3 所示为电火花加工中最常用的 G 指令和 M 指令代码,它是从切削加工机床的数控系统中套用过来的。不同工厂的代码,可能有多有少,含义上也可能稍有差异。例如,沙迪克公司用 C 作为加工规范条件的代码,而三菱公司则用 E 来表示。具体应遵照所使用电火花加工机床说明书中的规定。

表 11-3　常用的电火花加工数控 G 指令和 M 指令代码

代　码	功　能	代　码	功　能
G00	快速定位	G80	有接触感知
G01	直线插补	G81	回机床"零点"
G02	顺时针圆弧插补	G90	绝对坐系
G03	逆时针圆弧插补	G91	增量坐标系
G04	暂停	G92	赋予坐标系
G17	XY 平面选择	M00	程序暂停
G18	XZ 平面选择	M02	程序结束
G19	YZ 平面选择	M05	不用接触感知
G20	英制	M08	旋转头开
G21	公制	M09	旋转头关
G40	取消补偿	M80	冲油、工作液流动
G41	左偏补偿	M84	接通脉冲电源
G42	右偏补偿	M85	关断脉冲电源
G54	工作坐标系 0	M89	工作液排除
G55	工作坐标系 1	M98	子程序调用
G56	工作坐标系 2	M99	子程序调用结束

前面介绍了符合国际标准的 ISO 格式(或称 G 代码格式),但在实际中还有许多机床采用 3B 和 4B(带间隙补偿)代码格式,3B 代码的编程格式如下:

$$B\ X\ B\ Y\ B\ J\ G\ Z$$

其中,B——间隔符,它的作用是将 X、Y、J 数码区分开来。

X、Y——以直线的起点或圆弧的圆心作为原点,直线的终点或圆弧的起点坐标值编程时一律取绝对值,并以 μm 为单位。

G——计数方向,由直线或圆弧的终点位置决定,如图 11-8 所示。直线若位于阴影区域内,计数方向为 G_y,反之则为 G_x;若圆弧的终点位于阴影区域内,计数方向为 G_x,反之则为 G_y。

J——计数长度,直线或各段圆弧在计数方向上的投影的总和,如图 11-9 所示,中圆弧 $\overset{\frown}{AB}$ 的计数长度 $J=J_{x1}+J_{x2}$。编程时,以 μm 为单位,一般需填写满 6 位。

Z——加工指令,共有 12 种,如图 11-10 所示。

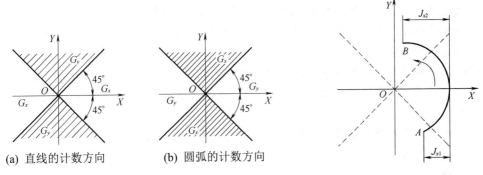

图 11-8　计数方向的选取　　　　　　　图 11-9　计数长度

(1) 当被加工的直线位于 Ⅰ、Ⅱ、Ⅲ、Ⅳ 象限时,依次用 L_1、L_2、L_3、L_4 表示,如图 11-10(a)所示。

(2) 作为特例,当被加工的直线正好沿着 X 轴正向、Y 轴正向、X 轴负向、Y 轴负向时,依次用 L_1、L_2、L_3、L_4 表示,且编程时,X 和 Y 均作 0 计,如图 11-10(b)所示。

(3) 当被加工圆弧的起点在 Ⅰ、Ⅱ、Ⅲ、Ⅳ 象限,且沿顺时针方向加工时,依次用 SR_1、SR_2、SR_3、SR_4 表示,如图 11-10(c)所示。

(4) 当被加工圆弧的起点在 Ⅰ、Ⅱ、Ⅲ、Ⅳ 象限,且沿逆时针方向加工时,依次用 NR_1、NR_2、NR_3、NR_4 表示,见图 11-10(d)。

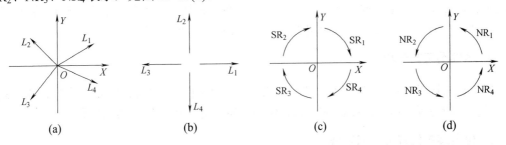

图 11-10　加工指令

例如：B1000 B2000 B2000 GY L$_2$

整个程序结束后，应有停机符"MJ"，表示程序结束，加工完毕。

编程时，直线一律将起点作为坐标的原点，而将直线的终点坐标的绝对值作为 X 和 Y；圆弧一律将圆心作为坐标的原点，而将圆弧的起点坐标值的绝对值作为 X 和 Y。

由于加工中程序的执行是以电极丝中心轨迹来计算的，而电极丝的中心轨迹不能与零件的实际轮廓线重合，要加工出符合图纸要求的零件，必须计算出电极丝中心轨迹的交点和切点坐标，按电极丝中心轨迹编程。电极丝中心轨迹与零件轮廓相距一个 f 值，f 值称作偏移补偿值。其计算公式如下：

$$f = \frac{d}{2} + s$$

式中，f 为偏移补偿值；d/2 为电极丝半径；s 为单边放电间隙(0.01mm)。

不论何种线切割机床，其基本操作方法都是大致相同的。

采用手工编程方式加工的操作步骤如下。

(1) 编排切割工艺过程，计算钼丝中心轨迹，编制线切割加工程序。

(2) 接通电源，开机，输入程序。需要注意的是：在输入正式程序前，应加上从穿丝孔到切割起点的程序段。

(3) 选择电规准。根据机床的状况及工件的质量要求，一般要求表面粗糙度小、比较薄的工件，应采用小电流、小脉宽来加工；表面粗糙度大、比较厚的工件，应采用大电流、大脉宽来加工。

(4) 将十字拖板移动到合适的位置上，防止拖板走到极限位置时，工件还未割好。

(5) 安装工件。

(6) 穿钼丝。

(7) 校正工件。

(8) 按起动键运行程序，用薄板进行试切割加工。

(9) 测量工件，若有微量偏差可调整间隙补偿值。有些型号的线切割机只能补偿圆弧而不能补偿直线，此时则应对程序中的参数做适量的修整。

(10) 正式线切割加工零件。

11.2.3 专项技能训练课题

在对零件进行线切割加工时，必须正确地确定工艺路线和切割程序，包括对图纸的审核与分析、加工前的工艺准备和工件的装夹、程序的编制、加工参数的设定和调整以及检验等步骤。按照技术要求，完成如图 11-11 所示平面样板的加工。

1. 零件图工艺分析

经过分析图纸发现，该零件尺寸要求比较严格,但是由于原材料是 2mm 厚的不锈钢板，因此装夹比较方便。编程时要注意偏移补偿的给定，并留出足够的装夹位置。

2. 确定装夹位置及走刀路线

为了减小材料内部组织及内应力对加工精度的影响，要选择合适的走刀路线，如

图 11-12 所示。

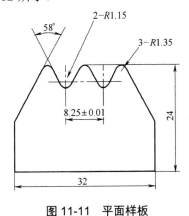

图 11-11 平面样板

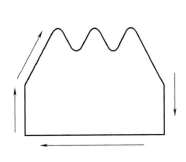

图 11-12 装夹位置

3. 编制程序单

(1) 利用 CAXA 线切割绘图软件绘制零件图。

(2) 生成加工轨迹并进行轨迹仿真。生成加工轨迹时，注意穿丝点的位置应选在图形的尖角处，减小累积误差对工件的影响。

(3) 生成 G 代码程序。

G 代码程序如下：

```
%
N001  G92  X16000  Y-18000
N002  G01  X16100  Y-12100
N003  G01  X-16100  Y-12100
N004  G01  X-16100  Y-521
N005  G01  X-9518  Y11353
N006  G02  X-6982  Y11353  I1268  J-703
N007  G01  X-5043  Y7856
N008  G03  X-3207  Y7856  I918  J509
N009  G01  X-1268  Y11353
N010  G02  X1268  Y11353  I1268  J-703
N011  G01  X3207  Y7856
N012  G03  X5043  Y7856  I918  J509
N013  G01  X6982  Y11353
N014  G02  X9518  Y11353  I1268  J-703
N015  G01  X16100  Y-521
N016  G01  X16100  Y-12100
N017  G01  X16000  Y-18000
N018  M02
%
```

(4) 调试机床。

调试机床应校正钼丝的垂直度(用垂直校正仪或校正模块)，检查工作液循环系统及送丝机构工作是否正常。

(5) 装夹及加工。

① 将坯料放在工作台上，保证有足够的装夹余量，然后固定夹紧，工件左侧悬置。

② 将电极丝移至穿丝点位置，注意别碰断电极丝，准备切割。

③ 选择合适的电参数，进行切割。

此零件作为样板使用，要求切割表面质量高，而且板比较薄，属于粗糙度型加工，故选择切割参数为：最大电流为3；脉宽为3；间隔比为4；进给速度为6。加工时注意电流表、电压表的数值应稳定，进给速度应均匀。

11.3 实践中常见问题的解析

11.3.1 电火花成型加工质量分析

电火花成型加工的精度主要与电极的制造和安装精度有关。若穿孔加工尺寸偏大或偏小时，可用镀层或腐蚀法缩放电极外形尺寸，然后再进行精加工；若型腔尺寸偏小时，则可加大平动量。对于表面粗糙度要求小的工件，应用精规准作精加工。电火花加工后，工件表面会产生一层硬而脆、残余应力大、显微裂纹多的变质层，对于不允许有变质层的工件，最后应用精规准加工，减小变质层的厚度，然后通过研磨等方法把它去除掉。

11.3.2 线切割加工质量分析

尽管线切割电极丝单位长度的损耗极小，但使用时间长了也会产生较大的损耗量，故工件尺寸精度要求高时，应以电极丝的实际直径来计算电极丝中心轨迹。若工件表面粗糙度小时，应选用较小的电参数，进行慢走丝切割。此外，工作液对表面加工质量有较大的影响，必要时应及时更换。

11.4 拓 展 训 练

11.4.1 电机转子冲孔落料模的电火花加工

工件材料：淬火 40Cr，工件尺寸要求如图 11-13 所示。凸凹模具配合间隙：0.04～0.07mm。工具电极(即冲头)材料：淬火 Cr12，尺寸要求如图 11-14 所示。

1. 工具电极在电火花加工之前的工艺路线

(1) 准备定位心轴。车削加工心轴的$\phi 6$、$\phi 12$ 外圆，其外圆直径留 0.2mm 的磨量，钻中心孔；磨床精磨$\phi 6$、$\phi 12$ 外圆。

(2) 粗车冲头外形，精车上段吊装内螺纹，如图 11-14 所示，$\phi 6$ 孔留磨量。

(3) 热处理。淬火处理。

(4) 磨。精磨$\phi 6$ 定位心轴孔。

(5) 线切割。以定位心轴$\phi 12$ 外圆面为定位基准，精加工冲头外形，达到图纸要求。

(6) 钳。安装固定连接杆(连接杆用于与机床主轴头连接)。

(7) 化学腐蚀(酸洗)。配置腐蚀液，均匀腐蚀，单面腐蚀量为 0.14mm，腐蚀高度为 20mm。

(8) 钳。利用凸模上$\phi 6$孔安装固定定位心轴。

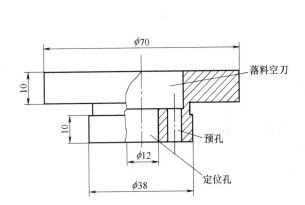

图 11-13　工件示意

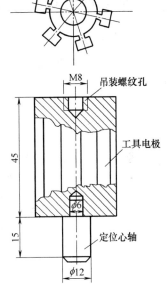

图 11-14　工具电极(冲头)和定位心轴示意

2. 工艺方法

凸模打凹模的阶梯工具电极加工法，反打正用。

3. 使用设备

FN2 电火花成型机。

4. 装夹、校正、固定

(1) 工具电极。以定位心轴作为基准，校正后予以固定。

(2) 工件。将工件自由放置在工作台上，将校正并固定后的电极定位心轴插入相对应的$\phi 12$孔(注意不能受力)，然后旋转工件，使预加工刃口孔对准冲头(电极)，最后予以固定。

5. 加工参考标准

(1) 粗加工。脉宽 20μs；间隔 50μs；放电峰值电流 24A；脉冲电压 173V；加工电流 7～8A。加工深度：穿透。加工极性：负。下冲油。

(2) 精加工。脉宽 2μs；间隔 20～50μs；放电峰值电流 24A；脉冲电压 80 V；加工电流 3～4A。加工深度：穿透。加工极性：负。下冲油。

6. 加工效果

配合间隙：0.06mm。

斜度：0.03mm(单面)。

加工表面粗糙度 Ra=1.0～1.25μm。

11.4.2 半圆形孔样板切割

线切割加工如图 11-15 所示的型孔，所用钼丝直径为 ϕ0.18mm，单边火花放电间隙为 0.01mm，故钼丝中心与所需加工轮廓线的距离为 0.1mm，运行轨迹如图 11-15 中的虚线所示。其加工程序如下。

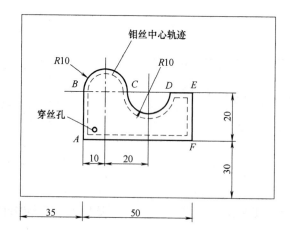

图 11-15 半圆形孔加工图

```
BBB019900GyL2              ; A(0, 0)→B(0, 19.9) 直线
B9900BB019800GySR2         ; 圆心(0, 0)，B(-9.9, 0) →C 圆弧
B10100BB020100GyNR3        ; 圆心(0, 0)，C(-10.1, 0)→D 圆弧
BBB009800GxL1              ; D(0, 0) → E(9.8, 0) 直线
BBB019800GyL3              ; E(0, 0) → F(0, -19.8) 直线
BBB049800GxL4              ; F(0, 0) → A(-49.8, 0) 直线
```

11.5 操作安全规范

电火花加工实训除了必须遵守一般的实训安全操作技术规范外，还应注意以下几点。

(1) 电火花加工机床尽管自动化程度较高，但其电源并非无人操作类机床电源，故加工时不要擅自离开机床。

(2) 切勿将非导电物体，包括锈蚀的工件或电极，装上机床进行加工，否则会损坏电源。

(3) 放电加工时有火花产生，需注意防火措施。进行电火花成型加工时，应开启液温、液面、火花监视器。

(4) 线切割加工时进给速度不要太快(即单位时间切割面积不要太大)，否则既影响加工质量，又容易引起断丝。

(5) 加工中不要用手或其他物体去触摸工件或电极。

(6) 尽管电加工机床具有较好的绝缘性能，但应注意某些元器件或零部件腐蚀后，可能会引起漏电事故。

本 章 小 结

电火花加工是属于特种加工范畴的一种加工工艺，它利用电极间脉冲放电所产生的局部、瞬间的高温把金属蚀除下来进行加工，具有以柔克刚、无切削力等工艺特点，适合于加工各种难以切削加工的材料、复杂表面和某些有特殊要求的零件。电火花加工一般用来加工导电材料，在具备某些条件时，也可用来加工半导体和非导体材料。通过本章的学习，读者应该能够独立完成电火花线切割机床简单零件的编程；熟悉电火花线切割机床和电火花成型机的结构及操作流程。

思考与练习

一、思考题

1. 电火花成型加工和线切割加工有哪些用途？

2. 简述工具电极的安装步骤。

3. 常用的电极材料有哪些？它们的性能如何？

二、练习题

分析如图 11-16 所示的梯形圆弧台零件，分别按 ISO 和 3B 代码格式编写该零件的线切割加工程序。

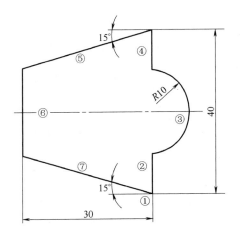

图 11-16　梯形圆弧台零件

附录　常用计量器具

附录 A　游 标 卡 尺

1. 游标卡尺的结构

分度值为 0.02mm 的游标卡尺，由尺身、制成刀口形的内外量爪、尺框、游标和深度尺组成。它的测量范围为 0～125mm，如图 A-1 所示。

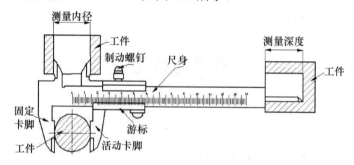

图 A-1　0.02mm 游标卡尺

2. 刻线原理

尺身上每小格为 1mm，当两测量爪并拢时，尺身上的 49mm 刻度线正好对准游标上的第 50 格的刻度线，如图 A-2 所示，则：

游标每格长度=49÷50=0.98mm

尺身与游标每格长度相差=1-0.98=0.02mm

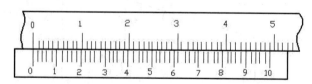

图 A-2　0.02mm 游标卡尺刻线原理

3. 使用方法

(1) 测量前应将游标卡尺擦干净，量爪贴合后游标的零线应和尺身的零线对齐。

(2) 测量时，所用的测力应使两量爪刚好接触零件的表面。

(3) 测量时，防止游标卡尺歪斜。

(4) 在游标卡尺上读数时，避免视线误差。

下面以 0.02mm 游标卡尺的尺寸读法为例，说明在游标卡尺上读尺寸时的 3 个步骤，如图 A-3 所示。

第一步：读整数，即读出游标零线左面尺身上的整毫米数。

第二步：读小数，即读出游标与尺身对齐刻线处的小数毫米数。

第三步：把两次读数加起来。

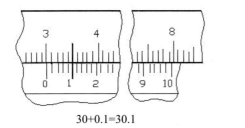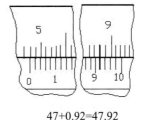

30+0.1=30.1　　　　　　　　　47+0.92=47.92

图 A-3　0.02mm 游标卡尺的尺寸读法

注意：　用游标卡尺测量工件时，应使卡脚逐渐靠近工件并轻微地接触，同时注意不要歪斜，以防读数产生误差。

4. 游标卡尺的维护

(1) 不要将卡尺放置在强磁场附近(如磨床的磁性工作台)。

(2) 卡尺要平放，尤其是大尺寸的卡尺，否则容易弯曲变形。

(3) 使用后，应擦拭清洁，并在测量面涂敷防锈油。

(4) 存放时，两测量面保持 1mm 的距离并安放在专用盒内。

近年来，我国生产的游标卡尺在结构和工艺上均有很大的改进，如无视差卡尺的游标刻线与尺身刻线相接，以减少视差。又如俗称的"四用卡尺"，还可用来测量工件的高度。另外，还有测量范围为 0～1000mm、0～2000mm 和 0～3000mm 的卡尺，其尺身采用截面为矩形的无缝钢管制成，这样既减轻了重量，又增强了尺身的刚性。为了防止紧固螺钉的脱落，广泛地采用了防脱落工艺。目前，非游标类卡尺，如带表卡尺、电子卡尺等正在普遍使用。

附录 B　千　分　尺

千分尺是一种精密量具。生产中常用的千分尺的测量精度为 0.01mm。它的精度比游标卡尺高，并且比较灵敏，因此，对于加工精度要求较高的零件尺寸，要用千分尺来测量。

千分尺的种类很多，有外径千分尺、内径千分尺和深度千分尺等，其中以外径千分尺用得最为普遍。

1. 千分尺的刻线原理及读数方法

测量范围为 0～25mm 的外径千分尺，如图 B-1 所示。弓架左端有固定砧座，右端的固定套筒为主尺，在轴线方向上刻有一条中线(基准线)，上、下两排刻线互相错开 0.5mm。

活动套筒为副尺，左端圆周上刻有 50 等分的刻线。活动套筒转动一圈，带动螺杆一同沿轴向移动 0.5mm。因此，活动套筒每转过 1 格，螺杆沿轴向移动的距离为 0.5/50=0.01mm。

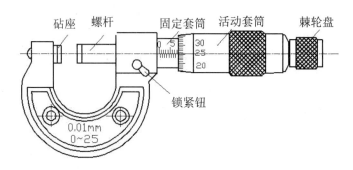

图 B-1　外径千分尺

其读数方法为：被测工件的尺寸=副尺所指的主尺上整数(应为 0.5mm 的整倍数)+主尺中线所指副尺的格数×0.01。

读取测量数值时，要防止读错 0.5mm，也就是要防止在主尺上多读半格或少读半格 (0.5mm)。千分尺的几种读数示例如图 B-2 所示。

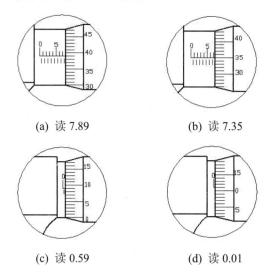

(a) 读 7.89　　　　　　　　(b) 读 7.35

(c) 读 0.59　　　　　　　　(d) 读 0.01

图 B-2　千分尺读数

2．千分尺的使用注意事项

使用千分尺时应注意以下事项。

(1)　千分尺应保持清洁。使用前应先校准尺寸，检查活动套筒上的零线是否与固定套筒上的基准线对齐。如果没有对齐，必须进行调整。

(2)　测量时，最好双手紧握千分尺，左手握住弓架，用右手旋转活动套筒，如图 B-3 所示，当螺杆即将接触工件时，改为旋转棘轮盘，直到棘轮发出"咔、咔"声为止。

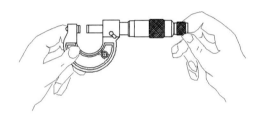

图 B-3　千分尺的使用

(3) 从千分尺上读取尺寸时，可在工件未取下前进行，读完后，松开千分尺，再取下工件；也可将千分尺用锁紧钮锁紧后，把工件取下后读数。

(4) 千分尺只适用于测量精确度较高的尺寸，不能测量毛坯面，更不能在工件转动时去测量。

3．千分尺的维护

(1) 当切削液浸入千分尺后，应立即用溶剂汽油或航空汽油清洗，并在螺纹轴套内注入高级润滑油，如透平油。

(2) 使用后，应将千分尺测量面、测微螺杆圆柱部分以及校对用量杆测量面擦拭清洁，涂敷防锈油后，置入专用盒内。专用盒内不允许放置其他物品，如钻头等。

附录 C　百分表及杠杆百分表

1．百分表的结构与传动原理

百分表的传动系统由齿轮、齿条等组成，如图 C-1 所示。测量时，当带有齿条的测量杆上升，带动小齿轮 z_2 转动，与 z_2 同轴的大齿轮 z_3 及小指针也跟着转动，而 z_3 又带动小齿轮 z_1 及其轴上的大指针偏转。游丝的作用是迫使所有齿轮做单向啮合，以消除由于齿侧间隙而引起的测量误差。弹簧是用来控制测量力的。

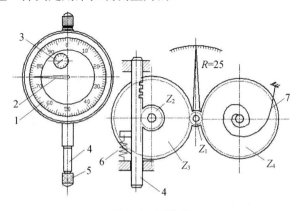

图 C-1　百分表

1—表盘；2—大指针；3—小指针；4—测量杆；5—测量头；6—弹簧；7—游丝

2．百分表刻线原理

测量杆移动 1mm 时，大指针正好回转一圈。而在百分表的表盘上沿圆周刻有 100 等分格，则其刻度值为 1/100=0.01mm。测量时当大指针转过 1 格刻度时，表示零件尺寸变化 0.01mm。该百分表的分度值为 0.01mm。

3．百分表使用方法

(1) 测量前，检查表盘和指针有无松动现象。检查指针的平稳性和稳定性。

(2) 测量时，测量杆应垂直零件表面。如果测圆柱，测量杆还应对准圆柱轴中心。测量头与被测表面接触时，测量杆应预先有 0.3～1mm 的压缩量，保持一定的初始测力，以免由于存在负偏差而测不出数值。

4．杠杆百分表的结构

杠杆百分表主要由测头 1、表体 7、换向器 8、夹持柄 6、指示部分(3、4、5)和表体内的传动系统组成，如图 C-2 所示。

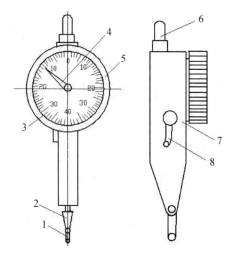

图 C-2　杠杆百分表

1—测头；2—测杆；3—表盘；4—指针；5—表圈；6—夹持柄；7—表体；8—换向器

杠杆百分表的表盘 3 刻线是对称的，分度值为 0.01mm。由于它的测量范围小于 1mm，所以没有转数指示装置，转动表圈 5，可调整指针与表盘的相对位置。夹持柄用于装夹杠杆百分表。有的杠杆百分表的表盘安装在表体的侧面或顶面，分别称作侧面式杠杆百分表和端面式杠杆百分表。

5．杠杆百分表的使用及注意事项

(1) 杠杆百分表在使用前应对外观、各部分的相互作用进行检查，不应有影响使用的缺陷，并注意球面测头是否磨损，防止测杆配合间隙大而产生示值误差。可用手轻轻地上下左右晃动测杆，观察指针的变化，左右变化量不应超过分度值的一半。

(2) 测量时，测杆的轴线应垂直于被测表面的法线方向，否则会产生测量误差。

(3) 根据测量需要，可扳动测杆来改变测量位置，还可扳动换向器来改变测量方向。

附录 D　内径百分表

1．内径百分表的结构

内径百分表主要由百分表 5、推杆 7、表体 2、转向装置(直角杠杆 8)和测头 1、10 等组成，如图 D-1 所示。

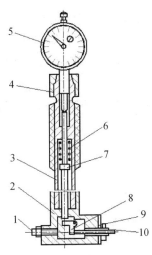

图 D-1　内径百分表

1—固定测头；2—表体；3—直管；4—紧固螺母；5—百分表；6—弹簧；
7—推杆；8—等臂直角杠杆；9—定位护桥；10—活动测头

百分表 5 应符合零级精度。表体 2 与直管 3 连接成一体，指示表装在直管内并与传动推杆 7 接触，用紧固螺母 4 固定。表体左端带有可换固定测头 1，右端带有活动测头 10 和定位护桥 9，定位护桥的作用是使测量轴线通过被测孔直径。等臂直角杠杆 8 一端与活动测头接触，另一端与推杆接触。当活动测头沿其轴向移动时，通过等臂杠杆推动推杆，使百分表的指针转动。弹簧 6 能使活动测头产生测力。

2．内径百分表的使用及注意事项

(1) 使用内径百分表之前，应根据被测尺寸选好测头，将经过外观、各部分相互作用和示值稳定性检查合格的百分表装在弹簧夹头内，使百分表至少压下 1mm，再紧固弹簧夹头。夹紧力不要过大，防止将百分表测杆夹死。

(2) 测量前，应按被测工件的基本尺寸用千分尺、环规或量块及量块组合体来调整尺寸(又称校对零值)。

(3) 测量或校对零值时，应使活动测头先与被测工件接触。对于孔径，应在径向找最大值，轴向找最小值。带定位护桥的内径百分表只在轴向找到最小值，即为孔的直径。对于两平行平面间的距离，应在上下左右方向上都找最小值。最大(小)值反映在指示表上为左(右)拐点。找拐点的办法是摆动或转动直杆使测头摆动。

(4) 被测尺寸的读数值，应等于调整尺寸与指示表示值的代数和。值得注意的是，内径百分表的指示表指针顺时针转动为"负"，逆时针转动为"正"，与百分表的读数相反。这一点要特别注意，切勿读错。

(5) 内径百分表不能测量薄壁件，因为内径百分表的定位护桥压力与活动测头的测力都比较大，会引起工件变形，造成测量结果不准确。

3. 内径百分表的维护

(1) 卸下百分表时，要先松开保护罩的紧固螺钉或弹簧卡头的螺母，防止损坏。

(2) 不要使灰尘、油污和切削液等进入传动系统中。

(3) 使用后把百分表及其可换测头取下，擦净，并在测头上涂敷防锈油后放入专用盒内。

附录 E　万能角度尺

1. 万能角度尺的结构

万能角度尺是测量角度的计量器具，在机械加工中的应用比较广泛。除了采用光隙法测量零件角度外，还可进行角度划线。

万能角度尺(见图 E-1)主要由主尺 1、扇形板部件 11、直角尺 5 和直尺 3 组成。主尺上刻有 90 个分度和 30 个辅助分度，相邻两刻线之间的夹角是 1°，主尺右端为基尺 2，主尺的背面沿圆周方向装有齿条，小齿轮与主尺背面的齿条啮合。这样可使主尺在扇形板的圆弧面和制动器 9 的圆弧面间微动，也可不用微动装置，主尺也能沿扇形板圆弧面和制动器圆弧面间移动。扇形板上装有游标 10，用卡块 4 可把直尺或直角尺固定在扇形板上，也可把直尺固定在直角尺上，实现测量不同的角度。万能角度尺的分度值和测量范围如表 E-1 所示。

表 E-1　万能角度尺的分度值及测量范围

分 度 值	测量范围		组 合 件
2′、5′	0°～320°	0°～50°	主尺与直尺、直角尺
		50°～140°	主尺与直直尺
		140°～230°	主尺与直角尺
		230°～320°	主尺

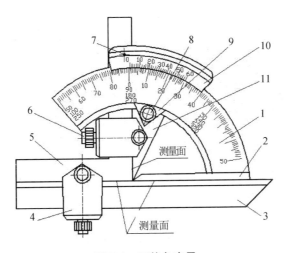

图 E-1　万能角度尺

1—主尺；2—基尺；3—直尺；4—卡块；5—直角尺；6—紧固螺钉；7—游标紧固螺钉；
8—制动器紧固螺钉；9—制动器；10—游标；11—扇形板部件

2．万能角度尺的使用

1）　使用前的检查

(1)　检查外观。目测观察外观，比如万能角度尺不应有碰伤，刻线应清晰。

(2)　检查各部分相互作用。试验各部分相互作用，如直尺、直角尺装卸应顺利。制动器和卡块作用在任何位置时均应可靠。微动装置有效。扇形板与主尺相对移动时应灵活、平稳。

(3)　检查零位正确性。装上直角尺、直尺后，使直尺、基尺测量面均匀接触，游标零刻线与主尺刻线以及游标尾刻线与主尺的相应刻线重合度不大于分度值的一半。

2）　万能角度尺的使用

(1)　万能角度尺能测量 0°～320°的角度，如图 E-2 所示。利用卡块将直尺装在直角尺上可以测量 0°～50°的角度(见图 E-2(a))；为了测量 50°～140°的角度，可卸下直角尺，换上直尺(见图 E-2(b))；测量 140°～230°的角度时，取下直尺及其卡块即可(见图 E-2(c))；测量 230°～320°的角度时，需将直角尺、直尺和卡块都拆下(见图 E-2(d))。测量各种角度的应用示例如表 E-2 所示。

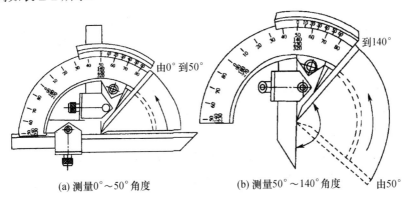

(a) 测量0°～50°角度　　　　　　　　(b) 测量50°～140°角度

图 E-2　万能角度尺的使用

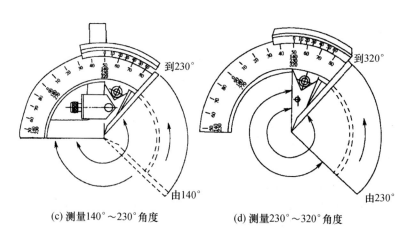

(c) 测量140°～230°角度　　　　(d) 测量230°～320°角度

图 E-2　万能角度尺的使用(续)

表 E-2　万能角度尺应用示例

$\alpha=0°\sim50°$	$\alpha=50°\sim140°$
$\alpha=140°\sim230°$	$\alpha=360°-\beta,\ \beta=230°\sim320°$

(2)　为精确地测量角度，不应用非测量面进行测量。

3)　万能角度尺的维护

(1)　使用完毕，应用溶剂汽油或航空汽油把万能角度尺洗净，用干净的纱布仔细擦干，并涂敷防锈油，然后分别将直尺、直角尺等放入专用盒内。

(2)　万能角度尺不得放在潮湿的地方，以免生锈。

附录 F　塞规及卡规

1. 结构介绍

　　光滑极限量规(简称量规)适合检验 500mm 以下、公差等级为 IT6~IT16 工件的孔和轴的直径及相应公差等级的内、外尺寸，可分为检验孔用的塞规和检验轴用的卡规(环规)。量规又可分为工作量规、验收量规和校对量规。量规是一种没有刻度的专用量具，结构简单，使用方便，测量可靠，因此在工厂里，特别是大批量生产中被广泛应用。工作量规是指在加工过程中操作者对自己加工的工件进行检验时所用的量规；验收量规是指验收部门或用户代表在验收工件时所用的量规；校对量规是指检验工作量规和验收量规时所用的塞规(因为塞规在仪器上能方便而准确地进行测量，所以不用校对量规)。一副完整的量规是由"通"端和"止"端两个测量端组成，并分别用代号"T"和"Z"表示。"通"端用来控制工件的最大实体尺寸，即孔的最小极限尺寸或轴的最大极限尺寸；"止"端用来控制工件的最小实体尺寸，即孔的最大极限尺寸或轴的最小极限尺寸。当用极限量规检验时，如果"通"端能通过，"止"端不能通过，则可判定为合格品。量规的种类、被测件的公差等级及配合符号在量规上均有明显标志。量规的种类及用途如表 F-1 所示。

表 F-1　量规的种类和用途

被测对象	量规种类	量规标志	量规形状	量规用途	量规基本尺寸	检验合格标志	附　注
轴 (卡规)	工作量规	通	卡规	防止轴过大	ZA max	通过	
		止	卡规	防止轴过小	ZA min	不通过	
	验收量规	验通	卡规	防止轴过大	ZA max	通过	
		验止	卡规	防止轴过小	ZA min	不通过	
	校对量规	校-通	塞规	防止"通"卡规尺寸过小	ZA max	通过	无"不通过"
		校-验	塞规	从部分磨损的"通"卡规中选"验通"	ZA max	对"通规"不通过 对"验-通规"通过	仅用于 IT11 或低于 IT11 的精度
孔 (塞规)	校对量规	校-损	环规	防止"通"和"验通" 塞规磨损过大	ZA min	不通过	
		校-止	环规	防止"止"和"验止" 塞规尺寸过小	ZA min	通过	无"不通过"
	工作量规	通	塞规	防止孔过小	KA min	通过	
		止	塞规	防止孔过大	KA max	不通过	
	验收量规	验-通	塞规	防止孔过小	KA min	通过	
		验-止	塞规	防止孔过大	KA max	不通过	

从表 F-1 中可以看出，"校-通"和"校-止"都为通端塞规。因为它们都是防止"通"、"止"。卡规尺寸过小，所以没有不通过端，而且在实际工作中很少应用；"校-验"和"校-损"是用来检验工作卡规(环规)的部分磨损和完全磨损的，所以称止端量规。当卡规通过"校-损"时就算完全磨损而报废。

常用的孔用量规形式如图 F-1 所示。

常用的轴用量规形式如图 F-2 所示。

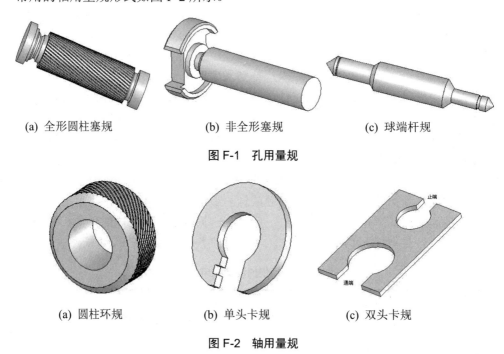

(a) 全形圆柱塞规　　　　　(b) 非全形塞规　　　　　(c) 球端杆规

图 F-1　孔用量规

(a) 圆柱环规　　　　　(b) 单头卡规　　　　　(c) 双头卡规

图 F-2　轴用量规

2．塞规和卡规的使用

1)　使用前的检查

(1)　核对量规上的标志与工件的图纸。量规与工件的尺寸和公差应相符合，并要辨清量规的"通"端或"止"端。在使用中不要混淆工作量规、验收量规和校对量规。

(2)　检查量规是否有影响使用准确度的外观缺陷，若测量面有碰伤、锈蚀和划痕时，可用天然油石打磨。

(3)　擦拭量规时必须用清洁的棉纱或软布，工件上的毛刺、异物等要清除干净。

2)　塞规和卡规的使用

(1)　使用量规时，要轻拿轻放。检验时用力不能过大，不能硬塞、硬卡和任意转动，防止划伤量规和工件表面。

(2)　检验时，量规的轴线应与被检验工件的轴线重合，不要歪斜。

(3)　被检验工件与量规的温度一致时，方可使用量规；否则测量结果不可靠，甚至会发生塞规与工件过盈配合的现象。

(4)　塞规通端要在孔的整个长度上检测，塞规止端要尽可能在孔的两端进行检测。检验卡规"通"端和"止"端时应沿被测轴的轴向方向和径向方向，在不少于 4 个位置上同时进行。

(5)　测孔通规最好采用全形塞规，测孔止规最好采用球端杆规。测轴通规最好采用环规，测轴止规最好采用卡规。由于极限量规在使用和制造上的一些原因，当工件加工方法能保证被检验零件的形状误差不致影响配合性质时，允许使用偏离泰勒原则的极限量规。如通规长度小于工件的结合长度，大孔允许使用不全形的塞规或球端杆规。曲轴轴颈无法用环规检验时，允许用卡规代替；两点状止规的测量面允许用小平面、圆柱或球面代替；小孔用塞规的止规也可制成全形塞规(便于制造)；非刚性零件如薄壁零件，当形状公差大于尺寸公差时，应采用直径等于最小实体尺寸的全形止规，而不用两点状止规。

(6)　如果被测孔是盲孔，使用的塞规工作面上应具有轴向通槽，否则在检验时塞规不易插进孔内。

3)　塞规和卡规的维护

(1)　量规不应放置在机床上，应置于工具箱的台面上，还应避免与其他工具、刀具等杂乱地堆放在一起，以免碰伤量规。

(2)　使用后应立即擦拭清洁，涂敷防锈油，平放在工具箱内的固定位置上。

(3)　要定期对量规进行检定，以保证量规的精确度。

附录 G　量　　块

量块又称块规。它是长度量值传递中一种重要的端面量具，也可以用来调整机床、仪器、夹具等，或用于划线和直接检查工件。通常，量块为直角平行六面体，有一对相互平行且具有精确尺寸的测量面(或称工作面)。标称长度小于 6mm 的量块，标志尺寸的面为上测量面；标称长度大于等于 6mm 的量块，尺寸标志在非测量面上。标志面的右侧为上测量面，另一测量面为下测量面，如图 G-1 所示。

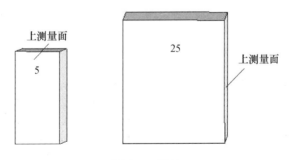

图 G-1　量块

量块的测量面极为平整光洁，因此具有一种很重要的特性——研合性。研合性就是量块的测量面与另一量块的测量面或另一精密加工的类似平面，通过分子吸力的作用而粘合的性能。量块长度就是其测量面上的一点至与此量块另一测量面相研合的辅助体表面之间的垂直距离，并称量块测量面上中心点的量块长度为量块的中心长度，如图 G-2 所示。

量块多用铬锰钢制成，具有尺寸稳定、耐磨性好、硬度高等特性，其热膨胀系数为 $(11.5\pm1)\times10^{-6}/°C$。

量块精度有两种划分方法。按量块的制造精度分为五级：00 级、0 级、1 级、2 级和 3 级。其中 00 级精度最高，3 级精度最低。分级的依据是量块长度的极限偏差和长度变动量的允许值。长度变动量是某量块的最大量块长度与最小量块长度之差，它与量块两测量面的平行度和平面度误差有关。各级量块的量块长度极限偏差和长度变动量允许值列于表G-1中。

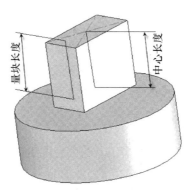

图 G-2　量块

表 G-1　各级量块的长度极限偏差和长度变动量允许值　　　　单位：μm

标称尺寸范围/mm		00级		0级		1级		2级		3级		校准级 k	
大于	至	量块长度的极限偏差	长度变动量允许值	量块长度的极限偏差	长度变动量允许值	量块长度的极限偏差	长度变动量允许值	量块长度的极限偏差	长度变动量允许值	量块长度的极限偏差	长度变动量允许值	量块长度的极限偏差	长度变动量允许值
	10	±0.06	0.05	±0.12	0.10	±0.20	0.16	±0.45	0.30	±1.0	0.50	±0.20	0.05
10	25	±0.07	0.05	±0.14	0.10	±0.30	0.16	±0.60	0.30	±1.2	0.50	±0.30	0.05
25	50	±0.10	0.06	±0.20	0.10	±0.40	0.18	±0.80	0.30	±1.6	0.55	±0.40	0.06
50	75	±0.12	0.06	±0.25	0.12	±0.50	0.18	±1.00	0.35	±2.0	0.55	±0.50	0.06
75	100	±0.14	0.07	±0.30	0.12	±0.60	0.20	±1.20	0.35	±2.5	0.60	±0.60	0.07
100	150	±0.20	0.08	±0.40	0.14	±0.80	0.20	±1.60	0.40	±3.0	0.65	±0.80	0.08
150	200	±0.25	0.09	±0.50	0.16	±1.00	0.25	±2.00	0.40	±4.0	0.70	±1.00	0.09
200	250	±0.30	0.10	±0.60	0.16	±0.20	0.25	±2.40	0.45	±5.0	0.75	±1.20	0.10
250	300	±0.35	0.10	±0.70	0.18	±1.40	0.25	±2.80	0.50	±6.0	0.80	±1.40	0.10
300	400	±0.45	0.12	±0.90	0.20	±1.80	0.30	±3.60	0.50	±7.0	0.90	±1.80	0.12
400	500	±0.50	0.14	±1.10	0.25	±2.20	0.35	±4.40	0.60	±9.0	1.0	±2.20	0.14
500	600	±0.60	0.16	±1.30	0.25	±2.60	0.40	±5.00	0.70	±11.0	1.1	±2.60	0.16
600	700	±0.70	0.18	±1.50	0.30	±3.00	0.45	±6.00	0.70	±12.0	1.2	±3.00	0.18
700	800	±0.80	0.20	±1.70	0.30	±3.40	0.50	±6.50	0.80	±14.0	1.3	±3.40	0.20
800	900	±0.90	0.20	±1.90	0.35	±3.80	0.50	±7.50	0.90	±15.0	1.4	±3.80	0.20
900	1000	±1.00	0.25	±2.00	0.40	±4.20	0.60	±8.00	1.00	±17.0	1.5	±4.20	0.25

　　按量块的测量精度分为六等：1等、2等、3等、4等、5等和6等。其中1等精度最高，6等精度最低。分等的依据是量块的测量的总不确定度和长度变动量允许值。3～6等量块的测量的总不确定度和长度变动量允许值如表G-2所示。

表 G-2 3～6 等量块的测量总不确定度和长度变动量允许值

标称长度/mm		等的要求							
		3		4		5		6	
		测量的总不确定度±	变动量	测量的总不确定度±	变动量	测量的总不确定度±	变动量	测量的总不确定度±	变动量
大于	到	允许值/μm							
	10	0.11	0.16	0.22	0.30	0.6	0.5	2.1	0.5
10	25	0.12	0.16	0.25	0.30	0.6	0.5	2.3	0.5
25	50	0.15	0.18	0.30	0.30	0.8	0.55	2.6	0.55
50	75	0.18	0.18	0.35	0.35	0.9	0.55	2.9	0.55
75	100	0.20	0.20	0.40	0.35	1.0	0.6	3.2	0.6
100	150	0.25	0.20	0.50	0.40	1.2	0.65	3.8	0.65
150	200	0.30	0.25	0.60	0.40	1.5	0.7	4.4	0.7
200	250	0.35	0.25	0.70	0.45	1.8	0.75	5.0	0.75
250	300	0.40	0.25	0.80	0.50	2.0	0.8	5.6	0.8
300	400	0.50	0.30	1.00	0.50	2.5	0.9	6.8	0.9
400	500	0.60	0.35	1.20	0.60	3.0	1	8.0	1
500	600	0.70	0.40	1.40	0.70	3.5	1.1	9.2	1.1
600	700	0.80	0.45	1.60	0.70	4.0	1.2	10.4	1.2
700	800	0.90	0.50	1.80	0.80	4.5	1.3	11.6	1.3
800	900	1.00	0.50	2.00	0.90	5.0	1.4	12.8	1.4
900	1000	1.10	0.60	2.20	1.00	5.5	1.5	14.0	1.5

注：在测量表面上，距测量面为 0.8mm 范围内不计。

量块制造厂大多按"级"销售量块。因此，直接按量块的标称尺寸使用量块时，量块长度的极限偏差就是其测量不确定度(测量误差的界限)。例如，标称尺寸为 30mm 的 2 级精度量块，其测量不确定度就是其量块长度的极限偏差±0.8μm。因为量块的实际尺寸允许在±0.8μm 范围内变动，必然导致相应的测量误差。这种以量块的标称尺寸作为实际尺寸使用的方法，称为"按级使用"。

为了消除量块的制造误差对其测量精度的影响，可以将所用量块进行检定，以确定其实际尺寸，并按实际尺寸使用该量块。这样，量块检定方法的测量总不确定度，就等于使用该量块时的测量不确定度。这种以量块的检定结果作为实际尺寸使用的方法，称为"按等使用"。例如，上述标称尺寸为 30mm 的 2 级量块，经测量总不确定度为±0.3μm 的方法检定结果为 30.0004mm。由表 G-2 可知，该量块属于 4 等。因此，将此量块按 30.0004mm 使用时，其测量不确定度只有±0.3μm。

由此可见，"按级使用"量块比较方便，但其测量精度取决于量块的制造误差；"按等使用"量块可以提高其测量精度，但要增加检定费用，且需根据检定结果确定量块的实际尺寸，不如按级使用方便。此外，受到量块长度变动量的限制，不能任意提高量块的"等"别来提高其使用精度。比较表 G-1 和表 G-2 可知，1 级量块可以检定为 3 等，2 级量块可以检定为 4 等，3 级量块可以检定为 5 等，因为它们对应的量块长度变动量的允许值相同。

通常，量块按表 G-3 所列的块数和尺寸系列成套销售。利用量块的研合性可以从成套量块中选择适当的量块组成所需要的各种尺寸。

表 G-3　成套量块的尺寸系列

套　别	总块数	级　别	标准尺寸系列/mm	间　隔	块　数
1	83	0，1，2，3	0.5		1
			1		1
			1.005		1
			1.01，1.02，1.03，…，1.49	0.01	49
			1.5，1.6，…，1.9	0.1	5
			2.0，2.5，3.0，…，9.5	0.5	16
			10，20，30，40，…，100	10	10
2	38	1，2，3	1		1
			1.005		1
			1.01，1.02，1.03，…，1.09	0.01	9
			1.1，1.2，…，1.9	0.1	9
			2，3，…，9	1	8
			10，20，…，100	10	10
3	10^{+}	0.1	1，1.001，…，1.009	0.001	10
4	10^{-}	0.1	0.991，0.992，…，1	0.001	10
5	4	1,2,3	1.5，1.5，2.2 或 1.1，1.5，1.5		

　　为了减少量块组的误差，应该用尽可能少的量块组成所需的尺寸。为此，可以从所需尺寸的最后一位数字开始选择量块，每选一块至少减去所需尺寸的一位小数。组成量块组的量块总数一般不应超过 4 块。

　　例如，为组成 89.764mm，可以从表 G-3 中的第 1 套和第 3 套中选出 1.004mm、1.26mm、7.5mm 和 80mm 四块组成，即：

$$
\begin{array}{r}
89.764 \cdots\cdots 所需尺寸 \\
-\quad 1.004 \cdots\cdots 第 1 块 \\
\hline
88.76 \\
-\quad 1.26 \cdots\cdots 第 2 块 \\
\hline
87.5 \\
-\quad 7.5 \cdots\cdots 第 3 块 \\
\hline
80 \cdots\cdots 第 4 块
\end{array}
$$

参 考 文 献

[1] 邓文英. 金属工艺学[M]. 北京：高等教育出版社，1997.

[2] 王东升. 金属工艺学[M]. 杭州：浙江大学出版社，1997.

[3] 陈明. 机械制造技术[M]. 北京：北京航空航天大学出版社，2001.

[4] 袁国定，朱洪海. 机械制造技术基础[M]. 南京：东南大学出版社，2000.

[5] 华楚生. 机械制造技术基础[M]. 重庆：重庆大学出版社，2000.

[6] 沈其文，徐鸿本. 机械制造工艺禁忌手册[M]. 北京：机械工业出版社，2001.

[7] 赵如福. 金属机械加工工艺人员手册[M]. 上海：上海科学技术出版社，1990.

[8] 劳动部. 车工生产实习[M]. 北京：中国劳动出版社，1996.

[9] 倪楚英. 机械制造基础实训教程[M]. 上海：上海交通大学出版社，2000.

[10] 杨建明. 数控加工工艺与编程[M]. 北京：北京理工大学出版社，2006.

[11] 王先逵. 机械加工工艺手册——磨削加工[M]. 北京：机械工业出版社，2009.

[12] 侯书林，朱海. 机械制造基础[M]. 北京：北京大学出版社，2006.

[13] 何建民. 刨工操作技术与窍门[M]. 北京：机械工业出版社，2006.

[14] 王忠诚. 热处理常见缺陷分析与对策[M]. 北京：化学工业出版社，2008.

[15] 张超英，罗学科. 数控加工综合实训[M]. 北京：化学工业出版社，2003.

[16] 刘镇昌. 制造工艺实训教程[M]. 北京：机械工业出版社，2006.

[17] 职业技能鉴定指导编审委员会. 铣工[M]. 北京：中国劳动出版社，1996.

[18] 职业技能鉴定指导编审委员会. 热处理[M]. 北京：中国劳动出版社，1996.

[19] 职业技能鉴定指导编审委员会. 铸造工[M]. 北京：中国劳动出版社，1996.

[20] 职业技能鉴定指导编审委员会. 镗工[M]. 北京：中国劳动出版社，1996.